Uma breve

HISTÓRIA DA QUÍMICA

da alquimia às ciências moleculares modernas

Blucher

ARTHUR GREENBERG

Uma breve HISTÓRIA DA QUÍMICA
da alquimia às ciências moleculares modernas

Tradução:

Henrique Eisi Toma

Paola Corio

Viktoria Klara Lakatos Osório

A Chemical History Tour
Picturing chemistry from alchemy to modern molecular science

Uma breve História da Química - da alquimia às ciências moleculares modernas

2ª reimpressão - 2017

Blucher

Rua Pedroso Alvarenga, 1245, 4° andar
04531-934 - São Paulo - SP - Brasil
Tel.: 55 11 3078-5366
contato@blucher.com.br
www.blucher.com.br

Segundo o Novo Acordo Ortográfico, conforme 5. ed. do *Vocabulário Ortográfico da Língua Portuguesa*, Academia Brasileira de Letras, março de 2009.

FICHA CATALOGRÁFICA

Greenberg, Arthur
Uma breve HISTÓRIA DA QUÍMICA - da alquimia às ciências moleculares modernas / Arthur Greenberg; tradução da primeira edição inglesa: Henrique Eisi Toma; Paola Corio; Viktoria Klara Lakatos Osório. - São Paulo: Blucher, 2009.

Título original: A chemical history tour: Picturing chemistry from alchemy to modern molecular science

Bibliografia.
ISBN 978-85-212-0491-6

1. Química I. Greenberg, Arthur. II. Toma, Henrique Eisi. III. Título.

04-5936 CDD-621.402

Índices para catálogo sistemático:
1. Química: História 621.402

AGRADECIMENTOS

Acredito que minha ideia para este livro foi estimulada pelo livro *Chemistry imagined* (Smithsonian, 1993), escrito por Roald Hoffmann em colaboração com a artista Vivian Torrence. Sou grato ao Professor Roald Hoffmann por sua gentil resposta a meu manuscrito parcial, e por suas generosas atividades em seu favor, bem como ao Doutor Jeffrey Sturchio pelo encorajamento inicial a este projeto. Agradeço a minha filha, Rachel, por escanear meticulosamente a maioria das figuras deste livro, e por seu saudável ceticismo que colaborou para minha própria motivação. Os esforços artísticos de meu filho David foram outro estímulo, e eu agradeço a minha amorosa esposa Susan por uma vida de apoio e indulgência, e pelos comentários nas leituras matinais dos meus ensaios. Sou grato pelos comentários e sugestões do meu colega e amigo de longa data, Professor Joel F. Liebman, e do meu novo colega do Departamento de Química da Universidade da Carolina do Norte em Charlotte, Professor Daniel Rabinovich; e também pelos comentários e sugestões de meu pai, Murray Greenberg, que teve uma longa e produtiva carreira na química industrial. A colega do Departamento de Artes, Rita L. Shumaker, forneceu dois trabalhos de arte interpretativa originais para este livro, e também fez proveitosas leituras. A Professora Susan Gardner, do Departamento de Inglês, renovou minha confiança neste projeto, e foi a leitora que eu tinha em mente ao escrever. Ela gentilmente encorajou minhas tentativas de escrever de maneira criativa, fez acréscimos à perspectiva multicultural deste livro, editou meus manuscritos de maneira gentil, porém firme, alertou-me para erros e neologismos não-intencionais em inglês e francês, e foi coautora do ensaio "Lavoisier apaixonado". Também sou grato à Doutora Barbara Goldman, da John Wiley and Sons, pelas sugestões iniciais a este projeto e por sua fé nele; bem como a Jill Roter, da Wiley, e Ron Lewis, da Universidade da Carolina do Norte em Charlotte, com quem foi uma alegria trabalhar. A menos que haja uma observação em contrário, as figuras são de livros ou obras de arte de minha própria coleção.

SUGESTÕES PARA LEITURAS ADICIONAIS

Eu não sou um historiador químico. Felizmente, há muitos livros verdadeiramente maravilhosos que tratam da história química. O principal deles é a inspiradora obra de referência em quatro volumes, *A history of chemistry* (McMillan, 1961, 1964), de James R. Partington. Trata-se de uma obra rigorosa, amplamente referenciada, escrita de forma atraente, e agradavelmente ilustrada; foi uma grande fonte de informação e de ideias para mim. Também me baseei bastante no livro de Aaron J. Ihde, *The development of modern chemistry* (Harper & Row, 1964), e no livro, mais recente, de William H. Brock, *The Norton history of chemistry* (Norton, 1993). Estes dois livros são muito apropriados como livros-texto em um curso de história da química, embora o livro de Ihde tenha mais de 35 anos. Gosto muito do livro de 1927 *Old chemistries* (Van Nostrand, 1927) escrito por Edgar Fahs Smith. Sinto-me como se estivesse no gabinete do Professor Smith em uma noite fria de inverno, com ele me mostrando sua coleção de livros antigos e amavelmente lendo passagens selecionadas, enquanto a lareira nos aquece. Eu gostaria muito de ter conhecido o erudito e entusiástico John Read. Sua trilogia, *A prelude to chemistry* (McMillan, 1937), *Humour and humanism in chemistry* (G. Bell, 1947) e *The alchemist in life, literature and art* (Thomas Nelson and Sons, 1947), fornece ao leitor saudáveis doses de risos e aprendizagem. Em *Humour and humanism*, Read nos dá o placar de um Jogo de Críquete Alquímico das estrelas de todos os tempos: da *Bíblia* (Noé, Moisés), mitologia greco-romana (Júpiter, Netuno, Afrodite), culturas antigas (Cleópatra, Aristóteles), Renascimento (Paracelso, Maier), e do início da história de nossa ciência (Boyle, Lavoisier). Os trocadilhos são deliciosamente infames. Ele também escreve uma peça em um ato, *The Nobel prize* ("A chemic drama in one act"), e nos brinda com os momentos mais indecentes da peça de 1610 de Ben Jonson, *The alchemist.* O Professor Read também incentivou a primeira apresentação da música alquímica seiscentista de Michael Maier (pelo "Coral Chimico" do *St. Andrews College*, em 1935). Recomendo também dois outros livros recentes: *Women in chemistry: their changing roles from alchemical times to the mid-twentieth century*, de M. Rayner-Canham e G. Rayner-Canham (American Chemical Society e Chemical Heritage Foundation, 1998); e *A dictionary of alchemical imagery*, de Lyndy Abraham (Cambridge University Press, 1998). As omissões desta minha sucinta lista não devem ser entendidas como críticas, elas apenas refletem a limitação de meus próprios estudos.

PREFÁCIO À EDIÇÃO BRASILEIRA

A história da Química está intrinsecamente ligada à história do desenvolvimento da humanidade – e vice-versa. Química e desenvolvimento são indissociáveis. Para qualquer momento da história que se olhe, lá está presente a Química, permitindo avanços nos processos produtivos, proporcionando descobertas para a medicina ou oferecendo mais segurança e conforto para a sociedade.

Uma breve História da Química: da alquimia às ciências moleculares modernas, do Professor Arthur Greenberg, traz esta rica coleção de experiências, iniciada com a alquimia e os remotos estudos sobre os quatro elementos fundamentais da natureza – água, fogo, terra e ar – chegando às descobertas mais recentes, que tornam esta ciência um verdadeiro vetor de qualidade e duração da vida, bem como da democratização do consumo.

É uma obra de extrema importância para o meio acadêmico de todos os países de língua portuguesa. E também capaz de atrair a atenção de leigos interessados em encontrar respostas ou fazer novos questionamentos, fatores essenciais para o aperfeiçoamento do conhecimento humano. Neste sentido, é um repositório de curiosas histórias seculares sobre os mistérios da natureza que fascinaram o Homem em sua trajetória pelo universo, desde a pré-história até os tempos modernos.

Para a Braskem, poder contribuir para difundir todo esse conhecimento é consequência natural de sua visão sobre a importância do relacionamento entre as empresas e o meio acadêmico, fazendo convergir senso prático e rigor científico com benefício para ambas as partes. Nesse contexto, a Braskem tem larga tradição de parceria com escolas e centros de pesquisas, incluídos aqueles dedicados à Engenharia Química e à Química, orgulhando-se de ter contribuído para o avanço do conhecimento nessas áreas por meio de projetos conjuntos de pesquisa, seminários e pela promoção de prêmios para reconhecimento dos melhores talentos.

A inovação, confirma a leitura das próximas páginas, move a história e molda o futuro. A Braskem, por sua vez, tem sua trajetória estreitamente ligada à inovação e agora, com o Plástico Verde, está prestes a desencadear uma evolução em seu setor melhorando a vida das pessoas – e a Química é mais uma vez ator importante nesse enredo. Mas esse é um novo capítulo para fazer parte de um futuro livro sobre a história da Química.

Boa leitura.

Bernardo Gradin
Presidente da Braskem

PREFÁCIO À EDIÇÃO AMERICANA

Amigo leitor, o objetivo deste livro é oferecer a você um descompromissado passeio por momentos selecionados da história da química. Espero fornecer um recurso divertido e atraente, porém informativo, para professores de química, profissionais da ciência e da medicina, bem como para o público leigo que se interessa pela ciência e aprecia trabalhos de arte e ilustrações. Este livro foi planejado como um livro de imagens, com texto suficiente para explicar detalhes e contexto. Como qualquer passeio, ele é idiossincrático na escolha das atrações que mostra aos turistas.

Nossa intenção é que *Uma breve História da Química: da alquimia às ciências moleculares modernas* seja tanto folheado como lido. Ele começa com as raízes práticas, médicas e místicas da química, e traça em imagens e palavras a evolução da química até se tornar uma ciência moderna. O passeio começa com o metafórico frontispício da edição de 1738 de *Physica subterranea*, a última edição do texto de Becher que introduziu o conceito de flogístico, e termina com um "curral quântico" formado por 48 átomos de ferro dispostos um a um por meio de um microscópio de força atômica. O pós-escrito do livro consiste nas imagens contidas em três obras curtas do poeta moderno Seamus Heaney. Acompanhamos a evolução dos conceitos alquímicos até se transformarem na ideia de flogístico, e examinamos passagens críticas para o desenvolvimento da química moderna. Nossa abrangência torna-se mais limitada no século XIX e, intencionalmente, menor ainda ao tratar do século XX.

Um tema importante desse passeio reflete nossa necessidade muito humana de pictorializar a matéria: quatro elementos, três princípios, sólidos platônicos como o cubo, corpúsculos de átomos com e sem ganchos, aglomerados bidimensionais de átomos, moléculas bidimensionais, moléculas tridimensionais, fadas dando-se os braços, modelos de "bolas e palitos" e de "preenchimento espacial", átomos como sistema solar, átomos cúbicos com elétrons nos vértices, estruturas de ressonância, átomos ligados por molas, orbitais atômicos e moleculares, contornos de densidade eletrônica em telas de computador. Tais imagens serão recorrentes ao longo do livro.

A química tem a história mais interessante entre todas as ciências. Suas origens são tanto místicas como práticas. Qual é a origem da matéria? Ela surgiu do "nada", ou de partículas subatômicas, ou de alguma matéria primitiva fundamental (*Prima Materia*)? O que dizer da estrutura subjacente à matéria? Ela é infinitamente divisível? Sua divisão atinge limites fundamentais? Ainda hoje, pode-se perguntar se um único átomo de ouro é realmente ouro. Quantos átomos de ouro são necessários para fazer um agregado submicroscópico que conduza eletricidade e que tenha brilho? "Átomos" de ácido têm pontas afiadas? "Corpúsculos" de água são lisos e escorregadios? A matéria evolui? O que é o Elixir da Vida? E a Fonte da Juventude? Combatemos um veneno (e a doença) com um veneno mais forte, ou tentamos neutralizá-lo? Por um lado, a acidez estomacal pode ser neutralizada com o bicarbonato de sódio, que é alcalino. Por outro lado, doenças venéreas podem ser tratadas com substâncias metálicas tóxicas, da mesma forma como tratamos câncer com medicamentos tóxicos que atacam nosso DNA.

A abordagem superficial do século XX certamente chamará a atenção de alguns críticos menos cordiais. Eu justifico essa reconhecida fraqueza observando que a explosão exponencial de informações nos tempos modernos faria transbordar os conteúdos deste livro. Além disso, as descobertas modernas que se destacam estão incluídas nos livros de química atuais. *Uma breve História da Química: da alquimia às ciências moleculares modernas* pretende complementar e estímular a abordagem de um curso moderno. Este livro não tem a pretensão de ser completo. Entretanto, incluímos as descobertas da estrutura subatômica, a cristalografia de raios X, a representação de Kossel-Lewis-Langmuir da ligação química baseada na regra do octeto, o desenvolvimento da mecânica quântica – a base subjacente à Tabela Periódica –, e a teoria da ressonância. A dupla hélice do DNA foi incluída porque é uma conquista da química estrutural, e sua estrutura imediatamente explicou sua função. De fato, a função do DNA – a duplicação – implicava que sua estrutura provavelmente teria "duplicidade".

Concluímos o passeio pictórico com dois exemplos da química estrutural do *fin-de-millenium*. Um deles é a síntese de poliedros nanoscópicos usando-se "peças de montar" pré-construídas (moléculas bifuncionais lineares ou dobradas; moléculas trifuncionais trigonais planares ou trigonais piramidais). Basta misturá-las na proporção certa para formar os poliedros com quase 100% de rendimento, em cerca de 10 minutos. O truque consiste em copiar a natureza, recorrendo a ligações fracas que se formam – se quebram – se reformam, até que o sistema se autoarranja na estrutura desejada. Um dodecaedro nanoscópico assim obtido lembra a visão dos pitagóricos do elemento celeste, ou quinto elemento ("éter"), postulada há 2.500 anos. O outro exemplo é o uso do microscópio de varredura por tunelamento (STM* e suas modificações) para ver átomos individuais, e até mesmo para pinçá-los e movê-los um por um. A esse respeito, outro tema do nosso passeio é a relutância em relação à realidade dos átomos, que prosseguiu por mais de cem anos depois que a teoria de Dalton foi enunciada em 1803. De fato, nos "minutos" que antecederam a aceitação universal dessa teoria, pouco depois de iniciado o século XX, Ludwig Boltzmann cometeu suicídio – acredita-se que, em parte, devido a seu fracasso em convencer a todos os físicos e químicos da realidade dos átomos. Os 48 átomos individuais de ferro que foram "enlaçados" pelo microscópio de força atômica para formar o "curral quântico" fornecem mesmo uma imagem STM direta da dualidade onda-partícula.

Antecipo as justificadas críticas a este passeio idiossincrático por não visitar numerosos lugares. Sinceramente, admito que existem inúmeros outros caminhos que atravessam a história da química, e peço antecipadas desculpas pelas descobertas que foram omitidas ou tratadas rapidamente. Contudo, quero que este livro seja útil; e para cumprir essa missão, ele deve ser lido e apreciado pelos não-especialistas. Uma abordagem mais completa ou enciclopédica não ajudaria a alcançar esse objetivo. Embora eu tenha tentado dar reconhecimento às contribuições vindas de fora da cultura ocidental, estou ciente da fraca cobertura às antigas ciências das culturas chinesa, indiana, africana, muçulmana, e outras – e peço desculpas. Isso, na verdade, é mais um resultado da disponibilidade de livros impressos do que da intenção.

Embora nosso passeio pretenda ser tanto despreocupado como fácil de ler, ele lida com alguns aspectos importantes que, muitas vezes, são abordados de maneira muito superficial ou confusa em cursos introdutórios, e que são difíceis de ensinar. Nós, porém, tentamos usar o humor e um pouco da mundanalidade tão evidentes nos trabalhos renascentistas de Chaucer e Rabelais. Por que não incluir a receita de Van Helmont para punir os "desleixados" anônimos que deixam excrementos na porta de entrada dos outros? Ao fornecer tais ornamentos, espero envolver novamente os químicos e outros cientistas com a história do nosso campo, sua maneira de se expressar e se ilustrar, e seu entrosamento com a cultura mais ampla. Espero

* ■ N.T.: Esta sigla é comumente usada também por cientistas brasileiros, e se refere ao nome em inglês: *scanning tunneling microscope*.

fornecer aos professores de cursos introdutórios de química alguma orientação em áreas difíceis de ensinar, e algumas anedotas que animem uma aula eventualmente cansativa. E se alguns estudantes forem flagrados rindo de uma página de saber químico rabelaisiano, ou de algum trocadilho infame, isso será assim tão ruim?

Arthur Greenberg
Charlotte, Carolina do Norte, EU*

LEGENDAS DAS PRANCHAS COLORIDAS

Figura 32 ▪ Reprodução em preto-e-branco de fotografia colorida da tela pintada a óleo "O alquimista" (1671), de Hendrick Heerschop, pertencente à Coleção de Isabel e Alfred Bader. O autor expressa sua gratidão ao Doutor Bader pela permissão de reproduzir a imagem, e também por sua valiosa discussão do desenho de Bush (vide Fig. 30).

Figura 112 ▪ Essa bela figura colorida à mão (vide pranchas em cores) é da edição de 1857 do livro de Edward Youmans, *Chemical atlas* (Nova York, primeira edição em 1854).

Figura 114 ▪ Prancha do *Chemical atlas*, de Youmans (Fig. 112). A organização da "Floresta Primitiva" da química orgânica, feita por Laurent e Gerhardt, incluía o conceito de homologia. As unidades de homologia são CH_2, e não C_2H_2, como é mostrado. A confusão resultou de discrepâncias nos pesos atômicos dos elementos, e nas fórmulas postuladas. Essas discrepâncias seriam esclarecidas em breve, no Congresso de Karlsruhe em 1860.

Figura 115 ▪ Prancha do *Chemical atlas*, de Youmans. Embora Wöhler e Liebig tivesse descoberto que o fulminato de prata e o cianato de prata eram isômeros (termo criado por Berzelius em 1830), e se suspeitasse de que a origem desse fenômeno fosse o diferente arranjo dos átomos, o conceito de valência ainda viria a ser descoberto. Nesta prancha, Youmans representa os isômeros como diferentes arranjos de átomos. Porém, ele postula que sua história química tem sentido. Por exemplo, como os arranjos atômicos nos alótropos de carbono, grafite e diamante, são diferentes (presumivelmente, diferentes tipos de carvão seriam também alótropos), então isômeros de hidrocarbonetos (butano e isobutano, por exemplo) manteriam os diferentes arranjos de átomos de carbono dos alótropos dos quais eles (presumivelmente) se derivavam.

Figura 116 ■ Ilustração do *Chemical atlas* de Youmans (original em cores) retratando as três principais teorias estruturais da química orgânica aplicadas à reatividade, anteriores a Karlsruhe.

Figura 129 ■ Uma ardente chama da edição de 1857 do *Chemical atlas* de Youman (vide Fig. 112; os erros nas fórmulas, como HO para a água, são discutidos no texto).

Figura 136 ■ Páginas do primeiro caderno de anotações de Maxfield Parrish. Cortesia da Coleção Quacre, Biblioteca de Haverford College.

Ilustração da capa ■ A ilustração da capa deste livro é de uma pintura a têmpera de ovo (original colorido; coleção particular do autor), assinada em 1845, sendo uma versão do trabalho seiscentista de Davied Teniers, o Jovem (J. Read, *Prelude to chemistry*, Nova York, The MacMillan Co., Prancha 29; J. Read, *The alchemist in life, literature and art*, Londres, Thomas Nelson and Sons Ltd., 1947, Prancha 21 e p. 72-79). Há uma travessura aí: a perna da mesa tem uma boca e um olho, que lembram os de uma tartaruga ou dragão – ambos poderosos símbolos alquímicos. A pintura é assinada “las voy” (“les noy”, ou algo parecido) com alguns símbolos, e desconhecemos a identidade do artista.

CONTEÚDO

SEÇÃO III

A IATROQUÍMICA E AS PREPARAÇÕES ESPAGÍRICAS *77*

SEÇÃO IV

A QUÍMICA COMEÇA A EMERGIR COMO UMA CIÊNCIA *89*

SEÇÃO V

NASCE A QUÍMICA MODERNA *159*

SEÇÃO I

QUÍMICA PRÁTICA, MINERAÇÃO E METALURGIA

QUE DIABOS É ISSO?[1]

O que esta figura alegórica (Fig. 1) representa? Esta figura calva e musculosa tem os símbolos dos sete metais originais arranjados em torno da cabeça (e, possivelmente, incluindo-a no arranjo). A cabeça, perfeitamente redonda, parece remeter ao círculo perfeito que corresponde ao ouro.

Os elementos, que incluem o antimônio e o enxofre, também se encontram enterrados nos intestinos da figura – literalmente, suas entranhas – e, assim, temos uma pista sobre sua natureza. Quaisquer tentativas de interpretações mais aprofundadas encontram-se mais no reino da psicologia do que no reino da ciência. De fato, o famoso psicólogo C. G. Jung possuía uma valiosa coleção de livros e manuscritos alquímicos, e escreveu extensamente sobre esse assunto.[2]

Em seu cerne, a alquimia postulava uma matéria ou estado fundamental, a *Prima Materia*, base para a formação de todas as substâncias. As definições[2] de *Prima Materia* são amplas, em parte químicas, em parte mitológicas: azougue, ferro, ouro, chumbo, sal, enxofre, água, ar, fogo, terra, mãe, lua, dragão, orvalho. Em um nível mais filosófico, foi definida como Hades ou como Terra. Outra figura de um livro alquímico do século XVII foi identificada por Jung como a *Prima Materia* – uma Terra também musculosa sendo amamentada pelo "filho dos filósofos".[2] Esta figura também tem os seios de uma mulher; tal ser hermafrodita remete à criação de Eva a partir de Adão, e à subsequente semeadura da espécie humana.

Voltemo-nos à analogia com a Terra, pois ela parece nos ajudar a entender a presença dos elementos em suas entranhas. A pequena figura na parte superior do abdômen pode ser considerada como um tipo de Espírito da Terra, acalentando o crescimento dos seres vivos (vide vegetação abaixo dele) e a "multiplicação" dos metais. As posições de destaque do ouro (a cabeça, bem como o nível mais elevado nos intestinos) implicam a *transmutação* – a conversão dos metais comuns em metais nobres. A figura segura uma harpa, que representa a harmonia, e um triângulo isósceles, que representa a simetria. Trata-se de uma metáfora para a unidade que os verdadeiros alquimistas notavam entre sua arte e a natureza.

Esta prancha é o frontispício do livro *Physica subterranea*, editado pelo químico e físico alemão Georg Ernst Stahl em 1738.[3] É a última edição do famoso livro publicado por Johann Joachim Becher em 1669. Becher desenvolveu a primeira teoria unificadora da química, a Teoria do Flogístico, a partir de conceitos alquímicos, e que posteriormente tornou-se útil pelas mãos de Stahl. Assim, nesta prancha encontram-se temas de transmutação alquímica, crenças espirituais, e ciência química antiga, que darão início ao nosso passeio.

1 Pedindo desculpas à escritora Dorothy Parker. [N.T.: O título original desta seção, em inglês, é: "What fresh hell is *this*?". Essa é uma expressão de descontentamento criada pela escritora norte-americana Dorothy Parker (1893-1967), e que deu título a sua biografia, escrita por Marion Meade.]

2 N. Schwartz-Salant, *Jung on alchemy*, Princeton, NJ, Princeton University Press, 1995, p. 25-30; 44-49.

3 Uma interpretação diferente para esta figura, como Saturno, pode ser vista em C. A. Reichen, *A history of chemistry*, Nova York, Hawthorne Books, 1963, p. 8.

Figura 1 ■ Frontispício da última edição de *Physica subterranea*, de Johann Joachim Becher (Leipzig, 1738). A figura pode representar a Matéria Fundamental *(Prima Materia).*

A ESSÊNCIA DA MATÉRIA: QUATRO ELEMENTOS (OU CINCO); TRÊS PRINCÍPIOS (OU DOIS); OU TRÊS PARTÍCULAS SUBATÔMICAS (OU MAIS)

Os antigos filósofos gregos não eram cientistas. Eram, entretanto, pensadores originais, que tentaram explicar a natureza sobre uma base lógica, em vez de recorrer aos caprichos de deuses e deusas. Considera-se que o pai desse movimento foi Tales de Mileto, que, no século VI a.C., concebeu que a água seria a essência de toda a matéria. (Observaremos mais adiante que, em meados do século XVII, Van Helmont teve uma opinião até certo ponto semelhante.) Tales tem a fama de haver previsto o eclipse solar total de 585 a.C., que consta ter ocorrido durante uma batalha naval – embora não haja evidências de que ele tivesse o conhecimento necessário para fazer tal previsão.[1] Um dos seus sucessores na Escola de Mileto foi Empédocles de Agrigento (ca. 490-430 a.C.).[1] Empédocles teria sido o primeiro a propor que toda a matéria seria composta de quatro elementos primordiais de igual importância,[2,3] embora ideias semelhantes tenham surgido no Egito, na Índia e na China (cinco elementos) por volta de 1500 a.C.[2] A Figura 2 representa os quatro elementos terrestres. Ela aparece em *De responsione mundi et astrorum ordinatione* (Augsburgo, 1472), um livro baseado nos escritos de Santo Isidoro, bispo de Sevilha durante o século VII d.C.[4]

Figura 2 ■ Os quatro elementos dos antigos: Fogo, Ar, Terra e Água. Imagem reproduzida de Santo Isidoro, *De responsione mundi et astrorum ordinatione* (Augsburgo, 1472) (cortesia de The Beinecke Rare Book and Manuscript Library, Universidade Yale).

Embora Empédocles tenha escrito sobre a estrutura física real da matéria, foi somente no século V a.C. que dois filósofos da Escola de Mileto enunciaram uma cosmologia atômica coerente. Nenhum dos escritos de Leucipo chegou até nós, mas é amplamente aceito que ele existiu; e alguns dos escritos de seu aluno Demócrito (ca. 460-ca. 370 a.C.) são conhecidos. Para esses pensadores, existiriam duas realidades na natureza: Átomos (do grego *atomos*, que significa não-divisível) e Vácuo (derivado de *vacuus*, que significa vazio).[3] Considerava-se que o Vácuo seria tão real quanto os Átomos. Pensava-se que os átomos de água eram lisos e escorregadios, e que átomos de ferro eram providos de ganchos.

Aristóteles (384-322 a.C.) é considerado como um dos dois maiores pensadores da Antiguidade, ao lado de Platão.[1] Aristóteles propôs a existência de uma espécie de elemento celeste primordial, o "éter", e a cada um dos quatro elementos terrestres atribuiu um par de "qualidades" opostas ou contrárias (úmido *versus* seco; quente *versus* frio). As relações entre os elementos e suas qualidades podem ser representadas por um quadrado, no qual as qualidades contrárias encontram-se elegantemente situadas em arestas opostas. O quadrado é um dos símbolos fundamentais que aparecem com frequência em manuscritos e livros alquímicos, avançando mesmo pelo século XVIII. Assim, um líquido (rico em água) é frio e úmido, enquanto seu vapor (rico em ar) é quente e úmido. Para vaporizar um líquido, basta adicionar calor – deslocar-se da aresta frio para a aresta quente do quadrado. Para dissolver um sólido (rico em terra), adicione úmido; para queimar o sólido, adicione quente. O fogo não seria sólido, líquido nem gás, mas uma forma de energia interna – semelhante, talvez, ao conceito setecentista de "calórico" proposto por Lavoisier.[2]

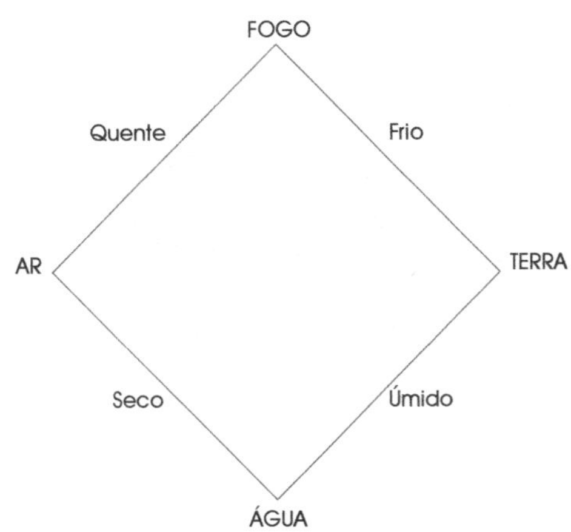

Aristóteles era antiatomista, em parte por não acreditar que o espaço pudesse ser vazio. Essa visão foi adotada pelo grande matemático e filósofo Rene Descartes (1596-1650), que propunha apenas dois princípios na matéria (extensão e movimento), e rejeitava as quatro qualidades aristotélicas. A ideia de *extensão* o levou a rejeitar a ideia de átomos finitos, e ele considerava ridículo o conceito de vácuo ("A natureza tem horror ao vácuo").[5] Assim, nos séculos XVII e XVIII houve conflito intelectual entre os cartesianos (a escola de Descartes) e a escola corpuscular (corpúsculos seriam conceitualmente similares aos átomos), que incluía Robert Boyle e Isaac Newton.[6]

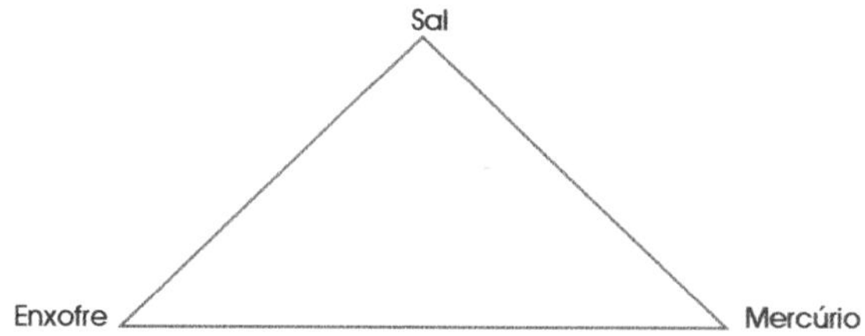

Durante o Renascimento, as concepções gregas clássicas sobre a natureza foram finalmente contestadas por pessoas como Paracelso.[7] Paracelso expandiu uma antiga concepção de matéria segundo a qual esta seria uma união entre um sublime enxofre dos filósofos ("Enxofre Sófico" – frequentemente caracterizado como masculino) e um sublime mercúrio dos filósofos ("Mercúrio Sófico" – frequentemente caracterizado como feminino). Estes não estão relacionados com os elementos químicos que hoje reconhecemos como enxofre e mercúrio. A eles Paracelso juntou o Sal como o terceiro Princípio. Assim, o Mercúrio é o Espírito, o Enxofre é a Alma, e o Sal é o Corpo Material. A relação entre eles é representada por um triângulo – outra grande metáfora encontrada em manuscritos e livros alquímicos até o século XVIII.

Toda a matéria seria composta desses três princípios em proporções variadas. Mais adiante (Fig. 43) veremos dois triângulos simbólicos como esse na *Basilica chymica* de Oswald Croll. Croll apresentou a alquimia paracelsista: o triângulo de baixo apresenta Vida, Espírito e Corpo (ou Fogo, Ar e Água; ou ainda, Animal, Vegetal e Mineral). Símbolos de triângulos e quadrados são abundantes na alquimia. Os Sioux* viam o círculo como seu mais elevado ideal: "o círculo da Vida", o *tipi,*** a fogueira.[8] Em sua sátira *Flatland*, escrita no século XIX, Edwin Abbot retrata o crescente aperfeiçoamento através das sucessivas gerações à medida que um triângulo gera um quadrado, que gera um pentágono, e assim por diante. Um *megágono* se aproxima da perfeição de um círculo – uma espécie de transmutação geracional.

A visão moderna do átomo é de que ele *é* divisível, e que as partículas fundamentais constituintes de todos os átomos de todos os elementos são: os prótons (carga positiva), os nêutrons (carga zero) – em um núcleo inimaginavelmente denso, que ocupa uma fração minúscula do volume do átomo – e os elétrons (carga negativa).[9] O núcleo positivo e os elétrons negativos são nos-

* N.T.: Nação indígena da América do Norte.

** N.T.: Tendas de forma cônica, usadas pelos índios nômades das Grandes Planícies da América do Norte.

sos "contrários" modernos. (Aliás, foi Benjamim Franklin quem introduziu a nomenclatura positivo-negativo no contexto da eletricidade.)[10] Os elétrons são considerados partículas fundamentais com tempo de vida infinito, e de fato são uma das seis partículas subatômicas chamadas léptons. Prótons e nêutrons não são consideradas fundamentais, e pertencem a uma classe muito complexa de partículas subatômicas chamadas de hádrons. Fora do núcleo, um nêutron livre tem meia-vida de apenas 17 minutos, e decai em um próton, um elétron (partícula ß) e um antineutrino – outro lépton.[9] Assim, com base nessa visão moderna, podemos desenhar um triângulo no estilo paracelsista – mas não um triângulo equilátero, na medida que o nêutron pode dar origem aos outros dois. A *Prima Materia* moderna poderia ser uma densa estrela de nêutrons.

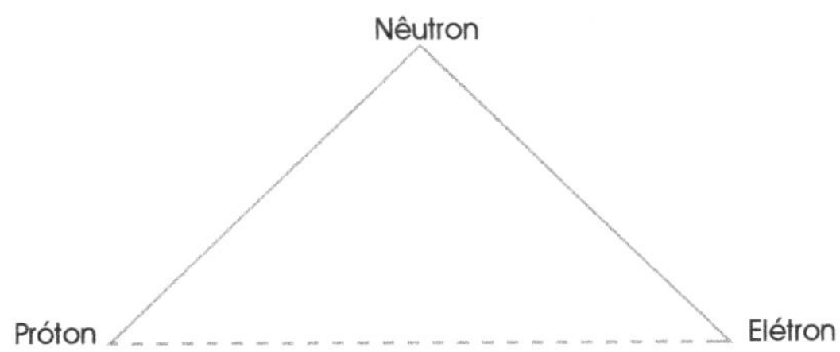

1 ▪ *Encyclopedia Brittanica*, 15. ed. Chicago, 1986, v. 11, p. 670.

2 ▪ J. Read, *Prelude to chemistry*, Nova York, MacMillan, 1937, p. 8-11.

3 ▪ B. Pullman, *The atom in the history of human thought*, Nova York, Oxford University Press, 1998, p. 2-47.

4 ▪ I. MacPhail, *Alchemy and the occult*, New Haven, Yale University Library, 1968, v. 1, p. 3-4.

5 ▪ Duas fontes de citações simplesmente registram esta frase (*Natura abhorret vacuum*) como sendo um provérbio latino. [B. Evans, *Dictionary of quotations*, Nova York, Delacorte Press, 1968, p. 720; e *Dictionary of foreign quotations*, R. Collison e M. Collison (ed.), Nova York, Facts on File, 1980, p. 241]. Uma fonte a atribui a *Gargantua*, de 1534, mas a partir de uma fonte latina antiga [A. Partington (ed.), *The Oxford dictionary of quotations*, 4. ed., Nova York, Oxford University Press, 1992, p. 534]; *Bartlett's familiar quotations*, 16. ed., J. Kaplan (ed.), Boston, Little, Brown, 1992, p. 277, atribui a frase a Spinoza em 1677. Achei que você iria gostar de saber disso para contar no próximo *happy hour*.

6 ▪ B. Pullman, op. cit., p. 140-142, 157-163.

7 ▪ J. Read, op. cit., p. 21-30.

8 ▪ J. Lame Deer e R. Erdoes, *Lame Deer seeker of visions*, Nova York, Simon and Schuster, 1972, p. 108-118.

9 ▪ B. Pullman, op. cit., p. 343-353.

10 ▪ J. R. Partington, *A history of chemistry*, Londres, MacMillan, 1962, v. 3, p. 66.

UNIFICANDO O INFINITO E O INFINITESIMAL

Faz parte da natureza humana tentar harmonizar nosso universo – tentar unificar o infinito com o infinitesimal. Pitágoras e seus seguidores desenvolveram uma concepção puramente matemática do universo. Conforme observado por Pullman:[1] "De fato, os pitagóricos afirmavam que os números eram a essência de todas as coisas. Os números seriam a fonte do real; eles próprios constituiriam as coisas do mundo".

Mendeleev desenvolveu a Tabela Periódica cerca de 2.400 anos após a morte de Pitágoras. Ele jamais poderia compreender a origem de seu ordenamento. Porém, em 1926, a nova mecânica quântica de Schrödinger explicou a Tabela Periódica recorrendo a apenas quatro números quânticos (n, l, m_l e m_s), que hoje os estudantes aprendem no ensino médio. Pitágoras teria ficado satisfeito, mas não surpreso.

A Figura 3 é de *Harmonices mundi* (1619), de Johannes Kepler. Os extravagantes desenhos no centro, à direita, representam os cinco sólidos platônicos – poliedros cujas faces são constituídas uniformemente por triângulos, quadrados ou pentágonos. Geralmente se atribui ao pitagórico Filolau de Tarento (480 a.C.-?) a correlação dos quatro elementos terrestres a esses poliedros.[1] A partir do centro e do alto, e no sentido anti-horário, temos o tetraedro (fogo), o octaedro (ar), o cubo (terra) e o icosaedro (água). Platão acrescentou o quinto sólido, o dodecaedro, para representar o universo (semelhante ao éter de Aristóteles). O tetraedro é o mais pontudo desses poliedros, e o fogo é, portanto, o elemento "mais penetrante". O dodecaedro é o mais parecido com uma esfera, o mais perfeito. Seus pentágonos são também peculiares – não se pode ladrilhar um piso com pentágonos como se pode fazer com triângulos, quadrados e hexágonos. Além disso, Platão imaginou que os próprios quatro elementos terrestres seriam constituídos de triângulos fundamentais: um triângulo retângulo isósceles A (obtido dividindo-se ao meio a face quadrada do cubo) e um triângulo retângulo B (obtido dividindo-se a face triangular equilátera do tetraedro, octaedro ou icosaedro). A terra seria constituída pelo triângulo A. O ar, o fogo e a água seriam constituídos pelo triângulo B e, portanto, poderiam ser interconvertidos.[1]

Em seu livro de 1596, *Mysterium cosmographicum*, Kepler propôs um sistema solar no qual as órbitas dos seis planetas conhecidos estavam localizadas em esferas concêntricas inscritas e circunscritas nesses cinco poliedros, organizados concentricamente.[2] Nas palavras de Jacob Bronowski:[3] "Toda ciência é a busca pela unidade nas semelhanças ocultas". Ele também afirmou: "Para nós, as analogias pelas quais Kepler ouviu o movimento dos planetas na música das esferas são forçadas. Contudo, seriam elas mais forçadas do que o arrojado salto por meio do qual Rutherford e Bohr, em nosso próprio século, fundaram um modelo para o átomo baseado não em outra coisa, mas no sistema planetário?"

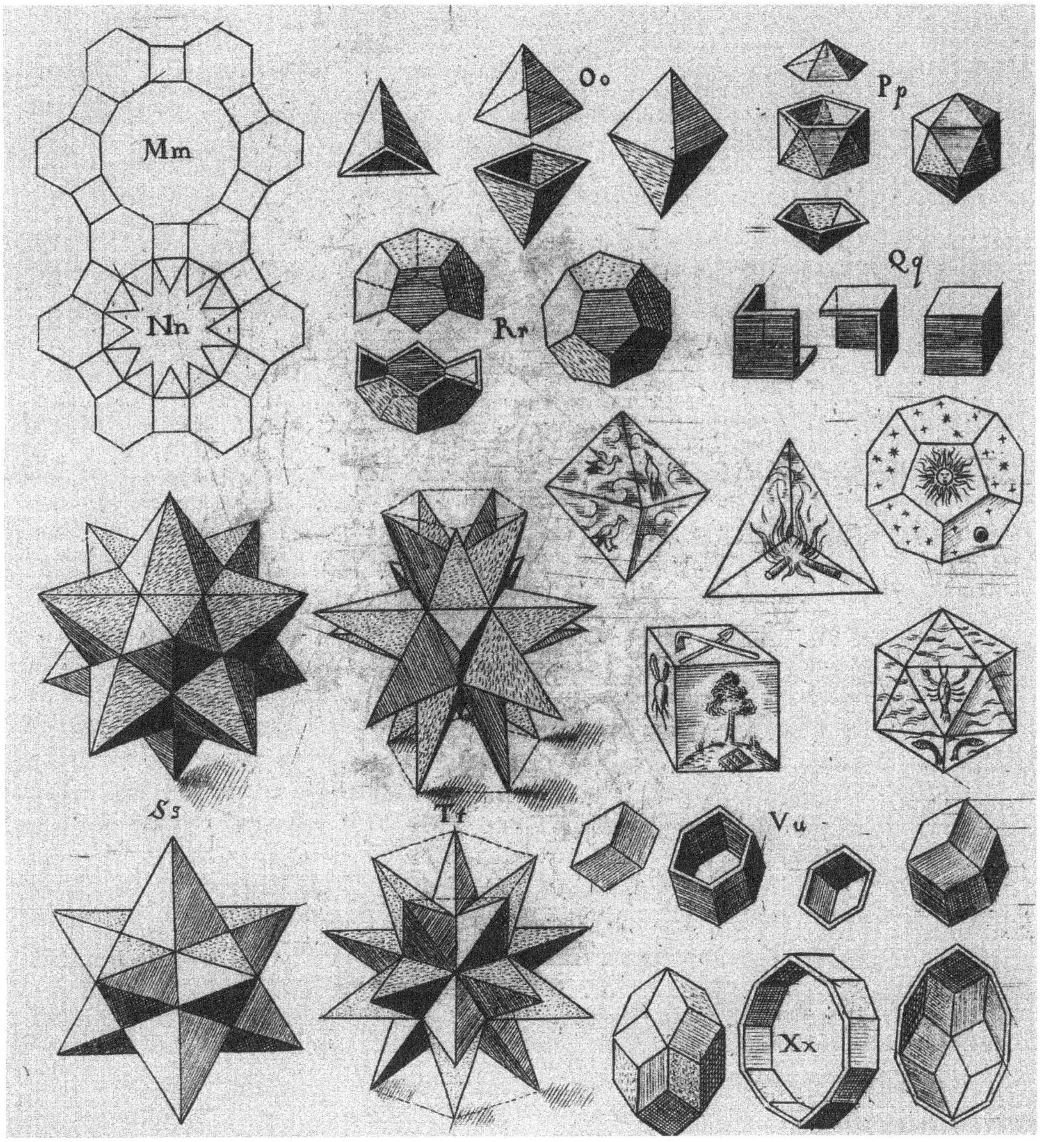

Figura 3 ■ Os poliedros no livro *Harmonices mundi* (Linz, 1619), de Johannes Kepler. Observe os cinco sólidos platônicos no centro dessa figura, à direita, representando os quatro elementos terrestres: Ar, Fogo, Água e Terra, e também o quinto (celestial) elemento Éter (cortesia da Divisão de Coleções Raras e Manuscritas, Biblioteca Carl A. Kroch, Cornell University).

1 ■ B. Pullman, *The atom in the history of human thought*, Nova York, Oxford University Press, 1998, p. 25-27, 49-57.

2 ■ O modelo poliédrico de Kepler é belamente ilustrado e descrito na página 95 do livro de Istvan e Magdolna Hargittai, *Symmetry – a unifying concept*, Bolinas, CA, Shelter, 1994. Este livro também me inspirou o uso dos poliedros de *Harmonices mundi*, de Kepler.

3 ■ J. Bronowski, *Science and human values*, edição revista, Nova York, Perennial Library Harper & Row, 1965, p. 12-13.

SEMEANDO A TERRA COM METAIS

A química começou a emergir como uma ciência no início do século XVII. Suas raízes incluíam a química prática (mineração e purificação de metais, criação de jóias, cerâmica e armas de fogo), a química médica (uso de ervas e de vários preparados feitos a partir delas), e crenças místicas (busca pela Pedra Filosofal ou Elixir Universal).

A Figura 4 é o frontispício da última edição alemã (1736) do livro de Lazarus Ercker, *Aula subterranea...*, publicado pela primeira vez em Praga, em 1574. Diferentemente de tantos outros livros do século XVI, esse importante tratado sobre minérios, análises e química mineral foi escrito de maneira simples e clara por um indivíduo que tinha experiência própria nas artes da mineração. Por esse motivo (e por sua beleza), o livro foi reeditado muitas vezes por um período de mais de 160 anos. As pranchas da edição de 1736 foram feitas com os mesmos blocos de impressão usados na edição de 1574; a gradual, porém ligeira e acumulativa, deterioração dos blocos é evidente nas várias edições.[1] Imagine o valor atribuído a esse trabalho para fazer com que os impressores conservassem cuidadosamente os blocos por séculos.

Esta bela prancha representa a semeadura dos metais na terra (onde se acreditava que eles se multiplicassem) feita por Deus, e o árduo trabalho humano de minerá-los, purificá-los e analisá-los. Embora reconheçamos sete metais (ouro, prata, mercúrio, cobre, chumbo, estanho e ferro), além de arsênico e enxofre, como os nove elementos conhecidos pelos antigos, eles certamente não eram reconhecidos na época como elementos no sentido moderno. Em vez disso, eram considerados combinações místicas de, por exemplo, sal, mercúrio sófico e enxofre sófico.

1 ■ A. G. Sisco e C. S. Smith, *Lazarus Ercker's treatise on ores and assaying* (traduzido da edição alemã de 1580), Chicago: The University of Chicago Press, 1951.

Figura 4 ■ Frontispício da última edição de *Aula subterranea...* de Lazarus Ercker (Frankfurt, 1736), representando Deus semeando a terra com metais, e sua colheita e refinação pelas pessoas. (A primeira edição desse livro foi publicada em 1574; os blocos de impressão originais foram utilizados para imprimir as pranchas em todas as edições subsequentes.)

CARACTERES QUÍMICOS

A tabela de símbolos químicos da Figura 5 pertence ao livro intitulado *The royal pharmacopoea, galenical and chymical, according to the practice of the most eminent and learned physitians of France, and publish'd with their several approbations*, edição inglesa publicada em 1678. O autor, Moses Charas, fugiu da perseguição religiosa na França para encontrar o culto ambiente intelectual da Inglaterra de Carlos II, que estabelecera a Royal Society. Entre os membros dessa sociedade estavam Robert Boyle, Robert Hooke e Isaac Newton.

Os elementos listados na tabela incluem os nove elementos antigos, descritos anteriormente, e uns outros poucos que são facilmente separáveis. É claro que o ouro, por ser "inerte", é encontrado comumente em estado não combinado, e sua alta densidade (o ouro é cerca de 8 vezes mais denso que a areia) permite que seja bateado. De fato, hoje sabemos que os gases inertes, como hélio, neônio, argônio, criptônio e xenônio, também são encontrados não combinados na natureza, mas eles são incolores e inodoros. Em todo caso, de repente avançamos mais de duzentos anos no tempo, e pedimos desculpas ao leitor se nos deixamos levar pelo nosso entusiasmo.

A associação dos elementos com os planetas e seus símbolos, evidente na Figura 5, parece ter sido adotada a partir de ideias das culturas árabes na Idade Média. A associação do ouro com o sol é muito óbvia. As outras são mais sutis. Por exemplo, entre os planetas, Mercúrio parecia aos antigos mover-se mais rapidamente no céu, sendo o mais apropriado como mensageiro. As asas de Mercúrio representavam bem a volatilidade do metal. Em contraste, Saturno era o mais distante dos planetas observados pelos antigos (Urano, Netuno e Plutão foram descobertos nos séculos XVIII, XIX e XX, respectivamente). O movimento aparentemente lento desse planeta pelo céu foi comparado a Saturno, o deus da semeadura ou da agricultura, que às vezes é representado com uma perna de madeira. O chumbo era denso, lento... plúmbeo. Uma pessoa *saturnina* é preguiçosa ou triste (não devendo ser confundida com uma pessoa *saturnal* – dissolutamente alegre ou orgíaca, em referência às festas romanas denominadas *saturnais*).

Mas, voltemos a um uso moderno da metáfora, com base no tóxico elemento chumbo, e visitemos o livro *A tabela periódica*, de Primo Levi,[1] que usou 21 elementos como metáforas em 21 histórias. Por exemplo:

> Meu pai e todos nós Rodmund em linha paterna exercemos desde sempre este ofício, que consiste em reconhecer uma certa e pesada pedra, encontrá-la em países distantes, aquecê-la num certo modo que nós conhecemos e dela extrair o chumbo negro. Perto de minha aldeia havia uma jazida grande: dizem que fora descoberta por um meu antepassado, que chamavam Rodmund Dentes Azuis. É uma aldeia de operários do chumbo: todos o sabem fundir e trabalhar, mas

> somente nós Rodmund sabemos encontrar a pedra e garantir que é a verdadeira pedra de chumbo, não uma das tantas pedras pesadas que os deuses semearam pelas montanhas para enganar o homem. São os deuses que fazem crescer sob a terra os veios dos metais, mas os mantêm secretos, ocultos; quem os encontra é quase igual a eles e, por isso, os deuses não o amam e tentam confundi-lo. Não nos amam a nós, Rodmund: mas não nos preocupamos com isso.
>
> Todos os homens retomaram os velhos misteres, mas eu não: assim como o chumbo, sem nós, não vê a luz, nós sem o chumbo não podemos viver. Nossa arte faz enriquecer, mas faz morrer na juventude. Alguns dizem que isso ocorre porque o metal entra no sangue e o debilita pouco a pouco; outros pensam ser uma vingança dos deuses, mas, de todo modo, a nós Rodmund importa pouco que nossa vida seja curta, porque somos ricos, respeitados e corremos o mundo.
>
> Assim, depois de seis gerações de descanso, recomecei a viajar em busca de pedras para fundir ou para outras pessoas fundirem, ensinando-lhes a arte em troca de ouro; aí está, nós Rodmund somos nigromantes: mudamos o chumbo em ouro.

Com a vista desarmada, as pessoas na Antiguidade eram capazes de discernir que o planeta Marte é vermelho, assim como a cal de ferro ("ferrugem"). É intuitivamente razoável associar Marte – o deus da guerra – com o ferro, o material de que são feitas as armas, e também com o sangue. Executivos de empresas do final do século XX usavam "gravatas do poder" vermelhas em reuniões. Em uma confirmação (quase maravilhosa demais) da intuição antiga, os achados da Missão Viking da Nasa – que fez pousar duas sondas espaciais em Marte em 1976 – indicaram uma superfície vermelha composta de óxidos de ferro. Ou seja: os antigos fizeram uma análise química a olho nu a mais de 50 milhões de quilômetros – nada mau!

Mas vamos levar a ironia mais um ou dois passos adiante. No momento em que este texto foi escrito, parece que Marte enviou seu próprio mensageiro para a Antártica há 13 mil anos, na forma do meteorito ALH84001.[2] A comparação do conteúdo de isótopos de carbono nos glóbulos de carbonato existentes no meteo rito com os dados das sondas Viking indica sua origem marciana. Entre os fragmentos de evidências químicas, a identificação de sulfeto de ferro (II), juntamente com óxidos de ferro, sugere uma origem biogênica – pois esses dois compostos são essencialmente incompatíveis sob condições abióticas. A eletrizante, ainda que talvez prematura, conclusão dos cientistas é a seguinte:[2]

> Embora haja explicações alternativas para cada um desses fenômenos considerados individualmente, quando considerados em conjunto – em particular, devido a sua associação geográfica –, concluímos que eles constituem evidência de vida primitiva no passado marciano.

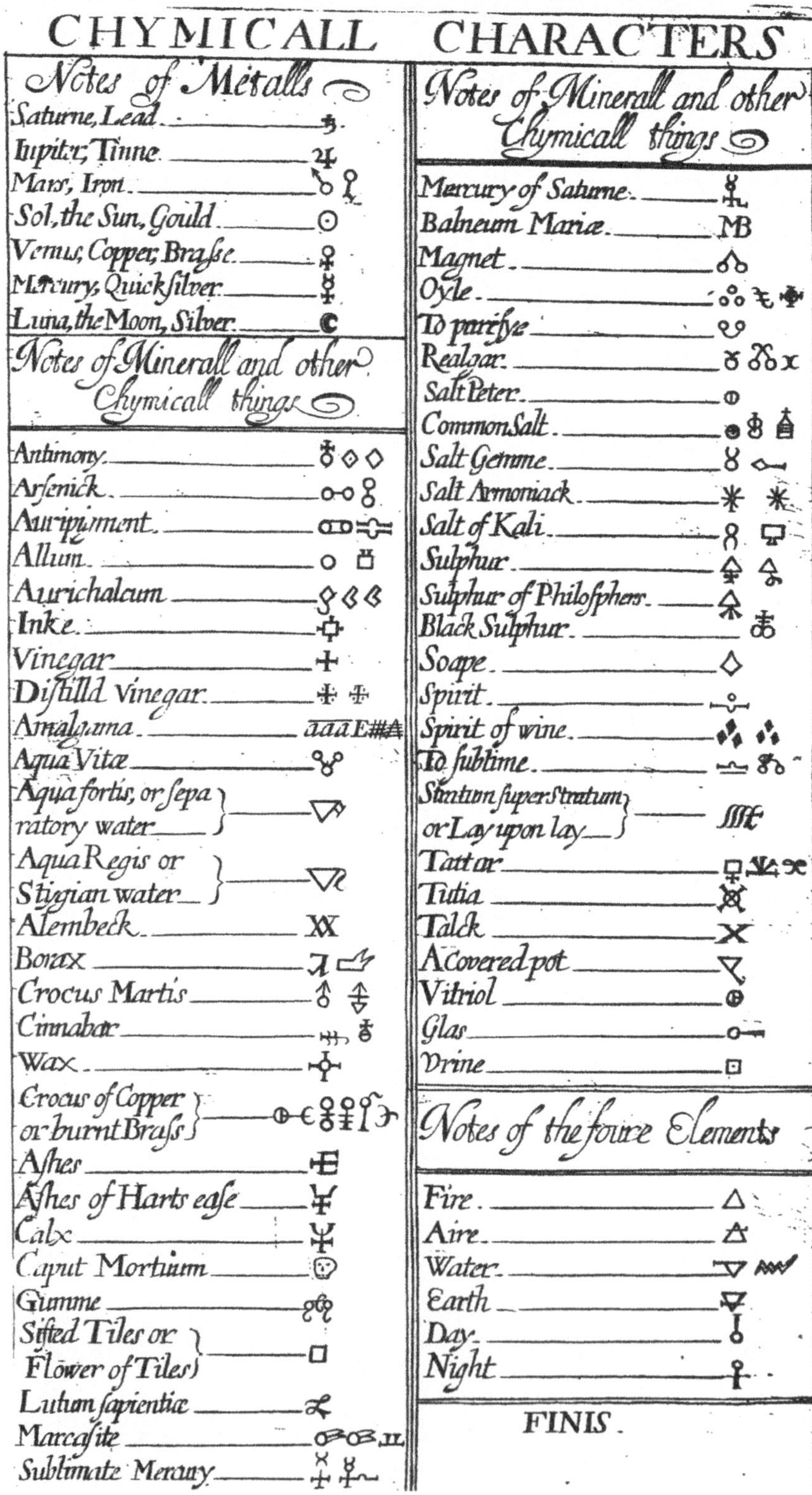

Figura 5 ■ Símbolos químicos do livro *The royal pharmacopoea*, de Moses Charas (Londres, 1678).

1 P. Levi, *A tabela periódica* (tradução brasileira do original italiano, por Luiz Sérgio Henriques), Rio de Janeiro, Relume-Dumará, 2001 (vide p. 85-86 para as duas citações feitas aqui).

2 D. S. McKay, E. K. Gibson Jr., K. L. Thomas-Keprta, H. Vali, C. S. Romanek, S. J. Clemett, X. D., F. Chillier, C. R. Maechling, e R. N. Zare, *Science*, **273**(5277):924-930, 1996.

QUÍMICA PRÁTICA: MINERAÇÃO, ANÁLISE E REFINO[1]

A Figura 6 representa uma vista do interior de um laboratório de análise de minerais do final do século XVI. As Figuras de 6 a 16, assim como a Figura 4, são da edição de 1736 do livro *Aula subterranea...* de Ercker, e foram impressas utilizando as pranchas da edição de 1574. A Figura 7 representa uma máquina para lavar minérios de ouro aluvial. A elevada densidade do ouro, 19,3 g/cm^3 (a densidade da água é de 1,0 g/cm^3, e a do mercúrio é de "apenas" 13,6 g/cm^3), permite que ele seja facilmente separado da areia e de outros minerais.

Figura 6 Um laboratório de análise de minerais do século XVI (Ercker; vide Fig. 4).

Figura 7 ▪ Uma máquina quinhentista para a lavagem de minérios de ouro aluvial (Ercker, vide Fig. 4). A grande densidade do ouro (19,3 g/cm^3) permite sua rápida separação de outros minerais mais leves.

Figura 8 ■ Produção de copelas a partir de ossos triturados e calcinados, misturados em seguida com cerveja, e moldando-se a pasta resultante. Os óxidos dos metais menos nobres, como o ferro, são absorvidos pela copela, enquanto o ouro ou a prata derretidos permanecem na superfície (Ercker, vide Fig. 4).

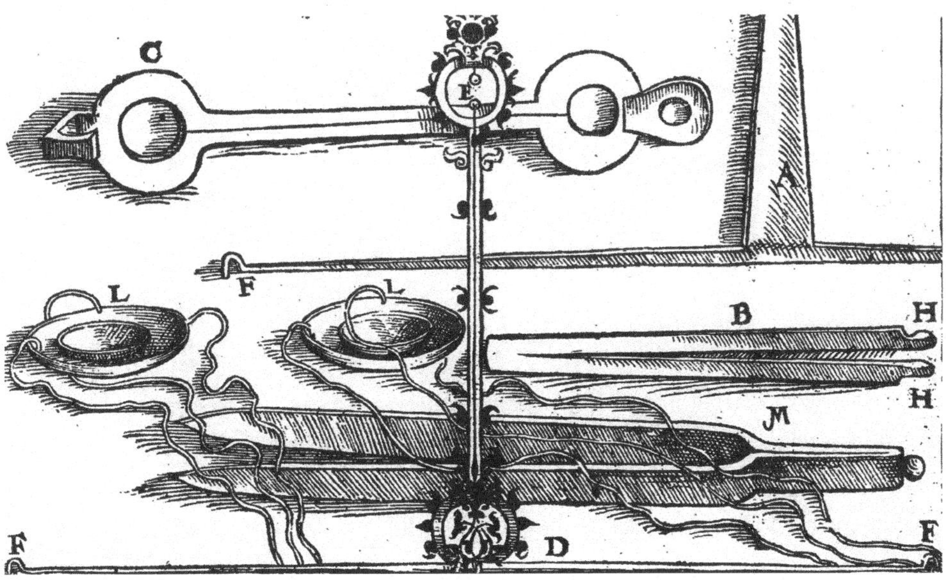

Figura 9 ■ Uma balança do século XVI para análise de minerais (vide texto; Ercker, vide Fig. 4).

Figura 10 ■ Uso do mercúrio para dissolver o ouro contido no concentrado do minério. O amálgama de ouro é aquecido em seguida, e o mercúrio é destilado (Ercker, vide Fig. 4).

A Figura 8 representa as operações para produzir copelas. A copelação era uma técnica para purificar ouro ou prata dos minérios. As copelas eram objetos em forma de copo, feitas de ossos moídos, nas quais se colocavam os minérios triturados. Os minérios eram, em sua maioria, sulfetos; seu aquecimento, em contato com o ar, levava à calcinação dos sulfetos e à formação de óxidos dos metais menos nobres (isto é, mais reativos), enquanto o ouro ou a prata eram derretidos. Os óxidos eram absorvidos pela copela, permanecendo em sua superfície uma gota de ouro ou prata.

Para produzir copelas, ossos de bezerro ou carneiro são calcinados (aquecidos em recipiente aberto), esmagados e triturados até ficarem com aspecto de farinha. Essa "cinza" é umedecida com cerveja de elevado teor alcoólico. A cinza é então colocada em moldes de copelas (vide *A* e *C*, Fig. 8), e recoberta com cinzas apropriadas – as melhores, segundo Ercker, seriam obtidas da parte frontal de crânios de bezerros. A cinza nos moldes é em seguida prensada para adquirir o formato adequado (vide *H*, um homem prensando copelas), removida dos moldes (vide *B* e *D*, e o monte de copelas *E*), e as copelas são colocadas para secar. Na Figura 8, *G* representa um homem lavando as cinzas e *F* são bolas de cinzas lavadas.

A Figura 9 representa uma balança utilizada na análise de minerais, e inclui: (*A*) balancim de metal forjado, (*B*) manilha, (*C*) meia manilha, (*D*) braço da amostra com meia manilha, (*E*) duas pequenas contas – extremidade superior da manilha e fiel, (*F*) pivôs, (*G*) como o braço é suspenso, (*H*) casquilhos da manilha, (*K*) nós para pendurar os cordões, (*L*) pratos da balança e (*M*) fórceps para amostras.

A Figura 10 representa a amalgamação de concentrados de ouro, e a recuperação do mercúrio pela destilação do amálgama. Um dos mais antigos preceitos da química é *semelhante dissolve semelhante*, que explica por que o óleo flutua sobre a água enquanto o álcool se mistura totalmente com ela. O mercúrio, sendo um metal líquido, dissolve outros metais puros formando ligas chamadas de amálgamas. O aquecimento relativamente brando do amálgama volatiliza o mercúrio, separando-o do metal de interesse. Entretanto, o mercúrio não dissolve sais (cales, ou óxidos ou sulfetos) dos metais. Assim, o minério triturado era tratado com vinagre por dois ou três dias por Ercker, em seguida lavado, e esfregado com mercúrio – primeiro manualmente, depois com um pilão de madeira, pelo amalgamador representado na Figura 10 (*F*). (*Observação:* O mercúrio elementar é muito tóxico. Ele provocava danos ao sistema nervoso dos trabalhadores que faziam chapéus na Inglaterra durante o século XIX: era a "Doença do Chapeleiro Louco" – a fonte da loucura na hora do chá da história de Alice no País das Maravilhas. Houve preocupação, já no século XX, de que os amálgamas usados para fazer obturações nos dentes poderiam liberar um fluxo contínuo de vapor de mercúrio.) O mercúrio era purificado ao ser colocado dentro de um saco de couro, que era espremido para que o mercúrio o atravessasse [vide (*L*) e (*G*) na Fig. 10]. A destilação para separar o mercúrio do amálgama empregava: um grande forno chamado atanor (*A*), o qual fornecia calor uniforme e constante, câmaras laterais (*B*), um recipiente de argila (*C*), e uma cabeça de destilação (*D*), uma cabeça fechada na qual se podia colocar água para resfriamento (*E*), e um pote de ferro [parte inferior (*H*); parte superior (*K*)] para armazenar o amálgama que seria aquecido. Também está representado (*M*) um homem que refunde o ouro usando um fole.

Figura 11 ■ Destilação de *aqua regia** (mistura 3:1 de HCl e HNO_3) (Ercker, vide Fig. 4). Essa "água real" é capaz de dissolver o ouro. (Vide, na Seção VIII, o ensaio "A química do ouro é nobre, mas não é simples".)

Figura 12 ■ O uso do "ácido de partição" (principalmente HNO_3) para separar a prata do ouro. A prata é solúvel nesse ácido, mas o ouro não (Ercker, vide Fig. 4).

* ■ N.T.: Chamada, em português, de "água régia".

Figura 13 Um forno autoalimentado para cementação, do século XVI (vide texto; Ercker, vide Fig. 4).

Figura 14 ■ Redução de minério de bismuto a céu aberto; o bismuto fundido recém-formado flui para os recipientes (Ercker, vide Fig. 4).

Aqua regia (três partes de ácido clorídrico e uma parte de ácido nítrico) tinha a valiosa propriedade de dissolver o ouro e permitir a sua pronta recuperação (vide nossa discussão mais adiante, a respeito da sutil química que está envolvida). A Figura 11 mostra a destilação de *aqua regia* envolvendo: o atanor (*A*) e uma câmara (*B*) para o frasco, colocado como se sugere em (*C*). (*D*) é a cabeça de destilação feita de vidro, e (*E*) é o frasco para recolher o produto.

Figura 15 ■ Etapas da lixiviação e concentração (por ebulição) do salitre, obtido de esterco envelhecido de carneiro (Ercker, vide Fig. 4).

A Figura 12 representa o uso do ácido de partição para separar a prata do ouro. O ácido de partição (essencialmente ácido nítrico) "dissolve" a prata, mas não o ouro. É obtido fundindo-se salitre puro (nitrato de potássio, KNO_3) com vitríolo, $FeSO_4$, adicionando-se pequena quantidade de água e destilando-se.

A Figura 13 mostra um forno autoalimentado para cementação – um processo que tem algumas semelhanças com a copelação para purificar o ouro. O "cimento" é feito com quatro partes de pó de tijolos, duas partes de sal e uma parte de vitríolo branco (sulfato de zinco, $ZnSO_4$). Tritura-se essa mistura sólida e umedece-se o pó com urina ou vinagre branco concentrado. Cobre-se o fundo do pote com uma camada de um dedo de espessura desse cimento, e sobre esta colocam-se tiras de ouro impuro, marteladas até ficarem bem finas. Umedece-se então com urina, para posterior purificação. Seguem-se camadas alternadas de cimento e de fitas de ouro, finalizando com uma camada superior de cimento de meio dedo de espessura. Aquece-se no forno por 24 horas, a uma temperatura inferior à do ponto de fusão do ouro. Ao final, o pó é removido, deixando um ouro de 23 quilates. Ouro puro é 24 quilates.

Figura 16 ■ Tinas e barris de lixívias concentradas de salitre (vide Fig. 15). Cem libras do concentrado produzem cerca de 70 libras de salitre (Ercker; vide Fig. 4).

A Figura 14 representa a redução do bismuto a céu aberto, com a ajuda de um vento muito estilizado. Colocam-se pedaços de minério do tamanho de nozes em tachos, de maneira que o fogo, alimentado pelo vento, provoque a redução do minério e faça o bismuto líquido fluir pelos tachos.

Embora o salitre fosse usado para preparar ácido nítrico (para pesquisa?) em pequena escala, sua maior demanda era para a manufatura da pólvora. A Figura 15 representa etapas da lixiviação e concentração, por ebulição, do salitre. Em primeiro lugar, a melhor "terra" para a obtenção de salitre era, de acordo com Ercker, aquela proveniente de antigos currais de carneiros (contendo restos de excrementos e materiais de construção apodrecidos). A parte (*A*) representa a "terra" a ser lixiviada, e (*B*) mostra os canos contendo água que irá fluir para as tinas. As tinas são drenadas continuamente para as calhas (*C*), que conduzem a lixívia para um reservatório (*D*). A parte (*E*) representa uma pequena tina, de onde a lixívia flui para uma caldeira; de (*F*) a (*L*) são representadas partes do forno. As caldeiras evaporam considerável parte da água, produzindo um "licor" concentrado.

A Figura 16 mostra tachos (*F*) e vasilhas (*G*) para a cristalização da lixívia concentrada. Cem libras deste concentrado produzem, após a cristalização, cerca de 70 libras de salitre.

[1] ■ As traduções e interpretações feitas aqui foram baseadas em A. G. Sisco e C. S. Smith, *Lazarus Ercker's treatise on ores and assaying* (traduzido da edição alemã de 1580), Chicago, The University of Chicago Press, 1951.

SEÇÃO II

ALQUIMIA ESPIRITUAL E ALEGÓRICA

A PEDRA FILOSOFAL NÃO PODE MAIS SER PROTEGIDA POR PATENTE

A maravilhosa trilogia de John Read, *Prelude to chemistry*,[1] *Humour and humanism in chemistry*[2] e *The alchemist in life, literature and art*,[3] inclui muitas preciosidades. Por exemplo, em *Prelude* podemos ver divulgada, e claramente revelada pela primeira vez –, portanto, não mais passível de ser patenteada –, a receita da Pedra Filosofal[1] (também conhecida como *Lapidus Philosophorum*, Tintura Vermelha, Quintessência, Panaceia, Elixir da Vida, Leite das Virgens, Saliva da Lua, Sangue da Salamandra, Mênstruo Metalífero, e centenas de outros nomes tão claros quanto esses).[1]

Em *Humour*, Read apresenta o que seria a pontuação de um jogo de críquete cósmico, entre um time de estrelas atemporal liderado por Hermes Trismegistos (223 corridas) e outro time capitaneado por Noé (210 corridas).[2] Os árbitros do jogo eram Salomão e Cam,* auxiliados pelos Bacon boys (Roger e Francis). Entre os vencedores, Aristóteles contribuiu com 4 corridas (os elementos terrestres), e Paracelso, com 3 corridas (*tria prima*: enxofre, mercúrio e sal) – e vai daí para pior!

De qualquer forma, e sem mais delongas, aqui está a receita da Pedra Filosofal ("azougue" é o verdadeiro elemento mercúrio):[1]

* ■ N.T.: Um dos filhos de Noé, segundo a *Bíblia*.

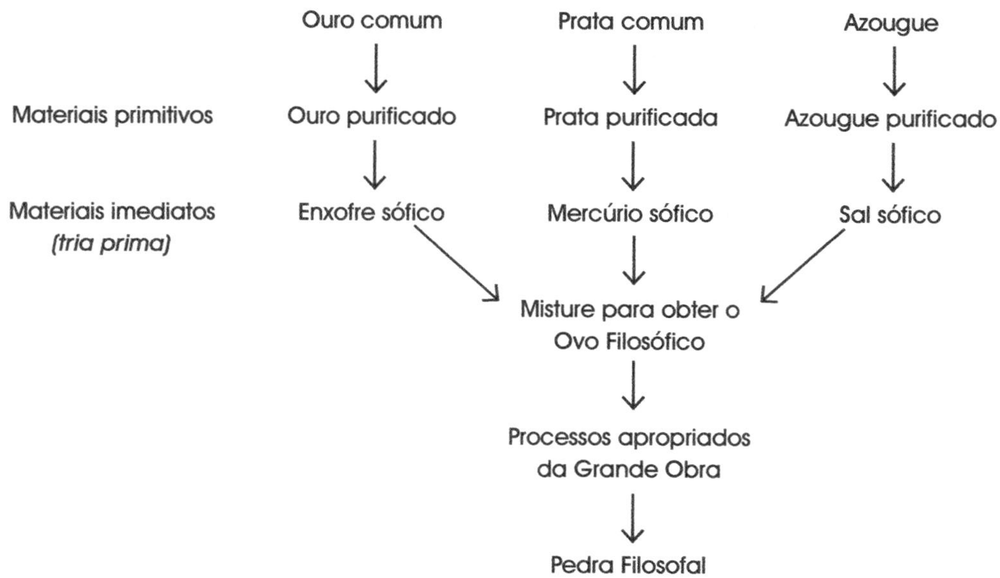

As Doze Chaves de Basílio Valentim [Figs. 17 a 20, incluindo a Fig. 20(c) como "Resumo"] representam os Processos da Grande Obra, nos tempos em que não havia advogados de patentes. As imagens são quase tão obscuras quanto o jargão jurídico, e sua intenção era claramente a de proteger o capital investido no empreendimento. Algumas delas se referem a processos específicos (o número doze não é por acaso – uma para cada signo do zodíaco).[1] Cada processo é mais bem executado sob o signo apropriado (por exemplo: destilação sob Virgem; digestão sob Leão – poderia ser outro?; o uso final da Pedra, projeção, sob Peixes). Isso significa, idealmente, a necessidade de um ano para produzir cada Quintessência, e muitos intervalos para "envelhecimento" – um uso ineficiente do tempo e do espaço comercial que certamente irá irritar os contadores da empresa.

[1] J. Read, *Prelude to chemistry*, MacMillan, Nova York, 1937, p. 127-142.
[2] J. Read, *Humour and humanism in chemistry*, Londres, Bell, 1947, p. 12-14.
[3] J. Read, *The alchemist in life, literature and art*, Edimburgo, Nelson, 1947.

AS DOZE CHAVES DE BASÍLIO VALENTIM: PRIMEIRA CHAVE, O LOBO DOS METAIS E O REI IMPURO

Há fortes evidências de que Basílio Valentim (o Rei Valoroso, um monge beneditino que teria nascido em 1394) nunca existiu. Os livros atribuídos a ele – como o cada vez mais popular *A carruagem triunfal do antimônio*, publicado pela primeira vez em 1604 – são em geral atribuídos ao editor Johann Thölde. Este, por sua vez, deve ter "melhorado" manuscritos mais antigos que caíram em suas mãos.[1] Não obstante, esses livros contêm imagens interessantes, e também algumas informações úteis.

As Doze Chaves de Basílio Valentim fornecem imagens referentes à Grande Obra, as quais foram analisadas por muitos autores, inclusive por John Read.[2] Na Figura 17(a), vemos a Primeira Chave. Geralmente se admite que o lobo, nesse desenho, representa o antimônio (Sb ou *stibium*) – embora essa palavra, até séculos recentes, de fato se referisse a seu minério estibina (Sb_2S_3).* Na literatura alquímica, há referências ao antimônio como *lupus metallorum* ("o lobo dos metais").[2] Na verdade, o antimônio é um *metaloide*. Uma de suas formas (alótropos) é metálica: uma substância cinzenta e quebradiça, com condutividades térmica e elétrica relativamente pequenas, bem diferente dos metais típicos. Em seu agradável livro, Venetsky observa: "Como por vingança pela relutância dos outros metais em aceitá-lo em sua família, o antimônio fundido dissolve quase todos os metais".[3] Em termos modernos, reconhecemos que um metal é capaz de dissolver outros metais ("semelhante dissolve semelhante"), mas também que alguma coisa similar a um não-metal é capaz de oxidar outros metais.

Vemos o lobo próximo a uma figura de Saturno. [Lembra-se do homem idoso, com uma perna de madeira, no texto sobre os símbolos químicos (Fig. 5)? O antimônio também foi chamado de "chumbo filosofal";[2] os antigos descreviam o antimônio como sendo gerado a partir do chumbo, por meio de aquecimento.] Assim, se o ouro impuro for aquecido no fogo (por três vezes: a rainha está segurando três flores – bastante óbvio, não?), o rei surgirá. O rei é o ouro (ou talvez a semente do ouro, ou enxofre sófico).[2] A rainha representa a prata purificada, da qual é obtido o mercúrio sófico. A primeira purificação produz os "materiais primitivos" da Pedra, derivados do ouro, da prata e do mercúrio.[2] Esse desenho, de fato, representa a seguinte transformação química que ocorre no fogo:

$$Au + Ag + Cu + Sb_2S_3 \rightarrow Au/Sb + Ag_2S + CuS$$

Aqui, (Au + Ag + Cu) representa o ouro impuro; Au/Sb é a liga de ouro.

$$Au/Sb + O_2 \rightarrow Au + Sb_2O_3 \text{ (vapor)}$$

* ■ N.T.: Este minério também é chamado de antimonita.

Figura 17 ■ Ilustrações das Doze Chaves de Basílio Valentim (do livro de Basílio Valentim, *Letztes testament...*, Estrasburgo, 1667). Veja as interpretações no texto. **(a)** Primeira Chave; **(b)** Segunda Chave; **(c)** Terceira Chave; **(d)** Quarta Chave.

(a)

(b)

(c)

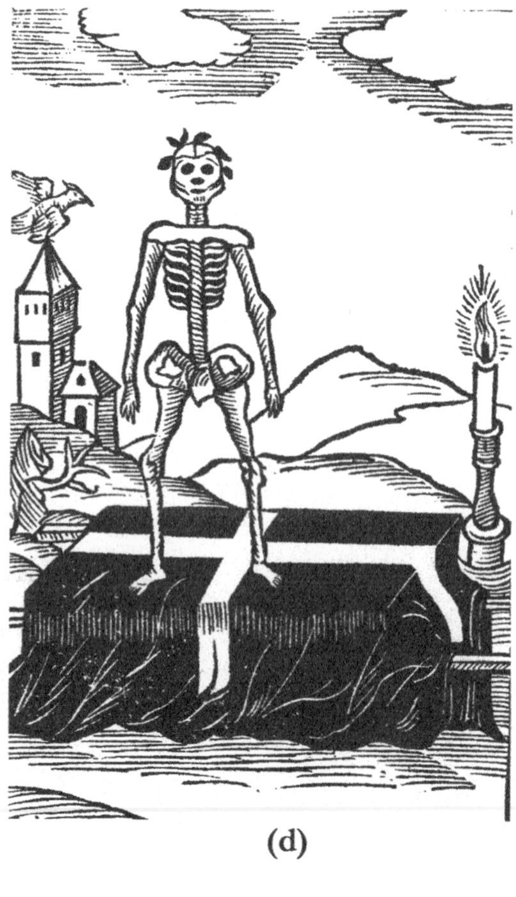

(d)

Uma transformação química similar ocorre na purificação do antimônio a partir da estibina, por aquecimento com ferro metálico. Também é digno de nota que, quando o cobre metálico ("vermelho") e o antimônio formam uma liga (por exemplo, com 6% de Sb), o metal resultante tem aparência muito semelhante à do ouro. O seguinte fragmento é de um manuscrito sírio que data da época das Cruzadas:[4]

> Misture com cobre vermelho um pouco de antimônio calcinado com óleo de oliva, e ele ficará parecido com ouro.

1 ■ J. R. Partington, *A history of chemistry*, Londres, MacMillan, 1961, p. 183-203.
2 ■ J. Read, *Prelude to chemistry*, Nova York, MacMillan, 1937, p. 196-211.
3 ■ S. I. Venetsky, *On rare and scattered metals – tales about metals* (traduzido do russo por N. G. Kittell), Moscou, Mir, 1983, p. 83.
4 ■ M. L. Dufresnoy e J. Dufrenoy, *Journal of Chemical Education*, **27**:595-597, 1950.

RATSO RIZZO E O POETA VIRGÍLIO COMO AGENTES DA TRANSMUTAÇÃO?

A maioria das 11 chaves de Basílio Valentim restantes foi analisada por Read,[1] e aqui me basearei principalmente em suas interpretações. Segundo ele, a *Segunda Chave* [Fig. 17(b)] representa a operação de *separação*, uma purificação da escória da matéria aquosa. A matéria parece ser azougue volátil, que passou por uma espécie de muda sob a influência do Sol (Enxofre Sófico) e da Lua (Mercúrio Sófico), a caminho de tornar-se o Sal Sófico. O galo que aparece à esquerda é um símbolo masculino, indicando a necessidade da conjunção. A *Terceira Chave* [Fig. 17(c)] inclui um dragão alado, uma raposa, um pelicano e um galo. Dragões parecem ter sido muito usados como símbolos, e às vezes são usados de maneira intercambiável com as serpentes. Dragões alados às vezes representam o Mercúrio Sófico, às vezes o Material Imediato.[2] Read não discute esta chave. Minha leitura da edição inglesa de 1671 sugere que tal chave se refere à purificação do ouro, tornando-se Enxofre Sófico. A *Quarta Chave* [Fig. 17(d)] se refere claramente à *putrefação*, o necessário enegrecimento que dá início à operação. Os símbolos do corvo e do esqueleto são claros nesse ponto. Era amplamente sabido, desde o século III d.C., com o trabalho da alquimista Maria, a Profetisa (ou Maria, a Judia – em cuja homenagem o banho de água quente para aquecimento controlado, ou *Bain Marie*,[*] foi batizado), que o aquecimento com enxofre de uma liga de chumbo e cobre produzia uma massa negra.[3] O mesmo acontecia aquecendo-se uma mistura dos quatro metais menos nobres, chumbo, estanho, cobre e ferro.[3]

* ■ N.T.: Chamado, em português, de banho-maria.

A putrefação, primeira etapa para a transmutação em ouro, é carregada de simbolismo religioso. A ideia aqui é de total degradação antes que a salvação possa começar. De maneira similar, impurezas e imperfeições devem ser removidas dos metais para que eles possam se transmutar em ouro. Os humanos devem remover suas imperfeições para alcançar um estado de graça. Em *A divina comédia*, Dante Alighieri deve primeiro ser guiado no Inferno pelo poeta da Roma clássica, Virgílio, antes de poder entrar no Purgatório e daí no Paraíso.[4] No filme *Perdidos na noite*,* de 1969, Joe Buck (Jon Voight) deixa a esfera terrestre (a zona rural do Texas) e primeiro deve experimentar o Inferno (a *Times Square*, na cidade de Nova York do final dos anos 1960), na companhia de Ratso Rizzo (Dustin Hoffman). Ele descobre sua nobreza interna e sua verdadeira natureza e alcança a salvação em uma jornada similar – de ônibus Greyhound** – de climas mais frios para climas mais quentes (a Flórida como o Paraíso?). Virgílio, que morreu antes do nascimento de Jesus, obviamente não era um crente na cristandade, e nunca poderia entrar no Paraíso. Ratso Rizzo morre de tuberculose no ônibus, e nunca entra no Paraíso também.

Read afirma que a *Quinta Chave* [Fig. 18(a)] representa a operação de *solução*. A *Sexta Chave* [Fig. 18(b)] representa a *conjunção* – o casamento do Rei (Enxofre Sófico) com a Rainha (Mercúrio Sófico), a conjunção do Sol e da Lua (*Luna*), o homem ígneo de duas cabeças, e também a chuva, a condensação e a fertilidade. Esta operação é pretexto para um montão de figuras indecentes em manuscritos e textos alquímicos – a semente dourada resulta do coito. A *Sétima Chave* [Fig. 18(c)] contém os quatro elementos terrestres, os céus (o caos é um conceito muito complexo), e os três princípios paracelsistas. O círculo duplo pode simbolizar a interação entre as esferas terrestre e celeste. O tronco sobre a esfera aparece novamente na figura-síntese [Fig. 20(c)], e Read interpreta esta figura [e, implicitamente, o recipiente da Fig. 18(c)] como o Ovo Filosofal, no qual os materiais imediatos são unidos: o tronco é uma espécie de placenta. O Ovo Filosofal é selado hermeticamente, e pode ser colocado por longos intervalos de tempo em um forno especial, chamado de atanor – uma espécie de útero. Read afirma que a *Oitava Chave* [Fig. 19(a)], mais uma cena de cemitério, representa a *fermentação*.

A *Nona Chave* [Fig. 19(b)] é uma representação maravilhosa, que se refere, em parte, às mudanças de cor que ocorrem durante a Grande Obra.[1,5] A figura que cai é Saturno (metais comuns, particularmente o chumbo); a figura que sobe é talvez a *Luna* (Mercúrio Sófico). A figura exterior, com seus quatro lados, representa os quatro elementos, e as três serpentes representam os *tria prima*

* ■ N.T.: O título original deste filme de John Schlesinger é *Midnight cowboy*.

** ■ N.T.: Uma das maiores empresas de ônibus interestaduais dos EUA.

(enxofre, mercúrio, sal). Os quatro pássaros representam as mudanças de cor. No alto da figura, o corvo representa o negrume; e, no sentido anti-horário, o cisne representa o branco, o pavão é multicolorido – às vezes, apenas citrino – e a fênix representa a Tintura Vermelha (a Pedra). É interessante observar que a nação Sioux reconhece quatro "cores verdadeiras" – preto, vermelho, amarelo e branco –, as mesmas da Nona Chave. A cor vermelha também é a mais importante, representando a terra, a catlinita e o sangue. As cores correspondem aos quatro pontos cardeais: oeste, norte, leste e sul.[6]

A *Décima Chave* [Fig. 19(c)] representa os *tria prima*. Os três símbolos próximos aos vértices do triângulo (no sentido horário, a partir do alto à esquerda) são: ouro, prata e mercúrio. Esses são os três elementos que, purificados, dão origem ao Enxofre Sófico, Mercúrio Sófico e Sal Sófico, respectivamente. As bordas duplas do círculo (perfeição celestial) e o triângulo representam a dualidade das esferas terrestre e celeste. As frases em alemão são assim traduzidas:[7] "De Hermógenes nasci" (no alto); "Hipérion me escolheu" (à direita); "Sem Jamsuph estou condenado a perecer" (à esquerda). Na mitologia gnóstica, Hermógenes desenvolveu a doutrina da eternidade da matéria.[8] Na mitologia grega, Hipérion foi um Titã identificado como o pai do Sol (*Helios*), da Lua (*Selene*) e da aurora (*Eos*).[9] Jamsuph, segundo os cabalistas, se refere ao Mar Vermelho – uma manifestação do poder de Deus – e a abertura do Mar Vermelho pode se referir à divisão da matéria.[10] A tradução do texto em hebraico é mais difícil, e provavelmente é de natureza cabalística.[11] A *Décima Primeira Chave* [Fig. 20(a)] mostra filhotes de leões e representa a *multiplicação* que pode ser alcançada por meio da Pedra. Os dois recipientes representam o Ovo Filosofal (Vaso de Hermes), onde ocorre a *conjunção* [vide também o pelicano duplo e seu simbolismo na Fig. 27(c)]. Read descreveu a *Décima Segunda Chave* [Fig. 20(b)] como representando a *calcinação* (branqueamento, secagem), sendo o leão e a serpente os princípios fixo e volátil, e as flores, os metais nobres purificados. O dragão aqui deve representar o Material Imediato da Pedra; os círculos em torno de suas asas e patas são os princípios volátil e fixo. A Figura 20(c) é o sumário do trabalho.

(a)

(b)

(c)

Figura 18 ■ **(a)** A Quinta Chave de Basílio Valentim; **(b)** a Sexta Chave; **(c)** a Sétima Chave (vide Fig. 17).

(a)

(b)

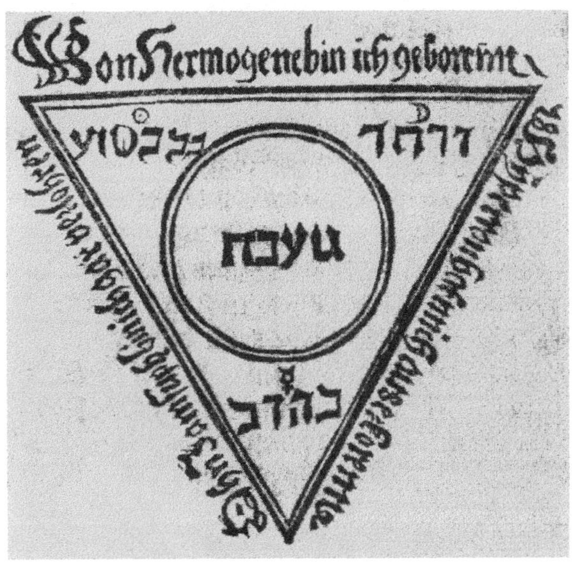

(c)

Figura 19 ■ **(a)** A Oitava Chave de Basílio Valentim; **(b)** a Nona Chave; **(c)** a Décima Chave (vide Fig. 17).

(a)

(b)

(c)

Figura 20 ■ **(a)** A Décima Primeira Chave de Basílio Valentim; **(b)** a Décima Segunda Chave; **(c)** a figura-síntese das Doze Chaves de Basílio Valentim (vide Fig. 17).

1 J. Read, *Prelude to chemistry*, Nova York, MacMillan, 1937, p. 196-211, 260-267.
2 . J. Read, op. cit., p. 106-108, 208, 269-27.
3 . J. Read, op. cit., p. 13-17.
4 Agradeço à Professora Susan Gardner por esta discussão.
5 J. Read, op. cit., p. 145-148.
6 J. Lame Deer e R. Erdoes, *Lame Deer seeker of visions*, Nova York, Simon & Schuster, 1972, p. 116-117.
7 Agradeço ao Professor Ralf Thiede por esta tradução.
8 W. Doniger, *Mythologies compiled by Yves Bonnefoy*, Chicago, University of Chicago Press, 1991, v. 2, p. 677.
9 W. Doniger, op. cit., v. 1, p. 371, 375.
10 Agradeço à Professora Laura Duhan Kaplan pela ajuda nesta interpretação.
11 R. Patai, *The jewish alchemists*, Princeton, Princeton University Press, 1994.

CERÂMICA DOS ÍNDIOS CATAWBA: QUATRO CORES E UM MILAGRE DE SOBREVIVÊNCIA

A Nona Chave de Basílio Valentim [Fig. 19(b)] descreve as quatro cores da transmutação na Grande Obra: preto, branco, citrino (um tom de amarelo) e, finalmente, vermelho – simbolizadas pelo corvo, cisne, pavão e fênix, respectivamente. É interessante que essas são as quatro cores características dos artefatos de argila fabricados por povos aborígenes de diversas regiões, por milhares de anos.

Os índios catawba da Carolina do Sul (EUA) falavam uma língua do tronco sioux.[1] Eles foram, no passado, uma nação poderosa, e por vezes viviam em harmonia com, e por vezes lutavam contra, os índios cherokee nas Carolinas. Entretanto, em junho de 1908, restavam apenas 19 casas e 98 índios na reserva catawba e seus arredores, no condado de York.[2] Embora a cerâmica catawba pré-colombiana fosse principalmente utilitária (potes para cozinhar, jarros de água), a partir do século XVIII ela se tornou uma fonte de moeda forte para os índios. Eles começaram a produzir *objets d'art* e não apenas seus utensílios tradicionais. Esses objetos eram levados, em geral, para a cidade portuária de Charleston, na Carolina do Sul, onde eram negociados. A própria sobrevivência da cultura catawba passou a depender, em grande parte, do comércio da cerâmica, que era fabricada principalmente por mulheres. Isso foi narrado, de maneira elegante, pelo antigo historiador tribal dos catawba, Tom Blumer:[3]

> A tradição da cerâmica catawba sobreviveu por mais de 4.500 anos. Que isso tenha ocorrido é um tributo à tenacidade do povo que criou a nação Catawba, e ao poder da cerâmica enquanto forma de arte, que definiu essa nação e a ajudou a resistir. É um milagre de sobrevivência, que conduzirá os catawba ao terceiro milênio e além.

A Figura 21 mostra uma tigela com cabeças, de cor predominantemente castanho-avermelhado, dotada de três pés em posição de corrida, feita pela mestre ceramista Sara Ayers (nascida em 1919).[3] Os pés estão em posição excêntrica, e essa quebra de simetria fornece maravilhosa dinâmica à peça. Também na Figura 21 (à direita), está uma vasilha com pregas e decorada com duas cabeças, obra do jovem mestre Monty "Hawk" Branham (nascido em 1961). As cabeças são derivadas, fundamentalmente, de um molde produzido há mais de cem anos pela grande Martha Jane Harris. Essas peças são feitas praticamente da mesma maneira que em tempos pré-históricos. A argila é retirada de locais sagrados e secretos existentes ao longo do rio Catawba, que contém ricos depósitos de caulinita; é então peneirada, misturada e seca ao sol, enrolada e esmagada para remover bolhas de ar. A caulinita limpa é branca e fofa. A argila usada na confecção de cachimbos contém matéria orgânica, e é mais pesada. Em geral, esses dois tipos de argila são misturados para se fazer um pote. Potes maiores são feitos com camadas helicoidais de argila, que são moldadas e alisadas, e então colocadas para secar. Um pote pode ser entalhado com símbolos um pouco antes de estar totalmente seco; quando seco, é diligentemente polido com pedras lisas de rio, que em geral passaram por gerações de mulheres. Os potes são em seguida queimados com lenha em buracos cavados no chão, sendo então removidos e deixados esfriar lentamente. A queima em valas abertas é considerada de baixa temperatura (1.200 °C), ou de fogo suave, diferente do fogo intenso (1.450 °C).[4] Bolhas de ar na cerâmica, e até mesmo leves rajadas de vento, frequentemente causam quebras. O intenso brilho do produto acabado se deve a horas de polimento e não a esmalte, que nunca é usado. Potes de argila não esmaltados não são considerados propícios para armazenar água, pois eles "suam" e mancham a mobília. Entretanto, imagine levar uma moringa de água para o campo – ao "suar", a vaporização na superfície esfria a água no interior do recipiente. Além disso, o frequente aquecimento e decomposição de gorduras, e também de proteínas dos nervos e da carne, reveste o interior das panelas de cerâmica, selando-as.

Figura 21 ■ Duas peças de cerâmica dos índios catawba: à esquerda, vasilha pregueada, com duas cabeças e três pés em posição de corrida, feita pela mestre ceramista Sara Ayers; à direita, vasilha pregueada, com duas cabeças, feita pelo jovem mestre Monty "Hawk" Branham. A cerâmica catawba continua sendo feita, essencialmente, do mesmo modo como há 4.500 anos. [Fotografia de Thomas W. ("Wade") Bruton.]

As cores dessas cerâmicas se devem, em grande parte, ao ferro, que é tão abundante em todas as argilas.[4] O ferro é o quarto elemento mais abundante na crosta terrestre. É bastante encontrado nos estados de oxidação +2 [ferro (II) ou ferroso] ou +3 [ferro (III) ou férrico]. O óxido de ferro (II) (FeO), o óxido de ferro (III) (Fe_2O_3, hematita), e o óxido misto Fe_3O_4, que contém tanto o Fe (II) como o Fe (III), são os três óxidos de ferro encontrados comumente. A coloração manchada do pote depende do grau de oxidação, e também reflete a fumaça e a fuligem da madeira empregada na queima, pois madeiras diferentes queimam com temperaturas e níveis de oxigênio diferentes.[5] Um de meus professores na Universidade de Princeton, Tom Spiro, chamava as mudanças de cor associadas ao "ajuste" do ambiente dos metais de transição, tais como o ferro, de "fazer cócegas nos elétrons". Sob condições ricas em oxigênio, as cores dominantes são "branco" (amarelo-claro, na verdade), amarelo e vermelho, e se devem à maior abundância do Fe (III). Condições pobres em oxigênio podem ser obtidas na "queima abafada" dos potes, cercando-os e cobrindo-os com madeira. A presença de monóxido de carbono (CO) gera condições mais redutoras, que levam ao enriquecimento em Fe (II). Esta é a maneira de produzir, intencionalmente, um pote preto e brilhante. Caso contrário, a coloração será dada pelo acaso. Traços de manganês também ajudam a enegrecer os potes, assim como a fuligem.[5] Quando são retiradas do fogo, as peças em geral são escuras, e vão ficando mais claras à medida que esfriam. Transformações químicas ocorrem nesse processo, por exemplo, o desproporcionamento de FeO em Fe_3O_4 e Fe, embora o Fe oxide em seguida.[6] Às vezes, é possível ver uma região de aparência gordurosa na superfície dos potes. Isso provavelmente se deve à vitrificação local, talvez pela presença de uma concentração local de feldspato ou mica.[4]

1 ■ J. H. Merrell, *The indians' new world*, Chapel Hill, The University of North Carolina Press, 1989.
2 ■ M. R. Harrington, *American anthropologist*, **10**:399-407, 1989.
3 ■ T. Blumer, no folheto *Catawba pottery: legacy of survival, 7 master potters*, Columbia, Comissão de Artes da Carolina do Sul e Projeto de Preservação Cultural Catawba, 1995.
4 ■ *Encyclopedia brittanica*, 15. ed., Chicago, 1986, v. 17, p. 101-103.
5 ■ Agradeço ao Professor Victor A. Greenhut pelas discussões.
6 ■ F. A. Cotton e G. Wilkinson, *Advanced inorganic chemistry*, 5. ed., Nova York, Wiley, 1988, p. 711-713.

DRAGÕES, SERPENTES, E ORDEM A PARTIR DO CAOS

As representações das relações alquímicas, por vezes extremamente alegóricas, são bem ilustradas pelas Figuras 22 e 23, retiradas de *Della transmutatione metallica* (Bréscia, 1599). É praticamente uma reimpressão da edição de 1572, mas com o acréscimo de *Concordantia de filosofi*, uma lista de trabalhos alquímicos atribuídos por muitos a Arnaldo de Vilanova.[1,2] A primeira edição (1564) contém uma lista de alquimistas e de trabalhos alquímicos, a qual se encontra aumentada nas edições de 1572 e 1599.[2] Consta que o autor, Giovanni Battista Nazari, leu muito sobre alquimia por mais de 40 anos, mas foi acusado de "descrever operações espúrias, que possivelmente ajudaram a arruinar as pessoas que tentaram fazê-las...".[2] O livro contém diversas sequências de sonhos, incluindo um no qual o autor conversa com Bernardo Trevisan (nascido em Pádua em 1406). Trevisan começou aos 14 anos de idade e dedicou o resto de sua vida ao estudo da alquimia.[4] O psicólogo C. G. Jung se interessou durante toda a vida pelos sonhos e pela alquimia, e possuía uma cópia da edição de 1599 do livro de Nazari.[1]

A Figura 22 claramente representa os *tria prima*. Talvez o dragão velho represente a fonte última desses elementos sóficos – a *Prima Materia*, ou Matéria Fundamental. A Figura 23 representa a geração, a partir do caos, dos seis metais comuns (as seis coroas) e, finalmente, do ouro (o Rei).

Figura 22 ■ Uma representação dos *tria prima* (Mercúrio, Enxofre e Sal Sóficos), do livro *Della transmutatione metallica*, de Giovanni Battista Nazari (Bréscia, 1599). Uma figura muito similar, representando o médico austríaco Franz Anton Mesmer, foi impressa em um panfleto contra Mesmer publicado em 1784.[3]

A Figura 24 é um desenho feito em 1999 pela artista Rita L. Shumaker.[5] Ele mostra a relação masculino-feminino (ouro-prata; sol-lua). Os dois dragões entrelaçados também representam os princípios masculino e feminino (fixo e volátil) e, juntamente com o bastão ou haste central segurado pela figura masculina, forma um caduceu – o familiar símbolo médico. A haste central seria constituída pelo "ouro dos filósofos". A forma original do caduceu teria sido uma cruz, representando os quatro elementos dos antigos.[6] O quadrado, ao fundo da Figura 24, representa esses quatro elementos. O desenho representa a *conjunctio*, o casamento alquímico do masculino com o feminino, do corpo com o espírito. Nós o encorajamos, gentil leitor, a encontrar os "caracteres químicos" (vide Fig. 5) nesta figura. Há, na verdade, três dragões nesse desenho, representando os *tria prima* (sal, enxofre, mercúrio) como "metáforas para a intuição e sentimentos inconscientes, para o espírito vital ou desejo, e para o impulso de prover forma criativa à matéria".[5]

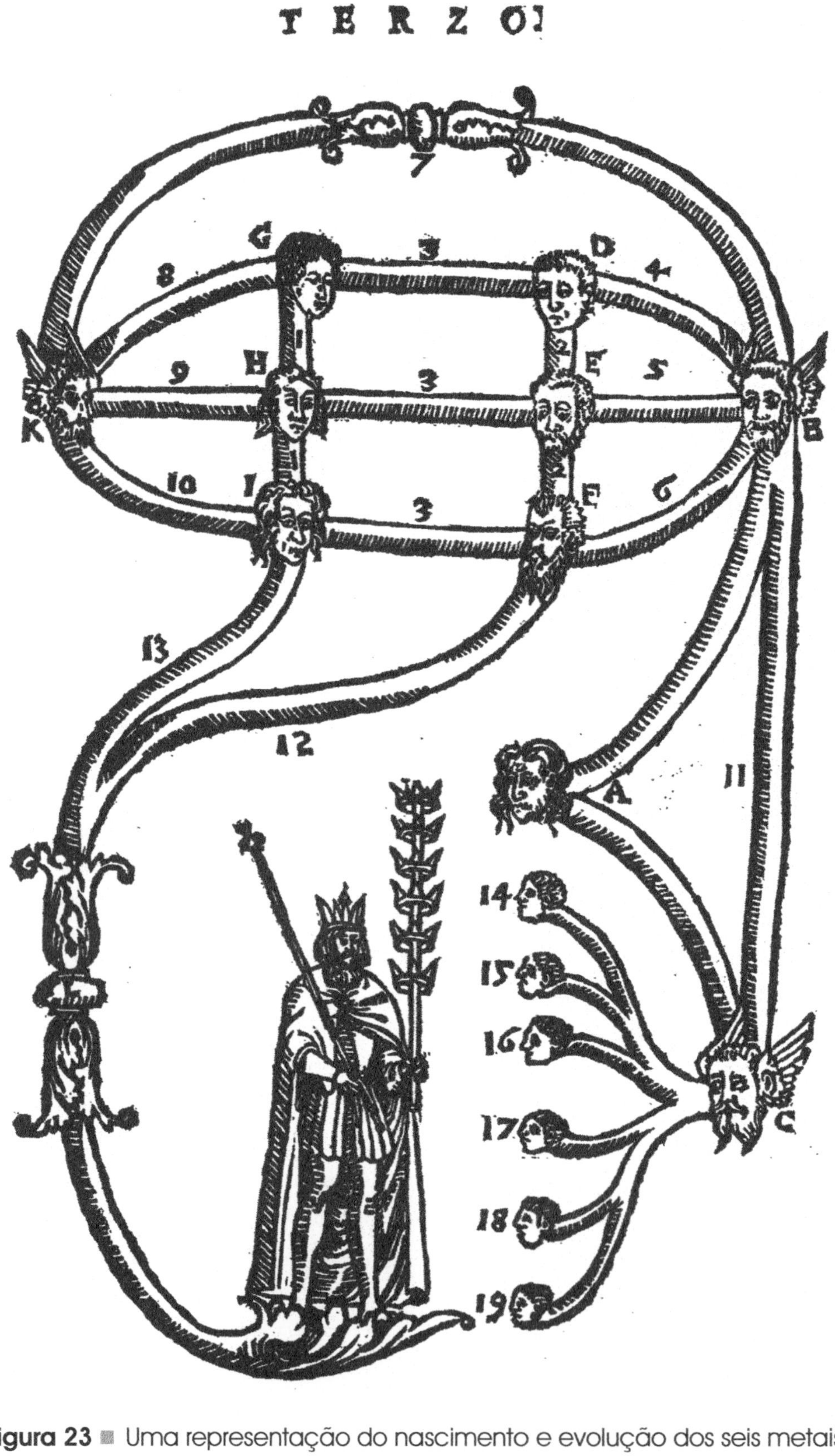

Figura 23 ■ Uma representação do nascimento e evolução dos seis metais comuns (seis coroas) e o Ouro (o Rei), a partir do Caos (Nazari, vide Fig. 22).

Figura 24 ■ A versão da artista Rita L. Shumaker para imagens alegóricas do masculino e feminino. O simbolismo do caduceu também é evidente neste desenho, feito em 1999.

1 ■ I. MacPhail, *Alchemy and the occult*, New Haven, Yale University Library, 1968, p. 178-181.

2 ■ J. Ferguson, *Biblioteca chemica*, Londres, Derek Verschoyle, 1954 (reimpressão da edição de 1906), v. II, p. 131-132.

3 ■ F. A. Pattie, *Mesmer and animal magnetism, a chapter in the history of medicine*, Edmonston, Hamilton, 1994, p. 178-179.

4 ■ J. Ferguson, *Biblioteca chemica*, Londres Derek Verschoyle, 1954 (reimpressão da edição de 1906), v. I, p. 100-104.

5 ■ O autor agradece a Rita L. Shumaker, professora da Universidade da Carolina do Norte em Charlotte, por este desenho original e por sua interpretação.

6 ■ J. Read, *Prelude to chemistry*, Nova York, MacMillan, 1937, p. 105-116.

OS ESPECIAIS DE HOJE: ÓLEO DE ESCORPIÃO E CREME "PRÓ-MANCHAS" PARA SENHORAS

A Figura 25 é o frontispício do livro *De distillatione*, de 1608, mostrando seu autor, Giambattista Della Porta (1545-1615),[1] um polímata que escreveu livros sobre plantas, fisionomia, física, química e matemática, "algumas das melhores comédias italianas de sua época", e publicou um projeto de um motor a vapor.[1, 2] "Este livro é tão raro quanto belo."[3] As dedicatórias no prefácio são escritas em hebraico, persa, caldaico, ilírio e armênio, com tipos que devem ter sido produzidos na fundição do Vaticano.[4]

O livro *Magia naturalis*, de Porta, publicado pela primeira vez em 1558, é um compêndio de ciência popular, e foi reimpresso por mais de cem anos. Misturando informações técnicas e desinformação, o livro cita o procedimento do médico e farmacêutico grego Pedanius Dioscórides[1] (ca. 40-ca. 90 d.C.) para aquecer o "antimônio" [na verdade, estibina – vide Saturno e o lobo na Fig. 17(a)] e transformá-lo em chumbo, embora os artesãos do século XVI soubessem que eles eram diferentes, e não poderiam ser interconvertidos dessa maneira.[5] *Magia naturalis* inclui a preparação de um cosmético que produz manchas na pele (uma espécie de creme "pró-manchas" para mulheres) – talvez uma amostra de humor de república estudantil renascentista.

Figura 25 ■ Frontispício representando o polímata renascentista Giambattista Della Porta, em seu belo livro *De distillatione lib. IX* (Roma, 1608).

De distillatione também traz exemplos da divertida inteligência do Renascimento, ao comparar a vidraria química com animais. A Figura 26(a) representa um *matraz*:[6, 7] um frasco de fundo redondo e um pescoço comprido como o de um avestruz (frascos para retificar o álcool tinham aparência semelhante), e que é parte de um aparato para destilação chamado *alambique* – o qual tem uma cabeça de destilação que podia ser conectada a um recipiente (vide Figs. 72 e 73). O líquido a ser destilado deve ser bastante volátil para alcançar o topo desse pescoço comprido. A Fig. 26(b) é uma retorta achatada e estilizada, chamada de *tartaruga*, junto com uma também estilizada tartaruga, cuja cabeça se parece com a de um cachorro.

Os hexágonos com círculos dentro, no casco da tartaruga, poderiam ser um salto de 330 anos no futuro, correspondendo a nossa moderna estrutura para o benzeno? Suspeitamos que não, pois o benzeno não seria descoberto nos 200 anos seguintes. Entretanto, quando descobrimos que Kekulé afirmou, na década de 1860, que sonhou com a estrutura do benzeno sendo formada por três serpentes que, em círculo, mordiam suas caudas, talvez uma mensagem subliminar vinda de outro réptil 260 anos antes não pareça tão estranha.

O aparato de destilação da Figura 27(a) mostra a cabeça do alambique sobre um frasco de boca larga (um tipo de *cucúrbita*, uma versão mais atarracada do matraz). Esse aparato era mais útil para líquidos menos voláteis. A Figura 27(b) é um *pelicano* simples. Observe como o pescoço do pássaro forma uma alça curva quando ele bica seu próprio peito. Quando fechado no topo, o pelicano era usado para aquecimento prolongado no ponto de ebulição do solvente recirculado (em refluxo). A Figura 27(c) mostra um *pelicano duplo*, no qual os dois frascos ligados trocam vapores e fluidos por um período prolongado. Hesitamos em fornecer interpretações mais detalhadas da metáfora envolvida, exceto para lembrar ao leitor que o livro *foi* impresso em Roma, aparentemente com algum grau de aprovação da Igreja.[4] A Figura 28(a) mostra uma retorta comum. A Figura 28(b) representa um alambique capaz de fazer uma destilação fracionada. Os recipientes superiores vão recolhendo as substâncias mais voláteis, e os vasos inferiores recebem as menos voláteis. Como a destilação fracionada é um dos primeiros experimentos em um curso introdutório de química orgânica, talvez o monstro de sete cabeças seja uma visão preconceituosa de um estudante de faculdade a respeito de seu (sua) professor(a) de laboratório. Ou, mais uma vez, talvez não.

(a) (b)

Figura 26 ■ Representações de vidraria e suas metáforas, do livro *De distillatione*, de Porta (Fig. 25): **(a)** matraz e avestruz; **(b)** "tartaruga" achatada, semelhante a uma retorta, e tartaruga (com cabeça de cachorro, para mim; aquilo no casco é benzeno?).

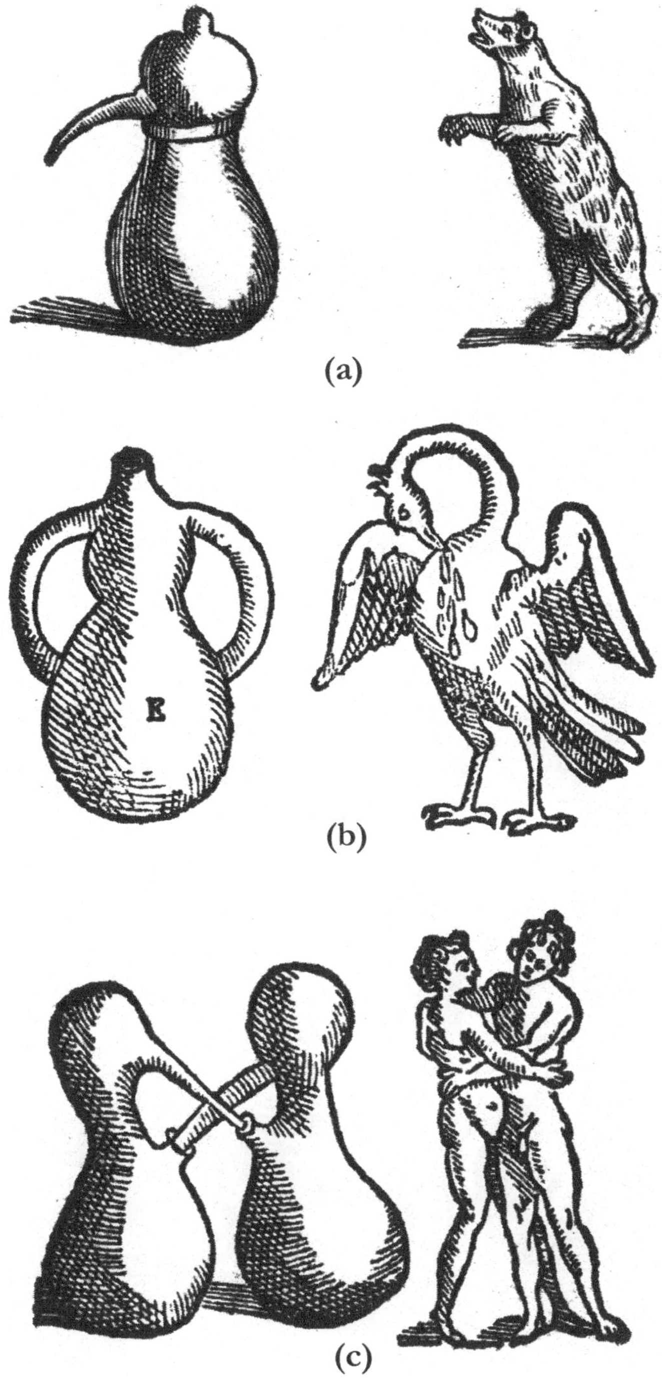

Figura 27 ■ Representações de vidraria e suas metáforas, do livro *De distillatione*, de Porta (Fig. 25): **(a)** aparato de destilação, utilizando uma cabeça de destilação (alambique) sobre um frasco de boca larga (ou cucúrbita), junto com o urso correspondente; **(b)** pelicano simples para refluxar líquidos, e o pelicano propriamente dito bicando seu próprio peito – considerado um símbolo do sangue de Cristo; **(c)** um pelicano duplo para a troca prolongada de fluidos quentes, e uma metáfora interessante.

(a)

(b)

Figura 28 ■ Representações de vidraria e suas metáforas, do livro *De distillatione*, de Porta (Fig. 25): **(a)** retorta comum, e um pássaro apropriado; **(b)** aparato para destilação fracionada, e uma representação de um bicho de sete cabeças (ou, talvez, o professor do laboratório de química orgânica).

1 Também chamado de Giambattista della Porta, ou Giovanni Battista Della Porta (vide *Encyclopedia brittanica*, 15. ed., Chicago, 1986, v. 9, p. 624, que cita sua data de nascimento como "1535?").

2 J. Ferguson, *Bibliotheca chemica*, Londres, Derek Verschboyle, 1954, v. II, p. 216.

3 D. I. Duveen, *Bibliotheca alchemica et chemica*, Utrecht, HES, 1986, p. 481.

4 I. MacPhail, *Alchemy and the occult*, New Haven, Yale University Library, CT, 1968, v. I, p. 212-215.

5 J. M. Stillman, *The story of alchemy and early chemistry*, Nova York, Dover, 1960, p. 349-352.

6 J. Eklund, *The incompleat chemist – being an essay on the eighteenth-century chemist in the laboratory with a dictionary of obsolete chemical terms of the period*, Washington, Smithsonian Institution Press, 1975.

7 F. Ferchl e A. Sussenguth, *A pictorial history of chemistry*, Londres, William Heinemann, 1939, p. 73-75, 105-108.

"ERROS GROSSEIROS E COMUNS"

Por que um estudioso bem informado como Porta insiste em informações incorretas, como a de que o aquecimento do antimônio produz chumbo? A experimentação científica ainda estava em sua infância. Escritores antigos como Plínio frequentemente transformavam folclore em fato. Em seu livro *Pseudodoxia epidemica: or, enquiries into very many received tenents, and commonly presumed truths*,[1] o médico Thomas Browne observa, na página 83:

> E primeiro ouvimos isso na boca de todos os homens, e em muitos Autores bons lemos isso: que um Diamante, que é a mais dura das pedras, e não se submete ao aço, Esmeril, ou qualquer outra coisa que não seja o seu próprio pó, é todavia amolecido ou quebrado pelo sangue de um Bode;

O sangue de bode amolece um diamante de modo que ele possa ser despedaçado? Browne se refere a esse "erro grosseiro e comum" e observa que, enquanto alguns estudiosos o aceitavam, os cortadores de diamantes, os quais podemos presumir que não são estudiosos, sabiam que isso não era verdade. Ele atribui essa concepção errônea à noção de que, para preparar esse sangue tão potente, alguns estudiosos escreveram que os bodes deveriam ser alimentados com certas ervas que se acreditavam ser capazes de dissolver pedras nos rins de humanos. Como as pedras dos rins também são extremamente duras e podem ser "quebradas", por que não os diamantes?

Browne, além disso, observou que "o vidro é um veneno, de acordo com a opinião vulgar". No entanto, ele destacou que o vidro é feito de areia, que não é venenosa. Ele também alimentou cães com vidro finamente moído: "uma dracma disso, sutilmente pulverizada em manteiga ou massa, sem qualquer perturbação visível". A confusão surge da prática comum e bem-sucedida de se adicionar "vidro grosseiramente triturado" a iscas, para "destruir camundongos e ratos". É claro que é a hemorragia interna causada pelos cacos de vidro que é mortal, e não a natureza química do vidro.

1 ■ Thomas Browne, *Pseudodoxia epidemica: or, enquiries into very many received tenents, and commonly presumed truths*, T. H. for Edward Dod, Londres, 1646. Agradeço a minha filha Rachel Greenberg por chamar minha atenção para o sangue de bode e os diamantes.

O QUE HÁ DE ERRADO NESTA IMAGEM?

"Distillatio" (Fig. 29) é uma gravura[1] de Phillip Galle, produzida por volta de 1580, a partir de uma pintura a óleo de Stradano (Jan van der Straet ou Johannes Vander Straaten, 1523-1605) – que pintou outras cenas alquímicas também.[2] Esta colmeia de atividades alegraria o coração de qualquer diretor de pesquisa ou professor universitário dos dias atuais. O alquimista talvez esteja lendo algum tratado da literatura química contemporânea e, nos moldes do recém-nascido método científico, tentando reproduzir um avanço recente (o trabalho de 1558 de Porta, sobre a destilação de óleo de escorpião?).

O que há de errado na imagem? Bem, para começar, nenhum dos estudantes de pós-graduação, dos pesquisadores pós-doutorandos, ou dos técnicos, está usando qualquer tipo de proteção ocular. Os óculos do professor poderiam ser considerados satisfatórios até meados do século XX, mas não depois, pois lhes falta proteção nas laterais. O sistema de ventilação é antiquado, para dizer o mínimo; não há evidência de extintores de incêndio ou de um sistema automático para aspergir água em caso de incêndio. Uma visita de um oficial do Corpo de Bombeiros deveria ser feita com urgência. É verdade que o grande pilão pendurado com uma tira elástica, na frente à direita, é um belo toque de segurança – embora devesse haver uma tela metálica de proteção em torno dele, para prevenir que, ao balançar, atingisse um pesquisador desavisado.

Figura 29 ■ "Distillatio" (ca. 1580), uma gravura de Phillip Galle, baseada em uma pintura de Stradano. Quantas violações das regras de segurança de laboratório você consegue encontrar?

O laboratório parece estar bem equipado, com tudo de melhor que o final do século XVI pode oferecer. O grande banho-maria com os diversos alambiques, mostrados no centro, sugere uma linha de pesquisa com um bom financiamento. Os dois (!) alambiques na frente, à direita – um em operação e o outro ocioso (sem a cobertura) – e o atanor de "alta tecnologia", um forno para a incubação do Ovo Filosofal, no alto à esquerda, sugerem que dinheiro não é problema e que o alquimista tem boas fontes de financiamento. E aí se encontra a maior inconsistência de todas. O professor está efetivamente "na trincheira", fazendo ciência com seu grupo de pesquisa, e não escrevendo projetos para pedir verbas, nem relatórios de notas de alunos, nem explicações do porquê de seus alunos terem avaliado mal suas atividades docentes. As renovações de contratos de docentes ainda estavam 400 anos no futuro.

John Read descreve essa gravura como um retrato de um laboratório italiano do final do século XVI, agitado por uma "atividade ordeira e opulenta".[2] Isso está em evidente contraste com a pobreza representada no quadro de Pieter Brueghel, o Velho, "Um alquimista trabalhando", de 1558.[2] Read afirma que o feixe de cereais caído no chão, na "Distillatio" de Stradano, simboliza o "princípio vital" – embora identifiquemos nele, hoje, um risco de incêndio.

1 ■ Esta gravura pertence à coleção particular do autor.

2 ■ J. Read, *The alchemist in life, literature and art*, Londres: Thomas Nelson, 1947, p. 66-68.

PROTEGENDO AS DIVISAS DO IMPÉRIO ROMANO CONTRA A ARTE NEGRA

A Figura 30 é um extravagante desenho[1] do século XVIII, feito parcialmente no estilo de David Teniers, o Jovem. Há um misterioso árabe, ou talvez um judeu,[2] trajado de maneira não apropriada para um dia no laboratório. Há também uma figura furtiva, espiando pela porta – um personagem sombrio, encapotado e com aparência sinistra. A julgar pela expressão do alquimista, magia ancestral está ocorrendo no balão; ou talvez tenha encontrado algum indício na análise da urina de uma mulher.[2]

As culturas egípcia e árabe desempenharam papéis cruciais no desenvolvimento da química prática e da alquimia.[3] Imagens e ornamentos de cobre quase puro, datando de aproximadamente 4000 a.C., foram encontrados em sítios arqueológicos do antigo Egito e da Caldeia (região que hoje corresponde ao sul do Iraque). Ligas de bronze do Egito, datando de 2000 a.C., fornos de vidro encontrados em Tel-El Amarna datando de 1400 a.C., evidências de pigmentos, cosméticos e de remédios, tudo isso confirma o impacto pioneiro e profundo dessas culturas.

Figura 30 ■ Aquarela retratando um alquimista (ou médico), assinada por F. P. Bush, 1769, e pertencente à coleção pessoal do autor (fotografia feita pelo médico James Tait Goodrich).

Embora haja evidências sugerindo a possibilidade de uma origem ainda mais antiga na China,[3] o papel das culturas antigas do Oriente Médio na preservação da cultura ocidental, e nas origens da química, é inquestionável. As origens da própria palavra *alquimia* são muito obscuras. O *Oxford english dictionary*[3] cita a palavra árabe *alkimiya* como sendo derivada do grego *chymeia* – que, por sua vez, estaria relacionada a uma palavra significando "fluir". Uma origem completamente diferente[4] também é citada pela mesma augusta obra de referência, e estaria relacionada a *Khem* – uma palavra que significava "negro", como o antigo nome para o Egito, devido à cor negra de seu solo. Assim, *alquimia* poderia ter um duplo significado: uma referência a suas origens egípcias, ou sua condição de "arte negra". Mesmo assim, "negra" poderia referir-se à natureza sombria e secreta da alquimia, *ou* ao primeiro passo no caminho rumo à Pedra Filosofal – *Nigredo*, ou seja, a conversão inicial da matéria em negrura. O pai da alquimia, Hermes Trismegisto ("Hermes Três Vezes Magistral"), que constava ter antecedido a Jesus em 2.500 anos, era uma invenção. É um mistério.

O que se sabe é que a primeira pessoa cuja existência pode ser verificada e que está ligada a um manuscrito alquímico é Zózimo de Panópolis, que escreveu em Alexandria, no Egito, por volta de 300 d.C. Alexandria sediava a mais importante biblioteca do mundo clássico. Fundada no terceiro século a.C., ela abrigou cerca de 400 mil a 500 mil livros e manuscritos, a maioria em grego. A biblioteca foi quase toda destruída durante as guerras civis ocorridas no final do século III d.C., e sua sucessora foi saqueada pelos cristãos em 391 d.C.[5]

Deve-se destacar que o imperador romano Diocleciano[6], que governou entre 285 e 305 d.C., teria ordenado a destruição de livros e manuscritos alquímicos em todo o Império Romano. Segundo a lenda, ele temia que a transmutação de metais comuns em prata e ouro desvalorizasse a moeda do Império. (Vide, porém, próximo texto.)

Que tipo de imperador destruiria livros e manuscritos alquímicos apenas para preservar o valor da moeda do Império? Sendo eu um bibliófilo, mas não um estudioso da Antiguidade, tentei avaliar Diocleciano como político por uma perspectiva norte-americana de *fin de siècle* (na verdade, *fin de millenium*). Diocleciano[6] pretendia preservar virtudes antigas, e a obrigação dos filhos de sustentarem seus pais na velhice (não havia programa de seguridade social ali; seria Diocleciano um "conservador social"? Um republicano[*] conservador?). Ele também implantou um imposto de renda progressivo, e os primórdios do vasto sistema de burocracia e de tecnocracia que, ainda hoje, torna as visitas

[*] N.T.: O autor se refere ao Partido Republicano, o mais conservador dos dois principais partidos políticos dos EUA da atualidade.

aos Departamentos Estaduais de Veículos Automotores* tão memoráveis (um democrata** liberal, do tipo "taxa e gasta"?). As moedas que Diocleciano tentava proteger tinham a inscrição *dominus et deus* ("senhor e deus"). Algum leitor aí sabe qual é a palavra em latim para o grego *hubris****?

Em 1979, o Prêmio Nobel de Física foi dado pelo desenvolvimento de uma teoria unificadora das interações fraca e eletromagnética entre partículas elementares, e foi dividido entre três cientistas: Sheldon Glashow, Steven Weinberg e Abdus Salam – dois judeus nascidos em Nova York e um muçulmano nascido no Paquistão. A conferência feita por Salam na entrega do Prêmio Nobel[7] foi particularmente bela. Ele falou sobre um jovem escocês chamado Michael que, quase oitocentos anos antes, viajou para estudar nas universidades árabes de Toledo e Córdoba na Espanha, centros da "mais refinada síntese da erudição árabe, grega, latina e hebraica" e lar do sábio hebreu Maimônides. Salam observou que Sarton, em sua obra *A history of science*, considerou que no período de 750 a 1100 d.C. houve um domínio intelectual ininterrupto por parte das culturas do Oriente Médio. Diferente dos países ricos e com florescentes escolas de pesquisa como a Síria e o Egito, a Escócia – uma terra pobre, mas em desenvolvimento – tinha pouco a oferecer a Michael quando ele retornasse. Salam disse: "Pelo menos um de seus mestres aconselhou o jovem Michael o Escocês a voltar a tosar ovelhas e a tecer lã". Mas foi por volta dessa época que a superioridade científica começou a se deslocar para o Ocidente, e Salam prosseguiu:

> E isto nos traz ao século atual, quando o círculo iniciado por Michael o Escocês se fecha, e somos nós no mundo em desenvolvimento que nos voltamos para o Ocidente em busca da ciência. Como escreveu Al-Kindi há 1.100 anos: "É conveniente para nós, então, não nos envergonhar em reconhecer a verdade, e assimilá-la de qualquer que seja a fonte da qual ela provenha. Para quem pesa a verdade, não há nada de maior valor que a própria verdade; ela nunca o rebaixa ou humilha".

[1] Essa aquarela é assinada por "H. P. Bush, *fecit* 1769", e pertence à coleção pessoal do autor. O autor agradece ao médico James Tait Goodrich, da James Tait Goodrich Antiquarian Books and Manuscripts, pela fotografia do desenho.

* N.T.: Nos EUA, são os locais onde são expedidas as carteiras de habilitação para motoristas.

** N.T.: O autor se refere agora ao Partido Democrata dos EUA da atualidade.

*** N.T.: Em português, poderia ser traduzido como "arrogância".

2 O autor agradece ao Doutor Alfred Bader, fundador da Aldrich Chemical Company e renomado colecionador de arte, por esta interpretação (correspondência pessoal). As letras estilizadas no traje do químico evocam tanto o árabe como o hebraico.

3 J. M. Stillman, *The story of alchemy and early chemistry*, Nova York, Dover, 1960, Capítulo I.

4 *The Oxford english dictionary*, Oxford, Clarendon, 1989, v. 1, p. 300.

5 *Encyclopedia brittanica*, 15. ed., Chicago, 1986, v. 1, p. 251.

6 *Encyclopedia brittanica*, 15. ed., 1986, v. 4, Chicago, p. 105-106.

7 A. Salam, *Reviews of Modern Physics*, **52**(3):525-526, 1980. Agradeço ao Professor Joel F. Liebman por chamar minha atenção para a conferência proferida por Salam ao receber o Prêmio Nobel.

GEBER E RAZES: ALQUIMISTAS DAS TERRAS BÍBLICAS

A lenda de Diocleciano (vide texto anterior) é uma bela história. Entretanto, parece que a alquimia árabe somente chegou ao Ocidente (incluindo Roma) por volta do século XI – de modo que essa história pode ser caridosamente descrita como "lendária".[1]

A maior parte do nosso conhecimento sobre a alquimia árabe provém dos escritos de um misterioso personagem do século VIII, chamado Jabir ibn Hayyan ou Geber. A Figura 31 é a folha de rosto da obra *De alchimia libri tres* (A alquimia em três livros), publicada em Estrasburgo em 1529, e representa um forno para destilação.[2] Embora a alquimia também tenha origens na China e na Índia, as culturas e línguas das terras bíblicas eram mais acessíveis aos europeus, que, a partir do século XV, produziram os primeiros livros impressos.

Al-Razi (850-ca. 923) ou Razes, um médico persa, escreveu o texto *Segredo dos segredos*, que incluía uma grande quantidade de química prática e útil. Brock sugere que a preparação dos ácidos clorídrico, nítrico e sulfúrico puros, pelos europeus do século XIII, dependeu, de maneira crucial, da tecnologia descrita por Razes.[1] Estas "serpentes mordedoras" incrivelmente poderosas desempenharam papéis fundamentais na realização de novas reações químicas: por exemplo, a capacidade de "liberar o flogístico" dos metais ou (como nós entendemos há mais de duzentos anos) de oxidar o metal em sua cal, ao mesmo tempo em que o ácido em solução aquosa se reduz liberando gás hidrogênio.

1 W. H. Brock, *The Norton history of chemistry*, Nova York, Norton, 1993, p. 19-24.

2 I. MacPhail, *Alchemy and the occult*, New Haven, Yale University Library, 1968, p. 32-34. Agradecemos à Beinecke Library, da Universidade Yale, por esta figura.

Figura 31 ■ Frontispício de Geber, *De alchimia libri tres* (Estrasburgo, 1529) (cortesia de The Beinecke Rare Book and Manuscript Library, da Universidade Yale).

OS ALQUIMISTAS COMO TEMAS DE ARTISTAS

Os séculos XVI, XVII e XVIII testemunharam a pintura de numerosas obras-primas da arte europeia representando alquimistas e médicos trabalhando.

Duas notáveis coleções americanas que incluem obras de arte como essas são a Coleção Fisher de Imagens Alquímicas e Históricas (atualmente mantida na Universidade Duquesne, em Pittsburgh), e a Coleção Isabel e Alfred Bader (em Milwaukee). Embora alguns sugiram que Albrecht Durer (1471-1528) compreendia o significado das imagens alquímicas, ele aparentemente nunca produziu uma gravura de um alquimista ou de um laboratório.[1] Dois antigos mestres que representaram alquimistas medievais foram Hans Weiditz ("Um alquimista e seu assistente trabalhando", executada por volta de 1520) e Pieter Brueghel, o Velho (1525-1569).[1] A obra de Brueghel de 1558, "Um alquimista trabalhando", alcançou grande fama devido à gravura que dela foi feita, na mesma época, por Hieronimus Cock.[1] Alguns outros artistas famosos que representaram cenas alquímicas durante esse período foram Stradano (vide Fig. 29), The De Bry, Adriaen van Ostade, David Teniers, o Moço, Jan Havickz Steen, Cornelis Pitersz Bega, Hendrik Heerschop, Charles Meer Webb, Matheus van Hellemont, Balthasar van den Bosch, Franz Christophe Janneck, Fernand Desmoulin, Thomas Wijck, Wenzel von Brozik, William Pether, e David Ryckaert. A maioria deles pertenceu à escola flamenga.[1] Uma notável pintura do inglês Joseph Wright ("A descoberta do fósforo", 1771) e um trabalho de Richard Corbould já próximo do início do século XIX começam a representar a ciência mais do que a arte. No século XIX, caricaturistas como James Gillray, Thomas Rowlandson e George Cruikshank (vide Figs. 126 e 127) também experimentaram representar a atividade química.[1]

A Figura 32 foi produzida por Hendrick Heerschop em 1671, e se intitula "O alquimista". É uma reprodução em preto-e-branco de uma fotografia colorida de uma bela pintura a óleo pertencente à Coleção Isabel e Alfred Bader.[2] O alquimista parece fumar seu cachimbo enquanto assiste a uma destilação. Espera-se que ele não esteja destilando éter dietílico.

[1] J. Read, *The alchemist in life, literature and art*, Londres, Thomas Nelson, 1947, p. 56-91.

[2] O autor agradece ao Doutor Alfred Bader por disponibilizar esta reprodução fotográfica, e por permitir a sua reprodução tanto em preto-e-branco como em cores.

Figura 32 ■ Reprodução em preto-e-branco de fotografia colorida da tela pintada a óleo "O alquimista" (1671), de Hendrick Heerschop, pertencente à Coleção de Isabel e Alfred Bader. O autor expressa sua gratidão ao Doutor Bader por permitir a reprodução da imagem, e também por sua valiosa discussão do desenho de Bush (vide Fig. 30).

ALEGORIAS, MITOS E METÁFORAS

Os séculos XVI e XVII testemunharam a publicação de muitos e belos livros que ilustraram a arte alquímica. Por exemplo, a folha de rosto de *Le tableau des riches inventions* (Fig. 33), de autoria de Francesco Colonna, traduzido por Beroalde de Verville e publicado em Paris em 1600,[1] representa a Grande Obra – iniciando no caos e culminando na Pedra (ascensão da fênix).[2] A árvore podada nesta figura representa a putrefação (*Nigredo*), ou a corrupção no início do processo.[3] A figura na parte de baixo à esquerda é uma Árvore Filosófica,[3] representando a obra completa bem como o aspecto da multiplicação do ouro. O fogo é o elemento da transformação. O dragão alado e a serpente sem asas representam a união do Mercúrio Sófico (alado significa volátil) com o Enxofre Sófico fixo (não-volátil). Seus símbolos também são mostrados. O psicólogo C. G. Jung possuía uma cópia desse livro, e escreveu extensivamente sobre sonhos e imagens alquímicos.[4,5]

Michael Maier (ca. 1568-1622), a quem John Read chama de "um alquimista musical", foi um médico, filósofo, alquimista e erudito clássico.[6] Sua ampla erudição clássica influenciou a unificação da alquimia com a mitologia clássica proposta por ele.[6] A Figura 34 é a folha de rosto de seu livro de 1618, *Tripus aureus* (O tripé dourado).[7] É um trocadilho com os *tria prima* (mercúrio, enxofre e sal), que "sustentam" a síntese do ouro. O objetivo principal é apresentar os trabalhos escritos pelos "Três possuidores da Pedra Filosofal". De acordo com o próprio Maier:[7]

> Amável leitor, você contempla três lactentes da rica Arte que, por seus estudos, obtiveram a Pedra. Cremerus no centro, o próprio Norton à esquerda, Basílio é visto à direita. Peço que leia seus escritos, e busque as armas de Vulcano, a você que deseja colher os pomos da terra de Hespéria.

Segundo consta, John Cremer, um abade do século XIV que viveu em Westminster, teria realizado trabalhos alquímicos na Abadia de Westminster e na Torre de Londres juntamente com Raimundo Lúlio.[7] Thomas Norton, autor de *Ordinall of alchimy*, começou a escrever esse famoso trabalho em 1477.[7] O renomado Basílio Valentim é mencionado mais adiante aqui neste livro, e também por Read.[8] Vulcano é o deus do fogo. "As armas de Vulcano" se referem ao fogo como um instrumento de transformação química.[7] A imagem mostra uma proximidade imediata entre um laboratório químico e uma biblioteca química – a dualidade prática e teoria. Embora a Sociedade Americana de Química recomende que uma biblioteca de pesquisa em química de uma universidade seja localizada no mesmo edifício dos laboratórios de química, é pouco provável que eles tivessem em mente uma proximidade assim tão grande.

O livro de Maier de 1618, *Atalanta fugiens* (Atalanta em fuga), contém 50 belas gravuras, e também inclui música para cerca de 50 fugas para três vozes (*tria prima* – percebeu?) compostas por Maier.[9,10] A folha de rosto (Fig. 35) representa a lenda de Atalanta e as pomos dourados.[9] Atalanta, a mais rápida entre os mortais, desafiou quaisquer pretendentes para uma corrida a pé. Se eles perdessem, morreriam. Ela somente se casaria com o homem que a derrotasse. A figura mostra Hércules colhendo os três pomos das Hespérides (guardados por Egle, Aretusa e Hespéria, e por seu dragão de guarda, Landon). Os pomos são ofertados por Vênus a Hipômenes, que os deixa cair nos momentos certos para distrair Atalanta, e assim ganhar a corrida e sua mão. "Colher os pomos da terra de Hespéria" (vide citação de Maier) é uma metáfora para a obtenção da Pedra. Infelizmente, o casal depois profana o templo de Cibele (o ato da profanação é mostrado na parte de baixo à direita – claramente eles são íntimos, embora um tanto descuidados), e os dois são transformados em leões.

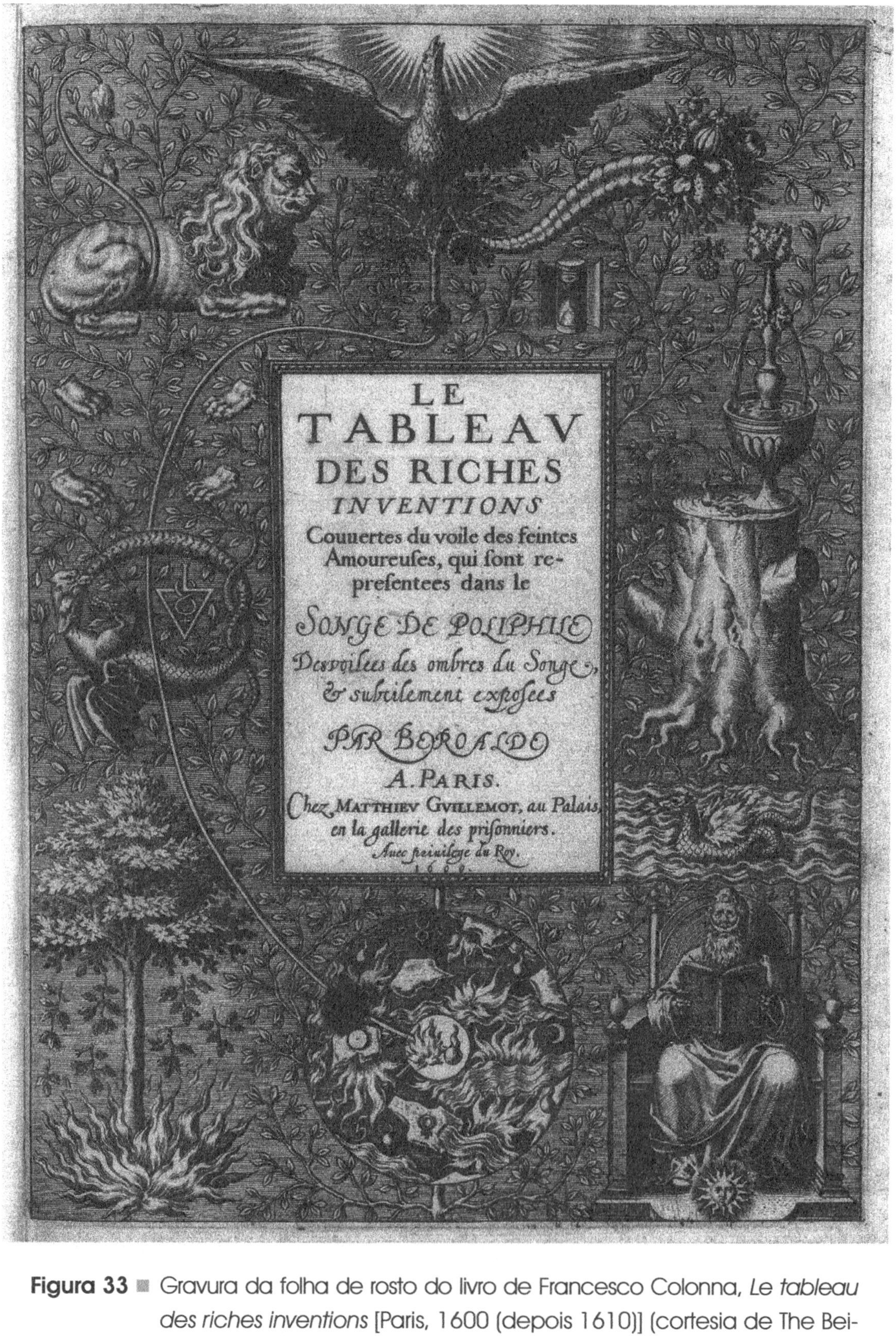

Figura 33 ■ Gravura da folha de rosto do livro de Francesco Colonna, *Le tableau des riches inventions* [Paris, 1600 (depois 1610)] (cortesia de The Beinecke Rare Book and Manuscript Library, da Universidade Yale). A figura representa a ascensão da fênix a partir do caos.

TRIPVS AVREVS,
Hoc eſt,
TRES TRACTATVS
CHYMICI SELECTISSIMI,
Nempe
I. BASILII VALENTINI, BENEDICTINI ORDInis monachi, Germani, PRACTICA vna cum 12. clauibus & appendice, ex Germanico;
II. THOMÆ NORTONI, ANGLI PHILOSOPHI CREDE MIHI ſeu ORDINALE, ante annos 140. ab authore ſcriptum, nunc ex Anglicano manuſcripto in Latinum translatum, phraſi cuiuſque authoris vt & ſententia retenta;
III. CREMERI CVIVSDAM ABBATIS WESTmonaſterienſis Angli Teſtamentum, hactenus nondum publicatum, nunc in diuerſarum nationum gratiam editi, & figuris cupro affabre inciſis ornati operâ & ſtudio
MICHAELIS MAIERI Phil. & Med. D. Com. P. &c.

FRANCOFVRTI
Ex Chalcographia Pauli Iacobi, impenſis LVCÆ IENNIS.
Anno M.DC. XVIII.

Figura 34 ■ Gravura da folha de rosto do livro de Michael Maier, *Tripus aureus* (O tripé dourado), publicado em Frankfurt em 1618. Os Três Grandes da Alquimia são Basílio Valentim, Thomas Norton e John Cremer (cortesia de The Beinecke Rare Book and Manuscript Library, da Universidade Yale).

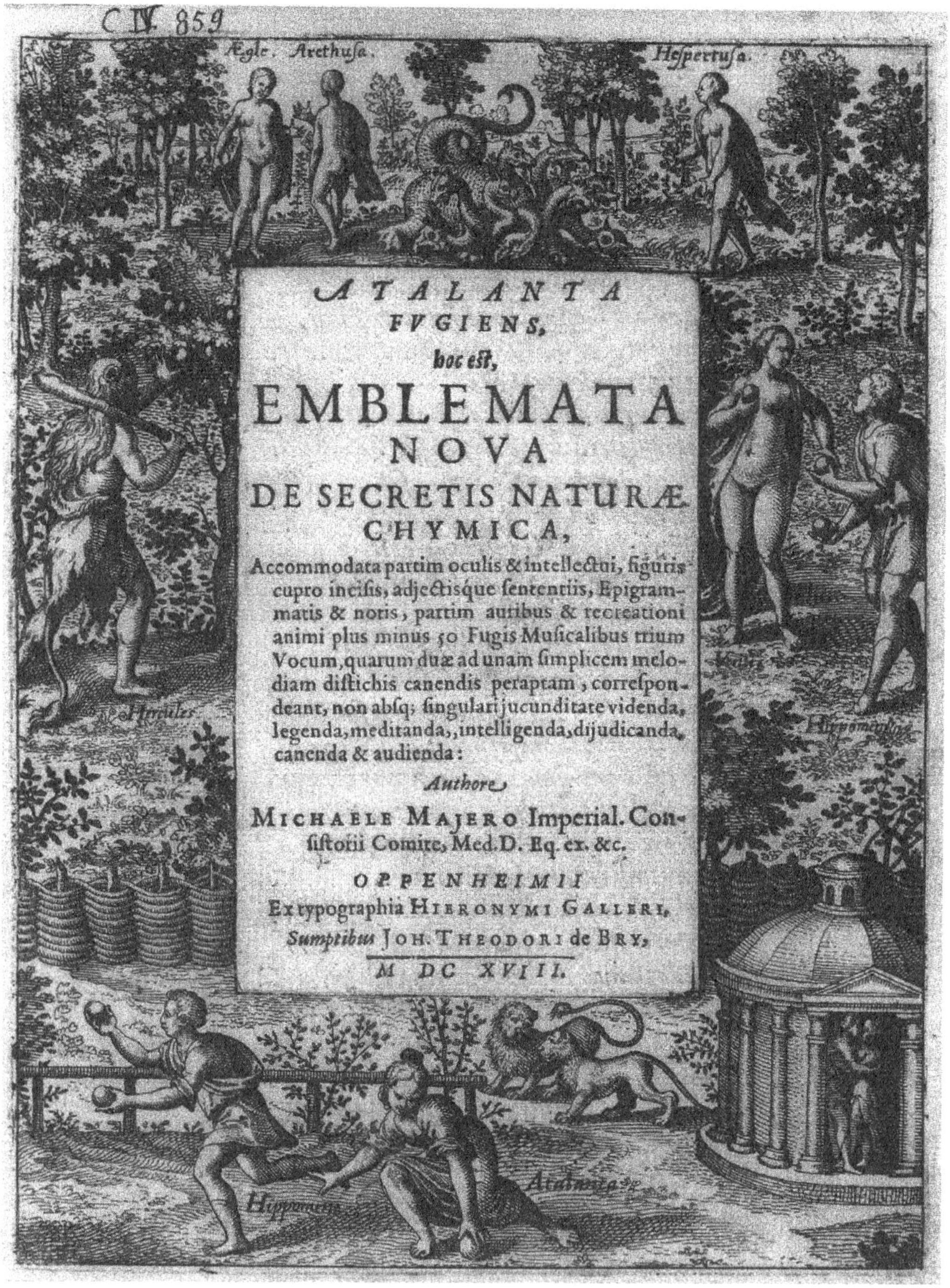

ATALANTA
FVGIENS,
hoc eſt,
EMBLEMATA
NOVA
DE SECRETIS NATURÆ
CHYMICA,
Accommodata partim oculis & intellectui, figuris cupro inciſis, adjectiſque ſententiis, Epigrammatis & notis, partim auribus & recreationi animi plus minus 50 Fugis Muſicalibus trium Vocum, quarum duæ ad unam ſimplicem melodiam diſtichis canendis peraptam, correſpondeant, non abſq; ſingulari jucunditate videnda, legenda, meditanda, intelligenda, dijudicanda, canenda & audienda:
Authore
MICHAELE MAJERO Imperial. Conſiſtorii Comite, Med. D. Eq. ex. &c.
OPPENHEIMII
Ex typographia HIERONYMI GALLERI,
Sumptibus JOH. THEODORI de BRY,
M DC XVIII.

Figura 35 ■ Gravura da folha de rosto do livro de Michael Maier, *Atalanta fugiens* (Atalanta em fuga), publicado em Frankfurt em 1618. A gravura narra o mito de Atalanta, a mais rápida entre os mortais, que desafiou seus pretendentes para uma corrida a pé – os perdedores eram condenados à morte. Hipômenes, porém, usou três pomos de ouro (dados por Vênus) para distrair Atalanta, ganhando a corrida e sua mão (vide discussão no texto) (cortesia de The Beinecke Rare Book and Manuscript Library, da Universidade Yale).

O que está acontecendo na Figura 36 (retirada de *Atalanta fugiens*)? E esta não seria uma excelente questão para uma prova de química? Na mitologia grega, a deusa Atena nasceu da cabeça de seu pai, Zeus (ela não teve mãe). De acordo com uma das versões do mito, foi o deus grego do fogo (Hefesto – ou Vulcano, na tradição romana) quem partiu a cabeça de Zeus. O deus Apolo, nascido de Zeus e Leto, também está representado. A incestuosa *conjunctio*, regida por Cupido, une o princípio masculino (enxofre) com o princípio feminino (mercúrio). Lynn Abraham menciona ainda o mito de Júpiter (Zeus), no qual ele se transforma em uma águia e transporta Ganimedes para o céu, e se converte em uma chuva (destilação) de ouro.[11]

Por outro lado, talvez isso seja apenas uma propaganda para se tomar alguma marca de aspirina um pouco antes da prova final de química. Acho que eu teria que dar pelo menos metade da nota para esta resposta.

A primeira apresentação pública da música alquímica (exemplos das fugas de Maier) parece ter ocorrido na Royal Institution da Grã-Bretanha, em 22 de novembro de 1935. Estudantes que integravam o coral da Universidade St. Andrews ("O Coral Chímico") e os professores do Departamento de Música "conspiraram" para dar voz à admirável erudição do colega deles, o Professor John Read.[12]

1 ■ I. MacPhail, *Alchemy and the occult*, New Haven, Yale University Library, 1968, p. 189-191.

2 ■ C. G. Jung, *Psychology and alchemy*, 2. ed., tradução de R. F. C. Hull, Princeton, Princeton University Press, 1968, p. 38.

3 ■ L. Abraham, *A dictionary of alchemical imagery*, Cambridge, Cambridge University Press, 1998, p. 150-151, 205.

4 ■ I. MacPhail, op. cit., p. xv-xxxii (texto de A. Jaffe).

5 ■ N. Schwartz-Salant, *Encountering Jung on alchemy*, Princeton, Princeton University Press, 1995.

6 ■ J. Read, *Prelude to chemistry*, Nova York, MacMillan, 1937, p. 228-236.

7 ■ J. Read, op. cit., p. 169-182.

8 ■ J. Read, op. cit., p. 183- 211.

9 ■ J. Read, op. cit., p. 236-254.

10 ■ J. Read, op. cit., p. 281-289.

11 ■ Abraham, op. cit., p. 110.

12 ■ J. Read, op. cit., p. xxiii-xxiv.

Figura 36 ■ O nascimento de Atena da cabeça de seu pai Zeus (não há mãe aqui), e uma *conjunctio* química com seu irmão Apolo. A *conjunctio*, ou casamento químico, une Sol e Luna, ou Enxofre Sófico e Mercúrio Sófico (cortesia de The Beinecke Rare Book and Manuscript Library, da Universidade Yale).

O LIVRO MUDO

Um dos mais belos livros do século XVII foi intitulado *Mutus liber* (O livro mudo), publicado na França em 1677, e assinado por "Altus" – um pseudônimo que representa o "Ancião Clássico" da alquimia. O livro foi impresso com o incentivo de um certo Jacob Saulat, e inclui 13 imagens em tamanho *folio*, e somente um pouco de texto no frontispício, onde se representa a Grande Obra.[1] Em 1702, o *Mutus liber* tornou-se mais amplamente conhecido após sua inclusão no final do primeiro volume da *Bibliotheca chemica curiosa* de Manget, agora com 15 figuras.[1] As imagens são totalmente alegóricas, e não há uma interpretação sólida delas. É interessante que as imagens representam um homem e uma mulher (possivelmente marido e mulher), aparentemente colaborando como iguais. Este foi um aspecto muito inovador do livro, pois as mulheres virtualmente não tiveram papel significativo na química por muito tempo. Houve, porém, uma antiga mulher alexandrina chamada Maria, a Profetisa[2-4] – algumas vezes identificada com Miriam, a irmã de Moisés – que descobriu o ácido clorídrico e desenvolveu um destilador primitivo chamado *kerotakis*, assim como o banho de água, usado para aquecimentos suaves. O banho de água sobreviveu até os tempos modernos, e é chamado de *Bain Marie*.* Além disso, consta que Maria, a Profetisa deu origem ao processo de fundir a liga de chumbo e cobre com enxofre para produzir um material de coloração negra.[4] Tais materiais negros eram, com frequência, os pontos de partida para a transmutação, e representavam a morte alegórica que precede à ressurreição. Essa é uma das origens do nome "Artes Negras" para as práticas alquímicas.

As seis figuras mostradas aqui foram selecionadas de uma reedição do *Mutus liber* feita em Paris em 1914.[5] A folha de rosto (Fig. 37) mostra uma imagem que se acredita representar Jacó e a Escada para o Céu, e é totalmente espiritual.[1] Sua cabeça repousa sobre uma rocha que alguns dizem representar a Pedra Filosofal. A tradução é a seguinte:[4]

> O Livro Mudo, no qual está representada toda a Filosofia Hermética em figuras hieroglíficas, por três vezes consagrado ao ótimo e máximo Deus de misericórdia e dedicado exclusivamente aos Filhos da Arte [*ou:* dedicado aos Filhos da Arte do Sol], por um autor cujo nome é Altus.**

As três últimas linhas são referências bíblicas escritas de trás para a frente: *Genesis* 28:11, 12; *Genesis* 27:28, 39; *Deuteronômio* 33:18, 28.

* N.T.: Banho-maria, em português.

** N.T.: Tradução para o português: José Jorge de Carvalho: *Mutus liber – o livro mudo da alquimia*, São Paulo, Attar, 1995, p. 73.

A Figura 38 é a segunda prancha do *Mutus liber*, e representa o sol acima de dois anjos que seguram um frasco contendo Sol e Luna, os quais ladeiam Netuno – considerado como aquele que representa uma substância aquosa ou líquida necessária para a Grande Obra – enquanto os dois alquimistas se ajoelham diante de seu forno. A parte superior representa a dimensão espiritual do trabalho.[1] A parte de baixo é a parte terrestre. No forno, a seção inferior é a chama, o funil intermediário é um banho de areia ou de água, para o aquecimento controlado do Ovo Filosofal.[1] (Qualquer químico que tenha tentado fazer uma nova reação irá apreciar o aspecto compenetrado desta imagem.) A Figura 39 é a quarta imagem do *Mutus liber* e mostra o recolhimento do orvalho em lençóis estendidos no pasto, sob a influência do sol em Áries e da lua em Touro (primavera).[*] Isso ilustra a dimensão astrológica da *opus*. O orvalho é considerado como um tipo de *Prima Materia*, e os dois alquimistas o espremem para uma grande bacia de recolhimento.

[*] ■ N.T.: No Hemisfério Norte.

Figura 37 ■ Gravura da folha de rosto de *Mutus liber* (O livro mudo). Esta figura é de uma reprodução do *Mutus liber* feita em Paris em 1914, a partir da *Bibliotheca chemica curiosa* de Manget (1702), que reimprimiu as pranchas do livro original de 1677. A imagem representa Jacó e a Escada para o Céu.[5]

Figura 38 ▪ A segunda prancha (das 15 da edição de Manget) do *Mutus liber*, a qual mostra, em sua parte superior (de significado espiritual), o sol sobre dois anjos que seguram Sol e Luna na presença de Netuno, representando a substância aquosa necessária para a Grande Obra. Na parte inferior (de significado terrestre), os alquimistas masculino e feminino colocam o Ovo Filosofal no atanor, no qual ele é suavemente aquecido em um banho de areia ou água.[5]

Figura 39 ■ A quarta prancha do *Mutus liber*, que mostra o recolhimento do orvalho (uma espécie de *Prima Materia*).[5]

Figura 40 ■ A quinta prancha do *Mutus liber* representa os dois alquimistas preparando o orvalho para destilação. O destilado é dividido em quatro garrafas e então aquecido (aparentemente, por 40 dias). O resíduo é transferido para uma garrafa e dado para um homem idoso (Saturno?).[5]

Figura 41 ■ Na prancha 14 da edição de Manget do *Mutus liber*, o homem, a criança e a mulher estão preparando os pavios e enchendo suas lâmpadas com óleo. Partes iguais da Tintura Lunar e da Tintura Solar são trituradas juntas para fornecer o Mercúrio Sófico.[1,5]

Figura 42 ■ A obra está terminada (prancha 15) e os alquimistas proclamam: "Dados olhos para ver, vede".[5][*]

[*] ■ N.T.: O tradutor brasileiro oferece, porém, versões bem diferentes para a expressão em latim *Oculatus abis*: "Vai, clarividente"; ou, "Enfim, abriste os olhos". Vide: *Mutus liber – o livro mudo da alquimia*, ensaio introdutório, comentário e notas de José Jorge de Carvalho, São Paulo, Attar, 1995, p. 122.

Na figura seguinte do livro (Fig. 40), o homem e a mulher preparam o orvalho para destilação em um alambique. Em seguida, o homem toma o destilado e o transfere para quatro recipientes que são aquecidos, aparentemente por 40 dias. A mulher remove o resíduo do vaso de destilação e o transfere para uma garrafa, a qual ela oferece para um homem idoso que segura uma criança e que ostenta a marca da Luna. Alguns interpretam o ancião como sendo Saturno.

Na Figura 41 (prancha 14 na edição de Manget), vemos três fornos e o homem, a criança e a mulher preparando os pavios das lâmpadas de seus fornos. Partes iguais da Tintura Lunar e da Tintura Solar são trituradas juntas para produzir o Mercúrio Sófico. Os dois alquimistas selam seus lábios, e pode-se ler: "Reza, Lê, Lê, Lê, Relê, Trabalha e Encontrarás".[1] Na Figura 42, a última imagem do *Mutus liber* é como a primeira (Figura 37), e é totalmente espiritual. A Escada não é mais necessária; um corpo, possivelmente Hércules (filho de Zeus), repousa na parte inferior, sob a influência de Sol e Luna; a figura de Zeus está sendo coroada com louros pelos anjos, e os dois alquimistas iluminados exclamam em uníssono:

"Dados olhos para ver, vede."[2]

A Grande Obra está terminada.

1 ■ A. McLean, *A commentary on the mutus liber*, Grand Rapids, Phanes, 1991.

2 ■ C. A. Burland, *The art of the alchemists*, Nova York, MacMillan, 1967, p. 188-198. Este livro traz todas as 15 figuras em formato razoavelmente grande.

3 ■ *Secrets of the alchemists*, Alexandria, Time-Life Books, 1990, p. 70-77. Este livro reproduz todas as 15 figuras (em nada menos do que impressão dourada!), bastante reduzidas no tamanho, mas com uma boa discussão textual.

4 ■ J. Read, *Prelude to chemistry*, Nova York, MacMillan, 1937, p. 155-159.

5 ■ *Mutus liber – Le livre d'images sans paroles, ou toutes les opérations de la philosophie hermetique sont décribes et représentés. Reédite d'après l'original et precedé d'une hypotypose explicative par MAGOPHON*, Paris, Librairie Critique, Emile Nourry, 1914.

SEÇÃO III

A IATROQUÍMICA E AS PREPARAÇÕES ESPAGÍRICAS

PARACELSO

Theophrastus Bombast von Hohenheim (1493-1541), que chamou a si mesmo de Paracelso, aplicou a química para curar doenças, e deu origem a um campo chamado *iatroquímica*. Sua ruptura com as antigas doutrinas médicas de Galeno foi total, e seu estilo era intolerante e bombástico. Ele é reconhecido por ter introduzido experimento e observação nos tratamentos médicos.

Em vez de procurarmos citações de Paracelso, recorremos ao romance de Evan S. Connell, *The alchymist's journal*,[1] para oferecer uma ideia sobre sua mente e estilo:

> Eu disse que todos os metais sofrem de doenças, exceto o ouro, que desfruta de perfeita saúde pela graça do *elixir vitae*. Ensinei a Oporinus como este metal é doce, e exibe um brilho tão vistoso que multidões olhariam para o ouro em vez de olhar para o sol generoso sobre suas cabeças. Em fixidez ou permanência esta substância não pode ser superada; portanto, ela deve raiar incorruptivelmente, sendo derivada de uma correspondência imperial de constituintes primários, que a torna capaz de exaltar qualquer objeto, de vivificar leprosos, de aumentar o coração. Concebido pelo nosso Senhor benevolente, o ouro é um medicamento poderoso. O ouro falso, o qual é um simulacro que não ostenta nenhuma virtude medicinal, ataca órgãos internos e, portanto, deveria ser repudiado, pois o médico alquímico repudia a matéria prostituída. Não devemos guardar o ouro verdadeiro além da medida, mas distribuir o que temos – lembrando a cada homem, de maneira alegórica, de uma escolha terrestre que ele é obrigado a fazer, entre a perdição e a bem-aventurança.

> Os pseudoalquimistas que trabalham contra o azougue, o sal marinho e o enxofre sonham com o ouro hermético por meio da transformação. No entanto, eles não compreendem o curso natural do desenvolvimento, pois empregam leituras literais de receitas. Desse modo, eles trazem cestos de seixos dourados para vender, ou gotas de prata em alambiques turvos – panaceias fúteis, destinadas ao cemitério. Este é o falso magistério.

> Se for a vontade de Deus instruir um alquimista em sua arte, Ele concederá a compreensão no tempo apropriado. Mas, se desta sabedoria Ele concluir que algum homem é indigno, ou se Ele decidir que danos irreparáveis resultarão, então aquela recompensa será retirada.

A primeira citação romanceada indica as imperfeições nos metais comuns, que são convertidos em ouro (perfeição) usando o *elixir vitae* (ou Pedra Filosofal). O verdadeiro ouro pode ser usado como um remédio. A segunda citação indica a desesperada busca dos falsos alquimistas – às vezes chamados de "sopradores" por causa dos foles dos seus fornos – cujo objetivo é somente produzir ouro, sem considerar a unidade da alquimia com a natureza. A última é talvez a mais interessante: o fracasso em reproduzir uma receita alquímica se deve à negativa de Deus em conceder o segredo ao investigador indigno, mais do que às deficiências da fórmula ou do método original. Aliás, nunca fica claro como a Pedra ou Elixir produz suas transformações.

Podemos ter uma ideia do que era a medicina daquele período inspecionando algumas das curas atribuídas a Paracelso em um livro publicado em Londres em 1652, intitulado *THREE EXACT PIECES of LEONARD PHIORAVANT, Knight and Doctor in PHYSICK, viz. His RATIONAL SECRETS, and CHIRURGERY, Reviewed and Revived, Together with a Book of Excellent EXPERIMENTS and SECRETS, Collected out of the Practices of Severall Expert Men in both Faculties, Whereunto is Annexed PARACELSUS his One hundred and fourteen EXPERIMENTS: With certain Excellent Works of B. G. a Portu Aquitano, Also Isaac Hollandus his SECRETS concerning his Vegetall and Animal Work, With Quercetanus his Spagyrick Antidotary for GUN-SHOT* ("Três escritos exatos de Leonard Phioravant, cavaleiro e doutor em medicina, a saber: seus Segredos Racionais, e Cirurgia Revisada e Revivida, juntamente com um livro de Experimentos e Segredos excelentes, colecionados das práticas de diversos expertos em ambas as faculdades, aos quais são anexados os Cento e Quatorze Experimentos de Paracelso: com trabalhos excelentes de B. G. a Portu Aquitano, e também os Segredos de Isaac Hollandus a respeito de seus trabalhos vegetal e animal, com o antidotário espagírico para ferimentos com Armas de Fogo de Quercetanus"). (Como é bom saber o que tem em um livro antes de comprá-lo!):

- Uma mulher há muito padecia de sofrimentos do coração, que ela chamava *Cardiaca*, a qual foi curada tomando duas vezes o nosso vomitório *mercurial* – que a fez expelir um verme, comumente chamado de *Theniam*, com quatro cúbitos* de comprimento.
- Um rapaz de 15 anos de idade, ao cair de uma escada de pedras, ficou com um braço e uma perna entorpecidos e paralisados; untei seu pescoço e parte posterior da cabeça, e toda a espinha dorsal, com este unguento: a) de gordura de uma raposa; b) óleo de minhocas; c) *Oleum Philosophorum*. Eu os misturei, e o untei logo em seguida, e em pouco tempo nenhuma ferida nem inchaço apareceram nele que estava assim machucado.
- Uma pessoa que cuspia sangue, eu a curei dando um escrópulo** de *Laudanum Precipitatum*,[2] na água de tanchagem, e externamente apliquei um pano de linho em seu peito, que fora mergulhado na infusão de casca das raízes de meimendro.
- Um homem tinha dois inchaços, como se fossem verrugas sobre o pênis, que ele contraiu por intercurso com uma mulher impura, de modo que por seis meses ele foi abandonado por todos os médicos como sendo incurável; eu o curei lhe dando *Essentia Mercurialis*, e então misturei o óleo de vitríolo com *Aqua Sophia*, e o apliquei aquecido, com um supositório, por quatro dias.
- Um rapaz de 18 anos de idade teve um dente arrancado, e três meses depois apareceu certa vesícula negra no lugar do dente, a qual eu untei diariamente com o óleo de vitríolo, e assim a vesícula foi retirada, e o novo dente apareceu.
- Um taberneiro gordo e bêbado estava com a vida em perigo por causa de uma indigestão; ele teve a saúde restaurada por meio de uma sangria.
- Alguém que era perturbado por dores no estômago devido à fraqueza, o qual tomou *Oleum salis* em sua bebida, que lhe provocou muitas evacuações, teve assim sua saúde restaurada, conforme escrevemos em nosso livro chamado *Parastenasticon*.
- Um homem que era perturbado pela dor de cabeça, eu purguei pelas narinas, injetando o suco de *Ciclaminus* com uma seringa.
- Uma mulher, estando quase morta devido às cólicas, eu curei com o óleo vermelho de vitríolo, bebido em água de anis, e pouco depois dessa poção ela evacuou um verme e ficou curada.

* ■ N.T.: Um cúbito é uma antiga medida de comprimento, equivalente a cerca de 50 centímetros.

** ■ N.T.: Um escrópulo é uma unidade de medida de massa que equivale a cerca de 1,3 grama.

- Para fazer as nutrizes terem abundância de leite, peguei os ramos ou extremidades frescas de erva-doce, e os fervi em água ou vinho, e lhes dei para beber no jantar ou ceia, e a toda hora, pois isso aumenta em muito o leite.
- Um homem, sendo veementemente perturbado durante anos por dores na cabeça, eu curei unicamente abrindo-lhe o crânio, e da mesma maneira curei o tremor do cérebro, tomando também *Oleum salis* em água de manjericão.
- Um príncipe germânico que era perturbado por delírios, por causa de uma febre aguda, eu curei lhe dando cinco grãos* de *Laudanum nostrum*,[2] que expulsou a febre, e o fez dormir por seis horas depois disso.

1 ■ Evan S. Connell, *The Alchymist's Journal*, São Francisco, North Point, 1991.

2 ■ J. R. Partington, *A history of chemistry*, Londres, MacMillan, 1961, v. 2, p. 150, observa que o ópio foi empregado pelos árabes em sua medicina muito antes de Paracelso. Mas ele também levanta dúvidas sobre se o *laudanum* de Paracelso continha mesmo algum ópio. Se não continha, então essas curas descritas sugerem o uso de eficientes placebos.

O TIME DOS SONHOS DA ALQUIMIA

A Figura 43 provém da edição de 1611 do livro de Oswald Croll, *Basilica chymica*, o qual foi impresso em sucessivas edições durante cem anos. A esse livro se atribui a passagem do conhecimento de Paracelso e seus seguidores através do século XVII.

O belo frontispício do livro representa o *Time dos sonhos dos alquimistas*:

Hermes Trismegisto, egípcios
Geber, árabes
Morienus, romanos
Roger Bacon, ingleses
Raimundo Lúlio, espanhóis
Paracelso, germânicos

É um time dos sonhos em outro sentido também. Não existem evidências de que Hermes Trismegisto tenha existido de fato. O nome do suposto pai da alquimia, Hermes o Três Vezes Grande, é um tanto suspeito. De qualquer forma, a alquimia veio a ser chamada de "arte hermética". Quando fechamos hermeticamente alguma coisa, nós a protegemos do ar, assim como alguns experimentos alquímicos eram fechados em frascos de vidro selados e enterrados literalmente durante anos.

* ■ N.T.: Um grão é uma unidade de medida de massa que equivale a cerca de 0,065 grama.

Figura 43 ■ Folha de rosto de *Basilica chymica* (Frankfurt, 1611), de Oswald Croll, talvez a mais importante entre as primeiras fontes do saber químico paracelsista.

DESTILAÇÃO PELO FOGO, ÁGUA QUENTE, AREIA OU ESTERCO DE JAVALI COZIDO NO VAPOR

Conrad Gesner (1516-1565) nasceu em Zurique, nas "circunstâncias mais pobres possíveis".[1,2] Sua inteligência precoce foi percebida por seu pai, que o enviou ao tio, vendedor de extratos de ervas medicinais, para continuar seus estudos. Nesse ambiente, Gesner desenvolveu um interesse por plantas e pelos remédios derivados delas que se prolongaria por toda sua vida. Os professores de Gesner patrocinaram seus estudos posteriores, apesar de sua insensatez de se casar, aos 19 anos, com uma noiva que não tinha dote. Ele compilou um dicionário greco-latino, e foi indicado professor de grego na Academia de Lausanne com 21 anos de idade. Isso lhe permitiu acumular dinheiro, e frequentar a faculdade de medicina por um ano, obtendo o Doutorado em Medicina aos 25 anos. Passou o restante de sua vida como médico em Zurique e professor de física aristotélica no Collegium Carolinum. Gesner morreu de peste com 49 anos de idade.

A Figura 44 é do livro de Gesner *The practice of the new and old physicke...* (o título completo tem 102 palavras!), publicado em Londres em 1599. A primeira edição desse livro (*The treasure of evonymous...* – "evonymous" significa anônimo) foi publicada em 1552.[1] A Figura 44 é a folha de rosto do segundo livro dos quatro que compõem esse volume. O sol e a lua representam os princípios masculino (Enxofre Sófico) e feminino (Mercúrio Sófico). Na Figura 45(a) vemos o *Bain Marie* (ou *Balneum Marie*; *bain* é a palavra francesa e *balneum* é a palavra latina para "banho"; Maria se refere à alquimista do século III, Maria, a Profetisa). Trata-se de um forno que usa um banho de água para obter uma destilação suave e controlada. Resultados semelhantes podem ser obtidos com um aparato mais simples, como o da direita da figura. Uma cucúrbita (ou retorta) é provida de um alambique em seu topo, tendo um bico para condensar os vapores em uma retorta de recolhimento.

Figura 44 ■ Folha de rosto do Livro Dois de Conrad Gesner, *The practice of the new and old physicke, wherein is contained the most excellent secrets of phisicke and philosophie, divided into foure books. In the which are the best approved remedies for the diseases as well inward as outward of al the parts of man's body, etc.* (Londres, 1599). Isso é que é título!

(a)

(b)

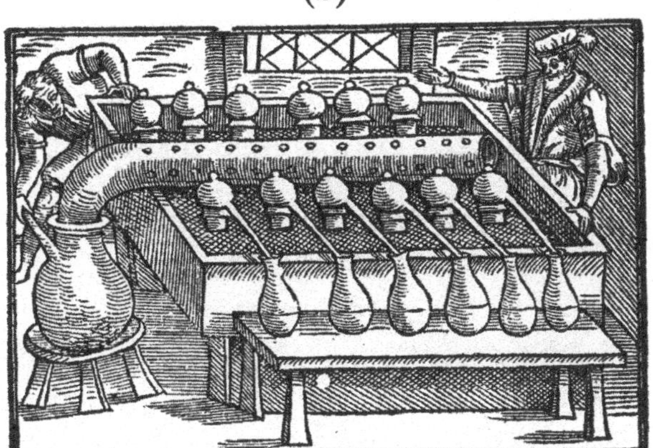

(c)

Figura 45 ■ Aparatos de destilação ilustrados no tratado de Gesner de 1599: **(a)**, à esquerda, um forno que emprega um banho de água é chamado de *Bain Marie* (*Balneum Marie*, ou banho-maria); **(b)** aquecimento de amostras em cucúrbitas fechadas, usando areia aquecida pelo sol, de preferência em julho ou agosto; **(c)** um banho de aquecimento que usa esterco de javali recentemente cozido no vapor. Sugiro chamar este de "veneno-maria", e também recomendo usá-lo somente em áreas abertas.

Figura 46 ■ Folha de rosto do Livro Quatro do tratado de Gesner de 1599. O pequeno dragão alado representa o Mercúrio Sófico; as flores da Árvore da Vida são cucúrbitas que produzem Pássaros de Hermes, indicando o sucesso da Grande Obra.

A Figura 45(b) representa o aquecimento de destilados em cucúrbitas seladas, em um banho de areia aquecido pelo sol (Gesner recomenda julho e agosto* como as melhores épocas para este trabalho, que pode levar até 40 dias). Outra técnica para destilação suave consiste em colocar cucúrbitas encimadas por alambiques em uma caixa de esterco de javali continuamente aquecido com vapor [Fig. 45(c)]. Sugiro o nome "veneno-maria"** para este aparato. Provavelmente, é melhor fazer esta operação em uma área aberta.

* ■ N.T.: O autor se refere ao período de verão no Hemisfério Norte.

** ■ N.T.: O autor faz um trocadilho com "*Bane of Marie*" ("veneno-maria") e "*Bain Marie*" (banho-maria).

A folha de rosto do Livro Quatro (Fig. 46) é repleta de símbolos maravilhosos. O sol e a lua testemunham o crescimento da Árvore Filosofal (ou Árvore da Vida), que representa o crescimento da Grande Obra.[3] O pequeno dragão que come (come o quê?!) em sua tigela é alado, e provavelmente representa o Mercúrio Sófico. A cucúrbita, quando selada, pode ser considerada um Ovo Filosofal.[3] (Nesta figura, falta apenas um para completar uma dúzia de ovos.) Um Pássaro de Hermes[3] ascende de cada ovo, simbolizando o final da Grande Obra.

As Figuras 47 a 49 são do livro de John French, *The art of distillation* (1653). A primeira [Fig. 47(a)] representa um aparato para destilação com vapor. A Figura 47(b) representa um banho-maria feito com uma caldeira e uma tampa de latão, e aquecida no centro por um forno com chaminé. A Figura 48(a) ilustra o uso da luz do sol para aquecer esferas de vidro, ou um almofariz de ferro (ou mármore), que servirão como fonte de aquecimento para a destilação. O forno reforçado da Figura 48(b) assegura a destilação de grandes quantidades de espíritos e de óleos de minerais, vegetais, ossos e chifres em apenas uma hora, em vez das 24 horas habituais ("tempo é dinheiro", já em 1653). A Figura 49(a) representa a destilação do espírito do sal (ácido clorídrico). A Figura 49(b) representa um destilador para substâncias voláteis, incluindo condensadores (sendo um deles refrigerado a água) na extremidade: tecnologia de ponta, e contrato de manutenção disponível em caso de compras adicionais.

Figura 47 ■ Aparatos ilustrados no livro de John French, *The art of distillation* (Londres, 1653; primeira edição, 1651): **(a)** aparato para destilação com vapor; **(b)** um banho-maria.

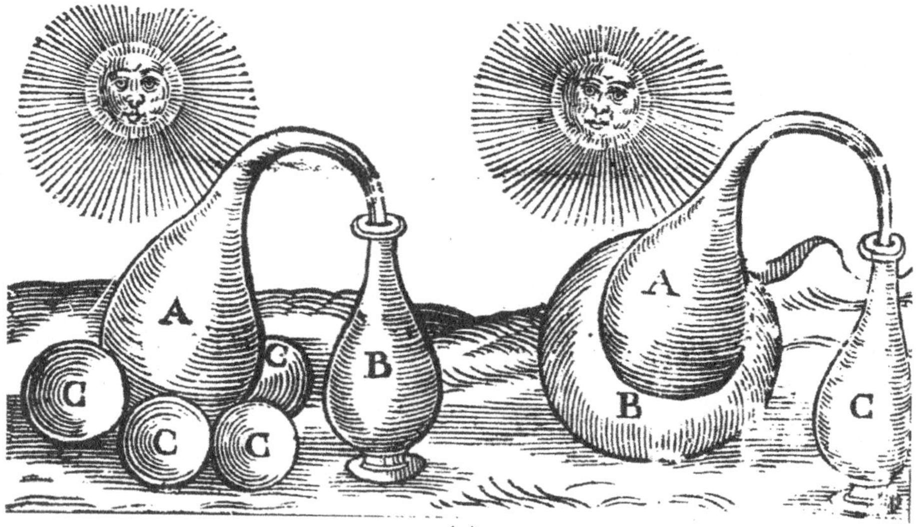

(a)

(b)

Figura 48 ■ Do livro de French, *The art of distillation*: **(a)** à esquerda, esferas de vidro aquecidas pelo sol, usadas como fonte de aquecimento; à direita, almofariz de ferro ou mármore como fonte de aquecimento; **(b)** forno resistente para a destilação de grandes quantidades de ossos, chifres, minerais e vegetais.

(a)

(b)

Figura 49 ■ Do livro de French, *The art of distillation*: **(a)** aparato para destilar o espírito do sal (ácido clorídrico), sem dúvida uma "serpente" com dentes muito afiados; **(b)** destilador de última geração, com condensador refrigerado a água para destilar líquidos voláteis. Aparatos semelhantes ainda podem ser encontrados nas colinas do Kentucky e da Virgínia Ocidental (EUA).

1 ■ J. Ferguson, *Bibliotheca chemica*, Londres, Derck Verschboyle, 1954, v. 1, p. 315-316.
2 ■ *Encyclopedia brittanica*, Chicago, 1986, v. 5, p. 225.
3 ■ L. Abraham, *A dictionary of alchemical imagery*, Cambridge, Cambridge University Press, 1998.

SEÇÃO IV

A QUÍMICA COMEÇA A EMERGIR COMO UMA CIÊNCIA

O PRIMEIRO LIVRO DE QUÍMICA PESAVA CINCO QUILOS

O primeiro livro sistemático para o ensino de química foi *Alchemia*, publicado em Frankfurt em 1597 por Andreas Libavius (ca. 1540-1616).[1] A folha de rosto da bela, aumentada e ilustrada segunda edição, intitulada *Alchymia* (1606, Frankfurt), é reproduzida na Figura 50. Minha cópia desse livro é encadernada em pergaminho com ornatos e acabamento italiano, mede cerca de 23 x 34 cm e pesa cerca de 5 kg. Libavius teve uma educação clássica e, além de obter o título de doutor em medicina e de trabalhar como médico, também foi professor de História e de Poesia na Universidade de Jena. Assim como Paracelso, Libavius empregava remédios feitos com metais, incluindo o ouro potável (ouro dissolvido em *aqua regia*) e também o calomelano. Entretanto, ele expressou sua opinião sobre Paracelso da seguinte maneira: "Paracelso, como em muitos outros assuntos, é tolo e indeciso, e também aqui escreve como um louco".[1] Embora acreditasse na alquimia, Libavius realizou muita química prática, e observou que o chumbo ganha de 8% a 10% em peso quando calcinado.[1]

Alchymia descreve a construção de uma "casa" química hipotética (*Domus chymici*) (Fig. 51), com plantas detalhadas. A *Domus chymici* deveria ter um laboratório principal, sala para armazenamento de reagentes, sala de preparação, uma sala para os assistentes de laboratório, uma sala para cristalização e congelamento, uma sala para banhos de areia e água, uma sala para combustíveis, um museu, jardins, calçadas e... uma adega para vinhos.[1,2] O livro prossegue descrevendo capelas, fornos, vidrarias, materiais para vedação, almofarizes, pinças, procedimentos químicos, e tudo o mais que fosse necessário para acompanhar o "estado da arte" nos tempos de Shakespeare.

Entretanto, Libavius pretendia ocupar todos os espaços no mercado de livros didáticos, e conclui com uma seção ricamente ilustrada sobre o *Lapidum Philosophorum* (Pedra Filosofal). As Figuras 52 e 53 são descritas por John Read como representando o Vaso de Hermes, aquecido pelo fundo.[2] Na Figura 52, vemos uma serpente, representando o Mercúrio Sófico, comendo sua própria cauda – uma representação da coagulação e fixidez.[2] A águia tem penas multicoloridas, representando as mudanças de cor durante a fermentação. O corvo negro representa a putrefação. A virgem representa a lua ou a prata; o leão representa o sol ou o ouro. O rei e a rainha, de maneira semelhante, representam o masculino e o feminino, o enxofre e o mercúrio.[2] Alguns destaques da Figura 53 incluem a base representando uma fundação terrestre; dois Atlas sustentando o vaso; um dragão de quatro cabeças representando os quatro estágios do fogo; o Leão Verde representando o líquido mercurial, a matéria-prima da Pedra; uma águia prateada com três cabeças, um corvo negro representando a putrefação, a serpente alada mordendo sua própria cauda novamente, um cisne branco muito sórdido entre dois globos, e uma variedade de imagens de masculino-feminino, terra-lua, ou enxofre-mercúrio. Bastante óbvio, quando você sabe o que procurar (ou quando você tem o livro de John Read, *Prelude to chemistry*, do seu lado).

[1] ■ J. R. Partington, *A history of chemistry*, Londres, MacMillan, 1961, v. 2, p. 244-267.
[2] ■ J. Read, *Prelude to chemistry*, Nova York, MacMillan, 1937, p. 212-221.

יְהֹוָה
D.O.M.A
ALCHYMIA
ANDREÆ
LIBAVII, RECOGNI-
TA, EMENDATA, ET
aucta, tum dogmatibus &
experimentis non-
nullis;
TVM COMMENTARIO
Medico Physico Chymico:
QVI EXORNATVS EST VA-
riis Instrumentorum Chymicorum picturis;
partim aliunde translatis, partim
planè nouis:
In gratiam eorum,
QVI ARCANORVM NATVRALIVM
cupidi, ea absq; inuolucris elementarium &
ænigmaticarum sordium, intueri
gaudent.
PRÆMISSA DEFENSIONE ARTIS:
opposita censuræ Parisianæ:
Cum Gratia & Priuilegio Cæsareo speciali ad decennium.
GALENVS
ARISTOTELES
IN DEO LÆTANDVM

Figura 50 ■ A folha de rosto da segunda edição (1606) de *Alchymia*, de Libavius – o primeiro livro didático de química (a primeira edição, publicada em 1597, era menor e sem ilustrações. De acordo com Partington, essa edição é mais rara do que os *Principia* de Newton – que, por sua vez, teve um exemplar leiloado por quase 400 mil dólares em 1998).

Figura 51 ■ A *Domus chymici* ("casa da química"), descrita em *Alchymia*, de Libavius, nunca foi construída. Suspeito de que as leis de zoneamento a teriam mantido fora de uma área residencial respeitável.

Figura 52 ■ Um Vaso de Hermes representando a Grande Obra na seção sobre a Pedra Filosofal do livro de Libavius de 1606, *Alchymia*. É bom ver essa imagem esquemática após toda a descrição racional de fornos, frascos, vedantes, pinças e preparações químicas daquela época.

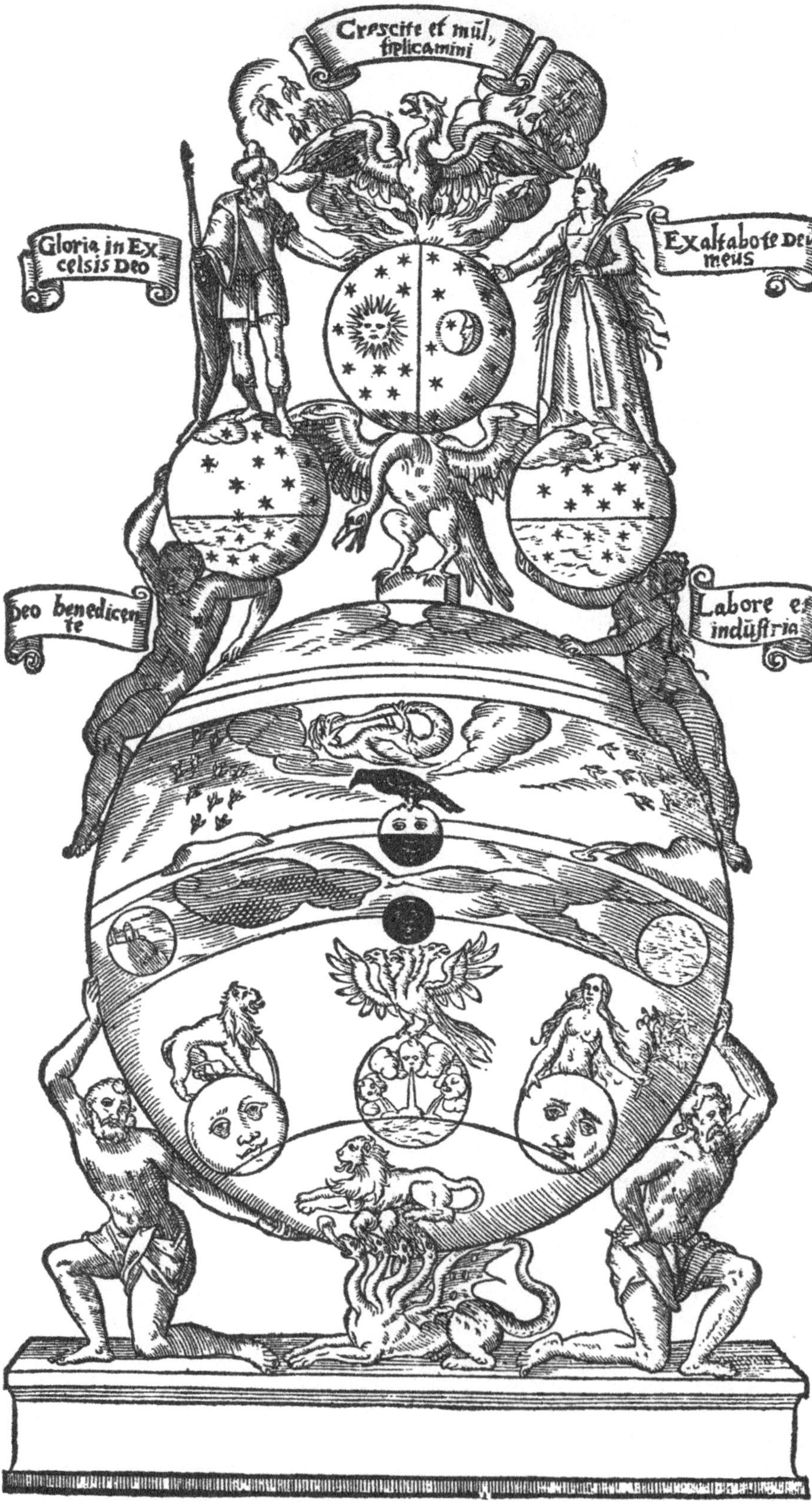

Figura 53 ▪ Outro Vaso de Hermes, do livro *Alchymia*, de Libavius. Como seriam as provas finais aplicadas por Libavius?

UMA ÁRVORE CRESCE EM BRUXELAS

Quão irônico é que Johann Baptist Van Helmont (1577*-1644) se referisse à "Senhora Natureza" como a "Protoquímica",[1] pois, se houve algum protoquímico humano, foi ele. Seus escritos navegam pelas fronteiras entre a ciência, a pseudociência e a superstição. Van Helmont nasceu em Bruxelas, mas viajou bastante. O retrato de Van Helmont (Fig. 54, à esquerda) consta da obra *Ortus medicinae*, compilada por seu filho, o alquimista e polímata Franz Mercurius (Fig. 54, à direita), e publicada pela primeira vez em 1648.

Em uma época em que medição e experimento estavam apenas começando a definir a ciência, Van Helmont realizou seu famoso "experimento da árvore". Ele acreditava que existiam apenas dois verdadeiros elementos fundamentais, água e ar, e que as árvores seriam compostas do elemento água. Para testar essa hipótese, ele pesou 200 libras de terra seca, umedeceu-a com água destilada, e plantou a muda de um salgueiro que pesava 5 libras. Depois de cinco anos regando criteriosamente, determinou que a árvore pesava 169 libras, e que o solo, quando separado e seco, ainda pesava 200 libras. Portanto, as 164 libras extras somente poderiam ser provenientes da adição do elemento água.[2]

Essas conclusões eram, é claro, totalmente errôneas. Sabemos hoje que a massa da árvore compreende celulose e água. A celulose é formada na fotossíntese (que somente foi descoberta cerca de 140 anos depois), envolvendo dióxido de carbono e água. E, mais uma vez, quão irônico é que a pessoa que cunhou o termo *gás* (a partir de *chaos*), e que efetivamente descobriu o dióxido de carbono, não tenha compreendido o papel dele em seu "experimento da árvore".

A lei da conservação da matéria é tipicamente associada com o pai da química moderna, Antoine Laurent Lavoisier, que trabalhou no final do século XVIII. O experimento de Van Helmont com a árvore demonstra que essa lei era uma hipótese convincente mais de 120 anos antes. E cerca de 150 anos após a morte de Lavoisier, ela despertava admiração quase religiosa no romance de Betty Smith, *A tree grows in Brooklyn*:[3]

> Francie saiu de sua primeira aula de química muito animada. Em uma hora, ela descobriu que todas as coisas eram feitas de átomos que estavam em movimento contínuo. Ela assimilou a ideia de que nada jamais era perdido ou destruído. Mesmo se alguma coisa fosse queimada, ou deixada apodrecer, ela não desaparecia da face da Terra; ela se transformava em alguma outra coisa – gases, líquidos e pós. Tudo, sentenciou Francie após aquela primeira aula, era vibrante de vida, e não havia morte na química. Ela estava intrigada como as pessoas instruídas não adotavam a química como religião.

* N.T.: De acordo com estudos atualizados, o ano correto do nascimento de J. B. Van Helmont é 1579.

[1] ■ J. B. Van Helmont, *A ternary of paradoxes* (tradução de Walter Charleton), Londres, 1650, p. 7.

[2] ■ H. M. Leicester e H. S. Klickstein, *A sourcebook in chemistry 1400-1900*, Nova York, McGraw-Hill, 1952, p. 23-27.

[3] ■ B. Smith, *A tree grows in Brooklyn*, Nova York, Harper & Brothers, 1943, p. 389. (Agradeço à Professora Susan Gardner por me apresentar esta passagem.)

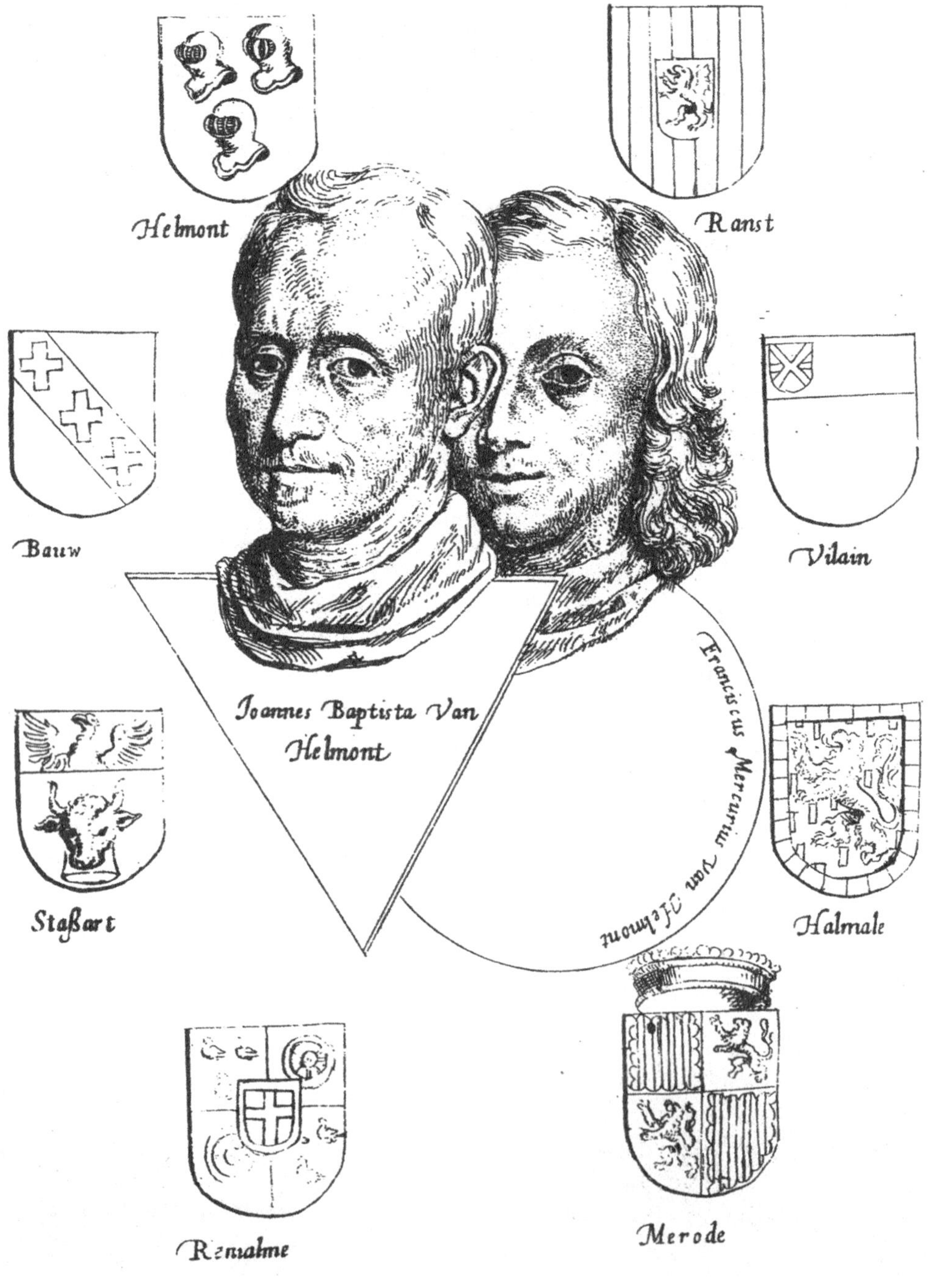

Figura 54 Frontispício do livro de Johanne Baptist Van Helmont, *Ortus medicinae* (Amsterdã, 1648), publicado por seu filho alquimista, Franciscus Mercurius (à direita).

CURANDO FERIMENTOS PELO TRATAMENTO DA ESPADA COM PÓ DE SIMPATIA

Exploremos um pouco mais as crenças de Van Helmont. Ele acreditava fervorosamente no Pó de Simpatia. Em vez de definir o que é isso, deixemos Van Helmont descrever sua aplicação:[1*]

> O Sr. James Howel (...) ao interceder entre dois irmãos da espada, recebeu um perigoso ferimento que atravessava o braço. Com a dor violenta que se seguiu, e outras consequências graves concomitantes, ele foi rapidamente abatido para uma extrema debilidade e perigo. Nesta situação lastimável, desesperado para encontrar alívio ou benefício, pelo inútil prosseguimento da cirurgia, e temendo a rápida invasão da gangrena, ele consultou Sir K. D.[2] Este, tendo procurado uma jarreteira com sangue coagulado, com a qual a ferida foi enfaixada pela primeira vez, aplicou sobre ela, sem o conhecimento do Mestre Howel, uma quantidade conveniente de Vitríolo Romano. Assim que o pó tocou o sangue que estava na jarreteira, o paciente gritou, pois sentiu uma dor intolerável e um tormento penetrante em seu braço, os quais logo desapareceram com a remoção de todos os emplastros e outras aplicações tópicas, o que foi feito por Sir K. D. Desde então, por três dias, todos os sintomas anteriores se foram, o membro recuperou sua cor vívida original, e seguiram-se manifestas cicatrização e consolidação. Mas então, para completar seu experimento, Sir K. D. mergulhou a jarreteira em uma vasilha com vinagre, e a colocou sobre carvões em brasa. Logo depois disso, o paciente recaiu em uma agonia extrema, e todos os males anteriores voltaram instantaneamente. Finalmente, tendo obtido esste pleno convencimento da simpatia mantida entre o sangue derramado e aquele conservado nas veias (...) ele retirou a jarreteira do vinagre, secou-a com cuidado, e aplicou novamente o pó – após o que, a cura prosseguiu com sucesso tão admirável que, dentro de poucos dias, restava somente uma bela cicatriz como testemunha de onde houvera um ferimento.

Em outras palavras, trate as faixas que em algum momento cobriram o ferimento, e que estão cobertas de sangue, com o Pó de Simpatia, e a cura será comunicada ao sangue que ainda está no corpo. Isso poderia ser, aliás,

* ■ N.T.: Esta citação que está sendo atribuída a Van Helmont é de autoria do médico inglês Walter Charleton (1620-1707).

considerado como um avanço conceitual em relação à doutrina anterior de Paracelso – segundo a qual, pulverizando o Pó sobre a espada que causou o ferimento, este seria curado. Van Helmont argumentou que não é a espada, mas o sangue sobre a espada, que se comunica com o ferimento. O conceito de simpatia foi a base para a "teoria do cão ferido", testada pela Marinha Real da Inglaterra em 1687.[3] Um cachorro seria machucado e enviado ao mar, enquanto sua bandagem permaneceria em Londres. Ao meio-dia, horário de Londres, o pó de simpatia seria aplicado sobre a bandagem; admitia-se que o cachorro imediatamente gritaria, e a comparação com o horário de bordo forneceria a longitude.

1 ■ J. B. Van Helmont, *A ternary of paradoxes* (tradução de Walter Charleton), Londres, 1650, *Prologue*.

2 ■ Sir K. D. era Sir Kenelm Digby, cientista, médico, corsário e salafrário talentoso, cujo Pó de Simpatia (um sulfato de cobre) era considerado o melhor. Ele próprio certamente não era desanimado nem capaz de muita simpatia.

3 ■ D. Sova, *Longitude*, Nova York, Penguin Books, 1995. Agradeço ao Professor Thomas W. Mattingly por chamar minha atenção para este ponto.

UM TRANSEUNTE ANÔNIMO DEFECOU NA SUA PORTA? EIS UMA SOLUÇÃO

Eis aqui um outro uso prático do conceito de simpatia:[1]

> Se alguém aviltou a soleira de tua porta com seus excrementos, e tu pretendes proibir que essa torpeza volte a ocorrer no futuro, basta colocar um ferro em brasa sobre os excrementos, e o desleixado insolente irá, em muito pouco tempo, ficar com feridas nas nádegas; pois o fogo, torrando os excrementos, por meio de magnetismo dorsal conduz a acrimônia da queimadura para seu ânus impudente.

Pense nisso. Primeiro, não é *apenas* o sangue que pode se "comunicar" por longas distâncias. Segundo, se somente o sangue do ferido, ou o ânus do contraventor, é afetado, então a cura e a punição são como que marcadas pela "impressão digital do DNA" – um grande avanço em relação aos cuidados médicos e à ciência forense do final do século XX.

1 ■ J. B. Van Helmont, *A ternary of paradoxes* (tradução de Walter Charleton), Londres, 1650, p. 13.

UMA CASA NÃO É UM LAR SEM UMA BANHEIRA E UM DESTILADOR

Johann Rudolph Glauber (1604-1670) é amplamente considerado como o pai da química industrial e da engenharia química. Embora certamente acreditasse na transmutação, Glauber fez numerosas contribuições importantes para a química. Ele foi o primeiro a descrever o sulfato de sódio cristalino (Na_2SO_4), comumente chamado de sal de Glauber, e suas aparentemente maravilhosas propriedades medicinais:[1]

> Aplicado externamente, ele limpa todos os ferimentos recentes, abre úlceras e as cura; tampouco ele corrói, ou provoca dor, como outros sais costumam fazer. Dentro do corpo, ele exerce virtudes admiráveis, especialmente se for associado às coisas cujas virtudes ele aumenta, e as quais ele conduz àqueles lugares nos quais é necessário que elas cheguem...
>
> Ele chamou o sulfato de sódio de *Sal Mirabile* (Sal Maravilhoso).

Os três painéis mostrados na Figura 55 foram extraídos de *The philosophical furnaces*, um trabalho reimpresso no bonito fólio de 1689, *The works of the highly experienced and famous chemist...* Destiladores (usados para produzir vinho, cerveja e remédios) e banheiras da época eram geralmente feitos de cobre; por isso, eram extremamente caros, e requeriam fornos especiais para cada aplicação. Embora isso não fosse um problema para os ricos, possuir esses utensílios domésticos, muitas vezes, estava fora do alcance dos menos abastados.

Figura 55 ■ Os homens da figura de baixo não são estudantes reprovados na prova final de Libavius (vide Fig. 53). Estas figuras foram extraídas do livro, em formato fólio, de Johann Rudolph Glauber, *The works of the highly experienced and famous chemist (...) Containing, great variety of choice secrets in medicine and alchymy (...)* (Londres, 1689). Alguns consideram Glauber como o primeiro engenheiro químico. As figuras de baixo mostram uma banheira e uma sauna projetadas por Glauber para o homem comum (vide texto).

Glauber projetou um globo de cobre, mais ou menos do tamanho da cabeça de uma pessoa, junto com seu próprio forno, que poderia ser movido e instalado em destiladores e banheiras de madeira, de baixo custo. (A vedação de encanamentos era feita com "bexigas de boi", ou com amido e papel.) A *Fig. I* (Fig. 55) mostra o forno (*A*) e o globo de cobre (*B*), adaptados ao recipiente para destilação *C*, que por sua vez se liga ao resfriador *D* (com serpentina de cobre para condensação), o qual alimenta o recipiente *E*. A *Fig. II* representa um *balneum* (aparato para banho) com uma cobertura perfurada para os vidros de amostras, para aquecimento suave e controlado. A *Fig. III* mostra uma banheira de madeira, e também uma caixa de madeira para um banho seco (para provocar transpiração com espíritos voláteis). Os mesmos forno (*A*) e globo de cobre (*B*) poderiam ser usados com cada um desses utensílios.

Embora Glauber observe que o aquecimento é fornecido de maneira mais lenta do que no caso de um utensílio de cobre com seu próprio forno feito sob medida, a economia vale a pena (exceto para os ricos, para quem o tempo *sempre* é dinheiro). Para aqueles insensatos o bastante para não se aproveitarem dessa inovação, Glauber diz:

> Deixe que fiquem então com seus recipientes de cobre, aqueles que não são capazes de me entender, pois isso não é da minha conta.

[1] H. M. Leicester e H. S. Klickstein, *A source book in chemistry 1400-1900*, Nova York, McGraw-Hill, 1952, p. 30-33.

BOYLE CONTRA ARISTÓTELES E PARACELSO

Robert Boyle (1627-1691), que nasceu em uma aristocrática família inglesa, é considerado por muitos como o verdadeiro pai da química. Seu livro mais famoso, *The sceptical chymist* (1661) (Fig. 56), pôs fim ao conceito aristotélico de Quatro Elementos (ar, terra, fogo, água) e deu início ao declínio do conceito paracelsista dos Três Princípios (mercúrio, enxofre, sal). Ele demonstrou que o ar é necessário para manter a vida e para transmitir o som. Seus estudos do ar como um gás (estudos pneumáticos) foram vitais para as descobertas do final do século XVIII e início do século XIX, feitas por Lavoisier, Dalton, Avogadro e outros, que levaram à Teoria Atômica – o paradigma fundamental da química.

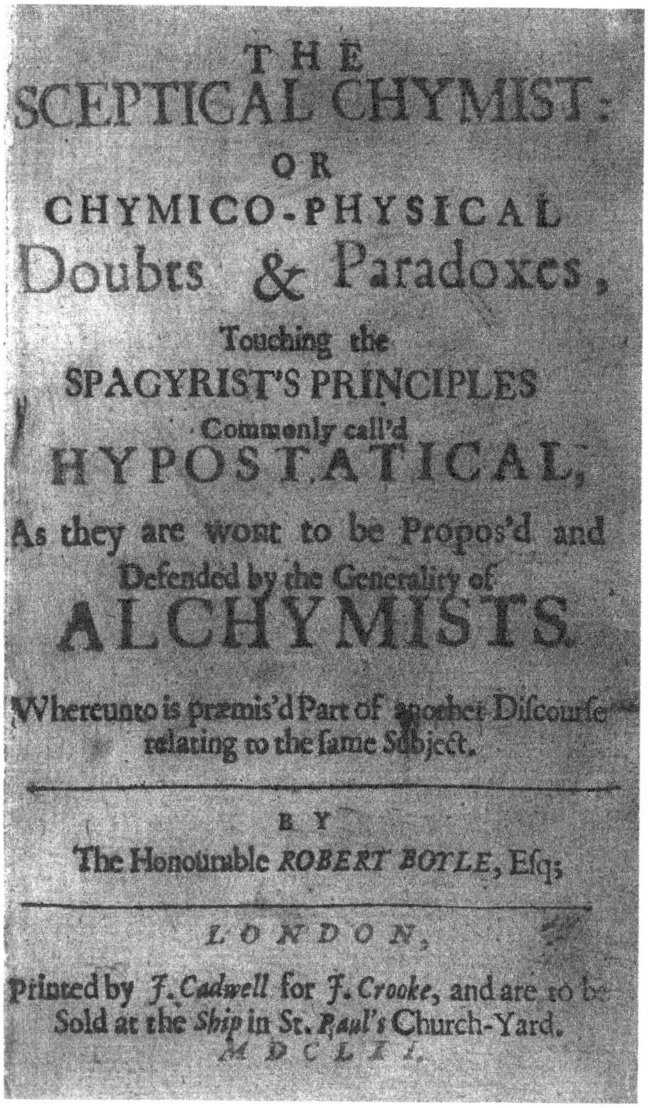

THE
SCEPTICAL CHYMIST:
OR
CHYMICO-PHYSICAL
Doubts & Paradoxes,
Touching the
SPAGYRIST'S PRINCIPLES
Commonly call'd
HYPOSTATICAL,
As they are wont to be Propos'd and
Defended by the Generality of
ALCHYMISTS.
Whereunto is præmis'd Part of another Discourse
relating to the same Subject.

BY
The Honourable *ROBERT BOYLE*, Esq;

LONDON,
Printed by *J. Cadwell* for *J. Crooke*, and are to be
Sold at the *Ship* in St. *Paul's* Church-Yard.
MDCLXI.

Figura 56 ■ Folha de rosto do livro de Robert Boyle, *The sceptical chymist* (Londres, 1661), que rejeitou os quatro elementos dos antigos e ajudou a definir o significado da palavra *elemento* (cortesia da Edgar Fahs Smith Collection, Biblioteca de Livros Raros e Manuscritos, Universidade da Pensilvânia).

A ATMOSFERA É PESADA

O que é o ar? Parafraseando David Abram:[1] Estamos imersos no ar invisível, mas mal o percebemos. Sentimos seus efeitos – ele é necessário para manter a vida – mas não a sua substância. A percepção também passa por golpes de vento, que em tempos antigos deviam ser considerados sopros etéreos da natureza.

Por que aprender as leis dos gases em química? Sabemos, desde o início do século XIX, que o estado gasoso é aquele no qual as moléculas vagueiam individual e livremente. Isso permite a compreensão de seu comportamento físico e químico nos níveis mais simples. Também aprendemos que dois balões de mesmo tamanho de gás hidrogênio reagem totalmente, e na quantidade precisa, com um balão de mesmo tamanho de gás oxigênio, produzindo água com massa idêntica à soma das massas dos dois gases.

Galileu (1564-1642) foi o primeiro a tentar determinar a densidade do ar (por volta de 1638).[2] Ele forçou o ar para dentro de uma garrafa de pescoço estreito, pesou a garrafa fechada, deixou o excesso de ar escapar, e pesou novamente a garrafa fechada. (Galileu, que descobriu as luas de Júpiter, passou seus últimos oito anos de vida em prisão domiciliar, por ensinar a visão copernicana do sistema solar.) Evangelista Torricelli (1608-1647) inventou o barômetro por volta de 1643. Ao nível do mar, a atmosfera suporta uma coluna de mercúrio de precisamente 760 mm de altura. Como o mercúrio é 13,6 vezes mais denso do que a água, isso corresponderia a uma coluna de água com cerca de 10 m de altura. Essa é a razão pela qual tipos antigos de bombas, usadas, por exemplo, em fazendas, não podem bombear a água que está a 10 m, ou mais, de profundidade. A Figura 57 é um diagrama maravilhosamente estilizado do barômetro, extraído do livro *Traitez de l'equilibre des liqueurs et de la pesanteur de la masse de l'air...*, publicado em 1663, de autoria de Blaise Pascal (1623-1662). Em 1648, Pascal enviou seu cunhado Perier para medir a pressão do ar no topo de uma montanha,[2] e confirmou que a pressão era menor do que ao nível do mar – claramente, a atmosfera tem massa, embora não percebamos isso no dia-a-dia. [A unidade moderna de pressão, definida como força por unidade de área (1 newton por metro quadrado) é o pascal (Pa): 760 mm de Hg = 101.325 Pa.] Inventor do primeiro computador, Pascal era um filósofo religioso que entrou em estado de graça no final de sua vida: "Ele somente pode ser encontrado pelos caminhos ensinados no Evangelho. Grandeza da alma humana. 'Pai Justo, o mundo não Vos conheceu, mas eu Vos conheci.' Júbilo, Júbilo, Júbilo, lágrimas de júbilo".

Otto von Guericke (1602-1686) inventou a primeira bomba de vácuo por volta de 1654.[2] Nesse ano, ele conduziu uma das maiores demonstrações científicas de todos os tempos. A Figura 58 representa a cena em Regensburg, território alemão. Na presença do Imperador Ferdinando III, Von Guericke usou sua bomba para retirar o ar do interior de uma esfera formada por dois hemisférios de cobre. Embora a esfera tivesse apenas 35 cm de diâmetro, duas juntas de cavalos não foram capazes de separar os hemisférios. Uma coluna de 760 mm de mercúrio, com uma base de 1 cm quadrado, pesa cerca de 1 quilograma. Ou seja, a pressão atmosférica é de aproximadamente 1 kg por cm^2. Como a área superficial da esfera evacuada era em torno de 4.000 cm^2, a força total sobre ela era equivalente a um peso de 4.000 kg (ou 4 toneladas). A área superficial total de uma pessoa adulta é muito maior que a daquela esfera de cobre, portanto o peso da atmosfera sobre nós é muito maior do que apenas 4 toneladas. Felizmente, não somos hermeticamente fechados. Nossa pressão interna se iguala à pressão externa, e ignoramos alegremente esse equilíbrio de forças gigantescas dentro e fora de nosso corpo.

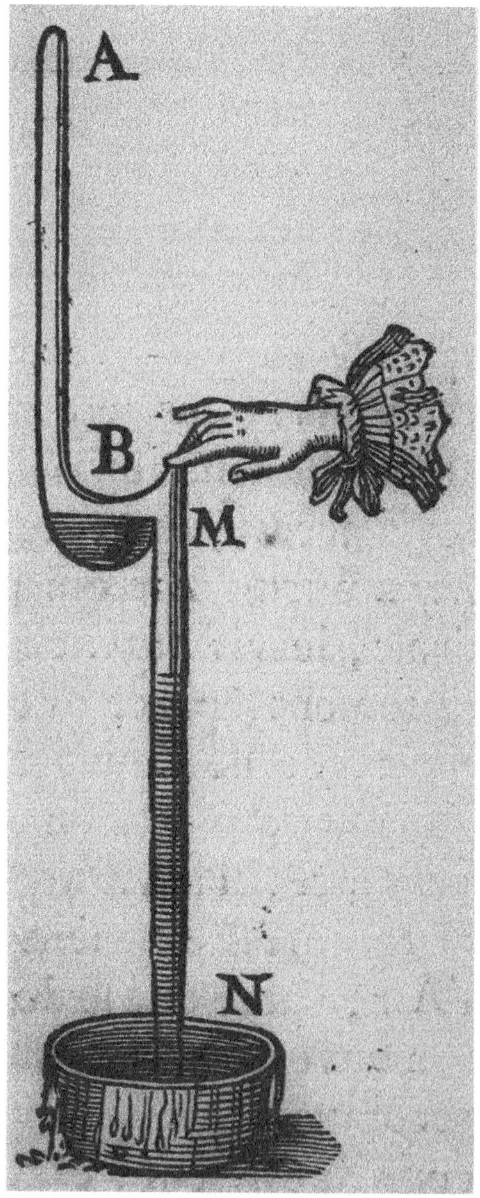

Figura 57 ■ Uma figura do *Traitez de l'equilibre des liqueurs, et de la pesanteur de la masse de l'air* (Paris, 1663), de Blaise Pascal, mostrando um barômetro altamente estilizado. Pascal enviou seu cunhado Perier para medir a pressão atmosférica no topo de uma montanha (cortesia da Edgar Fahs Smith Collection, Biblioteca de Livros Raros e Manuscritos, Universidade da Pensilvânia).

Figura 58 ■ Uma das maiores demonstrações científicas de todos os tempos: quando Von Guericke usou sua bomba de vácuo para remover o ar de uma esfera com apenas 35 cm de diâmetro, juntas de cavalos não foram capazes de superar a força da pressão atmosférica que mantinha os hemisférios unidos [ilustração do livro de Von Guericke, *Experimenta nova* (1672)] (cortesia da Edgar Fahs Smith Collection, Biblioteca de Livros Raros e Manuscritos, Universidade da Pensilvânia).

Na Figura 59, vemos a bomba de vácuo usada por Boyle, construída por seu jovem assistente Robert Hooke (1635-1703) em 1655. O grande globo de vidro é selado em sua parte superior com um aro e uma chave de latão. Uma torneira (*SN*) conecta o globo ao cilindro de latão *P*, que contém um pistão selado com couro, e movido por um mecanismo de cremalheira operado por manivela. A rolha *R* se ajusta firmemente a um furo no cilindro. O vácuo é produzido da seguinte maneira: com a torneira *SN* aberta, e a rolha *R* no lugar, o pistão é puxado para baixo, removendo ar de dentro do globo. A torneira é fechada, a rolha *R* é removida, e o pistão vedado é então levantado, forçando para fora o ar recolhido. O processo é repetido várias vezes.[2] Em seu livro *Micrographia*, de 1665, Hooke usou pela primeira vez a palavra *célula* para descrever a estrutura, semelhante a favos de mel, visível na cortiça por meio do microscópio.

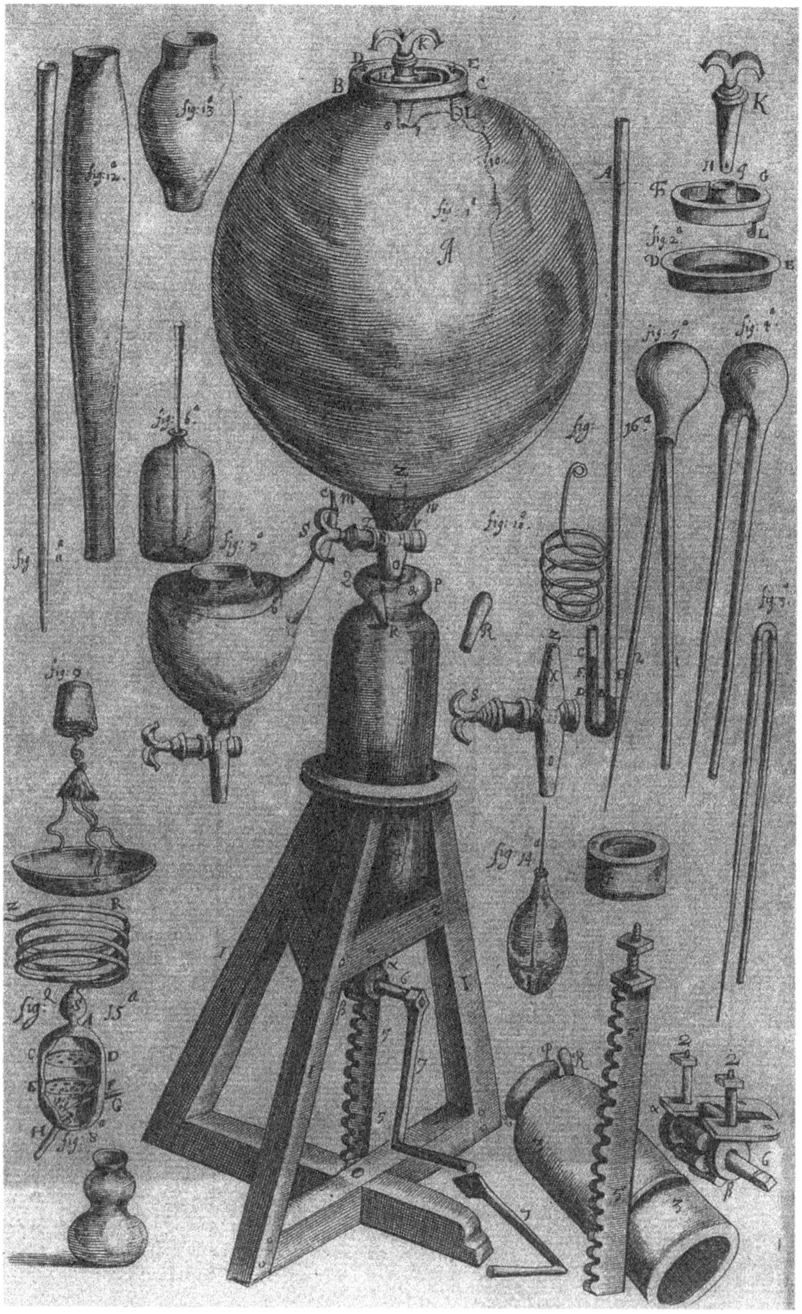

Figura 59 ■ A bomba de vácuo usada por Boyle, construída por seu assistente Robert Hooke (ilustração do livro *New experiments physico-mechanical, touching the spring of the air*, 2. ed., Londres, 1662).

[1] ■ D. Abram, *The spell of the sensuous*, Nova York, Pantheon, 1996, p. 260. Agradeço à Professora Susan Gardner por me apresentar esse livro, e por me sugerir alguns dos temas do presente texto.

[2] ■ J. R. Partington, *A history of chemistry*, Londres, MacMillan, 1961, v. 2, p. 512-519.

[3] ■ J. Steinmann, *Pascal* (tradução de M. Turnell), Nova York, Harcourt, Brace & World, 1965, p. 80.

A LEI DE BOYLE

A segunda edição do primeiro livro de Boyle, *New experiments physico-mechanical, touching the air*, foi publicada em 1662, e incluía uma seção intitulada "A Defense of Mr. Boyle's Explications of his Physico-mechanical Experiments, against Franciscus Linus" ("Uma defesa das explicações do Sr. Boyle a respeito de seus experimentos físico-mecânicos, contra Franciscus Linus"). Nessa seção, ele revelou a relação entre a pressão e o volume de um gás, a qual chamamos hoje de Lei de Boyle – a primeira Lei do Gás Ideal. Por que todos os estudantes de química no nível médio aprendem essa relação simples? Em parte, porque a Lei de Boyle e as outras leis dos gases ajudaram a estabelecer a realidade dos átomos e das moléculas cerca de 150 anos depois.

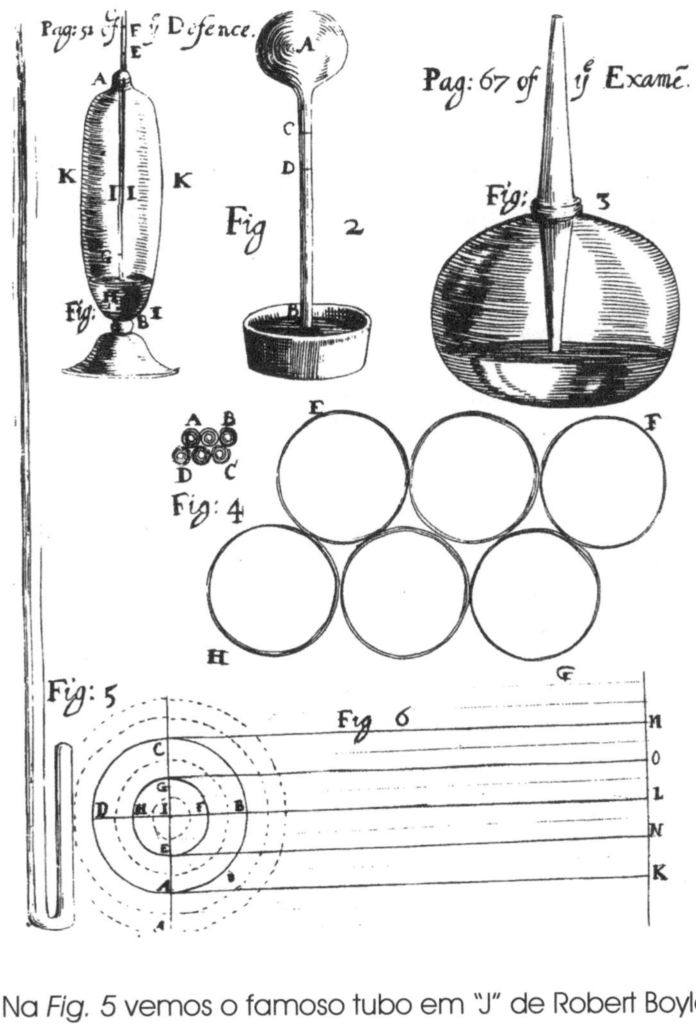

Figura 60 ■ Na *Fig. 5* vemos o famoso tubo em "J" de Robert Boyle, usado para demonstrar que $PV = k$ (Lei de Boyle). O ar fica preso pelo mercúrio no braço menor do tubo em "J". À medida que mais mercúrio é adicionado, o volume do ar diminui. (Ilustração do livro *New experiments physico-mechanical...*, 1662.)

Na prancha mostrada aqui (Fig. 60), a *Fig. 5* representa o tubo em "J" que Boyle projetou para testar a relação entre pressão e volume do único gás que ele conhecia – o ar. Os dados experimentais descritos aqui foram tirados diretamente do livro de Boyle. No dia em que ele realizou os experimentos, a pressão do ar, medida com um barômetro, era de 29 2/16 polegadas de mercúrio (a pressão do ar atmosférico sustenta uma coluna de 29 2/16 polegadas contra um vácuo). Boyle despejou mercúrio na extremidade aberta do tubo em "J", de modo a aprisionar uma quantidade de ar, e cuidadosamente ajustou a quantidade de mercúrio para a obter alturas iguais de mercúrio em ambos os lados. Isso significa que a pressão da amostra de ar aprisionado é de 29 2/16 polegadas. (Como os dois braços do tubo têm a mesma seção transversal, o volume está diretamente relacionado à altura em polegadas, que Boyle usou como medida do volume relativo.) Se for adicionado mercúrio suficiente para comprimir o "volume" de ar para 9 polegadas (3/4 do volume original), a pressão total é de 39 4/16 polegadas (29 2/16 + 10 2/16), ou cerca de 4/3 da pressão original. Se for adicionado mercúrio suficiente para comprimir a altura do ar aprisionado para 6 polegadas, a partir de 12 polegadas iniciais, esta quantidade de ar estará sustentando 29 11/16 polegadas de mercúrio, além das 29 2/16 polegadas da pressão atmosférica, totalizando 58 13/16 polegadas: duplicando-se a pressão, o volume diminui à metade. Quando for adicionado mercúrio suficiente para comprimir o ar para 3 polegadas (um quarto do volume original), a pressão total do ar aprisionado será de 88 7/16 + 29 2/16, ou 117 9/16 polegadas – ou seja, quatro vezes a pressão original.

Portanto, a Lei de Boyle pode ser escrita como:

$$PV = constante \quad \text{ou} \quad P_1V_1 = P_2V_2 = P_3V_3 = P_4V_4 = \ldots$$

QUEM IRIA QUERER UM ANTIELIXIR?

Sem dúvida, uma estranha história! Embora *The sceptical chymist* livrasse a química dos elementos aristotélicos, Boyle acreditava na possibilidade de transmutação (assim como seu colega da Royal Society, Isaac Newton).

Este panfleto (Fig. 61) é considerado o mais raro dos trabalhos de Boyle. Da primeira edição (anônima) publicada em 1678 e da segunda (com atribuição da autoria), de 1739, Duveen[1] computou apenas quatro cópias conhecidas no total – embora Ihde[2] sugira possivelmente quatro cópias de cada edição. No panfleto, Boyle narra uma série de experimentos de transmutação reversa feitos uma única vez e que ele testemunhou, nos quais o agente da transmutação era uma quantidade minúscula de uma substância sólida. A alegação testada era de que a substância poderia transformar o ouro em um metal menos nobre. Por que alguém estaria interessado em um "antielixir"? Usando uma lógica química muito moderna, Boyle raciocinou que, se se aprender como transmutar o ouro em um metal menos nobre, então também se obteria o conhecimento para executar a operação inversa.

Os experimentos descritos nesse panfleto fornecem evidências preocupantes, mas inconclusivas, da degradação química do ouro em um metal menos nobre, talvez mesmo em um sal. Entretanto, todo o suprimento mundial conhecido de antielixir fora consumido – aparentemente, para nunca mais ser redescoberto. Ihde[2] especulou se o experimento foi de fato realizado alguma vez, se foi feito de maneira incompetente, ou se era possivelmente uma brincadeira de Boyle. Suas conclusões mais sólidas foram de que, muito provavelmente, o experimento foi de fato executado por Boyle com seu costumeiro alto nível de competência; e que Boyle não tinha nenhum senso de humor, especialmente em se tratando de experimentação. A conclusão-tentativa de Ihde é a seguinte: algum truque feito por um dos assistentes de laboratório de Boyle, para dar ao chefe a conclusão que ele desejava e para ajudá-lo a se recuperar de um constrangimento anterior nas mãos daquele jovem arrogante, Isaac Newton.[2] Newton era um crédulo a respeito da alquimia, e isso é parte importante de um romance[3] no qual o "Espírito Etéreo" é encarnado nas nove vidas de um Gato Dourado nascido a cada 81 gerações, de pais (*Sol* e *Luna* Felinos) cuja *conjunctio* gera o gato quintessencial.

AN
HISTORICAL ACCOUNT
OF A
DEGRADATION
OF
GOLD,
Made by an
ANTI-ELIXIR:
A STRANGE
CHYMICAL NARRATIVE.

By the HONOURABLE
ROBERT BOYLE, Esq;

The SECOND EDITION.

LONDON:
Printed for R. MONTAGU, at the *Book-Ware-House*, in *Great Wilde-Street*, near *Lincoln's-Inn Fields*.
MDCCXXXIX.

Figura 61 ■ Folha de rosto da segunda edição do trabalho mais raro de Boyle – seu testemunho de uma "transmutação reversa". A primeira edição, publicada em 1678, era anônima.

1 ■ D. Duveen, *Bibliotheca alchemica et chemica*, Dordrecht, HES, 1986, p. 97.

2 ■ A. Ihde, *Chymia*, n. 9, 47-57, 1964.

3 ■ S. G. King, *The wild road*, Nova York, Ballantyne, 1997, p. 328-329. Agradeço a Susan Greenberg por chamar minha atenção para este romance.

A CARRUAGEM TRIUNFAL DO ANTIMÔNIO

A prancha mostrada na Figura 62 foi extraída do livro de Nicholas Le Fèvre, *A compleat body of chymistry* (segunda edição inglesa, 1670), um dos textos importantes do século XVII. Ela representa um químico calcinando (formando a cal de, ou óxido de) antimônio metálico usando a luz do sol.

O antimônio era um dos nove elementos conhecidos pelos antigos.[1] Era encontrado na forma do minério estibina (Sb_2S_3), e este sulfeto negro era usado pelas mulheres como um cosmético para os olhos nos tempos bíblicos. Um método antigo para a obtenção do metal era aquecer o minério com carvão até a incandescência. Métodos posteriores envolviam o aquecimento da estibina com tártaro e salitre, ou com ferro. O "chumbo" resultante foi usado para produzir um vaso caldeu de puro antimônio, por volta de 4000 a.C.[1]

Figura 62 ■ Calcinação do antimônio usando uma lente de aumento, da edição de 1670 do livro de Le Fèvre, *A compleat body of chymistry*.

Os primeiros livros de química exibem uma surpreendente fascinação com o antimônio, muito além do nosso interesse moderno. Por quê? Um motivo era seu uso preferencial na separação do ouro de impurezas metálicas. O antimônio tem uma afinidade muito pequena pelo enxofre [maior que a do ouro, e menor que a da prata – vide Tabela de Afinidades de Geoffroy (Figs. 76 e 77), na qual o antimônio puro ou *Regulus* de Antimônio é representado por uma coroa com três pontas]. Assim, seu minério comum irá liberar enxofre para os metais menos nobres, formando uma "escória" que é facilmente separada do ouro derretido. Esse método permite separar a prata do ouro, pois a prata captura o enxofre da estibina, e a escória líquida resultante, de sulfeto de prata e sulfeto de antimônio, pode ser separada do antimoneto de ouro. O antimoneto é queimado, liberando o óxido de antimônio volátil e deixando o ouro puro.[2]

O lobo que aparece na Primeira Chave de Basílio Valentim [vide Fig. 17(a)] representa o antimônio (às vezes chamado de *lupus metallorum*, ou lobo dos metais, pelos alquimistas). Outra imagem famosa do século XVII representa o lobo devorando uma pessoa morta (ouro impuro), com a subsequente queima do lobo (perda do óxido de antimônio volátil) para libertar o Rei (ouro).[3]

Mas se os metais podem ser tão eficientemente purgados de suas impurezas pelo antimônio, ele não deveria ser também eficiente remédio para as pessoas – um purgativo (ou emético) que removesse a doença? Paracelso descreveu pela primeira vez o antimônio como um purgativo, e desencadeou um violento debate filosófico entre os médicos. A visão galênica clássica prescrevia o uso de um remédio com propriedades *contrárias* às da doença. Os paracelsistas defendiam a cura pela *similitude* (isto é, combater o veneno com o próprio veneno). A questão se o antimônio era um remédio ou um veneno foi debatida por séculos, mas aparentemente foi decidida pela cura de Luís XIV com *vin emetique* (vinho emético – humm...) em 1658.[4] Le Fèvre esteve muito envolvido com o antimônio medicinal e, em particular, com sua purificação e fixação (na forma de cal) pelo sol.[4] Ele também percebeu o aumento de peso após a calcinação. O livro *Triumphal chariot of antimony*, publicado pela primeira vez em 1604 e atribuído ao lendário monge beneditino Basílio Valentim, usou esse título ostentoso, de estilo hollywoodiano, para dar um golpe em favor do antimônio nesse debate longo e apaixonado. Para uma reprise moderna, aguardamos ansiosamente a versão em filme, estrelando Charlton Heston no papel de condutor da carruagem.

Vale a pena reconhecer que os modernos agentes anticâncer "envenenam" as células normais, mas são venenos ainda mais poderosos para as células cancerosas que se multiplicam muito mais rapidamente. Assim, o ponto de vista paracelsista é justificado nesse caso, mas não na neutralização do ácido estomacal.

1 ▪ N. N. Greenwood e A. Earnshaw, *Chemistry of the elements*, Oxford, Pergamon, 1984, p. 637.

2 ▪ F. Ferchl e A. Sussenguth, *A pictorial history of chemistry*, Londres, William Heinemann, 1939, p. 61.

3 ▪ J. Read, *Prelude to chemistry*, Nova York, MacMillan, 1937, p. 200-202, 240-241 [vide Prancha 47 nesse livro, que é reproduzida do livro de Michael Maier (1687) intitulado *Secretioris naturae scrutinium chymicum*].

4 ▪ A. G. Debus, *The french paracelsians*, Cambridge, Cambridge University Press, 1991, p. 21-30, 95-99.

UMA CONVERSA PICANTE

Falamos anteriormente de Johann Baptist Van Helmont, a respeito do Pó de Simpatia e de seu famoso Experimento da Árvore. Embora ele fosse um discípulo de Paracelso e acreditasse nos remédios minerais, não aceitava os *tria prima* de Paracelso, nem os quatro elementos dos antigos. Van Helmont acreditava em dois elementos, Água e Ar, sendo que apenas o primeiro abrangeria a matéria. Ele foi um pensador independente, e atraiu a atenção da Inquisição espanhola (a Espanha ocupou os Países Baixos durante alguns períodos dos séculos XVI e XVII). Ele passou os últimos 20 anos de sua vida em prisão domiciliar.[1] Após sua morte em 1644, seu filho Franciscus Mercurius Van Helmont publicou sua obra médica completa, sob o título *Ortus medicinae* (1648). Seu trabalho incluiu o reconhecimento do papel de um ácido na digestão, o papel da bile na digestão, e o papel de um ácido na inflamação e na produção de pus.[2] Van Helmont e Sylvius[1,3] (François Dubois, Franciscus de la Böe, 1614-1672) representaram a idade de ouro da iatroquímica. Sylvius rejeitou o *Archeus* (vide próximo texto), que Van Helmont havia apenas modificado. Ele reconheceu que, embora a bile (por exemplo, bile de cachorro) tivesse sabor ácido (!), ela de fato era alcalina. Ciente de que substâncias ácidas e substâncias alcalinas produziam efervescência e/ou calor ao serem misturadas, Sylvius vislumbrou uma batalha entre ácidos e álcalis nos seres vivos.[1] O aluno de Sylvius, Otto Tachenius, promoveu a teoria ácido-álcali de seu mestre, mas agregou o conceito unificador de sal – a união do ácido com o álcali. Isso melhorou muito a classificação, para além do teste de sabor, mas foi Robert Boyle quem descobriu o teste quantitativo. Em suas *Reflexions upon the hypothesis of alcali and acidium* (1675), Boyle definiu os ácidos como corpos que tornam vermelho o extrato de violetas, e os álcalis como corpos que tornam verde este indicador.[1]

A dialogue between alkali and acid (Fig. 63), publicado pelo médico Thomas Emes (2. ed., 1699; 1. ed., 1698), é um exemplo maravilhoso de invectiva dirigida contra outro médico, John Colbatch, que acreditava que as causas das doenças eram alcalinas e as curas eram ácidas.[4] Emes finaliza seu título de 59 palavras da seguinte maneira: *Being a specimen of the immodest self-applause, shameful contempt, and abuse of all physician, gross mistakes and great ignorance of the pretender John Colbatch* ("Sendo uma amostra do indecente autoelogio, vergonhosa desonra e insulto de todos os médicos, erros grosseiros e grande ignorância do farsante John Colbatch"). Ora, por que o meu editor não me deixa usar um título tão elegante como esse?

E o livro começa assim:

Álcali: Que bom encontrá-lo, Sr. Ácido. Para onde você vai com tanta pressa? Para alguma heroica corrida através dos pulmões, ou do coração?

Ácido: Eu não deveria ter que lhe dizer isso, Sr. Álcali, mas estou empenhado em me opor a você em qualquer lugar em que nos encontremos, seu Príncipe da Morte e da Corrupção. Sou sempre provocado por você, que fez tantos danos ao Mundo. E agora, para sua censura adicional, tenho um exemplo recente de sua maldade, trazido por um mensageiro de meu Lorde Lazington – a quem você aborreceu com um ataque de gota, e que seria muito mau se eu não chegasse a tempo para socorrê-lo. Ninguém pode ajudá-lo senão eu, e ele pensa assim sete anos antes que eu venha a ele.

Álcali: Você é muito azedo, Sr. Ácido...

Pare! Basta! Eu detesto esse trocadilho. Ácido no papel de Vingador Escarlate? Suspeito que, quando eu começar a ouvir tubos de ensaio de ácidos e álcalis falando uns com os outros, deva ser o momento de me aposentar da química e abrir aquela livraria com que tenho sonhado.

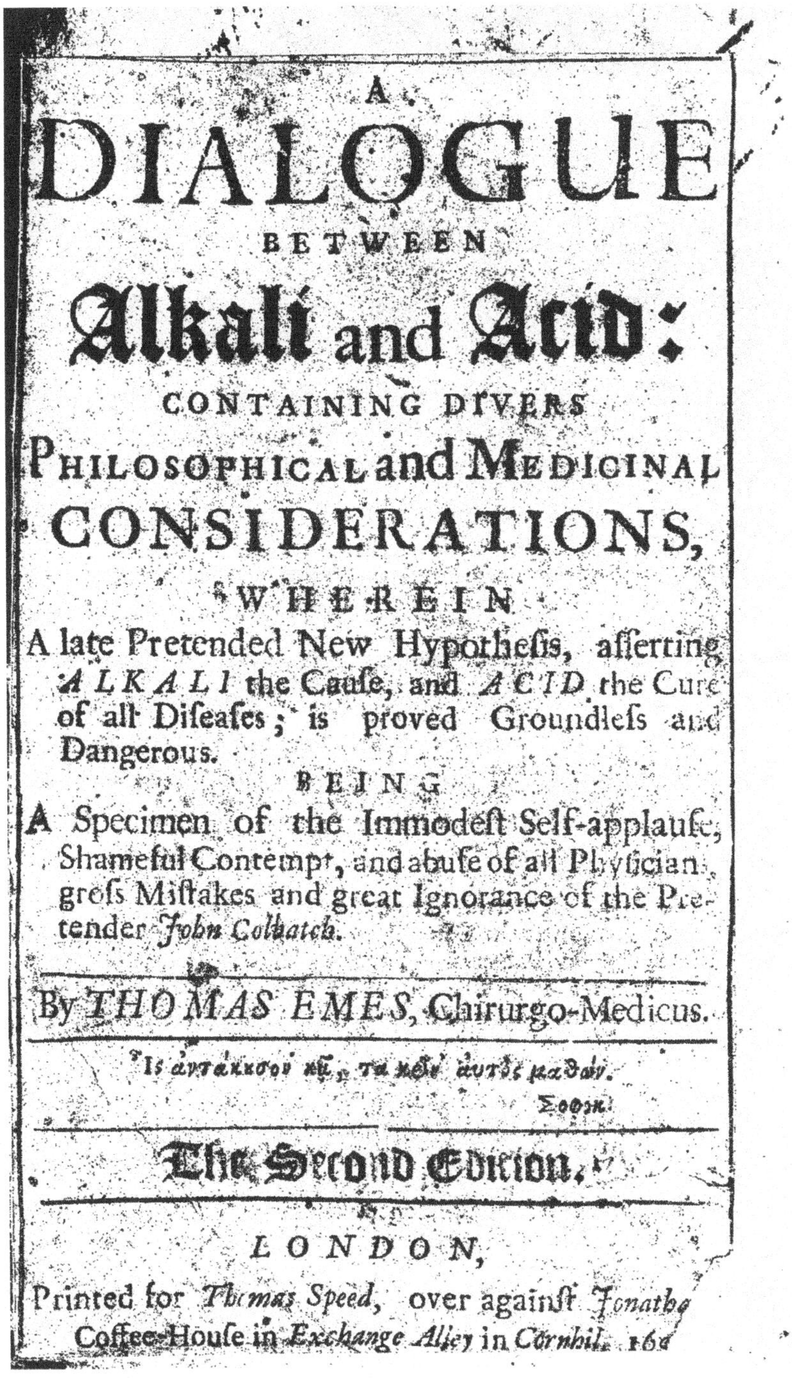

A

DIALOGUE

BETWEEN

Alkali and Acid:

CONTAINING DIVERS

PHILOSOPHICAL and MEDICINAL

CONSIDERATIONS,

WHEREIN

A late Pretended New Hypothesis, asserting *ALKALI* the Cause, and *ACID* the Cure of all Diseases; is proved Groundless and Dangerous.

BEING

A Specimen of the Immodest Self-applause, Shameful Contempt, and abuse of all Physicians, gross Mistakes and great Ignorance of the Pretender *John Colbatch*.

By *THOMAS EMES*, Chirurgo-Medicus.

The Second Edition.

LONDON,

Printed for *Thomas Speed*, over against *Jonathan's* Coffee-House in *Exchange Alley* in *Cornhil*. 16[illegible]

Figura 63 ■ Folha de rosto da segunda edição (1699) do livro escrito pelo médico Thomas Emes, *Dialogue between alkali and acid*. A questão é: qual deles é a causa das doenças, e qual a causa da cura?

[1] ■ W. H. Brock, *Norton history of chemistry*, Nova York, W. W. Norton, 1993, p. 41-63.

[2] ■ J. R. Partington, *A history of chemistry*, Londres, MacMillan, 1961, v. 2, p. 209-216.

[3] ■ J. R. Partington, op. cit., p. 281-290.

[4] ■ J. R. Partington, op. cit., p. 290.

O ALQUIMISTA NA BOCA DO MEU ESTÔMAGO

As ideias de Galeno dominaram a medicina por 1.400 anos. Ele acreditava que um equilíbrio entre os quatro humores do corpo (fleugma, bílis negra, bílis amarela e sangue) seria necessário para a perfeita saúde. Paracelso era tão bombástico quanto seu nome de batismo (Theophrastus Bombast von Hohenheim) e alegremente refugou os galenistas e quaisquer outros de quem ele discordasse, deixando um grande número de inimigos por onde quer que passasse.

Paracelso acreditava que o objetivo da alquimia era criar novos medicamentos, e não ouro.[1] Ele preferia utilizar compostos inorgânicos (metálicos) sintéticos como remédios, em vez dos extratos de ervas usados desde a Antiguidade. Conforme observado anteriormente, Paracelso acreditava na similitude, e usava venenos para combater venenos – contudo, somente depois de adoçá-los ou aplacá-los. Assim, o mercúrio metálico líquido, dissolvido em *aqua fortis* (ácido nítrico), seguido de evaporação e calcinação, produzia óxido de mercúrio, o qual era empregado contra doenças venéreas.[1] De maneira semelhante, o mercúrio metálico, dissolvido em *aqua fortis*, podia ser precipitado pela adição de água salgada, produzindo calomelano sólido (Hg_2Cl_2),[1] um eficiente purgativo (laxante), que podia aliviar a tensão gástrica e remover vermes intestinais.

O misticismo de Paracelso incluía uma crença de que o corpo nasce completamente saudável, mas que durante a vida a doença é recebida dos alimentos.[1] No estômago, para ele existiria uma força vital – o *Archeus* –, um espécie de Alquimista da Natureza, que teria apenas cabeça e mãos. O *Archeus* separaria a porção nutritiva do alimento da porção venenosa, sendo essa última eliminada, em parte, como excremento. O ar seria digerido de maneira semelhante, produzindo uma parte nutritiva e uma parte venenosa ("ar excrementício"?).[2] O *Archeus* poderia ficar doente se a separação fosse incompleta, e isso resultaria na doença do indivíduo. Desse ponto de vista, o laxante calomelano claramente ajudaria o *Archeus* a permanecer saudável – uma mente sã (e um *Archeus* são) em um corpo são. A Figura 64 é a representação do *Archeus* feita por Rita L. Shumaker.[3] A artista utilizou tripas para modelar o omento, a membrana interna que conecta o estômago com outros órgãos e que sustenta os vasos sanguíneos. O *Archeus* andrógino é representado nas proximidades dos intestinos, parte íntima do tecido membranoso.

[1] J. R. Partington, *A history of chemistry*, Londres, MacMillan, 1961, v. 2, p. 115-151.

[2] "Desprezível. Eu peido em você" (dito por *Subtle*, segunda fala da peça de 1610, *The alchemist*, de Ben Jonson).

[3] O autor agradece a Rita L. Shumaker, Professora da Universidade da Carolina do Norte em Charlotte, por esse desenho original e por sua criativa evocação do *Archeus*.

Figura 64 ■ Interpretação da artista Rita L. Shumaker (desenho de 1999) para o *Archeus* – o qual Paracelso acreditava habitar a região próxima ao estômago. O *Archeus* teria uma cabeça e duas mãos, e separaria a parte nutritiva dos alimentos das partes excrementícias. Se o *Archeus* ficasse assoberbado com a matéria excrementícia, adoeceria, assim como seu hospedeiro humano. Tome calomelano, dizia Paracelso, para aliviar o *Archeus*.

UM ALQUIMISTA FORMADO EM HARVARD

A alquimia renascentista evoca ruelas em Praga e outras imagens do Velho Mundo. A Universidade Harvard, é claro, apresenta-se estritamente como Novo Mundo a nossas mentes – um berço do pensamento progressista e lar de premiados com o Prêmio Nobel. É encantador ver que George Starkey (nascido em Bermuda em 1628, e morto pela peste que atingiu Londres em 1665) nos fornece uma surpreendente combinação do Velho e do Novo Mundos.[1,2] Eirenaeus Philalethes ("Um pacífico amante da verdade") é o pseudônimo que aparece em seus escritos póstumos. *Secrets revealed* [vide Fig. 65(a)] é a tradução inglesa de seu livro mais influente.

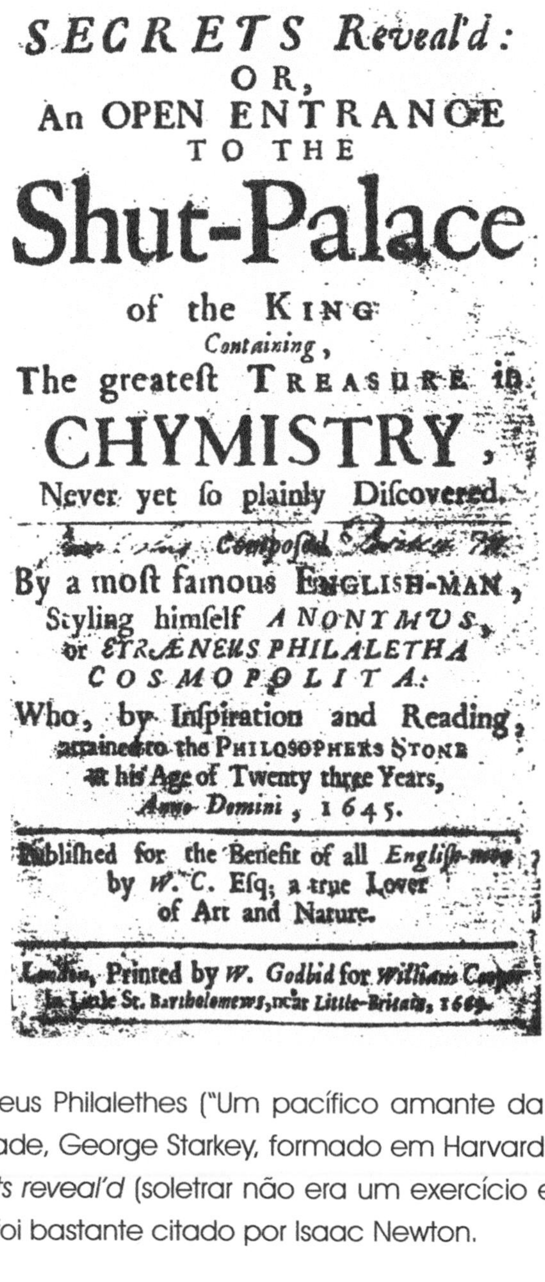
SECRETS Reveal'd:
OR,
An OPEN ENTRANCE
TO THE
Shut-Palace
of the KING
Containing,
The greatest TREASURE in
CHYMISTRY,
Never yet so plainly Discovered.
Composed
By a most famous ENGLISH-MAN,
Styling himself ANONYMUS,
or EYRÆNEUS PHILALETHA
COSMOPOLITA:
Who, by Inspiration and Reading,
attained to the PHILOSOPHERS STONE
at his Age of Twenty three Years,
Anno Domini, 1645.

Published for the Benefit of all English-men
by W. C. Esq; a true Lover
of Art and Nature.

London, Printed by W. Godbid for William Cooper
in Little St. Bartholomews, near Little-Britain, 1669.

Figura 65 ■ Eirenaeus Philalethes ("Um pacífico amante da verdade") era, na realidade, George Starkey, formado em Harvard em 1646. Seu livro *Secrets reveal'd* (soletrar não era um exercício enfatizado em Harvard) foi bastante citado por Isaac Newton.

Starkey formou-se em Harvard em 1646, em uma classe de quatro alunos[3] que teve aulas com o Reitor Dunster.[2] Na moradia universitária, Starkey dividiu um quarto (que media não mais do que 2,4 m por 1,7 m) com um certo John Allin.[2] Os cursos incluíam "Lógica", "Física", "Ética e Política" e "Aritmética e Geometria".[2] O currículo de filosofia natural em Harvard refletia alguns dos pontos mais sutis do grande debate entre os aristotélicos e cartesianos (a matéria é contínua; não existem espaços vazios; "a Natureza tem horror ao vácuo") de um lado, e aqueles que acreditavam na matéria corpuscular, incluindo Newton e Boyle, de outro. De acordo com Newman,[2] essa divisão não estava tão claramente delineada em Harvard, onde era corrente uma visão aristotélica tardia, que admitia partículas finitas. De todo modo, após se graduar, Starkey classificou o currículo de filosofia natural de Harvard como "totalmente podre".[2]

Com base em sua análise das teses defendidas em Harvard entre a metade do século XVII e o final do século XVIII, Newman[2] observou as seguintes opiniões defendidas com sucesso:

1687	Existe uma pedra que produz ouro? Sim.
1698, 1761	Existe um remédio universal? Sim em 1698, não em 1761.
1703	Os metais podem ser transformados uns nos outros alternadamente? Sim.
1703, 1708, 1710	Existe um pó de simpatia? Sim.
1771	Pode-se produzir ouro verdadeiro por meio da arte da química? Sim.

Conforme Newman observou,[2] "Obviamente, Harvard estava longe de ser um lugar hostil para o florescente alquimista. Tão tardiamente como em 1771, estudantes de Harvard estavam defendendo os poderes da pedra filosofal" (e eles não eram somente o pessoal da "Nova Era").

Ao se mudar para a Inglaterra em 1650, Starkey tornou-se um importante intérprete da abordagem e da visão de mundo de Van Helmont. Van Helmont não apoiava nem a opinião galênica sobre os remédios (contrários) nem a opinião paracelsista (similitude). Em vez disso, acreditava em curas que provocassem "ideias curativas no *Archeus*" – o arquiteto interior, ou espírito da vida (Fig. 64), localizado em uma região entre o estômago e o baço.[4] Van Helmont e Starkey compartilhavam a crença na importância da pirotecnia (artes que envolviam o fogo, como a destilação), e a utilidade do trabalho prático, experimental.

Starkey via pouca utilidade para as abstrações da matemática. Ele se referia a si mesmo como Filósofo pelo Fogo, em sarcástico contraste com os cuidadosos acadêmicos que citavam de forma erudita fatos publicados. Essa inflamada retórica lhe rendeu poucos amigos entre os acadêmicos. Entretanto, ele manteve importante correspondência com Robert Boyle, e Newman demonstrou que Isaac Newton – que estudou alquimia seriamente – citou os trabalhos de Starkey com frequência muito maior do que qualquer outro alquimista do período.[2] "Muito doido" para um jovem de recursos modestos das Colônias.

1 ■ C. C. Gillespie (editor-chefe), *Dictionary of scientific biography*, Nova York, Charles Scribner, 1975, v. XII, p. 616-617.

2 ■ W. R. Newman, *Gehennical fire: the lives of George Starkey, an american alchemist in the scientific revolution*, Cambridge, Harvard University Press, 1994.

3 ■ A evidência histórica, portanto, não deixa dúvidas: não havia time de basquete dos alunos veteranos quando Starkey estudava em Harvard.

4 ■ J. R. Partington, *A history of chemistry*, Londres, MacMillan, 1961, v. 2, p. 209-241.

FLOGÍSTICO: A PRIMEIRA TEORIA CIENTÍFICA ABRANGENTE DA QUÍMICA

O conceito original de flogístico foi proposto por Johann Joachim Becher (1635-1682), com claras raízes alquímicas.[1] Para Becher, os elementos importantes seriam a Água e três Princípios Terrosos. (Ele considerava o Ar e o Fogo como agentes da transformação química, e não como elementos no sentido químico.) Seus três Princípios Terrosos correspondiam muito grosseiramente ao "sal", "mercúrio" e "enxofre" dos paracelsistas. Esse último Princípio Terroso, semelhante ao "enxofre", foi denominado *Terra Pinguis* (terra gordurosa) por Becher. Segundo ele, esse princípio estaria presente na matéria combustível e seria liberado na combustão. Foi esse princípio que Georg Ernst Stahl (1660-1734) mais tarde identificou com seu flogístico.

Becher *estava* ciente, assim como Boyle (veja a discussão sobre os eflúvios nas páginas 129 a 132), de que as cales eram mais pesadas do que os metais correspondentes. Becher também estendeu essas observações a partículas ígneas, pequenas o suficiente para se moverem através do vidro e se unirem ao metal no interior do recipiente.

Becher era um homem dado a discussões, e que descreveu a si mesmo da seguinte maneira:[2]

> ... alguém para quem nem uma suntuosa casa, nem a segurança da ocupação, nem a fama, nem a saúde, apelam mais do que minhas substâncias químicas no meio da fumaça, da fuligem e da chama do carvão soprada pelos foles. Mais forte do que Hércules, eu trabalho para sempre em um estábulo de Augias, quase cego pelo brilho intenso do forno, e com meu fôlego afetado pelo vapor de mercúrio. Sou um outro Mitrídates, saturado com veneno. Privado da estima e da companhia dos outros, um mendigo para as coisas materiais, sou um Creso para as coisas da mente. Ainda que cercado de todos esses males, eu pareço viver com tanta alegria que preferiria morrer a trocar de lugar com um Rei da Pérsia.

Fica claro que Becher era de fato um químico "radical", "fanático". Felizmente, nós químicos modernos não temos que declamar essas palavras como nosso juramento profissional.

A Figura 66(a) consta do livro *Oedipus chymicus*[3] (1664), e representa Édipo resolvendo o enigma proposto pela Esfinge. Acredita-se que represente o químico resolvendo o enigma alquímico, e é consistente com a firme crença de Becher na transmutação. É claro que, depois que livrou Tebas da temida Esfinge, Édipo se tornou rei, mas outros desastres se seguiram. Talvez a desgraça pessoal também houvesse atingido o descobridor da Pedra Filosofal ou do Elixir: vem à mente o Rei Midas. A Figura 66(b) é da edição de 1681[4] desse livro.[*] A última edição foi publicada por Stahl em 1738 (vide Fig. 1).

[1] H. M. Leicester e H. S. Klickstein, *A source book in chemistry 1400-1900*, Nova York, McGraw-Hill, 1952, p. 55-58.

[2] J. R. Partington, *A history of chemistry*, Londres, MacMillan, 1961, v. 2, p. 637-652 (citação na p. 639).

[3] Esta figura, do livro *Oedipus chymicus*, foi reproduzida de *Science and technology: catalog 5*, São Francisco, Jeremy Norman, 1978, p. 13. Cortesia de Jeremy Norman & Company, Inc.

[4] I. MacPhail, *Alchemy and the occult*, New Haven, Yale University Library, 1968, v. 2, p. 472-476.

[*] N.T.: Na verdade, é a folha de rosto do livro *Phisica subterranea*, de J. J. Becher.

(a)

Figura 66 ■ **(a)** Folha de rosto de *Oedipus chymicus* (talvez apenas a Esfinge saiba o enigma da Pedra) (cortesia de Jeremy Norman & Co., do Catálogo 5, 1978); **(b)** esta é a folha de rosto do livro *Physicae subterranae libri duo* (Frankfurt, 1681), de Johann Joachim Becher. A primeira edição, publicada em 1669, continha as ideias de Becher sobre a matéria – a Teoria do Flogístico, modificada mais tarde por Georg Ernst Stahl [vide Fig. 1 para o frontispício da última edição (1738) desse livro] (cortesia de The Beinecke Rare Book and Manuscript Library, Universidade Yale). *A ilustração continua na página seguinte.*

DOCT. JOH. JOACHIMI BECH
ERI PISICA SVBTERRANE
TRIPLEX NATURÆ OFFICINA
AER
Vegetabilis
Animalis
AQUA
Mineralis

(b)

PÓLVORA, RAIOS E TROVÕES, E O ESPÍRITO NITROAÉREO

Pólvora é uma mistura de salitre (KNO_3) ou nitro ($NaNO_3$), enxofre e carvão, desenvolvida possivelmente por volta de 1150 d.C. pelos chineses.[1] Seu poder detonante se deve à reação exotérmica equacionada abaixo, na qual um grande volume de gás (dióxido de carbono e nitrogênio) é produzido brusca e violentamente, junto com uma grande quantidade de calor.

$$2\,KNO_3 + 3\,C + S \rightarrow N_2 + 3\,CO_2 + K_2S$$

A pólvora queima sob a água ou em um recipiente evacuado. Em termos modernos, vemos o salitre como o oxidante (em lugar do oxigênio gasoso), o qual converte o carvão em dióxido de carbono. Assim, salitre e nitro são capazes de manter a combustão. A calcinação do antimônio no ar, por meio de uma lente de aumento e luz solar (vide Fig. 62), formava a mesma cal (Sb_2O_3, usando simbologia moderna) que se obtinha após dissolver o antimônio em ácido nítrico (HNO_3) e aquecer o produto. Aparentemente, o "espírito nitroaéreo" presente no salitre e no ácido nítrico também está presente no ar.

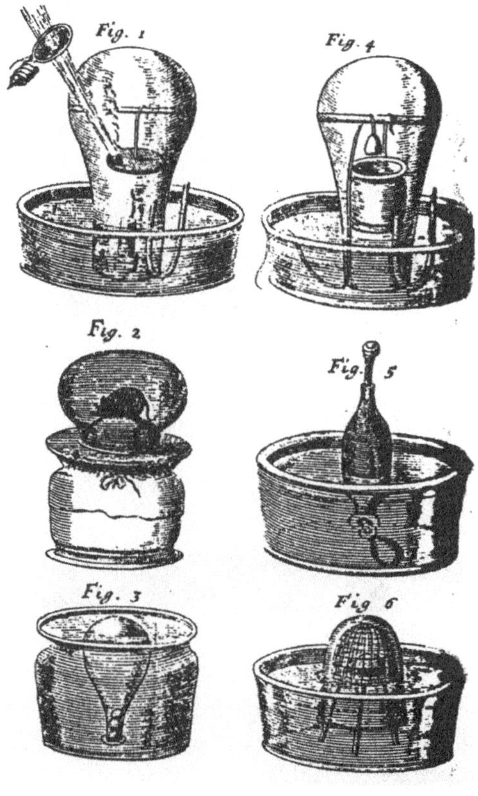

Figura 67 ■ Esta prancha foi retirada do *Tractatus quinque medico-physici* (Oxford, 1674), de John Mayow. Ela mostra os experimentos de Mayow nos quais o "espírito nitroaéreo" do salitre era transferido para o antimônio, usando-se uma lente de aumento. De fato, o oxigênio foi transferido de uma substância para outra (cortesia do notável químico e colecionador de livros, Doutor Roy G. Neville).

Essas observações levaram dois dos assistentes de Boyle, Robert Hooke (1635-1703) e John Mayow (1641-1679), a proporem teorias que parecem, ao menos superficialmente, antecipar Lavoisier.[1] Hooke explicou os raios e os trovões pelo violento choque entre a matéria sulfurosa no ar e o espírito nitroaéreo, similar ao salitre. "Matéria sulfurosa" carrega consigo um certo "cheiro" da *terra pinguis* de Becher.

Mayow levou essa ideia alguns passos adiante.[1] Em seu livro de 1674, *Tractatus quinque medico-physici*, ele descreveu um experimento planejado de maneira brilhante (Fig. 67, *Fig. 1*), no qual uma vela é queimada em um frasco de vidro emborcado sobre água. Nesse aparato, há também um suporte com cânfora ou enxofre sobre ele. Quando a combustão cessou, Mayow habilmente demonstrou que houve uma perda de volume do ar, devida à diminuição do oxigênio (o CO_2 gerado é solúvel na água). Ele então usou uma lente de aumento e tentou, sem sucesso, provocar a ignição da cânfora e do enxofre (que são inflamáveis) nessa atmosfera exaurida. Além disso, seus experimentos indicaram que o "espírito nitroaéreo" era necessário para a calcinação e para a respiração, assim como o era para a combustão. O camundongo na *Fig. 2* da Figura 67 foi colocado sobre uma bexiga úmida, a qual foi coberta por uma ventosa de vidro ajustada firmemente à bexiga. À medida que o camundongo consome o suprimento de oxigênio, a bexiga incha. O camundongo na gaiola sob o vidro (*Fig. 6*) faz a água elevar-se no frasco em forma de sino por motivos semelhantes. As *Figs. 3* a *5* da Figura 67 descrevem a geração de óxido nítrico a partir de ferro e ácido nítrico, e a sua transferência. Mayow também observou, assim como outros contemporâneos, que as cales metálicas eram mais pesadas do que os metais.

A ideia de que a adição de um componente do ar era necessária para a combustão, calcinação e respiração parece ter sido proposta cerca de cem anos antes de Lavoisier. Se Mayow houvesse aquecido fortemente o salitre em suas investigações, poderia ter descoberto o oxigênio[1] – e, segundo se poderia argumentar, possibilitado aos químicos pular a teoria do flogístico de Stahl. Entretanto, assim como Van Helmont – que cunhou o termo *gás* 30 anos antes para nomear o *spiritus sylvester* que escapava da queima do carvão –, Mayow não tinha de fato a perícia para recolher gases, e a química pneumática iniciada por Hales ainda estava 50 anos no futuro.

[1] J. R. Partington, *A history of chemistry*, Londres, MacMillan, 1961, v. 2, p. 577-614.

O "MODERNO" CONCEITO DE FLOGÍSTICO

O conceito de flogístico foi a primeira teoria química verdadeiramente unificadora, e foi desenvolvida em sua forma útil no século XVIII por Georg Ernst Stahl (1660-1734) – um químico e médico irascível, egoísta e bastante desagradável. Sobre ele se disse que "Stahl parece ter considerado suas ideias como sendo devidas, ao menos em parte, à inspiração divina, e as pessoas comuns não poderiam ter sequer uma vaga ideia delas".[1] "Suas aulas eram áridas e intencionalmente difíceis; poucos de seus estudantes o compreendiam."[1] Stahl atacava seus adversários com veemência, e embora ele reconhecesse claramente sua dívida para com Becher (Stahl reeditou a *Physicae subterranae* de Becher; vide Fig. 1), também encontrou muito o que criticar.

A Figura 68 é a folha de rosto do famoso livro de Stahl de 1723. Ele sumariza as suas ideias desde 1684. Mais de meio século depois esse livro foi queimado cerimoniosamente por Madame Lavoisier, vestida em traje de sacerdotisa (vide nossa discussão mais adiante). Consta que no século XVI Paracelso teria queimado os textos de Galeno e Avicena – um ato anterior no teatro da injúria.

Postulava-se que o flogístico estaria presente em substâncias que pudessem queimar, bem como em metais, que se sabia formarem cales. A ideia funciona da seguinte forma:

Carvão (contém flogístico) → resíduo + flogístico

Metal (contém flogístico) → cal + flogístico

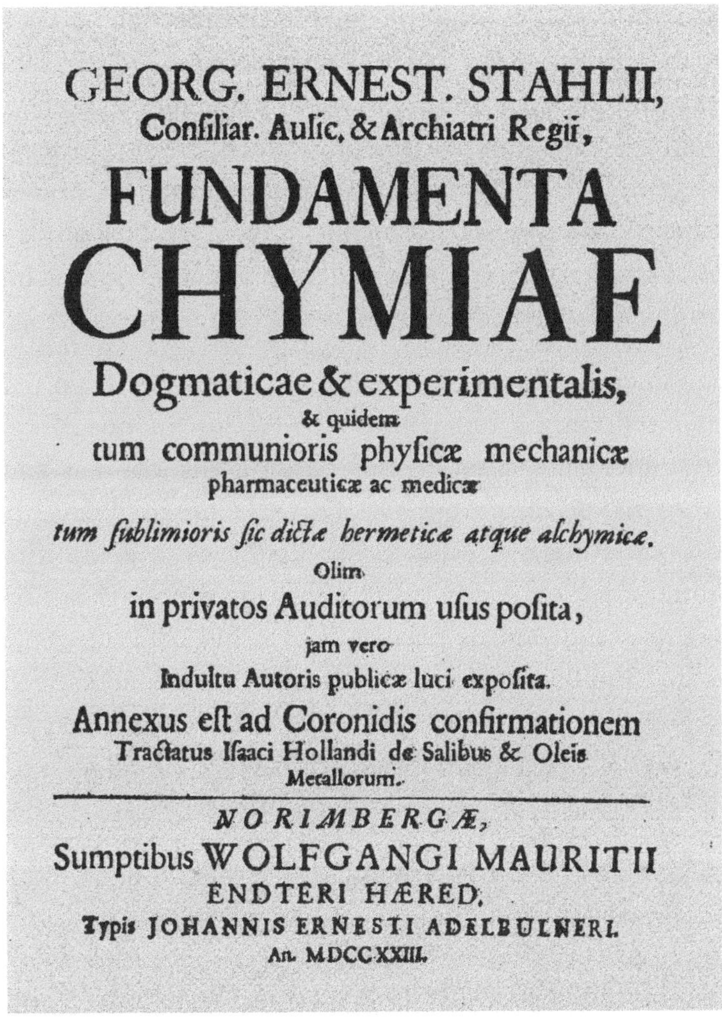

GEORG. ERNEST. STAHLII,
Confiliar. Aulic, & Archiatri Regii,
FUNDAMENTA
CHYMIAE
Dogmaticae & experimentalis,
& quidem
tum communioris phyficæ mechanicæ
pharmaceuticæ ac medicæ
tum fublimioris fic dictæ hermeticæ atque alchymicæ.
Olim
in privatos Auditorum ufus pofita,
jam vero
Indultu Autoris publicæ luci expofita.
Annexus eft ad Coronidis confirmationem
Tractatus Ifaaci Hollandi de Salibus & Oleis
Metallorum.

NORIMBERGÆ,
Sumptibus WOLFGANGI MAURITII
ENDTERI HÆRED.
Typis JOHANNIS ERNESTI ADELBULNERI.
An. MDCCXXIII.

Figura 68 ■ Folha de rosto do texto de Georg Ernst Stahl, que formulou a "moderna" teoria do flogístico. Madame Lavoisier, trajada como uma sacerdotisa, protagonizou uma queima cerimonial deste livro para marcar a publicação do *Traité élémentaire de chimie* em 1789.

Além de relacionar esses dois tipos de reações, aparentemente muito diferentes, ela explicava o bem conhecido fenômeno de se converter cales (cinzas, ou óxidos metálicos) em metais por meio do aquecimento com carvão:

$$\text{Cal metálica} + \text{carvão} \rightarrow \text{metal} + \text{resíduo de cinzas}$$

no qual tanto o carvão quanto o metal conteriam o flogístico. De maneira similar, a combustão do fósforo no ar formava o ácido fosfórico; e a combustão do enxofre, ácido sulfúrico. O aquecimento desses ácidos com carvão produziu fósforo e enxofre elementares, respectivamente.

Essa teoria poderosa e conceitualmente útil recebeu apoio por cerca de um século. Quando Priestley descobriu o oxigênio em 1774, chamou-o de *ar desflogisticado*, pois mantinha a combustão – o que permitia a ele atrair vigorosamente o flogístico contido em substâncias como o carvão ou o ferro. O nitrogênio de início foi chamado de *ar flogisticado*, pois não mantinha a combustão, e estava obviamente saturado de flogístico. Quando Cavendish descobriu o gás hidrogênio em 1766, e observou que sua densidade era menos do que um décimo da densidade do ar, pensou que esse gás inflamável era o próprio flogístico.

Como argumentou Roald Hoffmann, se considerarmos o oxigênio como sendo "A", então o flogístico atua como "não-A", ou "menos A".[2] Assim, quando o carvão (C) queima, o carbono não perde flogístico, mas ganha oxigênio para formar o dióxido de carbono (CO_2). De maneira semelhante, o ferro ganha oxigênio e não perde flogístico quando enferruja. Se o ácido nítrico (HNO_3) ou o salitre (nitrato de potássio, KNO_3) ganha flogístico de um metal como o magnésio (Mg), na realidade está perdendo oxigênio para o metal, para formar uma cal ou óxido (MgO), enquanto o composto nitrogenado se reduz (a nitrito de potássio, KNO_2, por exemplo). Quando o carvão perde seu flogístico para uma cal metálica, está na realidade tomando oxigênio da cal para formar o CO_2 e o metal livre.

Embora, às vezes, os livros de química nos digam que o conceito de flogístico atrasou a química moderna em cem anos, essa teoria foi um poderoso conceito unificador, e suscitou as questões certas para futuros experimentos. Hoffmann chamou o flogístico de "uma ideia incorreta, mas frutífera, que serviu bem à emergente ciência química".[2] Uma dessas questões era o problema bem conhecido do ganho de peso pelos metais quando formavam cales, apesar de eles *perderem* flogístico durante a calcinação. Tentativas de salvar a teoria, postulando peso negativo (flutuabilidade) para o flogístico, afinal deixaram de convencer a comunidade científica.

Conforme foi observado por Hoffmann, a compreensão de que o oxigênio mantém a combustão seria mais tarde generalizada. De fato, o flúor queima os metais espontaneamente, formando fluoretos. Se o magnésio for aquecido por uma chama, esse metal bastante reativo pode queimar até mesmo em nitrogênio, formando nitretos. Veremos, mais adiante, que foi desse modo que Rayleigh e Ramsay descobriram o argônio, no final do século XIX. Assim, sob as condições adequadas, o flúor ou o nitrogênio (ou mesmo o cloro, por exemplo) poderiam ser o "A" no lugar do oxigênio.[2]

1 ■ J. R. Partington, *A history of chemistry*, Londres, MacMillan, 1961, v. 2, p. 655.

2 ■ R. Hoffmann e V. Torrence, *Chemistry imagined – reflections on science*, Washington, Smithsonian Institution Press, 1993, p. 82-85.

O QUE SÃO "EFLÚVIOS"?

Eflúvio: eis aí uma palavra rara! O Dicionário *Webster of the American Language* (College Edition) assim define essa palavra: 1. Um fluxo, real ou suposto, de um vapor ou de uma corrente de partículas invisíveis; aura. 2. Um vapor ou odor desagradável ou nocivo (plural: eflúvios).

Boyle acreditava em uma teoria corpuscular da matéria – algo como um ancestral da teoria atômica. Neste belo livrinho, *Effluviums* (Fig. 69), ele conduz experimentos mentais para calcular o limite superior das massas mensuráveis de eflúvios. Mas antes de ilustrarmos alguns desses cálculos, deixemos que Boyle defina o debate da época:

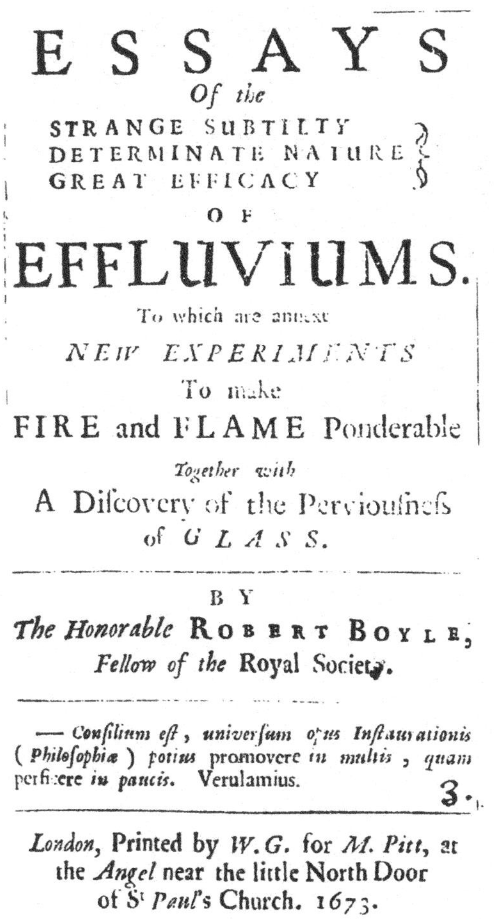

ESSAYS
Of the
STRANGE SUBTILTY
DETERMINATE NATURE
GREAT EFFICACY
OF
EFFLUVIUMS.
To which are annext
NEW EXPERIMENTS
To make
FIRE and FLAME Ponderable
Together with
A Difcovery of the Perviousnefs
of *GLASS*.

BY
The Honorable ROBERT BOYLE,
Fellow of the Royal Society.

— *Confilium eft, univerfum opus Inftaurationis (Philofophiæ) potius promovere in multis, quam perficere in paucis.* Verulamius.

London, Printed by *W. G.* for *M. Pitt*, at the *Angel* near the little North Door of St *Paul's* Church. 1673.

Figura 69 ■ Folha de rosto do maravilhoso texto de Robert Boyle no qual ele estima a massa dos menores "eflúvios" mensuráveis dos vapores de prata, ouro, seda e álcool. Na coleção Denis I. Duveen há uma cópia desse livro autografada por Robert Boyle para Isaac Newton (é mais ou menos como uma cópia do Antigo Testamento autografada por Abraão para Jesus).

> Quer suponhamos com os Atomistas antigos e modernos que todos os corpos sensíveis são feitos de corpúsculos, não apenas insensíveis, mas indivisíveis; quer pensemos como os cartesianos e (como muitos daquele grupo nos ensinam) como Aristóteles que a matéria, assim como a quantidade, pode ser indefinidamente, senão infinitamente, divisível; será razoável para qualquer das doutrinas que os eflúvios dos corpos devam se constituir de partículas extremamente pequenas. Pois, se abraçamos a opinião de Aristóteles ou de Descartes, não há limite para a subdivisão da matéria em fragmentos cada vez menores. E, embora a hipótese de Epicuro não admita essa divisão interminável da matéria, mas considere que ela cessa em certos corpúsculos sólidos que, por não poderem ser mais divididos, são chamados de átomos ("atomos"); ainda assim os defensores dessa hipótese se sentem justamente ofendidos quando são acusados de considerar os grãos de poeira que se vê vagando através dos raios de sol como sendo os átomos – pois, de acordo com esses filósofos, qualquer desses pequenos grãos de poeira, que somente são visíveis quando atravessam raios de sol, podem ser compostos de uma multidão de átomos, e podem exceder muitos milhares deles em tamanho.

Tradução para o português (moderno): não pense, nem por um momento, que eu sou tão insensato a ponto de supor que os eflúvios cujas massas vou estimar são a mesma coisa que minha versão dos átomos. Estou estimando um limite superior para as massas de eflúvios, cada um dos quais é composto por muitos milhares de átomos. Em todo caso, permaneça ligado e veja como os eflúvios explicam minhas observações a respeito dos metais e de suas cales.

Aqui estão alguns dos experimentos mentais de Boyle:

1. Um grão (0,0648 g) de prata foi esticado por um mestre prateiro em um fio medindo 8,23 m de comprimento. Boyle tinha uma régua especial, em que cada polegada estava subdividida em 200 partes (1 polegada = 2,54 cm). Assim, o fio poderia ser subdividido em 8,23 x 100 x 1/ 2,54 x 200 = 64.803 "cilindros" de prata, cada qual pesando 0,0000010 g ($1,0 \times 10^{-6}$ g).

2. Se fosse possível dourar esse fio de prata, a massa do envoltório de ouro seria muito menor ainda para cada "cilindro de envoltório".

3. "Uma engenhosa senhora minha conhecida, esposa de um erudito médico, extraiu 300 jardas (274,32 m) de seda cuidadosamente da boca de

um bicho da seda. O fio de seda pesava 2,5 grãos (0,162 g). A sua divisão produziria 274,32 x 100 x 1/2,54 x 200 = 2.160.000 "cilindros" de seda, sendo a massa de cada um igual a 0,000000075 g (7,5 x 10^{-8} g).

4. Seis minúsculos pedaços de ouro foram martelados em quadrados medindo 8,255 cm de lado. A massa total das seis folhas quadradas de ouro era de 1 1/4 grão (0,0810 g). Portanto, as seis folhas quadradas poderiam ser subdivididas em um total de 6 x $(8{,}255 \times 1/2{,}54 \times 200)^2$ = 2.535.000 quadrados de ouro, cada um deles pesando 0,000000032 g (3,2 x 10^{-8} g).

É ainda mais maravilhoso observar que, cerca de 240 anos depois, o vencedor do Prêmio Nobel de Física de 1926, Jean Perrin, realizou um cálculo parecido em seu livro de 1913, *Les atomes*: "um limite superior para o tamanho molecular".[1] Uma folha de ouro de 0,1 micrometro (10^{-5} cm) de espessura significa que, no máximo, um átomo de ouro ocupa um cubo de 10^{-15} cm^3. Usando a densidade do ouro, isso significa uma massa de 10^{-14} g para cada átomo de ouro. Como um átomo de hidrogênio tem 1/197 da massa de um átomo de ouro, sua massa teria um limite superior de 5 x 10^{-17} g. Na verdade, já sabemos há cerca de cem anos que 1 mol de ouro tem massa de 197,0 g e é constituído por 6,02 x 10^{23} átomos (número de Avogadro). Portanto, um átomo isolado de ouro pesa 3,27 x 10^{-22} g – cerca de 100 trilhões de vezes menos do que o eflúvio tangível de ouro, e 100 mil vezes menos do que o limite superior proposto por Perrin. Entretanto, nem Boyle nem Perrin afirmavam estar pesando átomos individuais.

E por que esse interesse em eflúvios? Próximo do final do livro, Boyle descreve sua cuidadosa medida do *aumento* de peso que ocorre quando se aquece um metal, tal como o ferro, exposto ao ar para formar uma "cal", como a ferrugem. Em 1673 essa era uma observação extremamente importante (o fato também foi notado por Rey, Becher, Stahl, Mayow e Le Fèvre, entre outros). A explicação de Boyle: minúsculos eflúvios da chama (as partículas ígneas de Becher) penetram pelos poros do frasco de vidro fechado que contém o metal e o ar, e se "aderem" ao metal – formando assim uma cal que pesa mais do que o metal. Isso era quase uma refutação da Teoria do Flogístico, que ainda estava em seu estágio embrionário.

Vale a pena observar também que Van Helmont explicou o conceito de simpatia, bem como os fenômenos magnéticos, como sendo originados pelo contato entre eflúvios (por exemplo, entre o sangue sobre uma espada e o sangue no corpo da pessoa ferida; vide terceiro texto desta Seção).

Quase no final do livro *Effluviums*, Boyle levantou explicitamente a possível questão médica a respeito do efeito de eflúvios do fogo que pousam sobre a carne cozida e são consumidos. Hoje sabemos que, quando as gorduras da carne pingam sobre o carvão quente no churrasco, elas pirolisam e formam hidrocarbonetos policíclicos aromáticos carcinogênicos – os quais se erguem da grelha e se depositam sobre a superfície da carne. Assim, quanto a isso, Boyle antecipou os especialistas em saúde da exposição humana em trezentos anos. Também vale a pena observar que William Penn, da Pensilvânia, correspondeu-se com Boyle e, no início da década de 1680, enviou a ele amostras de minérios e de plantas medicinais do Novo Mundo.[2]

1 J. Perrin, *Atoms*, Londres, Constable, 1916, p. 48-52.

2 C. Owens Peare, *William Penn – a biography*, Londres, Dobson Books, 1959, p. 268. (Agradeço à Professora Susan Gardner por chamar a minha atenção para este fato.)

BELOS TEXTOS DE QUÍMICA DO SÉCULO XVII

Uma série de belos e ricamente ilustrados livros de química apareceram ao longo do século XVII[1-3], seguindo-se ao *Alchymia* de Libavius. Vamos começar do início – *Tyrocinium chymicum* (O noviciado em química), de Jean Beguin, foi publicado pela primeira vez em 1610. Teve mais de 50 edições, sendo a última de 1669. A Figura 70 mostra a folha de rosto da edição de 1660, representando um Cupido alquímico. Nicholas Le Fèvre publicou pela primeira vez seu *Traité de la chimie* em 1660. A segunda edição francesa apareceu em 1669; houve edições inglesas em 1664 e 1670, e a última edição em alemão saiu em 1688. A Figura 62 é da edição de 1670 do livro de Le Fèvre. Christophe Glaser publicou seu *Traité de la chimie* pela primeira vez em 1663, e uma edição inglesa saiu em 1677. Edições em alemão (vide Fig. 71) foram publicadas até 1710. Nicolas Lemery publicou um texto de incrível sucesso (Lemery foi aluno de Glaser). A primeira edição francesa de *Cours de chimie* foi publicada em Paris em 1675 (a Fig. 72 é da edição feita em 1686 em Paris). A última edição francesa foi publicada em 1756 – uma incrível sequência de 81 anos! (Vide discussão sobre vidrarias antigas nas figuras.) A Figura 73 consta do livro de Moses Charas, *Royal pharmacopoea* (Londres, 1678). A Figura 74 é do texto *Pyrosophia* (Utrecht, 1698), escrito por Johann Conrad Barchusen. A figura mostra seu laboratório em Utrecht. Não se sabe se o químico é o próprio Barchusen.

Figura 70 ■ A primeira edição de *Tyrocinium chymicum* (O noviciado em química), de Jean Beguin, foi publicada em 1610. Esta edição de 1660 usou um Cupido Químico para seduzir os leitores a amarem a química.

A Figura 75 é da primeira edição inglesa de *Elements of chemistry*, de Herman Boerhaave (Londres, 1735). Boerhaave foi um renomado médico e professor de química.[4] Suas aulas eram tão excelentes que uma edição pirateada foi publicada por seus alunos em 1724 (e traduzida para o inglês em 1727). Embora Boerhaave não tenha feito contribuições originais significativas para a ciência química, ele era rigoroso e cético em relação ao conceito de flogístico. A primeira edição autorizada de *Elements* de Boerhaave foi publicada em 1732 (Leiden). Ele assinou cada exemplar do gigantesco volume como atestado de sua legitimidade. *Elements* de Boerhaave inclui talvez a primeira história da química realmente abrangente. Boerhaave foi o primeiro grande expoente do ensino clínico, e fez da faculdade de medicina de Leiden uma das melhores da Europa. Após a sua morte, o Doutor Samuel Johnson escreveu um texto intitulado "Life of Herman Boerhaave" (A vida de Herman Boerhaave), publicado no *Gentleman's Magazine* (1739). Boswell, o biógrafo de Johnson, escreveu que nessa ocasião Johnson "descobriu o amor pela química, que nunca abandonou".[4] Johnson passou pelo menos 20 anos de sua vida em seu próprio laboratório químico.[4]

Chimischer
Wegweiser/
das ist/
Sichere Anweisung zur Chimischen Kunst/darinnen durch einen kurtzen Weg und leichte Handgriffe gewiesen wird/wie man allerley Artzneyen durch die Chimie bereiten kan.
Erstlich in Frantzösischer Sprach beschrieben von
CHRISTOPHORO GLASER,
Ordinar-Apothecker des Königes und Ihrer Durchleuchtigkeit des Hertzogs von Orleans in Paris;
Anitzo aber auf Begehren in unsere Teutsche Sprache übersetzet von einem
Philochimico.
Jena/verlegts Joh. Jac. Bauhofer/1684.

Figura 71 ■ A edição alemã de 1684 de *Traité de la chimie*, de Christophe Glaser (original de 1663).

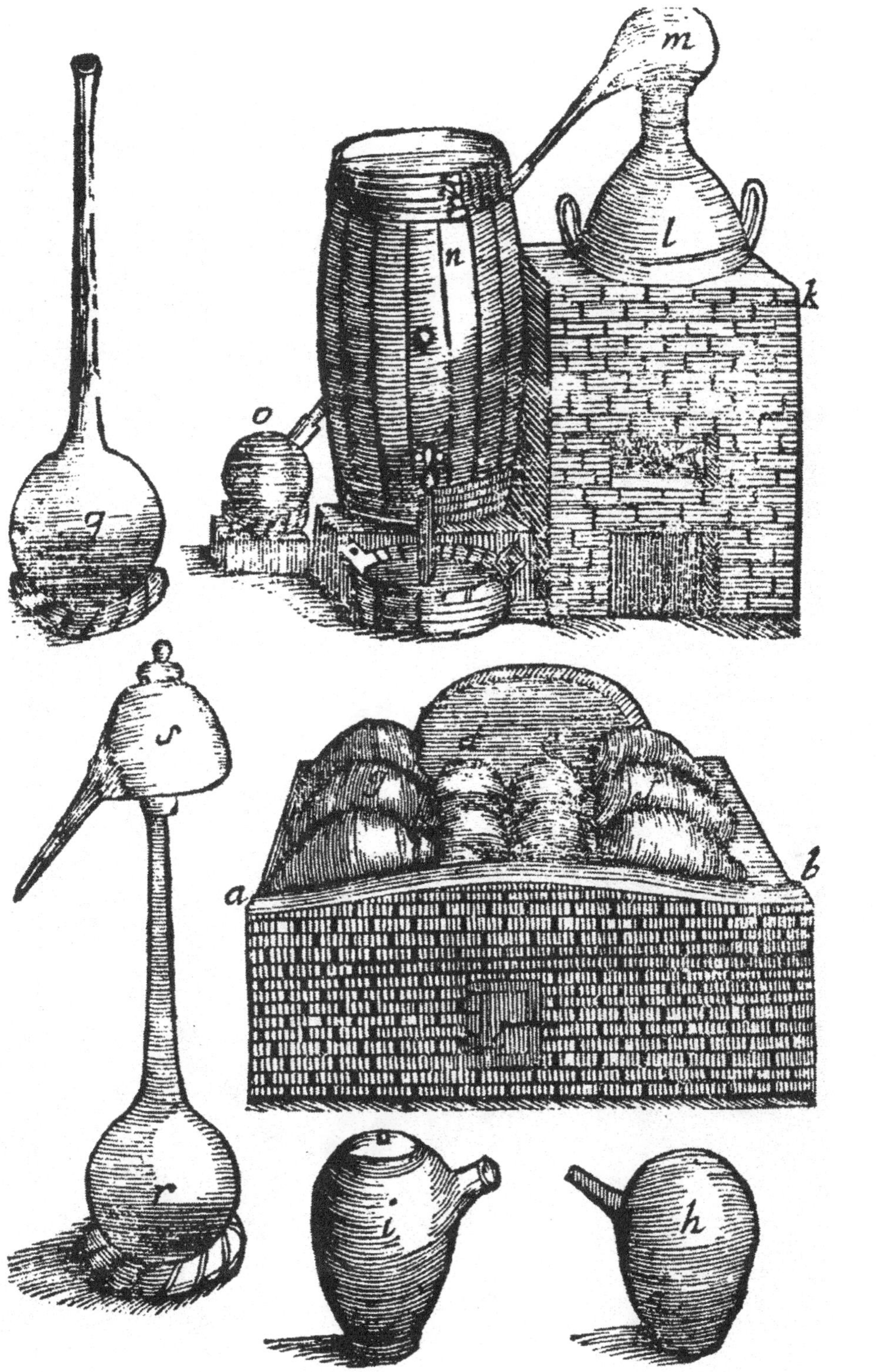

Figura 72 ■ Vidraria na edição de 1686 de *Cours de chimie*, de Nicolas Lemery, que foi publicado pela primeira vez em Paris em 1675; a última edição também saiu em Paris, no ano de 1756. Se este livro que você está lendo for publicado em numerosas edições durante 81 anos, meus problemas financeiros para colecionar livros estarão terminados.

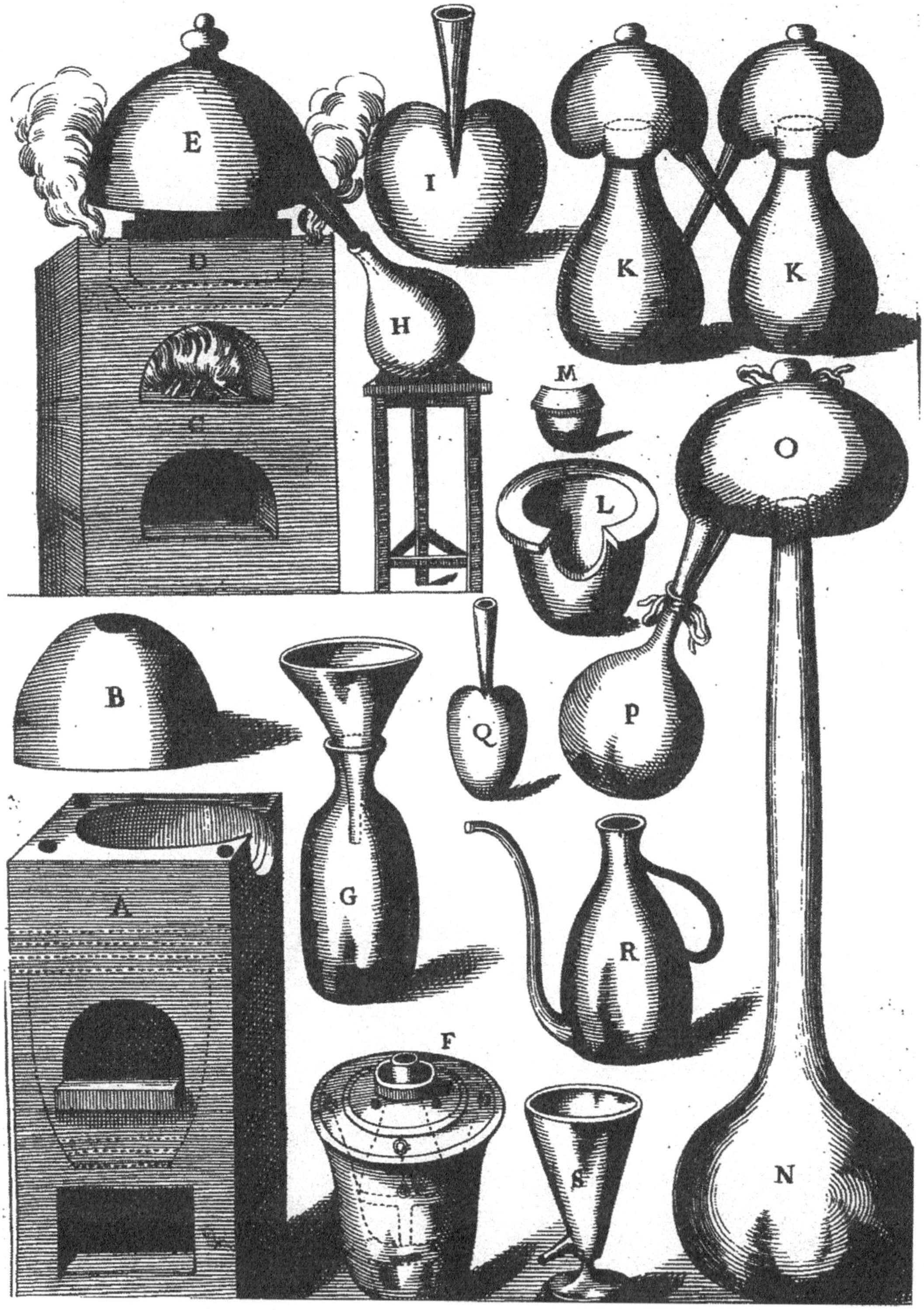

Figura 73 ■ Vidraria do século XVII ilustrada em *The royal pharmacopoea*, de Moses Charas (Londres, 1678). Observe o pelicano duplo (*KK*) e os alambiques *O* e *E*.

Figura 74 ■ Será esse o autor do livro, Johann Conrad Barchusen, pesando o "óleo da meia-noite"* em seu laboratório de Utrecht? (*Pyrosophia*, Utrecht, 1698).

* ■ N.T.: No texto original em inglês, há uma brincadeira envolvendo a expressão "burning the midnight oil" (literalmente: "queimando o óleo da meia-noite"), que significa ficar acordado até tarde, estudando ou trabalhando noite adentro.

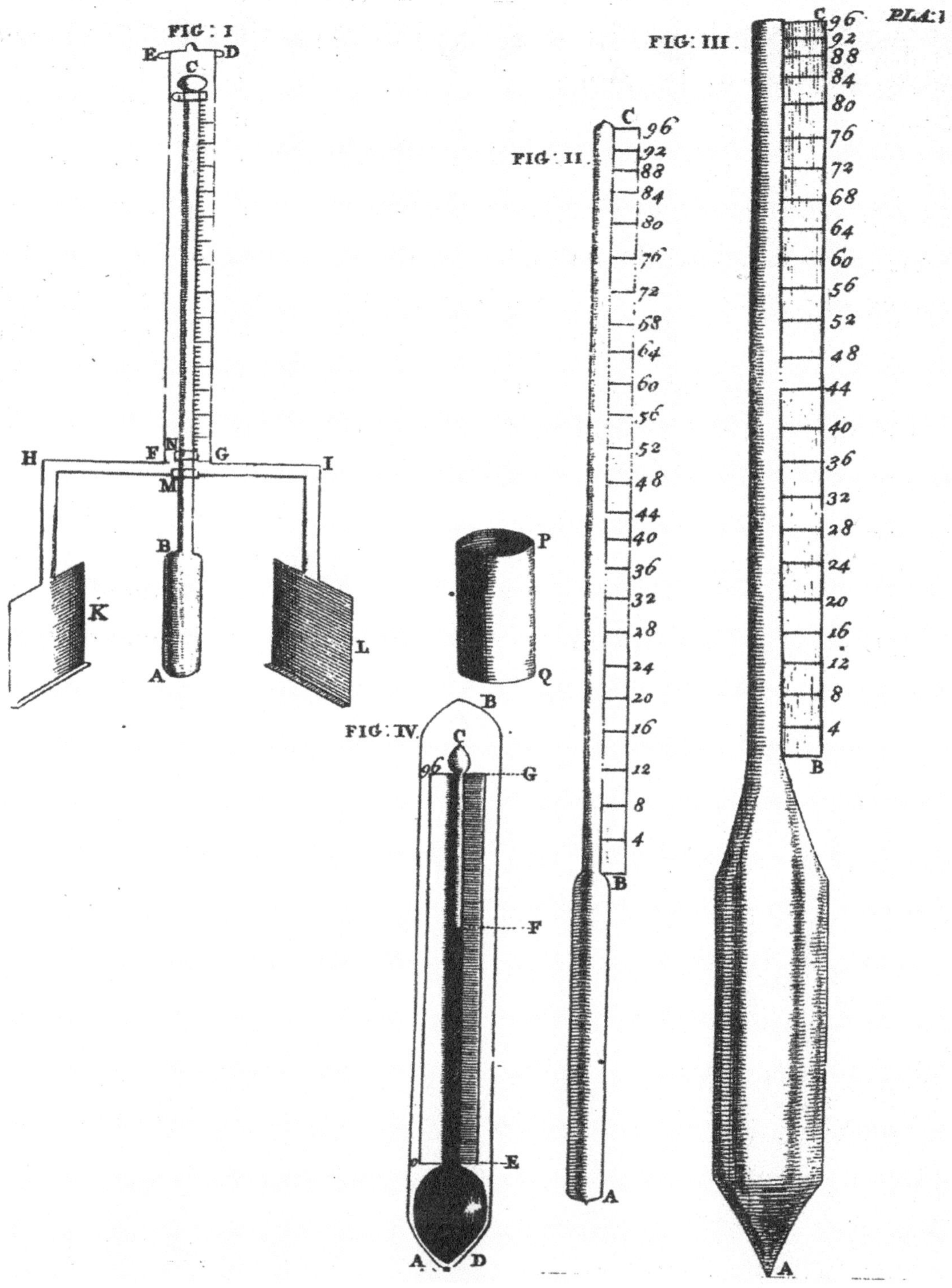

Figura 75 ■ Esses termômetros (vide texto) estão ilustrados na edição inglesa de 1735 do livro *Elements of chemistry*, de Herman Boerhaave. Boerhaave não foi um químico notável, que tenha feito descobertas originais, mas foi um destacado professor de química e medicina, que contribuiu para a introdução do ensino clínico nos currículos das escolas de medicina.

Na Figura 75 vemos (*Fig. I*) um termômetro projetado para parar de pé sozinho, de modo que o bulbo *AB* possa ficar inserido no frasco *PQ*, no qual se podem adicionar ou misturar líquidos. Na *Fig. II* vemos o primeiro termômetro de Fahrenheit, que deveria ser preenchido com álcool contendo corante vermelho. A *Fig. III* mostra o segundo termômetro de Fahrenheit, que deveria ser preenchido com mercúrio. A *Fig. IV* mostra o terceiro termômetro de Fahrenheit, destinado a medir "o calor do corpo humano". Esse último poderia usar tanto mercúrio como álcool com corante vermelho, e está colocado dentro de uma câmara de vidro hermeticamente selada. O termômetro deveria ser usado sob o braço, sobre o peito embaixo das roupas, ou na boca... uau!

1 ■ J. Ferguson, *Bibliotheca chemica*, Londres, Derek Verschoyle, 1954 (reimpressão da edição de 1906).

2 ■ D. Duveen, *Bibliotheca alchemica et chemica*, Utrecht, HES, 1986 (reimpressão da edição de 1949).

3 ■ J. Read, *Humour and humanism in chemistry*, Londres, G. Bell, 1947, p. 79-123.

4 ■ J. Read, op. cit., p. 128-153.

AFINIDADE QUÍMICA

As Figuras 76 e 77 representam as duas metades das primeiras tabelas de propriedades das substâncias químicas a terem sido organizadas logicamente. Foram produzidas por Étienne-François Geoffroy (1672-1731) em 1718.[1] A primeira linha horizontal representa 16 substâncias (elementos e compostos), classes de substâncias, e até mesmo misturas, em ordem bastante arbitrária. Cada coluna ordena as substâncias de acordo com a *afinidade*. As substâncias mais próximas da primeira linha têm as maiores afinidades com a substância que ocupa o topo da coluna (o *cabeçalho*), enquanto as substâncias mais afastadas têm as menores afinidades.

Examinemos alguns poucos exemplos ilustrativos. Na Coluna 16, vemos a água como cabeçalho, com o álcool acima do sal. Isso significa que o álcool tem maior afinidade pela água do que o sal. Assim, se você adicionar álcool (digamos, etanol, ou vodka com teor alcoólico de 100%) a água salgada, os líquidos vão se misturar, e o sal vai se precipitar, formando um sólido que pode ser filtrado. O álcool desloca o sal da água. Por outro lado, se você pegar uma mistura água-álcool 50:50 (vodka com teor de 50%), você não pode dissolver sal nessa mistura, pois a água tem maior afinidade pelo álcool.

A Coluna 1 mostra as afinidades químicas de diferentes substâncias pelos ácidos. A maioria dos metais reagem quimicamente com os ácidos, liberando gás hidrogênio – os metais parecem "dissolver", liberando "ar". Todavia, se primeiro misturamos ao ácido um álcali (base), como o carbonato de potássio (K_2CO_3), e o neutralizamos, a solução não irá mais dissolver os metais. Se um metal for dissolvido em um ácido, e se adicionarmos um álcali, um sólido se precipitará (na verdade, o carbonato ou o hidróxido insolúvel do metal). Assim, os álcalis têm maior afinidade pelos ácidos do que as substâncias metálicas.

Mas esperem um minuto, prezados leitores. Aqueles que aprenderam um pouco de química no ensino médio sabem que as solubilidades do álcool e do sal na água são propriedades físicas, enquanto as "solubilidades" dos metais nos ácidos são propriedades químicas. Você *não* iria tirar uma boa nota comigo se confundisse as duas coisas. É evidente que essas diferenças ainda não estavam completamente claras para os cientistas do início do século XVIII.

A história humana fica evidente na Coluna 9! Olhemos para as afinidades do enxofre. Entre os metais mostrados na tabela, o ferro tem a maior afinidade pelo enxofre, ao passo que o estanho e o cobre (que formam a ligada chamada bronze) têm afinidades menores. Os minérios de estanho e cobre (geralmente, sulfetos) podiam ser reduzidos de maneira relativamente fácil, e assim a Idade do Bronze teve início por volta de 3000 a.C. Temperaturas mais elevadas, e portanto uma tecnologia mais moderna para a construção de fornos, foram necessárias para livrar o ferro de seus sulfetos, e a Idade do Ferro somente começou por volta de 1200 a.C.

Observe o ouro no final da Coluna 9. Esse metal nobre tem pouca afinidade pelo enxofre, e, muitas vezes, pode ser encontrado na natureza na forma de pepitas ou grãos brilhantes, em estado nativo, não combinado.

A tabela de Geoffroy – um conglomerado um tanto arbitrário de propriedades químicas e físicas, elementos, compostos, classes de substâncias e misturas – é, ainda assim, um parente distante da Tabela Periódica, formulada cerca de 150 anos depois.

Figura 76 ▪ Metade superior da Tabela de Afinidades de 1718, de Étienne Geoffroy, reproduzida de *Recueil de dissertations physico-chimiques presentés a differentes académies* (Paris, Jacques François Demachy, 1781).

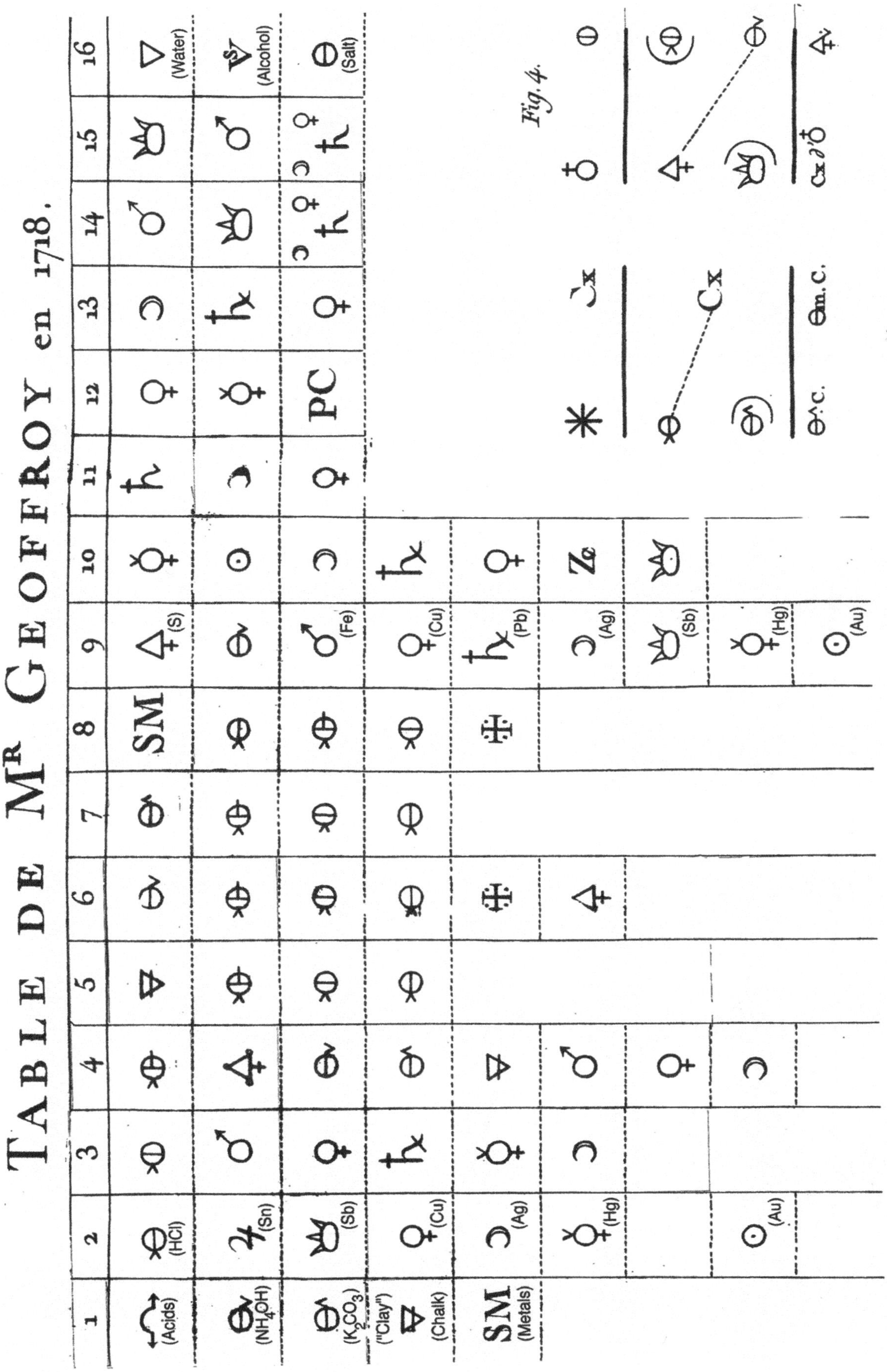
TABLE DE Mʀ GEOFFROY en 1718.
1
2
3
4
5
6
7
8
9
10
11
12
13
14
15
16
(Acids)
(NH4OH)
(K2CO3)
("Clay")
(Chalk)
SM
(Metals)
(HCl)
(Sn)
(Sb)
(Cu)
(Ag)
(Hg)
(Au)
SM
(S)
(Fe)
(Cu)
(Pb)
(Ag)
(Sb)
(Hg)
(Au)
PC
(Water)
(Alcohol)
(Salt)
Fig. 4.

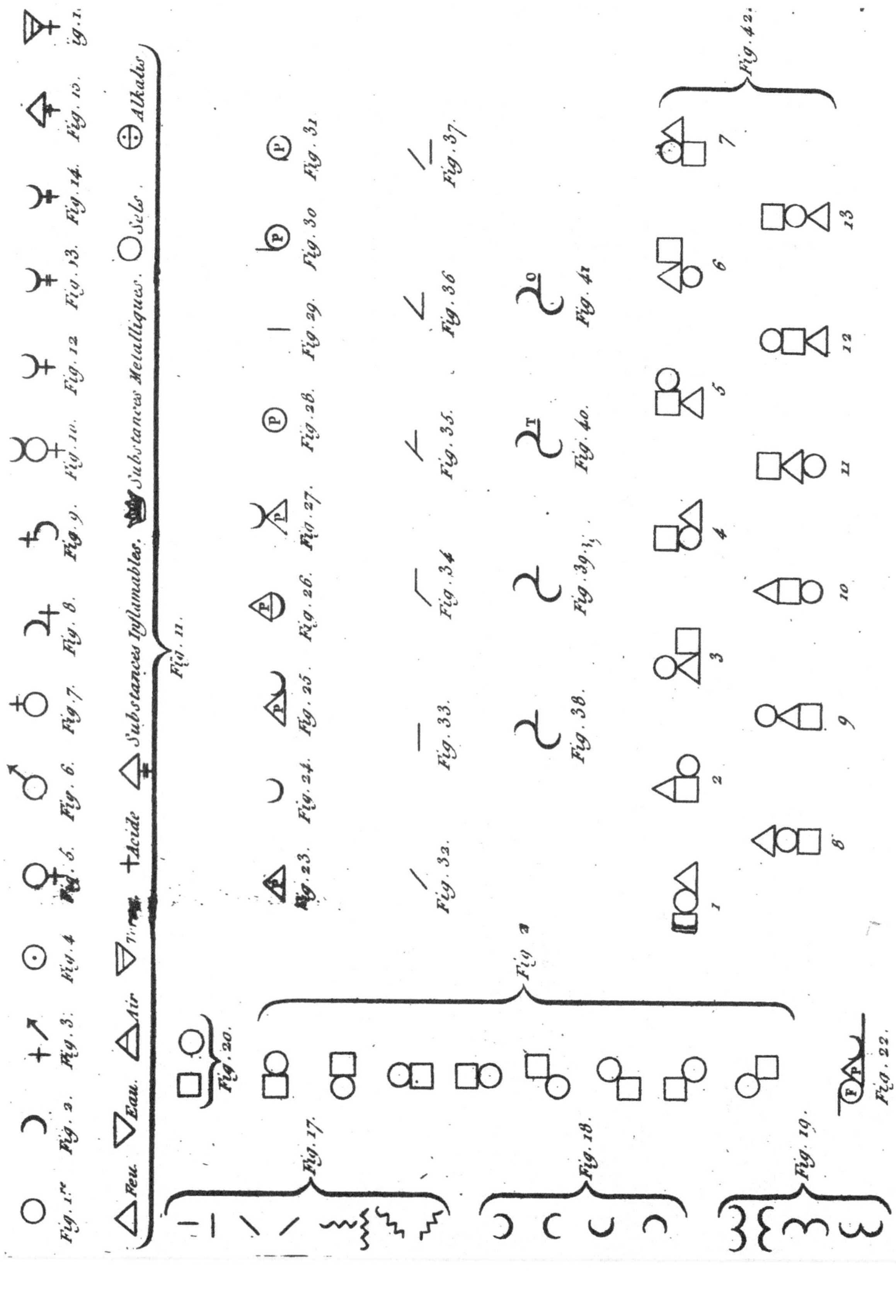

Figura 77 ■ Metade inferior da Tabela de Afinidades de Geoffroy (vide Fig. 76).

1 ■ Esta versão da tabela de Geoffroy foi reproduzida de M. De Machy, *Recueil de dissertationes physico-chimiques*, Paris, 1781 (Prancha 1). Vide também discussão feita por H. M. Leicester e H. S. Klickstein em *A source book in chemistry 1400-1900*, Nova York, McGraw-Hill, 1952, p. 67-75.

COPELAS COM FUNDO FALSO, BAGUETAS OCAS E OUTRAS FRAUDES

É interessante observar que, embora a alquimia estivesse essencialmente morta por volta do final do século XVII, o interesse popular por ela permaneceu até meados do século XVIII. Eruditos crédulos, e os simplesmente gananciosos, eram presas dos "alquimistas". O respeitável *Journal des Savants* continuou a publicar ocasionais trabalhos sobre transmutação. Surpreendentemente, um cientista ortodoxo, o já mencionado Geoffroy, foi levado a publicar um artigo em *Histoire de l'Académie Royale des Sciences* em 1772, alertando contra essa credulidade.[1] Entre as fraudes contra as quais Geoffroy alertava, estavam as seguintes:

1. Copelas (uma espécie de cápsula) com fundo falso.
2. Baguetas ocas.
3. Amálgamas que ocultavam metais preciosos.
4. Ácidos que continham ouro e prata dissolvidos.
5. Papéis de filtro contendo minúsculas quantidades de ouro ou prata escondidas, que podiam ser recuperadas ao se incinerar o papel.

Senhoras, senhores e crianças de todas as idades – observem enquanto eu arranho este pequeno cristal negro de óxido de samário (SmS).* Abracadabra! Ele se transforma em ouro (pelo menos a sua cor).[2] Quem quer ser o primeiro a comprar um pouco desse "ouro negro"?

Aparentemente, ainda hoje existem alquimistas trabalhando arduamente na França tentando seriamente descobrir a Pedra Filosofal.[3] Eureca! Talvez ainda haja um cliente para comprar de mim a famosa *Ponte de Brooklyn*.

[1] ■ A. Debus, in *Hermeticism and the renaissance*, I. Merkel e A. G. Debus (eds.), Cranbury, Associated University Press, 1988, p. 231-250.

[2] ■ H. Rossoti, *Diverse atoms: profiles of the chemical elements*, Oxford University Press, Oxford, 1998, p. 439.

[3] ■ A. McLean, *A commentary on the mutus liber*, Grand Rapids, Phanes, 1991, p. 8-10.

* ■ N.T.: O autor fornece o nome do óxido de samário, mas a fórmula que o acompanha é a do sulfeto de samário (SmS). A formula do óxido de samário é Sm_2O_3.

AS ERVILHAS PRODUZEM BASTANTE GÁS

Stephen Hales (1677-1761) estudou teologia em Cambridge, e tornou-se um ativo pastor protestante; contudo, preferia as pesquisas científicas.[1] Realizou importantes estudos sobre a hidrostática dos fluidos em plantas (*Vegetable statics...*, Londres, 1727) e sobre o fluxo sanguíneo (*Statical essays: containing haemastatics...*, Londres, 1733 – "um livro assustador"). Seus estudos a respeito dos "ares" foram realizados entre 1710 e 1727. Hales é considerado o iniciador da química pneumática – o recolhimento e a manipulação de gases isolados.[1] A característica que diferenciou suas aparelhagens das demais foi a separação entre os gases recolhidos e suas fontes.

Na Figura 78 (vide *Fig. 33*), a retorta *r* que contém o material a ser destilado está unida com uma argamassa (argila para cachimbos e farinha de feijão, bem misturadas com um pouco de cabelo), coberta por uma bexiga, a um grande frasco de pescoço comprido, *ab*. O grande furo no fundo de *ab* é para inserir um sifão de vidro, que deve alcançar o ponto *z* dentro do frasco, enquanto sua outra extremidade deve prolongar-se acima da superfície da água no recipiente (*xx*) que contém *ab*. O frasco *ab*, ligado a *r*, é imerso inicialmente em um grande balde de água até o nível *z*, enquanto o excesso de ar é empurrado para fora através do sifão. O frasco *ab*, em seguida, é imerso no recipiente *xx*, que está cheio de água. O aquecimento da matéria vegetal que está em *r* produz "ares", que pressionam para baixo o nível da água, de *z* para um novo nível, *y*, que é cuidadosamente marcado no frasco. O aparato é então deixado resfriar até a temperatura ambiente. Desconecta-se a retorta *r* e fecha-se a boca do frasco *ab* com uma rolha. Retira-se a água do frasco *ab*, que em seguida é invertido, e coloca-se novamente água, até o nível *z*. Determina-se a massa de água. Preenche-se o frasco *ab* com água até *y*, e determina-se a massa total de água. A diferença entre as duas massas determinadas é a massa de água correspondente ao volume de ar gerado. (Às vezes, após o aquecimento, existe uma absorção de gás pela matéria que resta em *r*.)

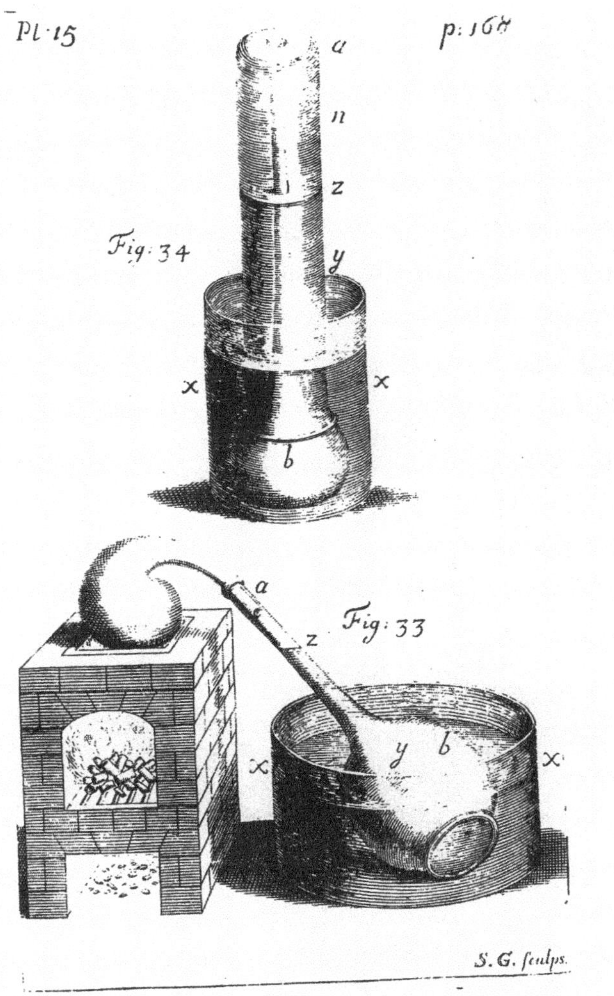

Figura 78 ▪ Um antigo aparato pneumático para medir os "ares" obtidos na destilação de matéria vegetal [da segunda edição da *Vegetable staticks*, de Stephen Hales (Londres, 1731); a primeira edição é de 1727].

Na Figura 79 (vide *Fig. 36*), vemos uma "garrafa de água-húngara resistente", contendo mercúrio no fundo e cheia de ervilhas embebidas em água. Uma coluna de vidro evacuada, fechada no topo e estendendo-se abaixo da camada de mercúrio no fundo, é firmemente selada na boca da garrafa. As ervilhas absorvem toda a água e, depois de dois ou três dias, o gás produzido por elas mantém uma coluna de mercúrio com quase 2 m de altura (cerca de 2,5 atmosferas de pressão). Na Figura 79 (vide *Fig. 37*) se vê um frasco de ferro resistente, *abcd,* que mede cerca de 6,5 cm de diâmetro e 13 cm de altura, cheio de ervilhas encharcadas de água sobre uma camada de mercúrio. Nesse aparato caseiro, porém engenhoso, um tubo de vidro colocado no interior de um cilindro concêntrico de ferro (para proteção) contém uma gota de mel (*x*) no fundo. A tampa de ferro, bem ajustada e selada no frasco com couro, é mantida fechada com uma prensa manual. Depois de alguns dias, desaperta-se um pouco a prensa, alivia-se a pressão, e remove-se a tampa. Embora a coluna de mercúrio tenha retornado para o zero, um pouquinho de mel estará marcando o ponto (ʒ) até o qual a coluna subiu. Mais uma vez, a pressão atinge cerca de 2,5 atmosferas, correspondendo a uma força de aproximadamente 86 kg contra a tampa de ferro.

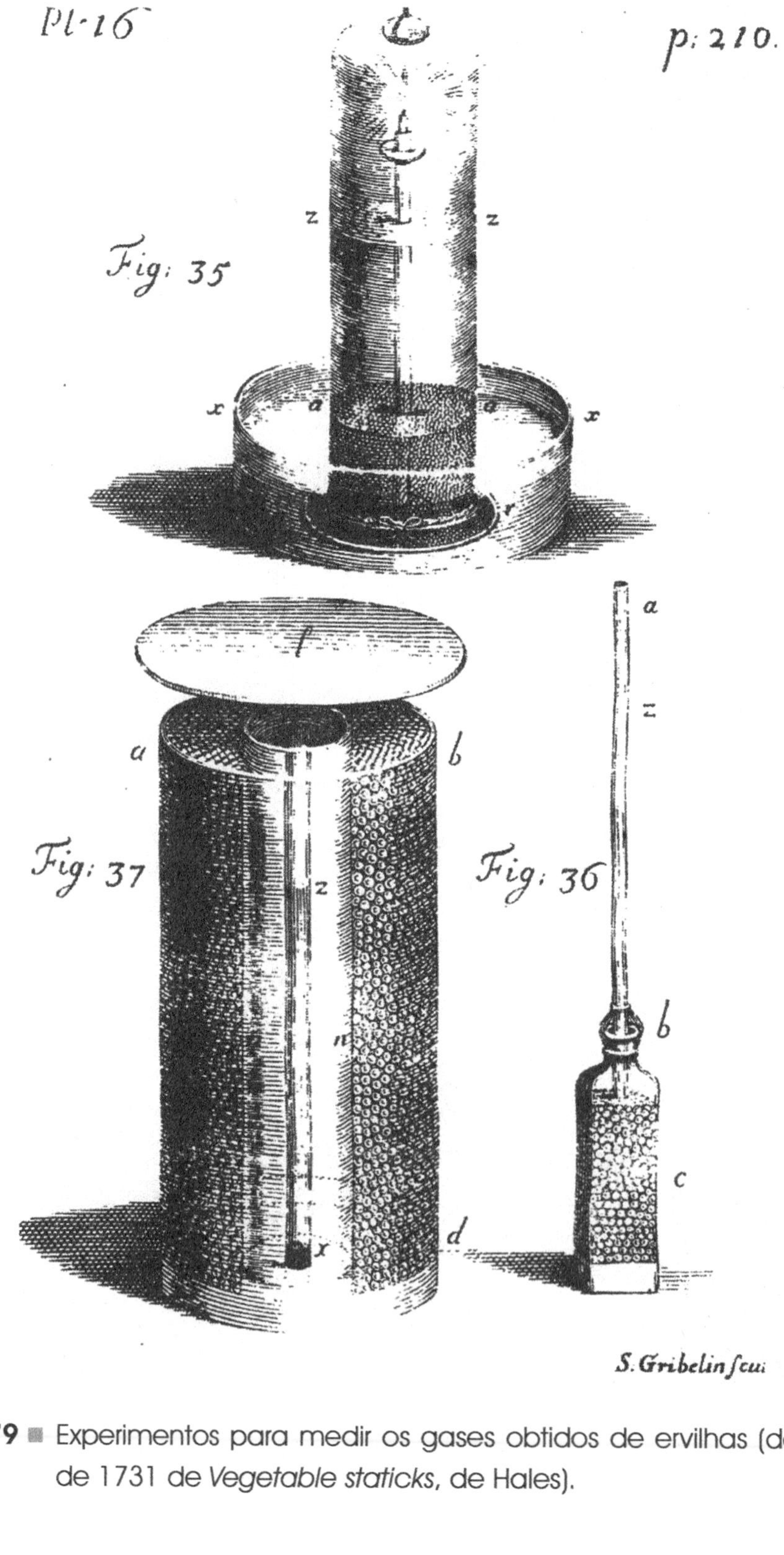

Figura 79 ■ Experimentos para medir os gases obtidos de ervilhas (da edição de 1731 de *Vegetable staticks*, de Hales).

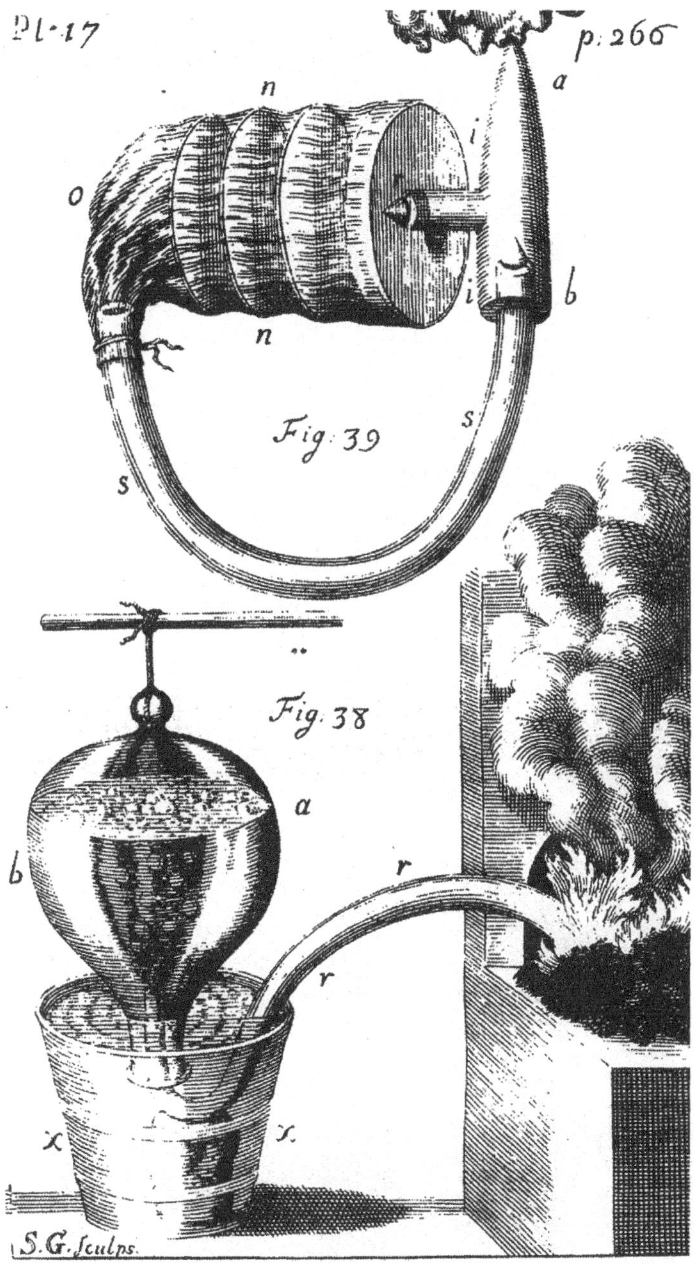

Figura 80 ■ Os primeiros trabalhos de Hales envolvendo o recolhimento de gases (edição de 1731 de *Vegetable staticks*). A figura de baixo mostra o recolhimento de gases produzidos por substâncias decompostas dentro do cano de uma espingarda, e recolhidos sob água. Esse aparato é o precursor das cubas pneumáticas usadas por Scheele, Priestley e Lavoisier, e que deram início à revolução química. A figura de cima representa um fole para recolher e reciclar o ar expirado por uma pessoa. Quando os quatro diafragmas do fole são impregnados com carbonato de potássio (que é alcalino), os ciclos de respiração podem continuar por longos períodos, devido à remoção do dióxido de carbono (que é ácido).

Na Figura 80 (vide *Fig. 38*), vemos o mais famoso aparato pneumático de Hales, no qual vários materiais eram aquecidos dentro de um cano de espingarda feito de ferro. Os gases eram recolhidos no frasco que está suspenso com a boca para baixo – o qual, inicialmente, encontrava-se cheio de água. Apenas gases insolúveis em água podem ser recolhidos dessa maneira. Gases solúveis em água foram mais tarde recolhidos sob mercúrio, ou sob água coberta por uma camada de óleo.

Observe o fascinante aparato ilustrado no alto da Figura 80 (*Fig. 39*). Hales (seria esse seu rosto?) respirava o ar contido na bolsa selada sugando no bocal de madeira *ab*. No fundo de *ab* (vide *ib*) existia uma válvula que abria quando Hales inspirava. Uma válvula semelhante, que fechava quando da inspiração, estava situada em *r*, penetrando na bolsa. As duas válvulas invertiam seus papéis na hora da expiração. Hales descobriu que podia realizar ciclos de inspiração-expiração por cerca de 1,5 minuto usando uma bolsa vazia. Quando a bolsa continha quatro diafragmas de flanela – embebidos em solução de sal de tártaro (K_2CO_3) e secos (o sal de tártaro absorve o CO_2) –, ele podia respirar por 5 minutos. Se o sal de tártaro tivesse sido bem calcinado (ligeiramente básico devido a uma certa perda de CO_2, formando K_2O), Hales podia respirar por 8,5 minutos.

[1] ■ J. R. Partington, *A history of chemistry*, Londres, MacMillan, 1962, v. 2, p. 112-123.

A MAGIA DE BLACK

Embora Stephen Hales tenha criado técnicas de química pneumática para separar os "ares" de suas fontes, ele não explorou em detalhes as diferenças entre os vários "ares". Entretanto, em 1756, na sequência de sua tese de doutorado (1754), o Doutor Joseph Black (1728-1799) descreveu a produção de um "ar" que estivera "fixo" na *magnesia alba* ($MgCO_3$) e que foi liberado por aquecimento.[1] Além disso, testou esse "ar fixo" e descobriu que suas propriedades eram muito diferentes das propriedades do ar comum. Por exemplo, o "ar fixo" extinguia as chamas, em vez de mantê-las. O mesmo "ar fixo" é gerado quando o calcário ($CaCO_3$) é dissolvido em um ácido. Quando passado através de água de cal [CaO misturado a água, formando $Ca(OH)_2$], o "ar fixo" a torna turva, formando calcário insolúvel. É comum dizer que até 1756 o único gás conhecido era o ar comum, e que Black foi o primeiro a descobrir um gás puro. Na verdade, os estudos de Van Helmont no século XVII envolveram a descoberta de outros gases, os quais ele reconheceu como sendo diferentes do ar comum. Em geral, tratava-se de CO_2, muitas vezes misturado a outros gases, sendo que

Van Helmont realizou algumas caracterizações. Por exemplo, ele sabia que o gás venenoso que se acumula em minas (CO_2, com um pouco de CO) é capaz de extinguir as chamas.[2] Todavia, os estudos de Van Helmont não eram facilmente controláveis, e quase sempre envolviam diferentes misturas de gases conforme as fontes de produção.

Black era um professor talentoso, e seu texto clássico, *Lectures on the elements of chemistry*, foi publicado postumamente (Edimburgo, 1803; Filadélfia, 1807). Ele sem dúvida encantava e desconcertava seu público ao despejar o "ar fixo" (que é mais denso do que o ar comum) de um frasco para apagar a chama de uma vela. Black também mostrou que o mesmo gás era produzido na fermentação, bem como na respiração, pois essas emissões também turvavam a água de cal – e eram, portanto, CO_2.

Em algum momento entre 1767 e 1768, Black encheu um pequeno balão com gás hidrogênio (recentemente descoberto por Cavendish) e mostrou que ele subia até o teto, surpreendendo sua plateia – que suspeitou que o balão fosse suspenso por algum fio escondido.[1] Entretanto, Black posicionou-se contra o uso de hidrogênio em balões tripulados. De fato, o primeiro voo em um balão cheio com hidrogênio foi feito por Jacques Alexandre Cesar Charles (sim, o mesmo Charles da Lei de Charles, $V = k\,T$), em 1783. O Canal da Mancha foi atravessado com um balão desse tipo em 1785, e balões militares foram lançados já em 1796.[1] É claro que a descoberta do hélio estava ainda cerca de cem anos no futuro. A explosão do dirigível Hindenburg em Lakehurst, Nova Jersey, em 1937, causando a perda de 36 vidas, provou finalmente que o Doutor Black tinha razão.

1 ■ J. R. Partington, *A history of chemistry*, Londres, MacMillan, 1962, v. 3, p. 130-143.

2 ■ J. R. Partington, *A history of chemistry*, Londres, MacMillan, 1961, v. 2, p. 229-231.

CAVENDISH PESOU A TERRA, MAS PENSAVA QUE HAVIA PRENDIDO O FLOGÍSTICO EM UMA GARRAFA

Embora nós químicos modernos nos esforcemos em mostrar ao público que jogamos tênis, que gostamos de carros velozes e de roupas da moda, e que somos tipos sociáveis e práticos, devemos admitir que nossa paixão por misturas fedorentas e esfumaçantes provavelmente nos faria ser expulsos dos *country clubs* mais respeitáveis. Henry Cavendish (1731-1810) era, definitivamente, um tipo desligado do mundo. Ele viveu com o pai até a morte deste, em 1783. Cavendish nunca se casou, comunicava-se com sua governanta por meio de bilhetes, e vestia-se com roupas esfarrapadas e fora de moda, embora houvesse herdado uma fortuna aos 40 anos de idade.[1] O físico francês Jean-Baptiste Biot descreveu Cavendish como "o mais rico dos sábios, e muito provavelmente também o mais sábio dos ricos".[1]

Em nossa época atual, em que a avaliação dos professores universitários às vezes é feita simplesmente contando-se o número de publicações, é interessante observar que Cavendish publicou 18 artigos nas *Philosophical Transactions of the Royal Society* (e nenhum livro).[2] Ele deixou muitos trabalhos não publicados e, contrariando a etiqueta acadêmica, fez referências a eles em seus trabalhos publicados.

Mas... que trabalhos! Em seu primeiro artigo, publicado em 1766, Cavendish utilizou os estudos pneumáticos de Stephen Hales e Joseph Black para isolar o gás hidrogênio, adicionando ácidos sobre metais como o zinco, o cobre e o estanho. De fato, já eram bem conhecidas as afinidades desses metais menos nobres (mais reativos) (vide Tabela de Afinidades de Geoffroy nas Figs. 76 e 77) pelos ácidos, que se sabia produzirem cales. Além disso, a quantidade de gás recolhido não dependia da identidade do ácido (clorídrico ou sulfúrico), ou de sua quantidade, mas apenas da massa de metal. Assim, acreditava-se que os metais perdiam seu flogístico para o ar. O gás combustível recolhido, que parecia escapar do metal, foi chamado de "ar inflamável" por Cavendish. Sua densidade era apenas um décimo da densidade do ar atmosférico, e durante algum tempo Cavendish acreditou que o próprio flogístico havia sido isolado. A Figura 81 foi retirada do trabalho publicado em 1766 ("Três artigos contendo experimentos acerca de ares factícios")[2,3] e mostra, no painel identificado como *Fig. 1*, o recolhimento do "ar inflamável" sob a água; os gases são transferidos através de funis sob a água (*Fig. 2*). Na *Fig. 3*, vemos a transferência de um gás para uma bexiga (um pouco de cera é colocado na ponta do sifão de peltre, e então raspado contra a parte superior interna da garrafa, de modo a manter a água fora do tubo). Empurrando o frasco *A* completamente para baixo da superfície da água na cuba *FGHK*, todo o gás é empurrado para a bexiga *B*, que está bem vedada em torno da peça de madeira *Cc*. Esta, por sua vez, forma uma conexão hermética com o tubo do sifão, com o auxílio de um vedante (pó de amêndoas transformado em pasta com cola). A *Fig. 4* mostra o frasco *A*, onde o gás é gerado, preenchido com ácido e com o metal em seu interior. O tubo de vidro *B* se conecta com *C*, que está cheio com cinzas de pérolas (K_2CO_3 seco, para remover aerossóis aquosos ácidos) e tem uma pequena abertura na parte superior. O aparato na *Fig. 4* permite a determinação do peso de hidrogênio perdido pela parte de cima de *C*. A *Fig. 5* mostra o recolhimento de um gás através de um tubo secante (contendo as cinzas de pérolas) provavelmente pela primeira vez; e a *Fig. 6* é um aparato utilizado para investigar a solubilidade em água do "ar fixo" (dióxido de carbono).[2]

Figura 81 ■ Aparatos usados por Henry Cavendish para descobrir o hidrogênio e manipular gases [*Philosophical Transactions of the Royal Society* (Londres), LVI:141, 1776]. Ele acreditou que havia isolado o próprio flogístico.

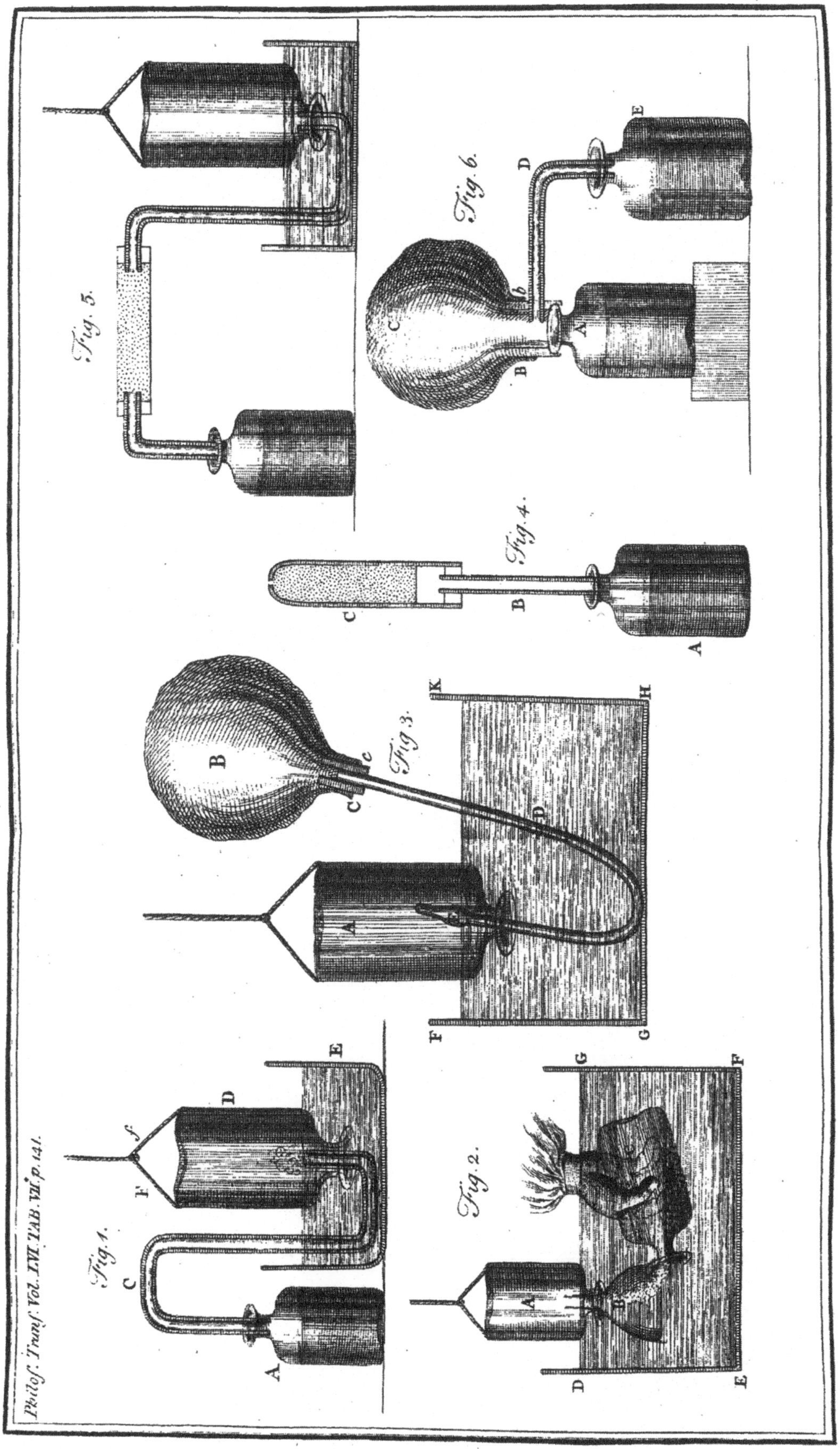
Philos. Trans. Vol. LVI. TAB. VII. p. 141.
Fig. 1.
Fig. 2.
Fig. 3.
Fig. 4.
Fig. 5.
Fig. 6.

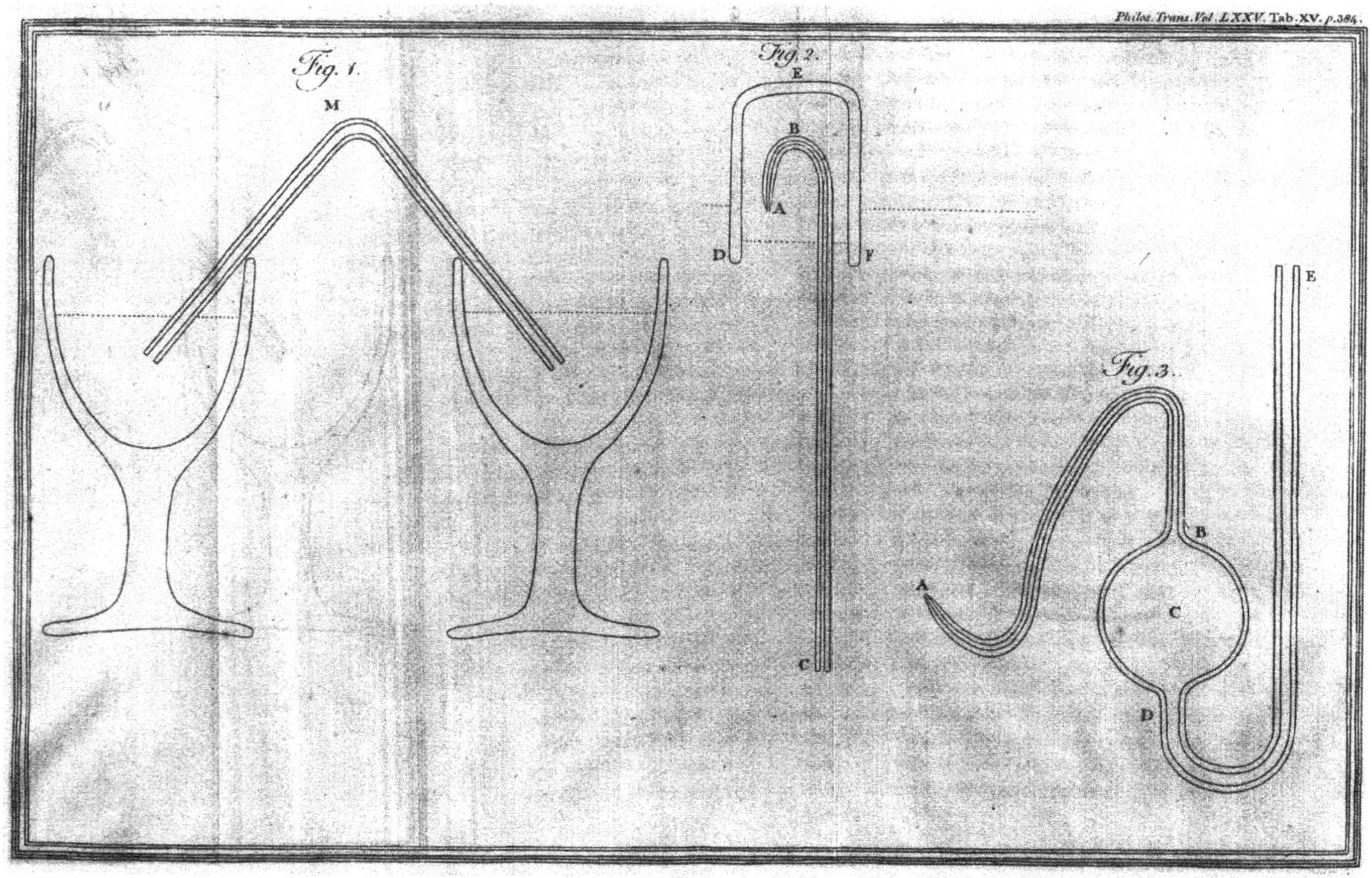

Figura 82 ■ Em *Philosophical Transactions of the Royal Society* (Londres) LXXV:372, 1785, Cavendish relatou que, depois de remover o ar desflogisticado do ar atmosférico, o ar flogisticado (nitrogênio) que sobrava dentro do frasco podia-se fazer reagir com oxigênio, por meio de faísca elétrica. O gás produzido formava ácido nítrico quando combinado com a água. Entretanto, a reação de todo o nitrogênio deixava uma minúscula bolha de um resíduo não-reativo. Cavendish havia isolado os gases raros (principalmente argônio). Cerca de cem anos depois, Rayleigh e Ramsay, que descobriram o argônio, expressariam sua grande admiração pelo trabalho incrivelmente preciso feito por Cavendish.

Em 1784, Cavendish publicou seu trabalho a respeito da composição da água, com base em seus experimentos de ignição do hidrogênio no ar. (A prioridade pela descoberta, de uma vez por todas, de que a água é um composto e não um elemento foi dada mais tarde a James Watt.) Nessa época, Cavendish também observou que a absorção de todo o oxigênio (ar desflogisticado) e nitrogênio (ar flogisticado) por meio de reações químicas deixava um minúsculo, mas reprodutível, traço de um gás não-reativo. O aparato é mostrado na Figura 82 ("Experiments on Air").[2] Na *Fig. 1* da Figura 82, vemos o aparato usado por Cavendish para realizar o experimento. No início, o tubo *M* está preenchido com mercúrio, assim como os dois copos. Os gases são recolhidos, usando o tubo em "J" da *Fig. 2*, de um copo contendo nitrogênio ou oxigênio que esteja emborcado sobre água. Volumes exatos de gás são engenhosamente introduzidos pela ponta *A* no tubo *M*. Um líquido contendo a base e indicador de tornassol é introduzido no tubo *M* de maneira semelhante. O mercúrio serve como recipiente e como condutor elétrico para produzir faíscas elétricas por meio de quantidades conhecidas dos dois gases na parte superior do tubo *M*. A *Fig. 3* representa um aparato para introduzir, repetidas vezes, quantidades de gases no tubo *M* pela ponta *A*. Nesse trabalho, Cavendish antecipou a descoberta dos gases inertes (por exemplo, o argônio) feita por Rayleigh e Ramsay 110 anos depois. Com grande admiração e respeito, eles citaram Cavendish extensamente no premiado relato que fizeram de sua descoberta.

Em 1798, Cavendish aplicou a lei da gravitação de Newton em um experimento que envolvia duas bolas de chumbo e duas esferas menores. Fazendo isso, ele determinou com precisão a massa da Terra.

Examinemos seu relatório para "recontratação" em uma universidade fictícia. Por um lado, ele tem apenas 18 artigos publicados e nenhum livro. De outro, ele descobriu o hidrogênio, fez contribuições vitais para a compreensão da composição da água, descobriu o nitrogênio e a composição da atmosfera, separou os gases inertes do ar atmosférico, e pesou o planeta. As avaliações feitas por seus alunos indicam que eles não gostam do modo com que ele se veste, e que não "se identificam" com ele. Cavendish também não é muito conhecido no campus e parece evitar tarefas administrativas. Aparentemente, a decisão de mantê-lo no quadro docente será difícil.

[1] *Encyclopedia brittanica*, 15. ed., Chicago, 1986, v. 2, p. 974-975.

[2] J. R. Partington, *A history of chemistry*, Londres, MacMillan, 1962, v. 3, p. 302-362.

[3] "Ares factícios" são gases obtidos pelo aquecimento, ou outros procedimentos químicos executados com sólidos. Assim, o hidrogênio parece ser "liberado" de um metal reativo quando se adiciona um ácido – e é, portanto, um "ar factício".

PRODUZINDO ÁGUA COM GÁS

Joseph Priestley (1733-1804) cedo iniciou uma odisseia religiosa, e hoje é reconhecido como um dos fundadores do unitarismo.[1,2] Aos 19 anos ele ingressou na Dissenting Academy de Daventry, com o objetivo de estudar para o Ministério Não-Conformista, seguindo a influência de uma tia. Por volta dos 28 anos de idade ele ensinava línguas (incluindo hebraico), história, direito, lógica e anatomia na muito respeitada Dissenting Academy de Warrington. Seus interesses científicos já se haviam iniciado nessa época, com a aquisição de uma bomba de ar e de uma máquina elétrica. Sua erudição foi reconhecida com o título de doutor em direito em Edimburgo em 1765. Com o incentivo de Benjamin Franklin, o Doutor Priestley publicou sua *History of electricity* em 1767 (ele publicou um livro similar sobre a visão, a luz e as cores em 1772).

Priestley iniciou seus estudos sobre os "ares" (ele não gostava da palavra *gás* criada por Van Helmont) por volta de 1770. Sua casa em Leeds era próxima de uma cervejaria, e Priestley recolhia o "ar fixo" (CO_2) diretamente da superfície das misturas que estavam fermentando e investigava suas propriedades. Também obtinha esse gás aquecendo águas minerais naturais, e as recomendava para revitalizar cervejas chocas.[1] Seu panfleto de 1772 (Fig. 83) era dedicado ao *Right Honourable* John, Conde de Sandwich, Primeiro Lorde Comissário do Almirantado. Qualquer bolsista da atualidade reconheceria nesse trabalho um relatório final de um projeto financiado pelo Departamento de Defesa. Adicionando óleo de vitríolo diluído (ácido sulfúrico) sobre calcário (carbonato de cálcio), Priestley produziu "ar fixo" e impregnou água com ele. Essa água gasosa artificial era mais fácil de obter e mais barata do que as águas carbonatadas de fontes minerais – muitas das quais, infelizmente, estavam localizadas nas fronteiras do odiado inimigo, a França.

Acreditava-se, havia bastante tempo, que a água gasosa prevenia o "escorbuto marinho" em viagens longas, e que era capaz de retardar a putrefação da água. Além disso, curava desarranjos estomacais, e agia como uma espécie de substituto para as verduras frescas que ajudavam a digestão. Assim, Priestley ajudou a Grã-Bretanha a dominar os mares. Não há nada como a água com gás para ajudar os marinheiros a engolirem o estoque de carne de porco salgada de um navio. Se a carne era ou não colocada entre fatias de pão não fica claro pela leitura desse breve panfleto.

Nessa época, um monge português chamado João Jacinto de Magalhães[3] (descendente do famoso navegador) foi empregado na Inglaterra como um espião para a França. Ele percebeu a importância de um possível tratamento para o escorbuto em alto-mar e enviou uma cópia do panfleto de Priestley para a

França. Estava claro que um abismo estratégico entre a Inglaterra e a França, no que dizia respeito à água com gás, era intolerável. Quem foi a pessoa requisitada (ou designada) na França para estudar esse problema químico? Antoine Laurent Lavoisier. Foi o início de suas pesquisas pneumáticas que acabaram por revolucionar a química.[3]

[1] J. R. Partington, *A history of chemistry*, Londres, MacMillan, 1962, v. 3, p. 237-297.

[2] A. J. Ihde, *The development of modern chemistry*, Nova York, Harper & Row, 1964, p. 40-50.

[3] J.-P. Poirier, *Lavoisier – chemist, biologist, economist*, R. Balinski (trad.), Filadélfia, University of Pennsylvania Press, 1996, p. 51-54.

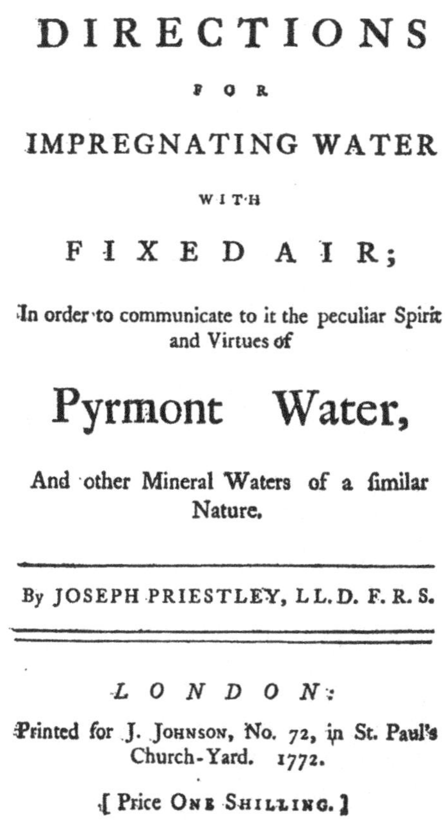

DIRECTIONS

FOR

IMPREGNATING WATER

WITH

FIXED AIR;

In order to communicate to it the peculiar Spirit and Virtues of

Pyrmont Water,

And other Mineral Waters of a ſimilar Nature.

By JOSEPH PRIESTLEY, LL.D. F.R.S.

LONDON:

Printed for J. JOHNSON, No. 72, in St. Paul's Church-Yard. 1772.

[Price ONE SHILLING.]

Figura 83 Joseph Priestley produziu água gasosa artificial exercendo pressão sobre a água com dióxido de carbono gerado quimicamente. O trabalho era vital para os interesses estratégicos da Marinha Real, pois a água com gás permanecia fresca por mais tempo do que a água não tratada, e era útil para tratar desarranjos estomacais. Temendo um abismo estratégico relativo à água com gás, espiões franceses relataram esse avanço científico, o que levou à encomenda de pesquisas a respeito. O jovem pesquisador? Antoine Laurent Lavoisier, que deu início à revolução química.

SE VOCÊ *REALMENTE* ENCONTRAR A PEDRA FILOSOFAL: "TRATE DE PERDÊ-LA NOVAMENTE" – BENJAMIN FRANKLIN

Benjamin Franklin (1706-1790) foi um polímata brilhante e cosmopolita, e uma das forças por trás da declaração da independência e da Constituição dos Estados Unidos. A história de sua chegada à Filadélfia aos 17 anos é bem conhecida – andando pela Market Street no primeiro dia, mastigando um pãozinho fresco "excelente", com mais um embaixo de cada braço e encontrando sua futura esposa Deborah Read.[1] De acordo com Franklin, a senhorita Read "achou que eu fiz, como de fato eu fiz, a mais desastrada e ridícula apresentação".[1] Começando no ramo da tipografia, Franklin passou dois anos na Inglaterra antes de iniciar suas atividades comerciais nas colônias americanas. Os empreendimentos lucrativos começaram por volta de 1730, com a impressão, por exemplo, de *Poor Richard's Almanacs* e as concessões para imprimir o papel-moeda da Pensilvânia, Nova Jersey, Delaware e Maryland. Dessa época até a década de 1740, Franklin enriqueceu, tornou-se ativo na política e promoveu muitos empreendimentos bem-sucedidos, incluindo a recém-fundada Universidade da Pensilvânia.[1] Na década de 1740, ele cada vez mais voltou sua atenção para pesquisas científicas.

O interesse contemporâneo em relação à eletricidade intrigava Franklin. Ele demonstrou que os relâmpagos e a eletricidade eram o mesmo, empinando uma pipa durante uma tempestade elétrica – tendo a sorte de não ter sido eletrocutado. Ele acreditava que a eletricidade era um fluido que passava de um corpo rico em eletricidade para um pobre nesse fluido. Essas considerações o levaram à invenção do para-raios. Os termos usados em eletricidade: positivo, negativo, bateria e condutor, foram cunhados por Franklin. Seu livro *Experiments and observations on electricity* foi publicado pela primeira vez em 1751, e teve outras quatro edições em inglês, bem como edições em francês, alemão e italiano (vide Fig. 84).

Franklin encontrou-se com Joseph Priestley em Londres, por volta de 1765, e o encorajou a escrever o livro *The history and present state of electricity* (1767). Em uma correspondência trocada entre eles, Priestley escreveu a Franklin em 1777 que "não havia desanimado completamente em relação à Pedra Filosofal". A resposta de Franklin foi que, caso Priestley a descobrisse, "que tratasse de perdê-la novamente".[2] Franklin passou parte da década de 1770 pedindo e recebendo ajuda militar dos franceses. Ele se tornou uma figura popular, e um verdadeiro herói na França. Passou os anos que se seguiram à Revolução Americana como diplomata e agente comercial na França. Integrou o círculo social e científico de Lavoisier, e Madame Lavoisier pintou seu retrato – aparentemente, um dos preferidos de Franklin.[3,4] Parece que Madame Lavoisier pintou o retrato, e uma cópia dele, a partir do retrato feito por Duplessis.[5] A pintura dada a Franklin está hoje (1999) de posse de um de seus descendentes,[5,6] enquanto a cópia pessoal de Madame Lavoisier parece ter se perdido.[5]

1 *Encyclopedia brittanica*, Chicago, 1986, v. 19, p. 556-559.

2 J. R. Partington, *A history of chemistry*, Londres, MacMillan, 1962, v. 3, p. 241, 245-246.

3 B. B. Fortune e D. J. Warner, *Franklin and his friends – portraying the man of science in eighteenth-century America*, Washington e Filadélfia, Smithsonian Portrait Gallery/University of Pennsylvania Press, 1999.

4 D. McKie, *Lavoisier – scientist. Economist. Social reformer*, Nova York, Collier, 1962, p. 68.

5 C. C. Sellars, *Benjamin Franklin in portraiture*, New Haven, Yale University Press, 1962, p. 273-274.

6 Correspondência pessoal do autor com um parente de Franklin.

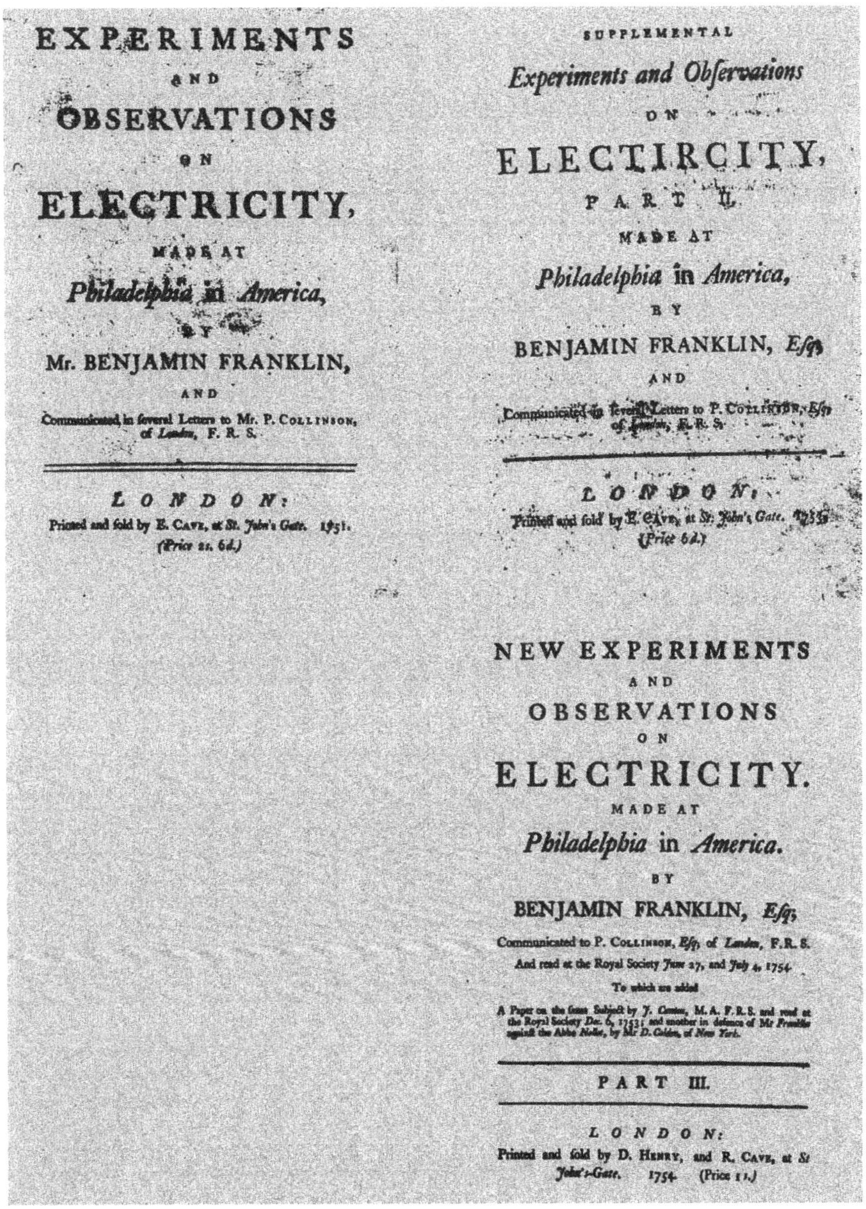

EXPERIMENTS AND OBSERVATIONS ON ELECTRICITY, MADE AT *Philadelphia* in *America*, BY Mr. BENJAMIN FRANKLIN, AND Communicated in several Letters to Mr. P. COLLINSON, of *London*, F. R. S.

LONDON: Printed and sold by E. CAVE, at St. *John's Gate*. 1751. (Price 2s. 6d.)

SUPPLEMENTAL *Experiments and Observations* ON ELECTRICITY, PART II. MADE AT *Philadelphia* in *America*, BY BENJAMIN FRANKLIN, *Esq*; AND

NEW EXPERIMENTS AND OBSERVATIONS ON ELECTRICITY. MADE AT *Philadelphia* in *America*. BY BENJAMIN FRANKLIN, *Esq*;

PART III.

LONDON: Printed and sold by D. HENRY, and R. CAVE, at St *John's-Gate*. 1754. (Price 1s.)

Figura 84 Folhas de rosto dos trabalhos de Benjamin Franklin sobre eletricidade. Franklin considerava que a eletricidade era um fluido, e cunhou os termos "positivo" e "negativo" para se referir a cargas elétricas (cortesia de Jeremy Norman & Co., Catálogo 5, 1978).

SALITRE, ABIGAIL. *ALFINETES*, JOHN

No musical *1776*, há um dueto encantador entre John e Abigail Adams no qual ele ressalta a necessidade das colônias em terem salitre (para fazer pólvora), ao que ela replica: "*alfinetes*, John". A pólvora é feita com cerca de 75% de salitre (KNO_3). À medida que a Guerra de Independência começou a esquentar, os ingleses bloquearam as fontes europeias que forneciam os ingredientes para as colônias americanas. Em 1775, o Congresso Continental autorizou a impressão de um panfleto intitulado *Several methods of making saltpetre; recommended to the inhabitants of the United Colonies, by their representatives in Congress* (W. and T. Bradford, Filadélfia, 1775).[1] Esperava-se que cada família produzisse os ingredientes para a pólvora. O panfleto incluía o texto de Franklin intitulado "Method of making salt-petre at Hanover, 1766", e um texto mais longo, de autoria do Doutor Benjamin Rush: "An account of the manufactory of salt-petre by Benjamin Rush, M.D. professor of Chemistry in the college of Philadelphia".[1] (Durante a Guerra Civil americana, anúncios em jornais dos confederados pressionavam constantemente as mulheres a doar os conteúdos diários dos penicos da família para a causa.)

Benjamin Rush foi membro do Congresso Continental entre 1774 e 1778. Assim como Franklin, foi signatário (em 2 de agosto de 1776) da Declaração de Independência dos EUA.[1] Myles o considerou "o primeiro destacado professor de química" do país.[1] Educado no College of New Jersey (hoje Universidade Princeton), recebeu seu título de doutor em medicina na Universidade de Edimburgo, onde assistiu às aulas de química do Doutor Joseph Black. Ao voltar da Europa em 1769, Rush trouxe uma carta de recomendação e alguns aparatos químicos de presente para Thomas Penn, mandatário da província da Pensilvânia – tendo sido indicado catedrático de química da Escola de Medicina da Faculdade da Filadélfia (hoje Universidade da Pensilvânia).[1] Suas aulas eram baseadas no curso de Joseph Black. Myles especulou que essa precoce sofisticação fez da Filadélfia o primeiro centro da ciência química nos Estados Unidos.

Há muito tempo se considera que o salitre diminui o desejo sexual. Embora não existam dados que sustentem essa propriedade imaginária, ainda assim teria sido interessante tabular as taxas de natalidade das famílias que faziam salitre, e compará-las com aquelas que não faziam.

1 ▪ W. Myles, in *Chymia*, H. M. Leicester (ed.), Filadélfia, University of Pennsylvania Press, 1953, v. 4, p. 37-77.

SEÇÃO V

NASCE A QUÍMICA MODERNA

AR ÍGNEO (OXIGÊNIO): QUEM SOUBE O QUÊ, E QUANDO ELES SOUBERAM?

Carl Wilhelm Scheele (1742-1786) era o sétimo filho entre 11 em uma família sueca, e foi criado em circunstâncias bastante modestas. Educação superior nunca foi uma opção para ele, e aos 14 anos de idade Scheele era um aprendiz na Farmácia Bauch em Gotemburgo. Ele começou a aprender seu ofício e a ler os grandes textos químicos de Lemery, Kunckel, Boerhaave, Neumann e Rothe.[1] Ao se mudar para Malmo em 1765, seu mestre Kjellstrom descreveu as reações do jovem Scheele enquanto estudava os textos: "isso pode ser; aquilo está errado; eu vou tentar isso".[1] Ele se mudou para Uppsala e conheceu Torbern Olof Bergman (1735-1784) em 1770. Bergman era professor de química e farmácia na Universidade de Uppsala, membro das Academias de Uppsala, Estocolmo, Berlim, Gottingen, Turim e Paris, membro da Royal Society de Londres, e, durante algum tempo, reitor da Universidade.[1] O influente Bergman ajudou a guiar e promover o jovem Scheele. Partington[1] observou que as contribuições de Scheele para a química "são extraordinárias tanto em número como em importância", e citou o grande químico do século XIX Humphrey Davy: "nada podia abater o entusiasmo da sua mente, ou esfriar o fogo de seu gênio: com bem poucos recursos, ele realizou coisas muito importantes".

Scheele é hoje reconhecido como o incontestável descobridor do oxigênio. Seu trabalho se iniciou com uma queixa de Bergman de que uma amostra de salitre (KNO_3), comprada na loja onde Scheele trabalhava, emitiu vapores vermelhos quando em contato com ácido. Scheele rapidamente reconheceu que o aquecimento do salitre produzia outro sal. Impressionado, Bergman sugeriu que Scheele investigasse o dióxido de manganês (MnO_2).

Scheele acreditava na Teoria do Flogístico, e continuou a acreditar nela por toda a sua vida, assim como Joseph Priestley. Ele achava que calor era uma combinação de flogístico com o que ele chamou de "ar ígneo". Sua base teórica para isso é descrita de maneira bela e sucinta por Ihde.[2] Scheele especulou que, quando uma substância é queimada, perde flogístico, o qual se combinaria com o ar até certo ponto, aumentando sua massa e diminuindo seu volume. Entretanto, ele observou que o "ar nocivo" (ar mefítico ou nitrogênio) residual era menos denso, e não mais denso, do que o ar. Assim, concluiu, existiria um componente no ar comum que ele chamou de "ar ígneo", que se combinaria com o flogístico para produzir o calor – um tipo de fluido etéreo, que escaparia através do recipiente de vidro. Scheele resolveu então isolar o "ar ígneo" do calor, pela captura do flogístico usando nitro. [Lembre-se dos experimentos de Mayow, publicados quase cem anos antes, e ilustrados na Fig. 67 – nitro ou salitre desflogistica (queima) o carvão ou o enxofre para produzir os respectivos "ácidos".] A investigação de Scheele envolvia aquecer o salitre (ácido nítrico "fixo") e capturar o "ar ígneo":[2]

$$\text{Calor} + \text{ácido nítrico} \rightarrow \text{ar ígneo} + \text{fumos vermelhos}$$

Aqui, o calor era composto de ar ígneo e flogístico; os fumos vermelhos eram ácido nítrico e flogístico.

A Figura 85 foi retirada das obras completas de Scheele (*Opuscula chemica et chysica*, dois volumes, Leipzig, 1788 e 1789). A primeira edição desse livro, *Chemische Abhandlung von den Luft und dem Feuer* (Leipzig, 1777) é vendida hoje por mais de 20.000 dólares americanos; o preço da tradução para o inglês, *Chemical observations and experiments on air and fire* (Londres, 1780) está seguindo na sua esteira. A *Fig. 3* (no canto inferior esquerdo da Fig. 85) representa o aquecimento do salitre com óleo de vitríolo (ácido sulfúrico concentrado). Os fumos vermelhos são dióxido de nitrogênio proveniente da bem conhecida decomposição do ácido nítrico concentrado ($2\ HNO_3 \rightarrow 2\ NO_2 + H_2O + \frac{1}{2}\ O_2$). A bexiga de recolhimento (*Fig. 4*) continha leite de cal (uma suspensão de hidróxido de cálcio) para coletar os fumos ácidos. A bexiga se enchia de ar ígneo (oxigênio), o qual era transferido para garrafas de vidro. O novo gás mantinha as chamas e a vida. A *Fig. 1* da Figura 85 representa a combustão do gás hidrogênio (preparado na garrafa de baixo pela combinação de metal e ácido) em ar comum. Quando cessa a queima, a água preenche o frasco até *D* – cerca de 20% do volume original de ar. A *Fig. 2* da Figura 85 representa uma vela queimando no ar. Quando a queima para e o frasco é aberto e imerso com a parte aberta para baixo na água de cal (CaO), o "ar fixo" (CO_2) gerado pela vela acaba formando calcário com a solução, que então sobe pelo recipiente de vidro. A *Fig. 5* mostra abelhas (e não ratos, para variar) no frasco *C* – mostra-se que elas produzem "ar fixo" com o teste da água de cal.

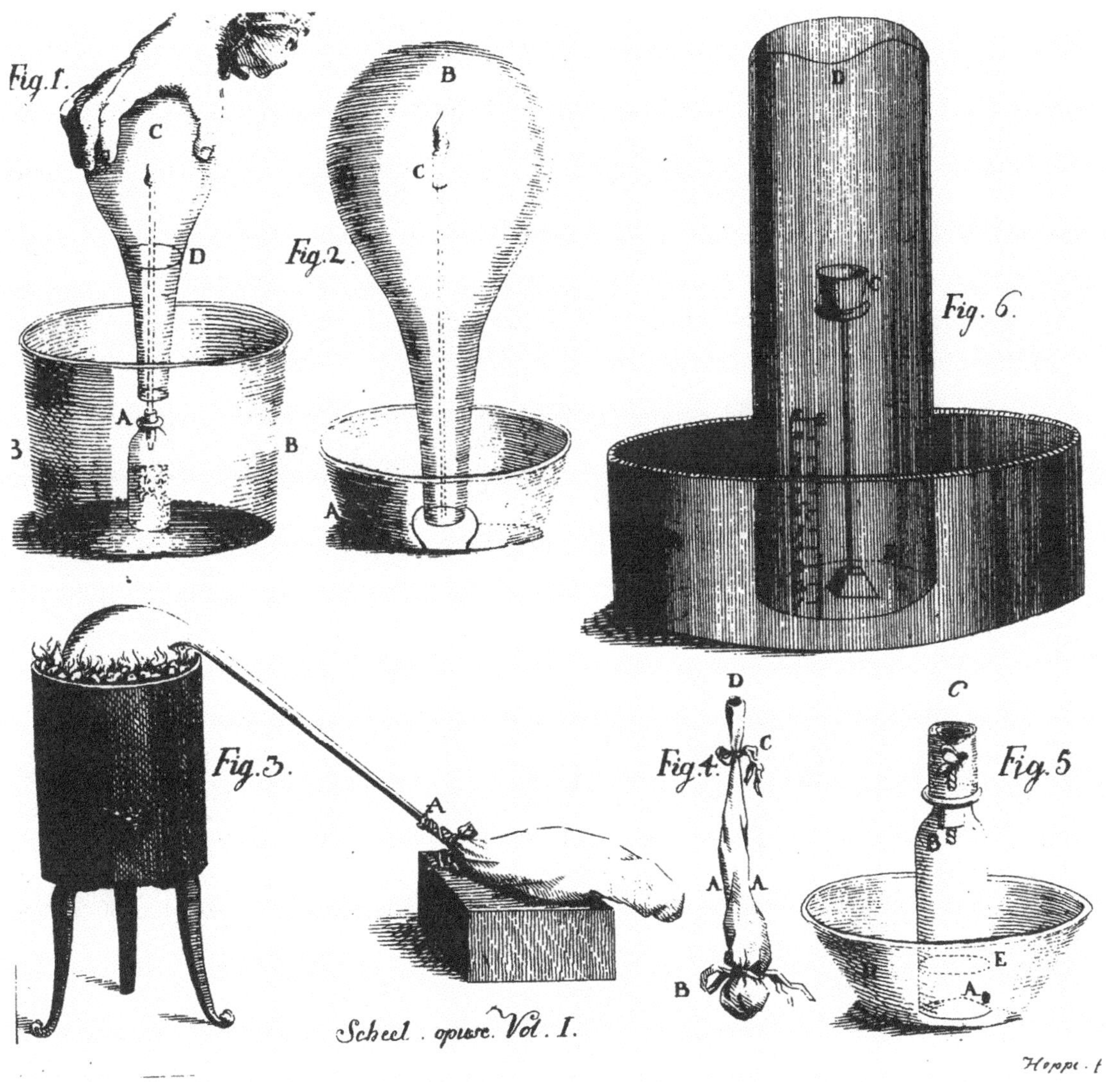

Figura 85 Experimentos pneumáticos com os quais Carl Wilhelm Scheele foi o primeiro a descobrir o oxigênio ("ar ígneo"). Esses resultados foram publicados pela primeira vez na muito rara edição de 1777 de *Chemische Abhandlung von den Luft und dem Feuer* (Leipzig); a primeira edição inglesa é *Chemical observations and experiments on air and fire*, Londres, 1780. Esta figura foi retirada de *Opuscula chemica et physica* (Leipzig, 1788-1789).

Poirier[3] observou que, em 16 de novembro de 1772, e provavelmente ainda antes, em 1771, Scheele havia aquecido dióxido de manganês (MnO_2) e obtido "ar ígneo". Durante esse período, ele também obteve oxigênio com o aquecimento de óxido mercúrico, carbonato de prata, nitrato de magnésio e salitre.[3] Em 30 de setembro de 1774, escreveu a Lavoisier sugerindo a preparação e o aquecimento de carbonato de prata utilizando a poderosa lente ustória (calcinante) de Lavoisier. A carta foi recebida por Lavoisier em 15 de outubro de 1774. Poirier observou que essa carta nunca foi respondida: "Os historiadores da ciência suecos ainda não o perdoaram pelo que teria sido muito mais do que simples falta de educação. É difícil discordar deles".[3] Joseph Priestley anunciou sua descoberta, de fato independente, do "ar desflogisticado" (oxigênio) em agosto de 1774. Pouco depois, nesse mesmo ano, Lavoisier efetivamente o redescobriu. A verdadeira descoberta de Lavoisier não foi a do oxigênio, mas a do ganho de massa dos metais e dos ácidos formados pela absorção desse gás nas combinações químicas.[3]

Parece que Scheele já estava trabalhando no seu livro em novembro de 1775.[1] Aparentemente, a primeira notícia que Scheele teve da descoberta de Priestley foi em agosto de 1776. Grandes atrasos causados pelo editor do livro, somados à espera da Introdução escrita por Bergman, retardaram a publicação do livro até 1777. Nessa ocasião, o modesto Scheele não mais reivindicou sua primazia, temendo ser acusado de plágio.[1] Ele prosseguiu com suas investigações químicas incrivelmente produtivas, vindo a falecer aos 44 anos de idade, de "uma complicação de distúrbios, incluindo reumatismo adquirido devido ao trabalho em circunstâncias desfavoráveis".[1]

1 ■ J. R. Partington, *A history of chemistry*, Londres, MacMillan, 1962, v. 3, p. 205-234; vide também p. 179-199.
2 ■ A. J. Ihde, *The development of modern chemistry*, Nova York, Harper and Row, 1964, p. 50-53.
3 ■ J.-P. Poirier, *Lavoisier – chemist, biologist, economist*, R. Balinski (trad.), Filadélfia, University of Pennsylvania Press, 1996, p. 76-83.

BOM PARA OS CAMUNDONGOS DELE

O primeiro artigo científico original de Priestley (1770) foi sobre o carvão, e continha diversos erros.[1,2] Entretanto, seu artigo de 1772, "Observations on different kinds of air",[3] era extraordinário, e foi o início dos seis volumes publicados por Priestley entre 1774 e 1786. A cuba pneumática[4] de Priestley (Fig. 86) era baseada no aparato de Hales (Fig. 80), incorporando modificações introduzidas por William Brownrigg. Priestley tirou proveito da técnica de Cavendish para recolher gases solúveis em água – como o dióxido de carbono – sobre mercúrio, em vez de água.[1,2]

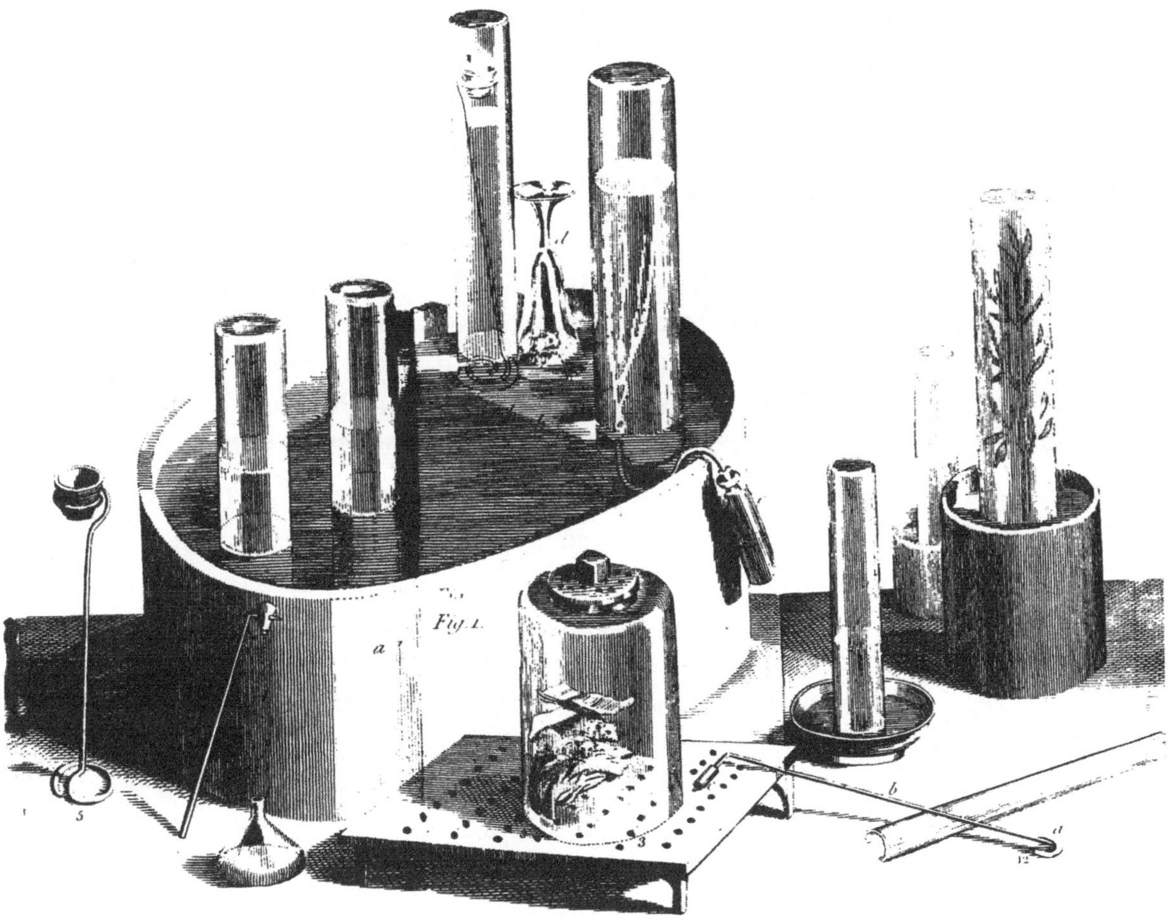

Figura 86 ■ A cuba pneumática de Joseph Priestley para a obtenção de "ares factícios" (gases derivados de sólidos). Embora Scheele tenha sido o primeiro a descobrir o oxigênio, Priestley publicou antes (1774). Ele era delicado com seus camundongos de laboratório (ilustração da edição resumida de *Experiments and observations on different kinds of air*, Birmingham, 1790).

No artigo de 1772, que marcou época, Priestley descreveu a obtenção e as propriedades de gases que já haviam sido observados por outros, mas não de maneira tão sistemática. Ele descreveu o dióxido de carbono ("ar fixo" – chamado às vezes de *ar mefítico*), o nitrogênio (o ar que resta depois que uma vela se queima em ar comum, e que o CO_2 é precipitado com água de cal – ele o chamou de "ar flogisticado", mas muitas vezes também foi chamado por outros autores de "ar mefítico"), o hidrogênio (o "ar inflamável" de Cavendish – às vezes confundido por Priestley com o monóxido de carbono), o cloreto de hidrogênio ("ar ácido" – mais tarde, "ar marinho"), e o óxido nítrico (NO – "ar nitroso").

O ar nitroso era gerado pela interação entre latão, ferro, cobre, estanho, prata, mercúrio, bismuto ou zinco com ácido nítrico.[5] Priestley descobriu que esse "ar" reagia instantaneamente com o ar comum, produzindo um gás marrom-avermelhado (NO_2), que se dissolvia na água formando ácido nítrico. Após sua própria descoberta do oxigênio em 1774, dois ou três anos depois de Scheele (Priestley era escrupulosamente honesto, e desconhecia o trabalho de Scheele), Priestley percebeu que havia descoberto uma técnica simples e confiável para testar a "qualidade" do ar: "toda pessoa atenta regozijará comigo com a descoberta do ar nitroso, o qual supera muitos experimentos a respeito da respiração dos animais".[6] Embora o copo de cerveja invertido da Figura 86 (vide *Fig. 1*, parte d, e também a *Fig. 3*) contenha um camundongo de laboratório, Partington[6] observou que Priestley "sempre se esforçou em manter seus camundongos aquecidos e confortáveis".

A descoberta do oxigênio por Priestley em 1° de agosto de 1774 foi feita por meio do aquecimento de HgO vermelho (*mercurius calcinatus*), o qual, por sua vez, fora obtido pelo aquecimento de mercúrio exposto ao ar, ou pela reação do mercúrio com ácido nítrico (lembre-se do trabalho de Mayow, Fig. 67). Acreditando firmemente na Teoria do Flogístico de Stahl até o final de sua vida, Priestley chamou o extraordinário ar novo, que mantinha a combustão e a respiração, de "ar desflogisticado". A ideia era que uma vela queimando, por exemplo, perdia seu flogístico para alguma coisa "desflogisticada", que avidamente o agarrava. De fato, Priestley também percebeu que, quando exposta ao "ar nitroso" (NO), a limalha de ferro produzia um novo gás, capaz de manter uma chama brilhante. A esse outro novo gás, Priestley chamou "ar nitroso desflogisticado".[1,2] Era na verdade o óxido nitroso (N_2O ou "gás hilariante"), o qual parece ter sido preparado pela primeira vez antes de 1756 por Joseph Black. Ao aquecer nitrato de amônia, Black observou vapores cujo "efeito sobre a respiração e as sensações estavam longe de ser desagradáveis".[7] Outros gases examinados por Priestley incluíam a amônia (NH_3, "ar alcalino"), o dióxido de enxofre (SO_2, "ar vitriólico ácido"), e o tetrafluoreto de silício ("ar flúor ácido").

Sendo liberal no campo político, Priestley era simpático às aspirações das colônias inglesas na América do Norte, e manteve uma correspondência regular com Franklin. Em um clima de terror e de reação conservadora às Revoluções Americana e Francesa, no dia 14 de julho (Dia da Queda da Bastilha) de 1791, uma turba enfurecida de Birmingham depredou completamente a igreja de Priestley (sua família fugira antes). Em seu interessante livro *Crucibles*, Jaffe parece ter descoberto uma gravação em vídeo feita no século XVIII, ou um "panfleto colado na parede da Igreja", no qual por acaso se teria ouvido um dos manifestantes gritar: "Vamos sacudir o pó da peruca do Priestley".[8] Mesmo Londres, mais cosmopolita, já não era um lugar amistoso. Em 1794, Priestley se mudou para os Estados Unidos, recusando modestamente um cargo de professor na Universidade da Pensilvânia, e também a direção de uma capela unitarista em Nova York, em troca da paz de viver e escrever em Northumberland, na Pensilvânia.

[1] J. R. Partington, *A history of chemistry*, Londres, MacMillan, 1962, v. 3, p. 237-297.
[2] A. J. Ihde, *The development of modern chemistry*, Nova York, Harper & Row, 1964, p. 40-50.
[3] J. Priestley, *Philosophical Transactions of the Royal Society*, **62**:147-267 (1772).
[4] Esta figura é da edição de 1790 (*Experiments and observations on different kinds of air and other branches of natural philosophy*, três volumes, Birmingham, 1790) dos seis livros publicados entre 1774 e 1786. A mesma figura apareceu no volume 1 dessa série.
[5] É importante observar que o ácido nítrico é diferente de um ácido como o clorídrico, no sentido de que o íon nitrato (NO_3^-) é um agente oxidante mais forte do que os íons hidrônio (H_3O^+) em solução aquosa. Assim, o cobre e o ferro, que têm potenciais de redução mais positivos (mais favoráveis) do que o H_3O^+, não são facilmente oxidados em HCl para produzir o gás H_2. Porém, esses metais são oxidados pelo poderoso NO_3^-, que tem um potencial de redução muito alto e, portanto, é facilmente reduzido a NO. O magnésio, que é oxidado muito facilmente (é muito difícil de reduzir), produzirá gás H_2 tanto com ácido clorídrico quanto com ácido nítrico.
[6] J. R. Partington, op. cit., p. 253.
[7] J. R. Partington, op. cit., p. 142.
[8] B. Jaffe, *Crucibles*, Nova York, Simon and Schuster, 1930, p. 52.

ONDE ESTÁ A INJÚRIA DE ANTIGAMENTE?

A injúria era empregada como uma forma de arte no discurso científico de séculos atrás. Um exemplo maravilhoso pode ser visto no Prefácio da edição de 1776 de um livro chamado *Phosphori,*[1] escrito por Benjamin Wilson (1721- 1788). Assim como Priestley, ele acreditava no flogístico, e sustentava que o brilho da fosforescência era uma evidência visível do flogístico, o fogo aprisionado em muitos tipos de matéria.

Wilson[2] sustentou a pobreza de sua família até quando ainda não tinha 20 anos, trabalhou em circunstâncias difíceis, e iniciou estudos artísticos nessas circunstâncias. Começou a desfrutar de algum sucesso na faixa dos 40 anos, tendo sido indicado pelo Duque de York para suceder William Hogarth como sargento-pintor em 1764. Ele especulou com ações e foi declarado defraudador da Bolsa de Valores em 1766. Durante a década de 1740, também desenvolveu um interesse em eletricidade, e mais tarde envolveu-se em um debate público de alta tensão com Benjamin Franklin, a respeito da forma dos para-raios. (Wilson pintou um retrato de Franklin em 1759.)[3] Franklin argumentou em favor de uma ponta afiada, e Wilson corretamente defendeu uma ponta arredondada, que não atrairia efetivamente os relâmpagos. Ele venceu o debate, mas seus argumentos eram tão exagerados que ele recebeu a seguinte crítica no periódico *Philosophical Transactions*:[2]

> Mas ele se destacou principalmente como a pessoa ostensiva cuja conduta perversa no caso dos condutores de relâmpagos produziu discórdia e dissensões tão vergonhosas na Royal Society que prosseguiram por muitos anos depois, para o grande prejuízo da ciência.

O desprezo, tão evidente no Prefácio de *Phosphori*, geralmente está ausente no discurso científico. Afinal, o Doutor X pode futuramente vir a ser o árbitro do pedido de financiamento à pesquisa do Doutor Y. Ao ler esse fragmento, deve-se observar que o Doutor Priestley era um clérigo inglês dolorosamente honesto, e um amigo de Franklin (e simpático à luta das colônias americanas pela independência). Priestley teve imensa reputação na comunidade científica, e criticou os experimentos de Wilson:

> Assim sendo, por que não se poderia supor que um filósofo tão simplório (com a gentil licença do bom Doutor) seria capaz de, pelo menos, tropeçar sobre descobertas que escaparam à observação de filósofos precedentes, mesmo os de mais elevados e mais respeitáveis caracteres? Pois é bem sabido que nem sempre são os homens de "vasta e abrangente inteligência" que são favorecidos pela Providência com as descobertas às vezes maiores e mais úteis para o mundo. Mas, ao contrário (para aludir às palavras de um eminente escritor com quem o Doutor Priestley está intimamente familiarizado), o Grande Autor da Natureza com frequência escolheu "coisas débeis", tanto no mundo filosófico como no espiritual, para confundir os poderosos, e coisas que não são, para trazer as coisas que são nulidades.

1 ■ B. Wilson, *Phosphori*, 2. ed., Londres, 1776.

2 ■ *Dictionary of scientific biography*, Nova York, Charles Scribner, 1976, v. XIV, p. 418- 419.

3 ■ B. B. Fortune e D. J. Warner, *Franklin and his friends – portraying the man of science in eighteenth-century America*, Washington e Filadélfia, Smithsonian National Portrait Gallery/University of Pennsylvania Press, 1999, p. 74-77.

COMEÇA *LA REVOLUTION CHIMIQUE*

Antoine Laurent Lavoisier[1-3] (1743-1794) é conhecido, justificadamente, como o pai da química moderna. Sua maior contribuição isolada foi o reconhecimento de que tanto a combustão quanto a calcinação resultam da combinação do oxigênio atmosférico com substâncias inflamáveis e metais, e não da perda do flogístico contido nessas substâncias. Sua mais importante publicação, *Traité* *élémentaire de chimie* (Paris, 1789; Londres, 1790; Filadélfia, 1796),* claramente é um compêndio moderno. Suas contribuições para a química, incluindo a primeira nomenclatura sistemática, são numerosas demais para mencionar aqui. Ele nasceu em família rica, casou-se com uma mulher também rica, viveu de forma chique e aristocrática, e morreu na guilhotina em 8 de maio de 1794, durante o período do Terror. Antes de morrer, Lavoisier encarou uma multidão enfurecida e ameaçadora, e talvez tenha olhado, do outro lado do rio Sena, o Colégio Mazarin, onde estudara quando jovem.[4] Vinte e oito membros da Ferme Générale, incluindo Lavoisier, foram executados em 35 minutos naquele dia.[4] As cabeças foram colocadas em um cesto de vime, os 28 corpos foram empilhados em carroças e enterrados em grandes valas comuns, cavadas em uma região chamada *Errancis* ("Mutilados").[4] Em 9 de maio, o grande matemático Joseph Louis Lagrange comentou: "Foi preciso apenas um instante para cortar aquela cabeça, mas talvez cem anos não sejam suficientes para produzir outra igual".[4]

O jovem Lavoisier desde cedo mostrou interesse pela química, despertado pelas vivas demonstrações de Guillaume François Rouelle. Seu brilho e sua riqueza o levaram a ingressar na Académie Royale des Sciences em 1768, aos 25 anos de idade, recebendo a qualidade de associado pleno em 1769. Em 1768, Lavoisier adquiriu um privilégio para coletar impostos na Ferme Générale. Jacques Paulze, um graduado membro da Ferme, tinha uma bela, jovem e talentosa filha chamada Marie-Anne Pierrette, que estava atraindo pretendentes mais velhos. Paulze apresentou Antoine a Marie, e eles se casaram em 1771 – pouco antes de ela completar 14 anos. Eles se completaram intelectualmente; Marie aprendeu química suficiente para ser uma eficiente e crítica tradutora de textos de outras línguas, inclusive inglês – e assim abriu a literatura química de forma mais ampla a Antoine. Os talentos artísticos de Marie também encontraram expressão nos desenhos usados para ilustrar os textos dele.

Os primeiros estudos de Lavoisier revelavam seu respeito por medições precisas. Ele demonstrou que os diamantes se decompõem sob aquecimento intenso (Boyle havia provado isso um século antes), mas mostrou que o ar era necessário, e que o produto da decomposição turvava a água de cal – sendo, portanto, o ar fixo (CO_2). Em 1772 seus estudos se voltaram para a combustão do fósforo e do enxofre, os quais, assim como o carbono, produziam "ares ácidos" que eram mais pesados do que os sólidos que lhes deram origem. Analogamente, verificou o fenômeno observado por Jean Rey em 1630, também observado por Boyle e outros, de que as cales formadas pelo aquecimento de metais são mais pesadas do que os próprios metais. Em seu primeiro gran-

* N.T.: A esta lista, poderíamos acrescentar a tradução feita para o leitor de língua portuguesa, publicada em São Paulo, 2007.

de livro (*Opuscules chimiques et physiques*, Paris, 1774; *Essays physical and chemical*, Londres, 1776), Lavoisier apresentou pela primeira vez a ideia de que esses processos envolveriam a absorção de algum "fluido elástico" presente no ar, em vez da perda de flogístico para o ar. Nesse livro, ele confundiu esse fluido elástico com o ar fixo.[1,2]

A Figura 87 consta de *Essays physical and chemical*, de 1776. Na *Fig. 8* (da Fig. 87), vemos uma aparelhagem para medir o "ar" absorvido durante a calcinação de chumbo ou estanho sob uma poderosa lente de aumento (lente ustória). A campânula invertida repousava sobre uma cuba cheia de água. No centro havia uma coluna de vidro com um entalhe em forma de taça no topo. Colocava-se um pouco de chumbo ou estanho em uma cápsula de porcelana, que era colocada no topo da coluna de vidro. Introduzia-se o sifão *MN* sob a campânula e retirava-se o ar até que a água alcançasse o nível desejado. O aquecimento do metal deveria produzir cal, com perda de parte do "fluido aéreo" e elevação da coluna de água. Infelizmente, a lente ustória era poderosa demais, e o metal derretido evaporava e salpicava nas laterais da campânula, produzindo resultados inconclusivos.

A *Fig. 10* na Figura 87 mostra uma aparelhagem para a medição do gás (CO_2) liberado quando o mínio (chumbo vermelho ou litargírio, Pb_3O_4) misturado com carvão era aquecido em um forno. Retortas de vidro eram atacadas por essa mistura; por isso, Lavoisier construiu uma retorta de ferro (*Fig. 12*). A comprida campânula *nNoo* repousava sobre uma cuba de madeira ou ferro cheia de água. Com um sifão inserido em *n*, fazia-se o nível da água subir até *YY*. Alternativamente, a bomba manual *P* podia ser conectada usando-se o sifão *EBCD* (*Fig. 11*), e ser usada para elevar bem alto a coluna de água. A superfície da água na campânula *nNoo* era coberta com uma fina camada de óleo. Essa é uma outra maneira de se recolher um gás solúvel na água, como o CO_2, em vez de se usar mercúrio. À direita na *Fig. 10*, vemos uma aparelhagem para transferir o gás recolhido na campânula *nNoo* para o frasco de vidro *Q*. Esse importante experimento demonstrou a liberação de um "fluido aéreo" quando se aquece o chumbo vermelho.

A *Fig. 13* da Figura 87 representa uma aparelhagem para gerar CO_2 pela adição de óleo de vitríolo diluído sobre calcário em pó. O gás, solúvel em água, era recolhido sobre a água recoberta por uma camada de óleo.

1 ■ J. R. Partington, *A history of chemistry*, Londres, MacMillan, 1962, v. 3, p. 363- 495.

2 ■ A. J. Ihde, *The development of modern chemistry*, Nova York, Harper & Row, 1964, p. 57-88.

3 ■ J.-P. Poirier, *Lavoisier – chemist, biologist, economist*, R. Balinski (trad.), Filadélfia, University of Pennsylvania Press, 1996.

4 ■ J.-P. Poirier, op. cit., p. 381-382.

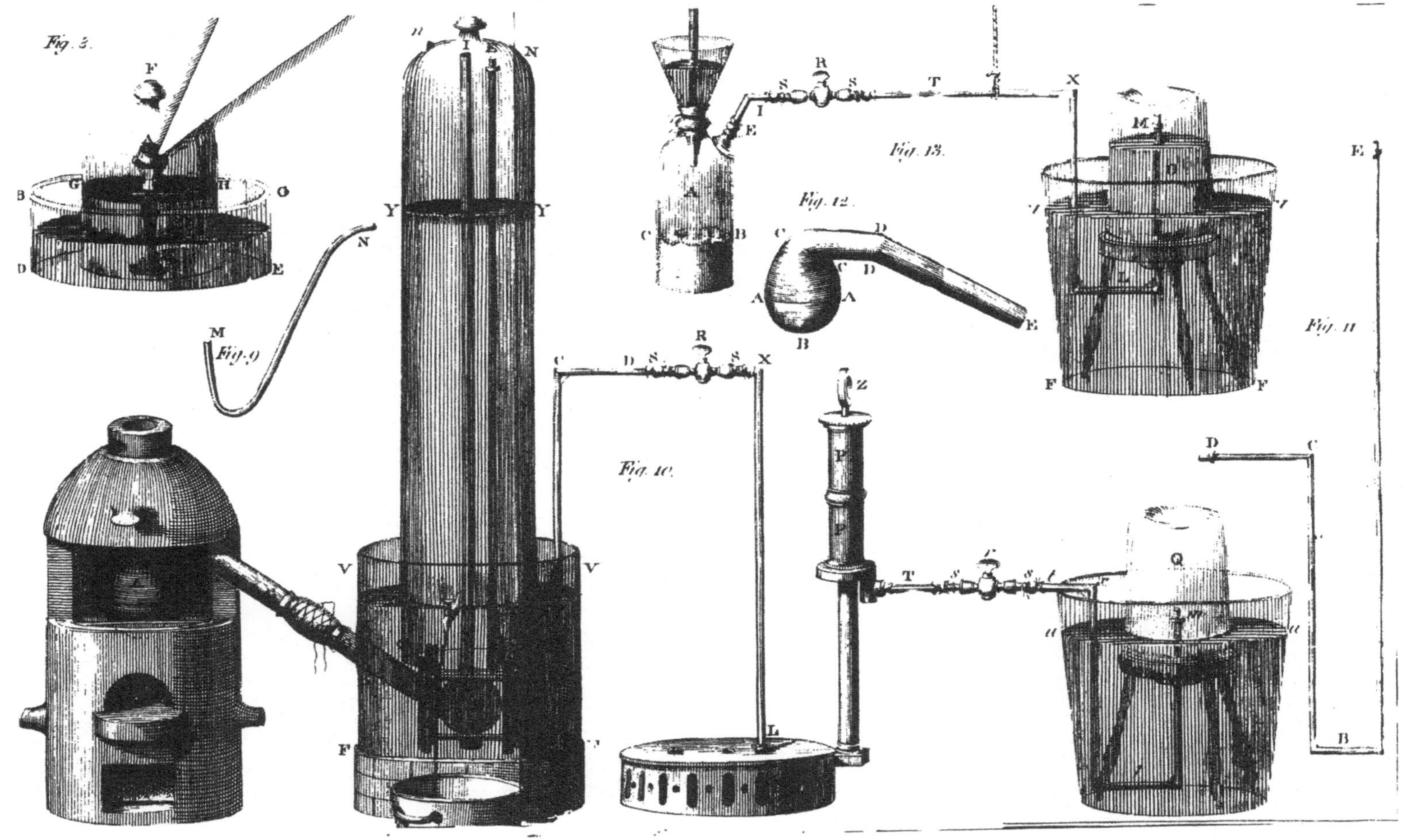

Figura 87 ■ Os experimentos pneumáticos de Antoine Laurent Lavoisier, descritos em *Essays physical and chemical*, Londres, 1776; a edição francesa foi publicada em 1774; vide texto.

SIMPLIFICANDO A TORRE DE BABEL QUÍMICA

Peter Bruegel, o Velho, representou a Torre de Babel em 1563. Essa enorme cidade que alcançava as nuvens era um conceito humano; de acordo com o Gênesis 11:9, "Portanto seu nome era Babel, porque ali o Senhor confundiu as línguas de toda a Terra". À medida que o edifício químico era construído ao longo do século XVIII, uma confusão semelhante se estabeleceu em relação à nomenclatura. Isso se devia em parte aos diferentes graus de pureza das substâncias, bem como ao uso descontrolado de neologismos. Uma espiada na literatura do período mostra que o termo "ar mefítico" (*mefítico* significando "exalação pestilenta"), embora fosse mais frequentemente usado para se referir ao dióxido de carbono, era por vezes empregado para o nitrogênio que permanecia depois que o "ar vital" era totalmente retirado do ar comum. O livro de Eklund[1] é um guia útil para se compreender a nomenclatura do século XVIII. Em 1787, Lavoisier, De Morveau, Berthollet, Fourcroy, Hassenfratz e Adet trabalharam juntos na elaboração do livro *Méthode de nomenclature chimique* (Paris e Londres, 1788). As Figuras 88 e 89 derivam desse trabalho, mas foram de fato retiradas da segunda edição inglesa (1793) do *Traité* de Lavoisier.

O trabalho desses autores foi de imensa importância para a área, mas vamos observar algumas pequenas falhas interessantes – que provam que nem mesmo Lavoisier era infalível. Primeiro, ele chama o "ar vital" de oxigênio, que significa "gerador de ácidos". Isso era razoável para Lavoisier, pois as combustões de carbono, enxofre e fósforo em oxigênio puro produziam ácidos. Sua teoria do oxigênio para os ácidos foi bem aceita, o que incluía a crença de que o ácido clorídrico (HCl) conteria oxigênio, pois seu precursor, o cloro (isolado por Scheele em 1774), deveria conter oxigênio. Isso foi refutado por Humphrey Davy cerca de 20 anos depois que a *Nomenclature* foi publicada.

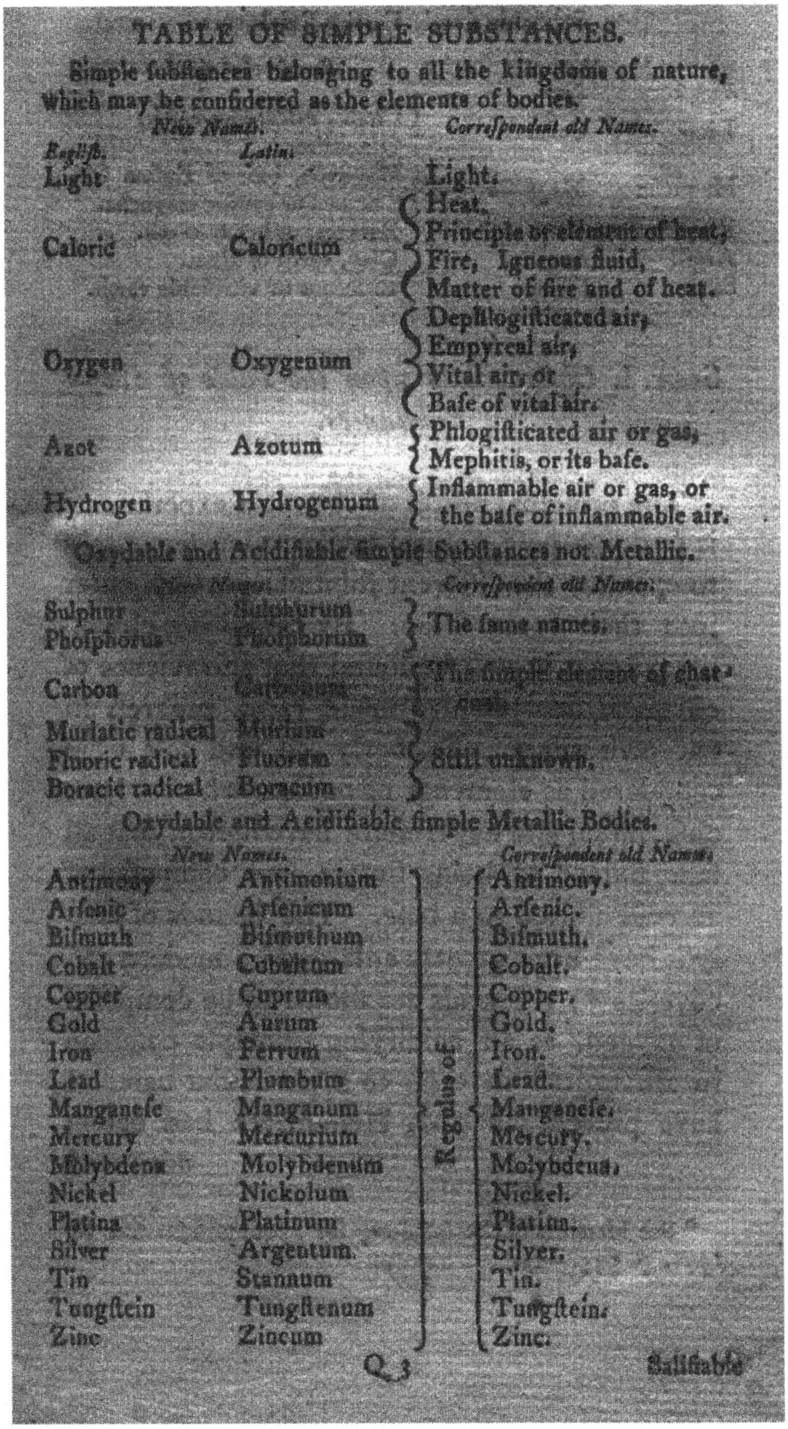

TABLE OF SIMPLE SUBSTANCES.

Simple ſubſtances belonging to all the kingdoms of nature, which may be conſidered as the elements of bodies.

New Names. English.	Latin.	Correſpondent old Names.
Light		Light.
Caloric	Caloricum	Heat. Principle or element of heat. Fire. Igneous fluid. Matter of fire and of heat.
Oxygen	Oxygenum	Dephlogiſticated air, Empyreal air, Vital air, or Baſe of vital air.
Azot	Azotum	Phlogiſticated air or gas, Mephitis, or its baſe.
Hydrogen	Hydrogenum	Inflammable air or gas, or the baſe of inflammable air.

Oxydable and Acidifiable ſimple Subſtances not Metallic.

New Names.		Correſpondent old Names.
Sulphur	Sulphurum	The ſame names.
Phoſphorus	Phoſphorum	The ſame names.
Carbon	Carbonum	The ſimple element of charcoal.
Muriatic radical	Murium	Still unknown.
Fluoric radical	Fluorum	Still unknown.
Boracic radical	Boracium	Still unknown.

Oxydable and Acidifiable ſimple Metallic Bodies.

New Names.			Correſpondent old Names.
Antimony	Antimonium	Regulus of	Antimony.
Arſenic	Arſenicum	Regulus of	Arſenic.
Biſmuth	Biſmuthum	Regulus of	Biſmuth.
Cobalt	Cobaltum	Regulus of	Cobalt.
Copper	Cuprum	Regulus of	Copper.
Gold	Aurum	Regulus of	Gold.
Iron	Ferrum	Regulus of	Iron.
Lead	Plumbum	Regulus of	Lead.
Mangeneſe	Manganum	Regulus of	Mangeneſe.
Mercury	Mercurium	Regulus of	Mercury.
Molybdena	Molybdenum	Regulus of	Molybdena.
Nickel	Nickolum	Regulus of	Nickel.
Platina	Platinum	Regulus of	Platina.
Silver	Argentum	Regulus of	Silver.
Tin	Stannum	Regulus of	Tin.
Tungſtein	Tungſtenum	Regulus of	Tungſtein.
Zinc	Zincum	Regulus of	Zinc.

Q 3 Salifiable

Figura 88 ■ Esta é a lista das "substâncias simples" (isto é, elementos) de Lavoisier, que consta da primeira edição inglesa de *Elements of chemistry* (Londres, 1790), tradução de seu monumental *Traité élémentaire de chimie* (Paris, 1789). Observe o calórico como um elemento. O Conde Rumford refutaria o calórico cerca de dez anos depois, e também se casaria com a viúva de Lavoisier, Marie-Anne Paulze Lavoisier.

	Names of the ſimple ſubſtances.	First degree of oxygenation.	
		New Names.	Old Names.
Combinations of oxygen with ſimple non-metallic ſubſtances.	Caloric	Oxygen gas	Vital or dephlogiſticated air
	Hydrogen	Water *.	
	Azot	Nitrous oxyd, or baſe of nitrous gas	Nitrous gas or air
	Carbon	Oxyd of carbon, or carbonic oxyd	Unknown
	Sulphur	Oxyd of ſulphur	Soft ſulphur
	Phoſphorus	Oxyd of phoſphorus	Reſiduum from the combuſtion of phoſphorus
	Muriatic radical	Muriatic oxyd	Unknown
	Fluoric radical	Fluoric oxyd	Unknown
	Boracic radical	Boracic oxyd	Unknown
Combinations of oxygen with the ſimple metallic ſubſtances †.	Antimony	Grey oxyd of antimony	Grey calx of antimony
	Silver	Oxyd of ſilver	Calx of ſilver
	Arſenic	Grey oxyd of arſenic	Grey calx of arſenic
	Biſmuth	Grey oxyd of biſmuth	Grey calx of biſmuth
	Cobalt	Grey oxyd of cobalt	Grey calx of cobalt
	Copper	Brown oxyd of copper	Brown calx of copper
	Tin	Grey oxyd of tin	Grey calx of tin
	Iron	Black oxyd of iron	Martial ethiops
	Manganeſe	Black oxyd of manganeſe	Black calx of manganeſe
	Mercury	Black oxyd of mercury	Ethiops mineral‡
	Molybdena	Oxyd of molybdena	Calx of molybdena
	Nickel	Oxyd of nickel	Calx of nickel
	Gold	Yellow oxyd of gold	Yellow calx of gold
	Platina	Yellow oxyd of platina	Yellow calx of platina
	Lead	Grey oxyd of lead	Grey calx of lead
	Tungſtein	Oxyd of tungſtein	Calx of tungſtein
	Zinc	Grey oxyd of zinc	Grey calx of zinc

Figura 89 ■ Essa tabela também pertence à primeira edição inglesa do *Traité* de 1789, de Lavoisier. Observe que nela consta que o gás oxigênio é uma combinação de oxigênio e calórico. Quando uma substância queima ou é calcinada, combina-se com o oxigênio e libera o calórico na forma de calor. Há um certo sabor de flogístico nessa explicação. O ar desflogisticado (oxigênio) absorveria o flogístico das substâncias queimadas ou calcinadas.

Um segundo problema foi que Lavoisier postulou a existência do elemento "calórico" – uma espécie de fluido imponderável do calor. Em alguns aspectos, o calórico era um substituto para o flogístico que Lavoisier demolira. De acordo com essa ideia, o oxigênio gasoso conteria calórico (que o ajudaria a se manter em estado rarefeito). Quando uma substância se queima ou forma um óxido metálico, ela se combina com o oxigênio ("fixa" o oxigênio) – aumentando, portanto, sua massa – e, nesse processo, libera o calórico na forma de calor. Na Figura 88, vemos o calórico listado entre os elementos ("substâncias simples"). Na Figura 89, vemos que, da mesma forma como o hidrogênio se combina com o oxigênio para produzir água, o calórico também se combina com o oxigênio para produzir o gás oxigênio. Ironicamente (ou talvez não), foi o segundo marido de Madame Lavoisier, o Conde Rumford, quem posteriormente refutou a existência do calórico.

[1] ■ J. Eklund, *The incompleat chymist*, Washington, Smithsonian Institution Press, 1975.

HIDROGÊNIO + OXIGÊNIO → ÁGUA
ÁGUA → OXIGÊNIO + HIDROGÊNIO

Lavoisier não inventou a lei de conservação da matéria. Tratava-se de um sólido pressuposto nas mentes de cientistas contemporâneos e de períodos anteriores. Entretanto, sua cuidadosa coleta de gases em líquidos previamente pesados, e sua exigência de que se deveria prestar contas de toda matéria envolvida em uma reação química, conduziram a química a um novo patamar na ciência – alguns até mesmo a chamaram de física. Se as massas no início e ao final de uma reação química não fossem iguais, então não haveria muito sentido em analisar a química. Era como se a Ferme Générale estivesse fazendo uma auditoria.

A clareza e a autoridade do *Traité élémentaire de chimie* (Paris, 1789) significaram o fim da teoria do flogístico. O químico irlandês Richard Kirwan[1] (1733-1812) publicou um livro, *An essay on phlogiston and the constitution of acids* (Londres, 1787), que defendia energicamente o flogístico – era o ponto de vista inglês. Madame Lavoisier traduziu o livro para o francês (Paris, 1788), e ele se tornou o foco para as discussões antiflogistas da escola francesa. Uma segunda edição do livro de Kirwan, incluindo os textos dos químicos franceses que estavam anexos à edição parisiense de 1788, foi publicada em Londres em 1789. Entretanto, em 1792 Kirwan já aceitara a teoria oposta ao flogístico, e escreveu a Berthollet: "Afinal eu deponho minhas armas e abandono o flogístico".[2]

Para celebrar o vitorioso *Traité*, Madame Lavoisier, trajada como uma sacerdotisa, procedeu a uma queima cerimonial dos trabalhos de Stahl (um *auto da fé* do flogístico).[3,4] Anteriormente, ela havia pedido sugestões sobre como celebrar esse sucesso a um dos membros do Laboratório do Arsenal, Jean Henri Hassenfratz. Em uma carta datada de 20 de fevereiro de 1788, ele sugeriu três possibilidades: um retrato do casal Lavoisier, uma peça envolvendo o combate entre o flogístico e o oxigênio, e uma apresentação totalmente alegórica sobre a revolução química.[4] O retrato foi pintado pelo artista Jacques Louis David (que era também o professor de arte de Madame Lavoisier). Hassenfratz sugeriu duas possibilidades para a peça. Uma delas envolvia uma grande batalha. As tropas do Oxigênio incluíam carbonatos, fosfatos, sulfatos etc., contra os aliados do Flogístico, *acidum pingue* e *acide igne*. A outra possibilidade era um confronto entre o simpático Oxigênio, ao lado de seu irmão de armas Hidrogênio, e o deformado Flogístico, já sem um braço. Ao lado do Flogístico estavam o *acidum pingue*, já morto, e o *acide igne*, pálido, derrotado e morrendo de medo. O Oxigênio está preparado para decepar o braço que resta ao Flogístico. Parece que uma peça foi encenada, e comunicada por um certo "Doutor von E**" ao periódico editado por Crell, *Chemische Annalen*. O Flogístico fora levado a julgamento, debilmente defendido por Stahl, e então queimado em uma fogueira.[4] Se você pensar a respeito, verá que, se a combustão libera o flogístico, então a queima do flogístico não deixa nada.

A Figura 90 foi reproduzida do *Traité*, de Lavoisier. Na *Fig. 1*, vemos um aparato de destilação muito sofisticado, projetado para aprisionar e pesar tudo o que fosse gerado. A amostra era aquecida na retorta *A*; líquidos voláteis e semivoláteis eram recolhidos no globo *C*, de massa previamente conhecida. O primeiro dos frascos de três bocas, todos de massas conhecidas, que se segue a *C*, contém água; os três frascos restantes contêm soluções de potassa (KOH) (todas de massas conhecidas) para reter os gases ácidos. Os gases restantes, não-ácidos e insolúveis em água (por exemplo, oxigênio), eram conduzidos para um frasco em uma cuba pneumática, ou um dispositivo semelhante para recolhimento. Os tubos compridos, vedados na boca central de cada frasco, eram dotados de pequenas aberturas; eles alcançavam o fundo dos líquidos, e somente vazavam se houvesse um acúmulo de pressão. Se fosse criado um vácuo, a massa de ar introduzida seria desprezível se comparada à massa da vidraria e de seus conteúdos. Lavoisier observou que, se a soma das massas de todos os frascos, incluindo a do resíduo na retorta, não fosse igual à massa do material de partida, o experimento deveria ser refeito. A Figura 91 (*Fig. 1*) mostra uma aparelhagem para a separação dos componentes gasosos produzidos pela fermentação ou pela putrefação. O balão *A* era conectado a um bulbo de vidro *B*, por meio de tubos e válvulas de bronze. Se a produção de espuma em *A* excedesse a capacidade do balão, o excesso seria coletado em *B*, e drenado periodicamente para o frasco *C*. O vapor de água era removido no tubo de vidro *H*, que continha um agente secante, como o cloreto de cálcio. O dióxido de carbono produzido na fermentação era coletado em soluções de potassa, contidas nos frascos *D* e *E*. A putrefação às vezes produz hidrogênio, o qual era coletado na campânula *F*, que fazia parte da cuba pneumática *GHIK*.

A *Fig. 2* da Figura 90 representa a famosa aparelhagem para aquecer mercúrio metálico na presença de ar. Lavoisier aqueceu cerca de 113 g de mercúrio na retorta *A*.[5] Após 12 dias, ele cessou o aquecimento e pesou a cal vermelha (HgO) que se formara na superfície do mercúrio. Sua massa era de 2,9 g. O volume de ar havia diminuído de 820 mL para 688 mL (cerca de 16%). O ar remanescente era "mefítico" (na verdade, nitrogênio). Quando o *mercurius calcinatus per se* foi transferido para uma retorta pequena e aquecido, produziu 2,7 g de mercúrio, e de 130 a 147 mL de "ar altamente respirável". Este era o gás que Scheele chamou de "ar ígneo" ou "ar empíreo", que Priestley denominou "ar desflogisticado", e que Lavoisier mais tarde chamou de "ar vital" e depois, oxigênio. Quando esse oxigênio era misturado ao ar "mefítico", reconstituía-se o ar normal. A interessante aparelhagem da *Fig. 10* é um balão adaptado [vide Fig. 26(a); pode ignorar o avestruz]. Seu bulbo foi aquecido na chama e achatado. Seu fundo achatado continha mercúrio, que podia ser aquecido em um banho de areia. A pequena abertura no topo permitia a lenta circulação do ar atmosférico, mas minimizava a perda de vapor de mercúrio. Ao longo de meses, obtinham-se boas quantidades de HgO vermelho. A aparelhagem com a retorta e a bexiga (*Fig. 12*), analogamente, era usada para aquecer mercúrio na presença de uma quantidade de oxigênio correspondente à metade do volume da bexiga. Nessas condições, apenas pequenas quantidades da cal vermelha se formavam.

Na *Fig. 3*, vemos uma pequena aparelhagem para provocar a ignição do ferro em uma cápsula de porcelana colocada em uma campânula cheia de oxigênio e sobre mercúrio. Lavoisier retirava um pouco de ar por meio de um sifão com o objetivo de elevar o nível do mercúrio. Ele usava um fio de ferro aquecido ao rubro (*Fig. 16*) para detonar um pedaço de fósforo unido a uma mecha, que por sua vez estava em contato com a amostra de fio de ferro. A *Fig. 17* (no alto, à direita) representa um fino fio de ferro, preso a uma rolha e torcido em espiral, com um pequeno pedaço de mecha no ponto *C*. Antes da colocação da rolha e do fio, a mecha era acesa e o fio era inserido no frasco contendo oxigênio. À medida que queimava, o ferro formava uma cal que se depositava no fundo do frasco, sendo então recolhida, pulverizada e pesada.

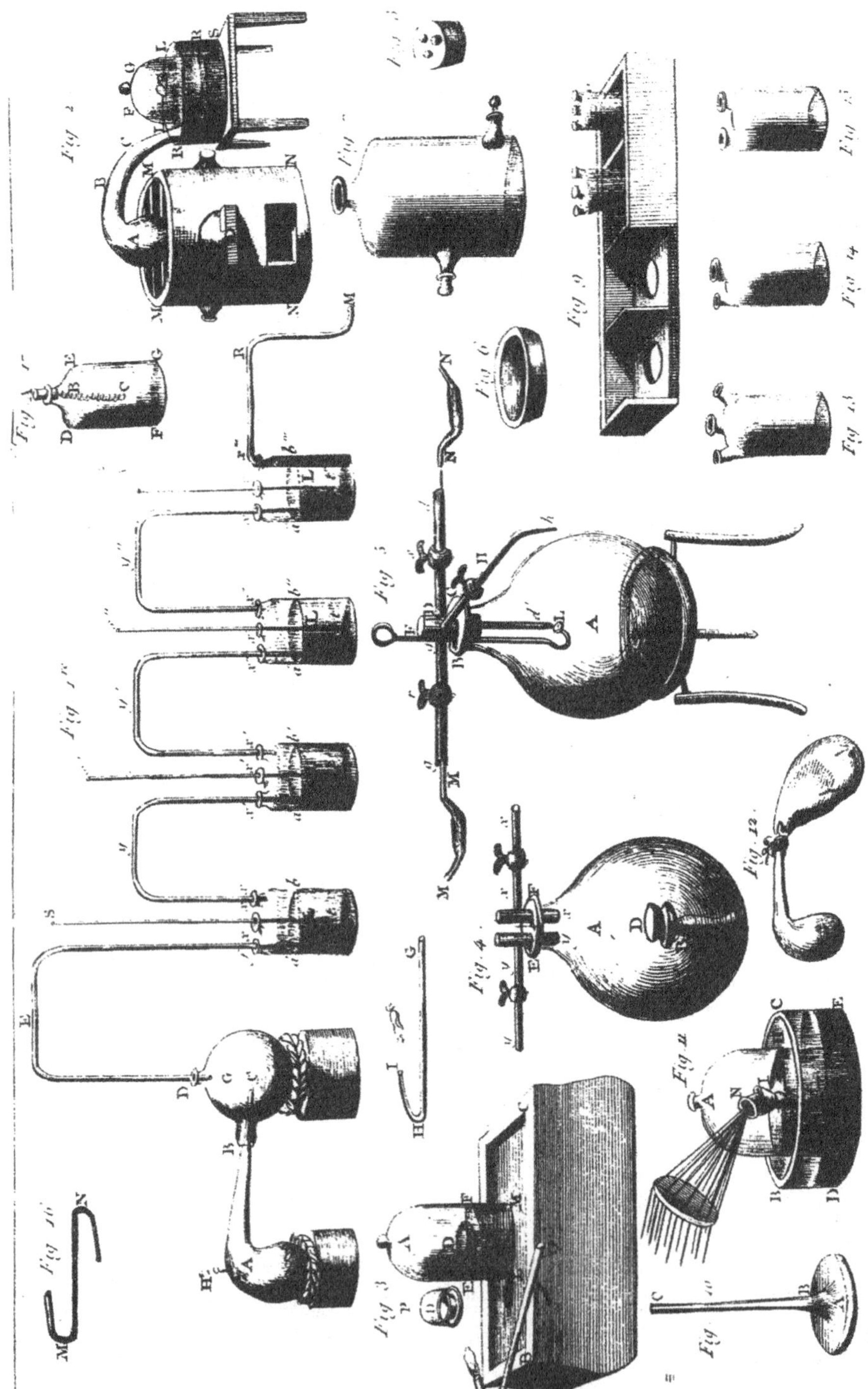

Figura 90 ■ Essa figura foi retirada do *Traité* de Lavoisier. Madame Lavoisier, uma artista talentosa, fez as gravuras das edições francesas (vide texto para a discussão das aparelhagens).

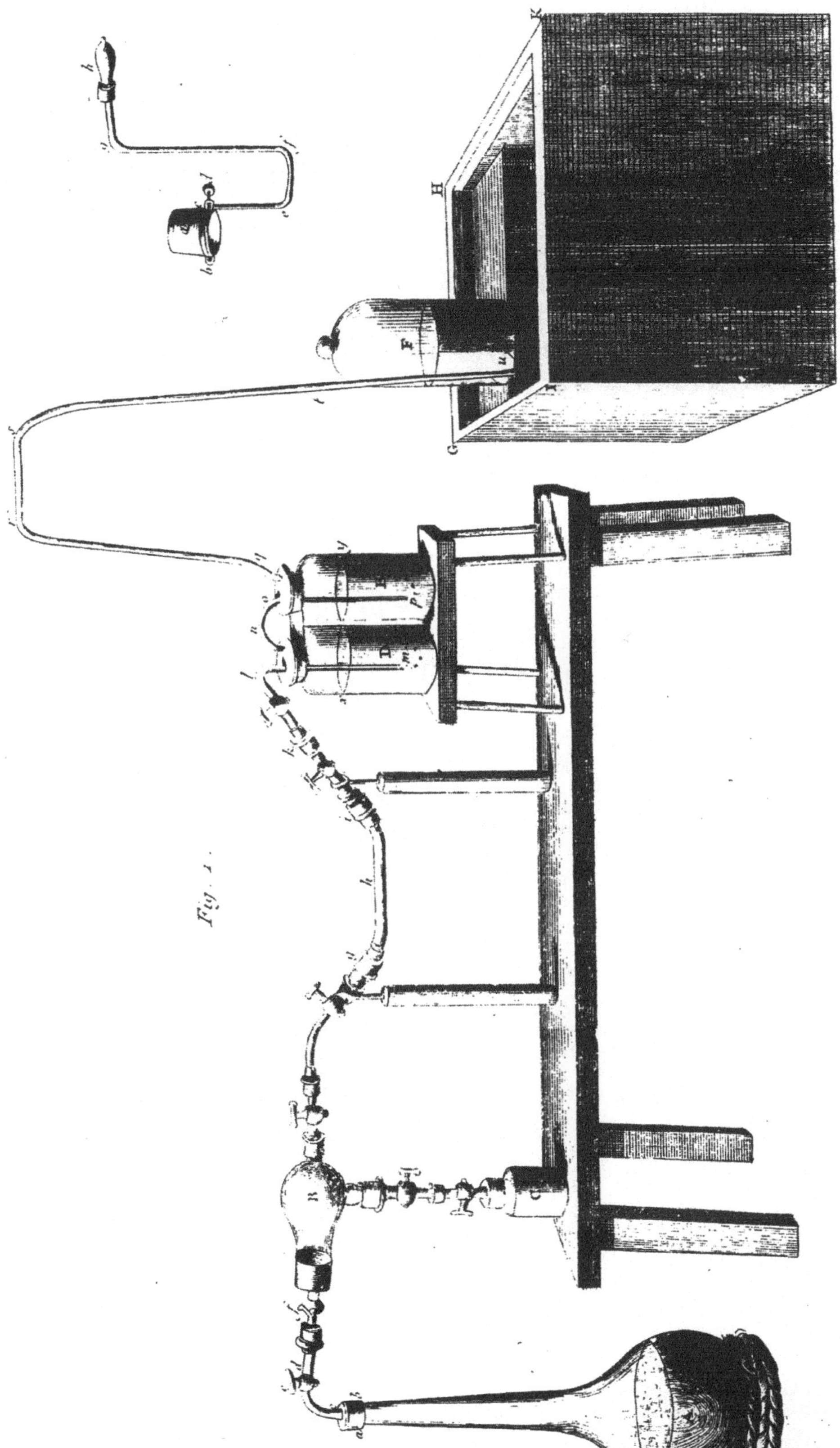

Figura 91 ■ Uma aparelhagem para recolher os gases produzidos em fermentações, ilustrada em *Elements*, de Lavoisier.

A *Fig. 4* representa um grande frasco para combustão de fósforo em oxigênio (a abertura no topo tinha um diâmetro de aproximadamente 7,5 cm). O fósforo era colocado na cápsula de porcelana *D*. O ar era retirado através de um dos tubos com válvula, e o oxigênio era introduzido através do outro. Iniciava-se a combustão com uma lente ustória. Na combustão do fósforo, flocos brancos de pentóxido de fósforo[6] (na verdade, P_4O_{10}, o qual sublima a 360 °C) cobriam as paredes internas do frasco, e acabavam interferindo na eficácia da lente. Este sólido é extremamente higroscópico ($P_4O_{10} + 6\ H_2O \rightarrow 4\ H_3PO_4$, ácido fosfórico).

Joseph Priestley pode ter sido o primeiro a produzir água queimando hidrogênio no ar, mas não percebeu isso. Parece ter sido Pierre Macquer quem, em 1776, descobriu gotas de água sobre um pires de porcelana e percebeu que a água era o produto.[7,8] Na primavera de 1783, Cavendish provocou a ignição do ar inflamável com o ar desflogisticado e pesou a água produzida. Assim, ele é considerado o primeiro a de fato sintetizar a água a partir de seus elementos. Infelizmente, sua interpretação para o fenômeno era baseada na teoria do flogístico.[7,8] A *Fig. 5* da Figura 90 representa a aparelhagem construída por Lavoisier e Pierre Simon Laplace[8] (1749-1827), o famoso matemático, para produzir água quantitativamente a partir de oxigênio, introduzido através do tubo *NN*, e de hidrogênio, introduzido através do tubo *MM*. Em 24 de junho de 1783, os gases foram sendo adicionados aos poucos, e detonados com faíscas elétricas produzidas na extremidade de um fio *L*, próximo à fonte de hidrogênio em *d'*.[8] Lavoisier e Laplace demonstraram que 85 partes de oxigênio reagiam com 15 partes de hidrogênio para formar 100 partes de água.[7] Em outra aparelhagem (não representada aqui), Lavoisier destilou água por meio de um tubo de vidro contendo carvão e que atravessava um forno. O tubo de vidro no forno era recoberto com argila, e uma barra de ferro também era utilizada para impedir que o tubo se dobrasse. O vapor exposto ao carvão formava dióxido de carbono e gás hidrogênio, que eram devidamente recolhidos e pesados. Assim, Lavoisier produziu água quantitativamente a partir de oxigênio e hidrogênio puros, e também quantitativamente a separou em seus elementos. Foi James Watt, entretanto, quem primeiro reconheceu que a água é um composto e não um elemento.

1 ■ J. R. Partington, *A history of chemistry*, Londres, MacMillan, 1962, v. 3, p. 660-671.

2 ■ A. J. Ihde, *The development of modern chemistry*, Nova York, Harper and Row, 1964, p. 81.

3 ■ J. R. Partington, op. cit., p. 491.

4 ■ O autor agradece ao Doutor Jean-Pierre Poirier pela correspondência, incluindo uma transcrição da carta de Hassenfratz, e ao Professor Roald Hoffmann por me alertar sobre

as descobertas de Poirier acerca da peça do casal Lavoisier. Uma discussão sobre a peça pode ser encontrada no livro de Poirier (vide Referência 8).

5 ■ J. R. Partington, op. cit., p. 417.

6 ■ F. A. Cotton e G. Wilkinson, *Advanced inorganic chemistry*, 5. ed., Nova York, Wiley, 1988, p. 399-401.

7 ■ J. R. Partington, op. cit., p. 436-453.

8 ■ J.-P. Poirier, *Lavoisier – chemist, biologist, economist*, R. Balinski (trad.), Filadélfia, University of Pennsylvania Press, 1996, p. 140-144.

A COBAIA COMO UM MOTOR DE COMBUSTÃO INTERNA

Como o *calorique* seria uma substância simples (um elemento), ainda que imponderável, era natural que Lavoisier quisesse medi-lo. A Figura 92 mostra o calorímetro de gelo projetado por Lavoisier e Laplace. A *Fig. 1* mostra o calorímetro montado, e a *Fig. 3* traz uma vista em corte. O cesto *ffff*, com a abertura *LM*, era feito com fios de ferro, e podia ser coberto pela tampa *GH*. A amostra geradora de calórico – metal aquecido, líquido aquecido, uma reação química provocada por mistura (dentro de um recipiente adequado), amostra para combustão, ou uma cobaia viva – era colocada dentro desse cesto. Gelo picado era colocado na câmara *bbbb*, bem como na camisa *aaaa*. A câmara *aaaa* isolava o aparato, e a água podia ser convenientemente drenada por *sT*. O gelo dentro da câmara *bbbb*, apoiado sobre a tela *mm* e a peneira *nn*, absorvia o calor gerado no cesto *ffff*. A água resultante daí era drenada através de *xy* e pesada. Antes de iniciar o experimento, gelo picado era bem empacotado nas câmaras *aaaa* e *bbbb*, na tampa *GH* e na tampa do aparato (*Fig. 7*), e então se aguardava que o equilíbrio fosse atingido. Esses experimentos davam melhor resultado se executados em lugares cuja temperatura não superasse 10 °C, e que de modo algum estivesse abaixo de 0 °C (pois o gelo deve estar a essa temperatura, e não mais frio). Uma amostra grande era colocada em um cesto metálico equipado com um termômetro (*Fig. 8*; se fosse um líquido corrosivo, era colocado em um frasco de vidro equipado com termômetro, *Fig. 9*). O cesto metálico, ou frasco de vidro, era colocado em um banho de água fervente. Imediatamente antes da transferência, as últimas gotas de água eram drenadas através de *xy* e descartadas. A amostra aquecida era então rapidamente transferida para o calorímetro. Em geral, demorava de 10 a 12 horas para que todo o calorímetro interno retornasse à temperatura de 0 °C. A água da câmara *bbbb* era então drenada e cuidadosamente pesada. Lavoisier e Laplace perceberam que deveria haver perdas de calor que limitavam a precisão de suas determinações.

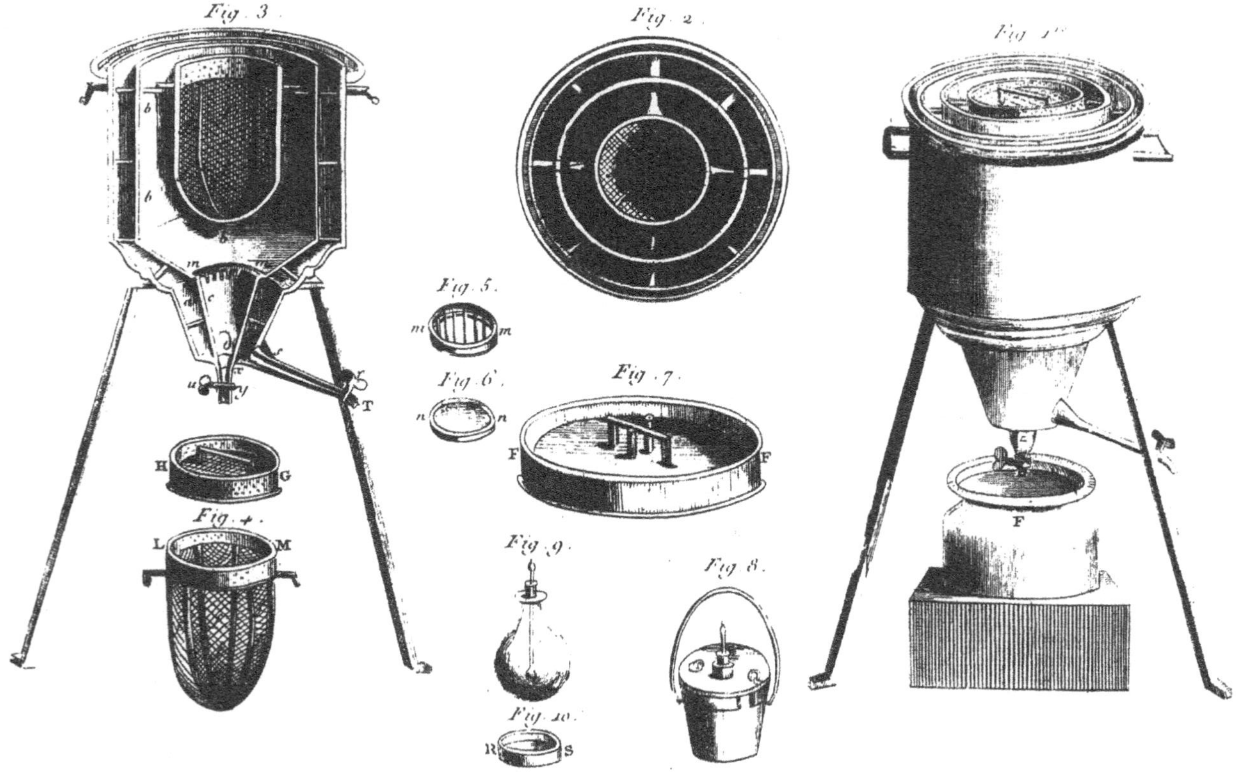

Figura 92 Calorímetro de gelo, projetado por Lavoisier e pelo famoso matemático Laplace. O calor era definido em unidades de gelo derretido. A ideia de que o metabolismo era semelhante à combustão decorria do conhecimento de que o oxigênio era necessário, dióxido de carbono e água eram produzidos, e calor era gerado pelos animais. Assim, Lavoisier percebeu que a combustão, a calcinação e o metabolismo estavam relacionados, no sentido de que todos eles envolviam combinação com oxigênio.

Lavoisier e Laplace definiram sua unidade de calor como a quantidade necessária para derreter uma libra de gelo (a 0 °C). Eles demonstraram que era necessária 1 libra de água, inicialmente a 75 °C e resfriando até 0 °C, para derreter esse gelo. Assim, tomaram 7,707 libras (3,5 kg) de limalhas de ferro aquecidas em um banho de água fervente até a temperatura de 97,5 °C, e colocaram esse metal rapidamente dentro do cesto *ffff*, fechando então o calorímetro. Após 11 horas, 1,109795 libra (0,5 kg) de gelo havia derretido. O ferro havia assim esfriado 97,5 °C. Considerando a proporção 97,5/1,109795 = 75/x, eles encontraram que x = 0,85384. Dividindo esse valor por 7,707, o quociente 0,1109 é a quantidade de gelo (em libras) derretido por uma libra de ferro que resfria 75 °C. Outros processos geradores de calórico podiam ser situados nessa escala arbitrária.

Cobaias sobreviviam melhor do que camundongos em calorímetros de gelo. O ar que entrava e saía do cesto *ffff* tinha, é claro, que passar por um tubo imerso em gelo picado. A percepção obtida na década anterior, de que tanto a respiração quanto a combustão requeriam oxigênio, era coerente com observações anteriores de que ambos os processos produziam dióxido de carbono. Foi, portanto, um salto criativo relativamente pequeno igualar os dois processos, e tentar medir a lenta combustão interna conhecida como calor animal.

Ao imaginar um camundongo tiritando dentro de um calorímetro de gelo (Fig. 92), ou sendo submetido ao "ar mefítico" nos aparatos de Priestley (Fig. 86), Scheele, Lavoisier ou Mayow, sentimos respeito pelo papel que esse resistente e corajoso mamífero desempenhou, e continua a desempenhar, na ciência. E embora tenhamos observado anteriormente que Priestley era "bom para os camundongos dele", Franklin escreveu sugerindo a ele que, de fato, "se arrependesse de ter matado, com o ar mefítico, tantos camundongos honestos e inofensivos...".[1] Talvez se devesse erigir uma estátua em homenagem ao camundongo defronte ao Instituto Real, em Estocolmo.

[1] ■ W. C. Bruce, *Benjamin Franklin self-revealed*, 2. ed. revisada, v. I, Nova York, Putnam, 1923, p. 106-107. Agradeço ao Professor Roald Hoffmann por chamar minha atenção para este material, e à Professora Susan Gardner por sugerir a homenagem aos camundongos.

UMA ATRAÇÃO ELETIVA SIMPLES (DESLOCAMENTO SIMPLES)

O químico sueco Torbern Bergman (1735-1784)[1] sistematizou, em seu livro *A dissertation on elective attractions*,[2] as afinidades químicas e os deslocamentos (simples ou duplos)[2] que ocorrem por "via úmida" ou por "via seca". Veja a Figura 93 e a ampliação do item 20 na Figura 94(a). O sulfeto de cálcio [CaS ou (1)] é decomposto pelo ácido sulfúrico [H_2SO_4 ou (2)] em água (3), produzindo enxofre elementar (4), que precipita (meia-chave aberta para cima), e sulfato de cálcio [gesso, $CaSO_4$ ou (5)], que também precipita (chave aberta para cima). Assim, o ácido sulfúrico (2) tem uma afinidade maior do que a do enxofre (4) pelo calcário puro (6), que é a fonte do cálcio em (1).

1 ■ J. R. Partington, *A history of chemistry*, Londres, MacMillan, 1962, v. 3, p. 179-199.
2 ■ T. Bergman, *A dissertation on elective attractions*, Edimburgo, 1785.

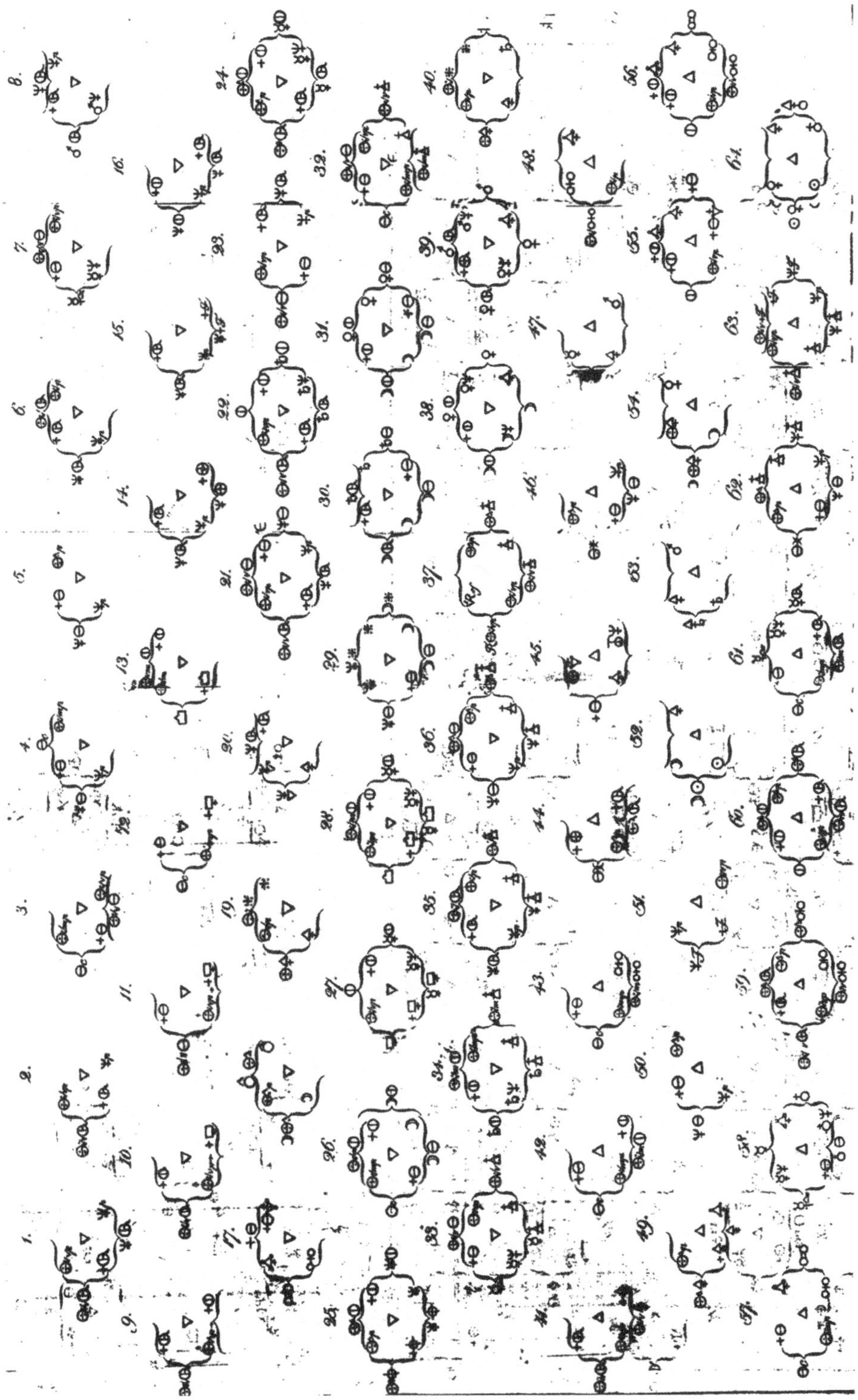

Figura 93 ■ Essa é uma tabela de afinidades químicas que consta de *A dissertation on elective attractions* (Londres, 1785), de Torbern Bergman [vide Figs. 94(a) e 94(b) e o texto, para uma discussão].

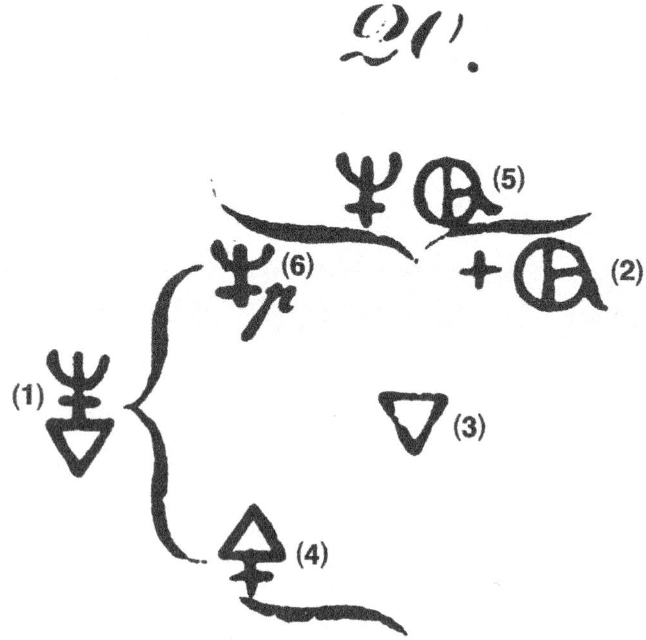

(a)

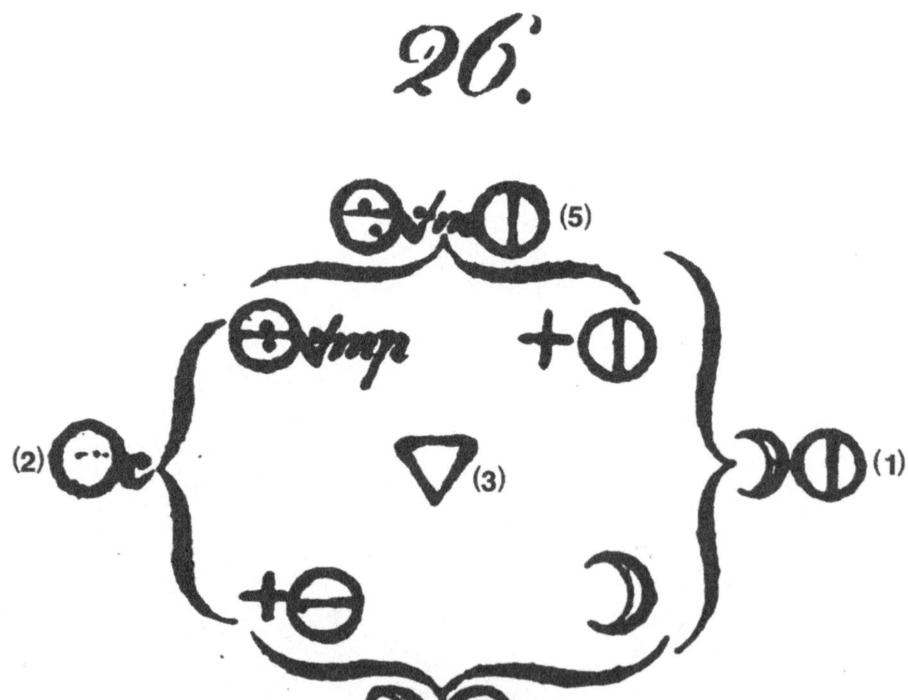

(b)

Figura 94 ■ **(a)** Uma atração eletiva simples (decomposição) do sulfeto de cálcio, extraída das tabelas de Bergman (vide Fig. 93); **(b)** atração eletiva dupla entre nitrato de prata e cloreto de sódio (vide texto).

UMA ATRAÇÃO ELETIVA DUPLA (DESLOCAMENTO DUPLO)

Veja a Figura 93 e a ampliação do item 26 na Figura 94(b). O nitrato de prata (1) e o cloreto de sódio [(2), sal de cozinha] se decompõem mutuamente em água (3), produzindo cloreto de prata (4), que precipita (chave aberta para cima), e nitrato de sódio (5), que permanece em solução (chave aberta para baixo).

A FÊNIX ERA FÊMEA?

Elizabeth Fulhame, a quem Laidler chama de "gênio esquecido",[1,2] foi autora de um livro notável (Fig. 95), publicado em 1794 (tradução alemã, 1798; edição americana, 1810; vide Fig. 96). As mulheres não apenas não eram encorajadas, elas eram ativamente desestimuladas de buscarem as atividades científicas. A edição de 1794 foi publicada pela autora, provavelmente com apoio de seu marido, o Doutor Thomas Fulhame. Em um trecho do prefácio do livro, ela escreveu:[3]

> Pode parecer presunçoso para *alguns* que eu devesse me envolver em pesquisas desta natureza. Mas, sendo contrária à indolência, e tendo muito tempo livre, minha mente me conduziu a essa forma de divertimento, que considerei agradável e que espero ser considerada inofensiva pelos liberais e pelos eruditos. Porém, a censura talvez seja inevitável; pois alguns são tão ignorantes que se tornam rabugentos e taciturnos, e sentem calafrios de horror ao verem qualquer coisa que guarde semelhança com o conhecimento, em qualquer forma em que este se apresente. E se o *espectro* deve aparecer na forma de uma *mulher*, as angústias que eles sofrem são verdadeiramente sinistras.

A Senhora Fulhame fez duas, ou talvez três, grandes descobertas. Ela foi a primeira a demonstrar a formação de imagens por meio da luz, usando sais de ouro e de outros metais. O famoso Conde Rumford (Benjamin Thompson – vide textos a seguir) divergiu das interpretações químicas que ela propôs, oferecendo uma interpretação puramente física.[4] Rumford estava errado – a redução fotoquímica de íons de ouro ou prata a seus respectivos metais é considerada a primeira demonstração de que a química em ambientes aquosos pode realizar os tipos de trabalhos de fundições a altas temperaturas.[3]

O trabalho de Elizabeth Fulhame sobre a participação da água como um catalisador na oxidação do carvão a dióxido de carbono, confirmada mais tarde,[3] foi de grande importância, e antecipou o conceito de *catálise* (palavra introduzida por Berzelius em 1836 – do grego, "desamarrar," "dissolver").[2] Também está implícito aqui o conceito moderno de mecanismo químico: uma descrição detalhada, passo a passo, de uma reação química. Para ilustrar isso brevemente, consideremos o processo de formação da ferrugem – foi o químico irlandês William Higgins quem descobriu pela primeira vez o papel da água nesse processo, e acusou a Senhora Fulhame de plágio (mas Higgins também acusou John Dalton de plagiar sua Teoria Atômica).[4] O conceito de Fulhame era mais geral: ela claramente estendeu demais seu alcance.[2,4]

Embora o processo de enferrujamento envolva a reação do metal com o oxigênio, formando o óxido de ferro (III) (Fe_2O_3) marrom-avermelhado, sabemos que o ferro não enferruja se for deixado exposto ao ar mas mantido seco. A água desempenha os papéis de solvente eletrolítico e de catalisador. Se o ferro estiver úmido e exposto a um grande suprimento de oxigênio, as seguintes reações vão acontecer.[5]

Reação 1:

$$4\,Fe\,(s) + 4\,H_2O\,(l) + 2\,O_2\,(g) \rightarrow 4\,Fe(OH)_2\,(s)$$

Reação 2:

$$4\,Fe(OH)_2\,(s) + O_2\,(g) \rightarrow 2\,Fe_2O_3 \cdot H_2O\,(s) + 2\,H_2O\,(l)$$

Reação global:

$$4\,Fe\,(s) + 3\,O_2\,(g) + 2\,H_2O\,(l) \rightarrow 2\,Fe_2O_3 \cdot H_2O\,(s)$$

Fica claro que duas das moléculas de água consumidas na Reação 1 foram regeneradas na Reação 2, e por isso não aparecem na reação global. Elas foram "temporariamente retidas" no intermediário formado, o $Fe(OH)_2$, mas regeneradas quando esse intermediário reagiu.

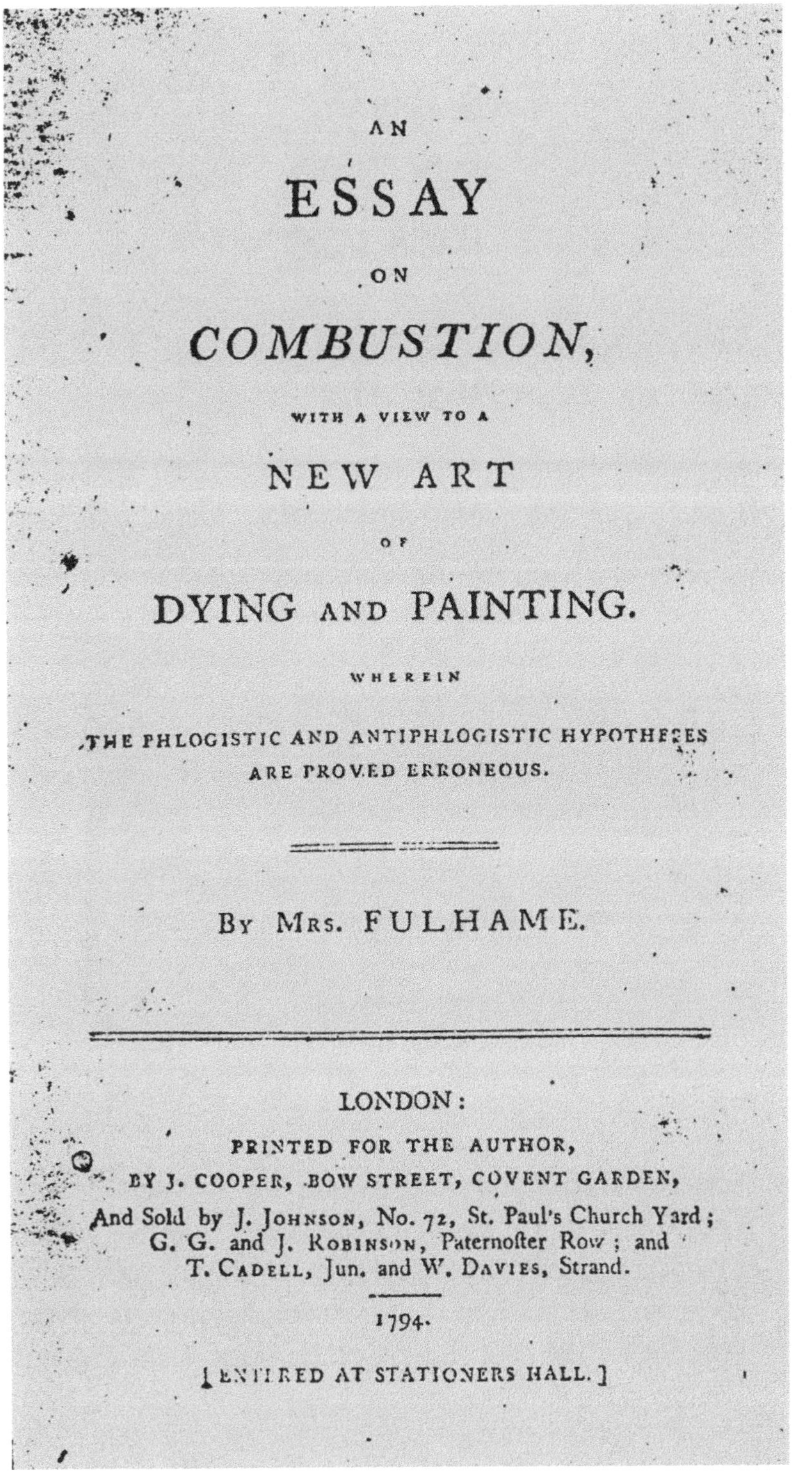

AN

ESSAY

ON

COMBUSTION,

WITH A VIEW TO A

NEW ART

OF

DYING AND PAINTING.

WHEREIN

THE PHLOGISTIC AND ANTIPHLOGISTIC HYPOTHESES ARE PROVED ERRONEOUS.

BY MRS. FULHAME.

LONDON:

PRINTED FOR THE AUTHOR,
BY J. COOPER, BOW STREET, COVENT GARDEN,
And Sold by J. JOHNSON, No. 72, St. Paul's Church Yard;
G. G. and J. ROBINSON, Paternofter Row; and
T. CADELL, Jun. and W. DAVIES, Strand.

1794.

[ENTERED AT STATIONERS HALL.]

Figura 95 ■ Folha de rosto do livro de Elizabeth Fulhame sobre a teoria da combustão. Laidler a chama de "gênio esquecido". Ela demonstrou pela primeira vez a formação de imagens por meio da luz, e poderia ser chamada adequadamente de "mãe dos mecanismos químicos" (cortesia do notável químico e colecionador de livros Doutor Roy G. Neville).

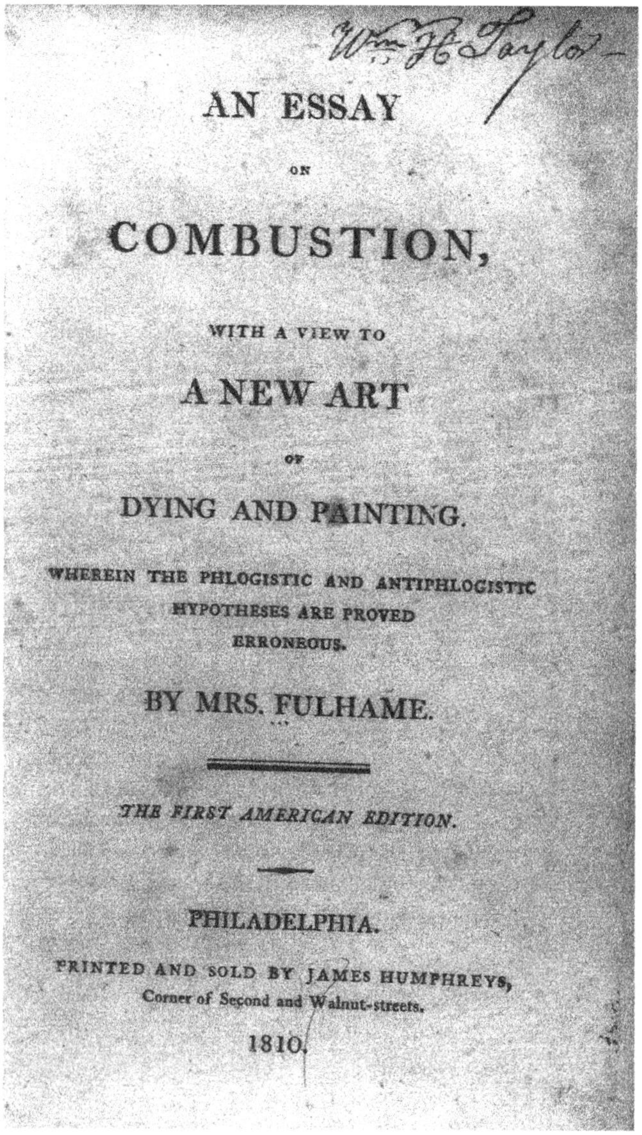

Wm H. Taylor

AN ESSAY

ON

COMBUSTION,

WITH A VIEW TO

A NEW ART

OF

DYING AND PAINTING.

WHEREIN THE PHLOGISTIC AND ANTIPHLOGISTIC HYPOTHESES ARE PROVED ERRONEOUS.

BY MRS. FULHAME.

THE FIRST AMERICAN EDITION.

PHILADELPHIA.

PRINTED AND SOLD BY JAMES HUMPHREYS,
Corner of Second and Walnut-streets.

1810.

Figura 96 Folha de rosto da primeira edição americana do tratado de Elizabeth Fulhame. Ela foi um dos primeiros membros da Sociedade Química da Filadélfia, indicada possivelmente por Joseph Priestley, de quem ela divergia a respeito do flogístico (cortesia da Edgar Fahs Smith Collection, Biblioteca de Livros Raros e Manuscritos, Universidade da Pensilvânia).

Embora Fulhame discordasse da teoria do flogístico mais do que concordasse, e assim estivesse mais próxima de Lavoisier, Laidler especulou que deve ter sido Priestley quem indicou o nome dela para a Sociedade Química da Filadélfia.[2] Fulhame finaliza seu livro com uma exuberante referência à fênix,[4] uma imponente ave que simboliza a renovação ou o renascimento das cinzas (a fênix ornamenta o símbolo da Sociedade Americana de Química):

Esta ideia a respeito da combustão pode servir para mostrar o quanto a natureza é sempre a mesma, e mantém seu equilíbrio conservando as mesmas quantidades de ar e de água sobre a superfície do nosso globo. Pois, tão rapidamente quanto estas são consumidas nos vários processos de combustão, iguais quantidades são formadas, e regeneradas como a fênix o faz a partir de suas cinzas.

Partington,[4] que foi uma grande autoridade, se alguma vez houve uma, declarou com cautela: "A fênix, deve-se observar, era um pássaro fabuloso, que se acreditava não ter sexo".[*]

[1] K. J. Laidler, *Accounts of chemical research*, 1995, v. 28, p. 187-192.

[2] K. J. Laidler, *The world of physical chemistry*, Oxford, Oxford University Press, 1993, p. 250-252, 277-278.

[3] M. Rayner-Canham e G. Rayner-Canham, *Women in chemistry: their changing roles from alchemical times to the mid-twentieth century*, Washington e Filadélfia, American Chemical Society/ Chemical Heritage Foundation, 1998, p. 28-31.

[4] J. R. Partington, *A history of chemistry*, Londres, MacMillan, 1962, v. 3, p. 708-709.

[5] J. C. Kotz e P. Treichel Jr., *Chemistry and chemical reactivity*, 3. ed., Fort Worth, Saunders, 1996, p. 980-983.

A QUÍMICA NO CANO DE UMA ESPINGARDA

Nas circunstâncias erradas, o carvão pode ser perigoso. Bastaria perguntar para Johann Baptist Van Helmont, que cunhou o termo *gás* e quase se envenenou queimando carvão em um recinto fechado.[1]

O monóxido de carbono (CO) é formado como subproduto de combustões em ambientes pobres em oxigênio. Em ambientes ricos em oxigênio, materiais tipicamente inflamáveis se queimam (oxidam-se) completamente, formando dióxido de carbono (CO_2) e água (H_2O). Nessas condições, o CO é um *intermediário* de curta duração, que reage tão rapidamente quanto se forma. [O $Fe(OH)_2$, descrito em um texto anterior, é um intermediário de mais longa duração no processo de enferrujamento.] Elizabeth Fulhame concluiu, corretamente, que a água acelera a combustão do carvão.[2] A razão, uma vez mais, é esclarecida pelas *etapas* do mecanismo muito complexo da reação de combustão.[3]

[*] N.T.: Para se compreender esse comentário do autor, é preciso considerar que, no texto original, a Senhora Fulhame escreveu: "... like the Phoenix [regenerates] from her ashes" – isto é, ela usou o pronome feminino "her" para se referir à fênix, em vez do pronome neutro "its". Ao fazer isso, estaria considerando que a fênix seria fêmea.

Na ausência de substâncias contendo hidrogênio, a principal reação que inicia o processo em cadeia é:

$$CO + O_2 \rightarrow CO_2 + O \quad (1)$$

Muitas outras reações se sucedem para manter a cadeia se propagando. Acredita-se que uma delas seja:

$$M + CO + O \rightarrow CO_2 + M \quad (2)$$

(onde *M* é uma molécula ou átomo que toma parte na colisão).

Entretanto, quando fontes de hidrogênio estão presentes [água, metano (CH_4) etc.], acontece uma sequência muito diferente e mais rápida:[1]

$$CO + H_2O \rightarrow CO_2 + H_2 \quad (3)$$

$$H_2 + O_2 \rightarrow H_2O_2 \quad (4)$$

$$H_2O_2 \rightarrow 2\ OH \quad (5)$$

$$OH + CO \rightarrow CO_2 + H \quad (6)$$

$$H + O_2 \rightarrow OH + O \quad (7)$$

O carvão não queima rapidamente devido a sua estrutura sólida e à ausência de fontes de hidrogênio. Isso também explica a relativa abundância de monóxido de carbono em suas emissões. A captura e a observação do CO precisam ser feitas fora das condições usuais de combustão. Imagine lebistes recém-nascidos no meio de um tanque de peixes vorazes. Agora imagine os mesmos lebistes recém-nascidos depositados pela mãe deles diretamente em um tanque para incubação onde possam ser estudados.

O monóxido de carbono foi um "enigma" no final do século XVIII, quando foi descoberto de maneira independente por Torbern Bergman, Joseph Marie François de Lassone e Joseph Priestley.[4] Quando se faz passar vapor de água sobre carvão aquecido ao rubro, produz-se o "gás d'água" – que é útil como combustível, mas altamente tóxico. (Compreendemos hoje que o gás d'água é uma mistura de CO, H_2 e CO_2). Priestley observou que, ao aquecer o calcário ($CaCO_3$) dentro de um cano de espingarda aquecido ao rubro, o resultado era a formação de um "ar inflamável" de natureza relativamente "pesada", o qual queimava com uma chama azul formando "ar fixo" (CO_2). Quando se aquecia a cal extinta [$Ca(OH)_2$] dentro de um cano de espingarda aquecido ao rubro, o resultado era o "ar inflamável leve", que queimava de maneira explosiva. As equações (8) e (9) correspondem ao primeiro caso, no qual se forma o CO. As equações (10) e (11) correspondem ao segundo caso, no qual se forma o H_2. É claro que, para aumentar ainda mais a confusão, o gás d'água continha tanto o "ar inflamável leve" como o "pesado".

$$CaCO_3 \rightarrow CaO + CO_2 \quad (8)$$

$$3\,CO_2 + 2\,Fe \rightarrow Fe_2O_3 + 3\,CO \quad (9)$$

Aqui, o produto gasoso é o "ar inflamável pesado".

$$Ca(OH)_2 \rightarrow CaO + H_2O \quad (10)$$

$$3\,H_2O + 2\,Fe \rightarrow Fe_2O_3 + 3\,H_2 \quad (11)$$

Aqui, o produto gasoso é o "ar inflamável leve".

Agora, se você fosse Joseph Priestley, e estivesse firmemente comprometido com a teoria do flogístico, a conclusão seria óbvia – tanto o "ar fixo" (CO_2) como o vapor de água estariam liberando o flogístico do ferro do cano da espingarda, ainda que em diferentes extensões. Em 1801, William Cruickshank, químico de munições, professor de química da Academia Real de Artilharia, cirurgião da Artilharia e Cirurgião do Departamento de Metais para Munições, finalmente teve sucesso em diferenciar o hidrogênio do monóxido de carbono.[4] Como veremos em breve, também o Conde Rumford usou a artilharia para fazer ciência. Talvez a economia de guerra da Inglaterra do século XVIII tenha produzido um excesso de armas, que mais tarde seriam exploradas como aparatos científicos.

1 ■ J. R. Partington, *A history of chemistry*, Londres, MacMillan, 1962, v. 2, p. 229.

2 ■ O carvão vegetal é produzido aquecendo-se a madeira lentamente, até altas temperaturas. O resultado é uma massa contendo cerca de 75% de carbono, 20% de compostos voláteis (eliminados quando o carvão é aquecido ao rubro) e 5% de cinzas.

3 ■ K. K. Kuo, *Principles of combustion*, Nova York, Wiley, 1986, p. 148-149.

4 ■ J. R. Partington, op. cit., v. 3, p. 271-276.

UM EXPERIMENTO SEM FUROS

Mesmo tendo Lavoisier destruído o flogístico, ele postulou uma nova "substância simples" ou "elemento" gasoso chamado *calórico* – o elemento do calor (vide Tabela de Elementos de Lavoisier, Fig. 88). O calórico podia ser transferido de um corpo mais quente para um mais frio, sem produzir transformação química. Entretanto, Lavoisier também postulou que o gás oxigênio conteria calórico, liberado na forma de calor e de luz quando uma substância fosse queimada (vide Fig. 89). A semelhança entre o conceito de calórico e o conceito de flogístico é quase óbvia.

A Figura 97 é do volume 2 de *Essays, political, economical and philosophical* (3. ed., 1798), escrito por Benjamin Thompson (Conde Rumford) (1753-1814). Ele demonstrou que o trabalho mecânico envolvido na perfuração de um canhão de bronze era suficiente para fazer ferver a água, e que a capacidade calorífica das aparas produzidas na perfuração era a mesma do que quando essas aparas eram parte do canhão.[1] Esperava-se que uma perda de calórico se manifestasse como uma perda de massa e/ou de capacidade calorífica. Com efeito, Rumford mostrou que não havia limite para a quantidade de calórico que podia ser liberada como resultado da fricção mecânica. Isso, é claro, seria impossível. Ele também estabeleceu, cuidadosamente, que não havia mudança na massa quando ocorria o congelamento da água. Em sua época, o trabalho de Rumford teve pouco impacto. As explicações propostas eram de que a quantidade de calórico presente no canhão era incrivelmente grande, que pouquíssimo dele teria sido liberado nos experimentos de Rumford, e que o calórico seria extremamente leve.

Esse estudo foi um primeiro passo quantitativo rumo ao estabelecimento da *Primeira Lei da Termodinâmica*, em termos do equivalente mecânico do calor:

$$\text{Energia}_{\text{sistema}} = (\text{calor adicionado})_{\text{sistema}} - (\text{trabalho sobre as vizinhanças})_{\text{sistema}}$$

No experimento da perfuração, o trabalho é realizado pelas vizinhanças do sistema (o canhão de bronze), a energia do sistema aumenta, e calor é liberado também para as vizinhanças (banho de água).

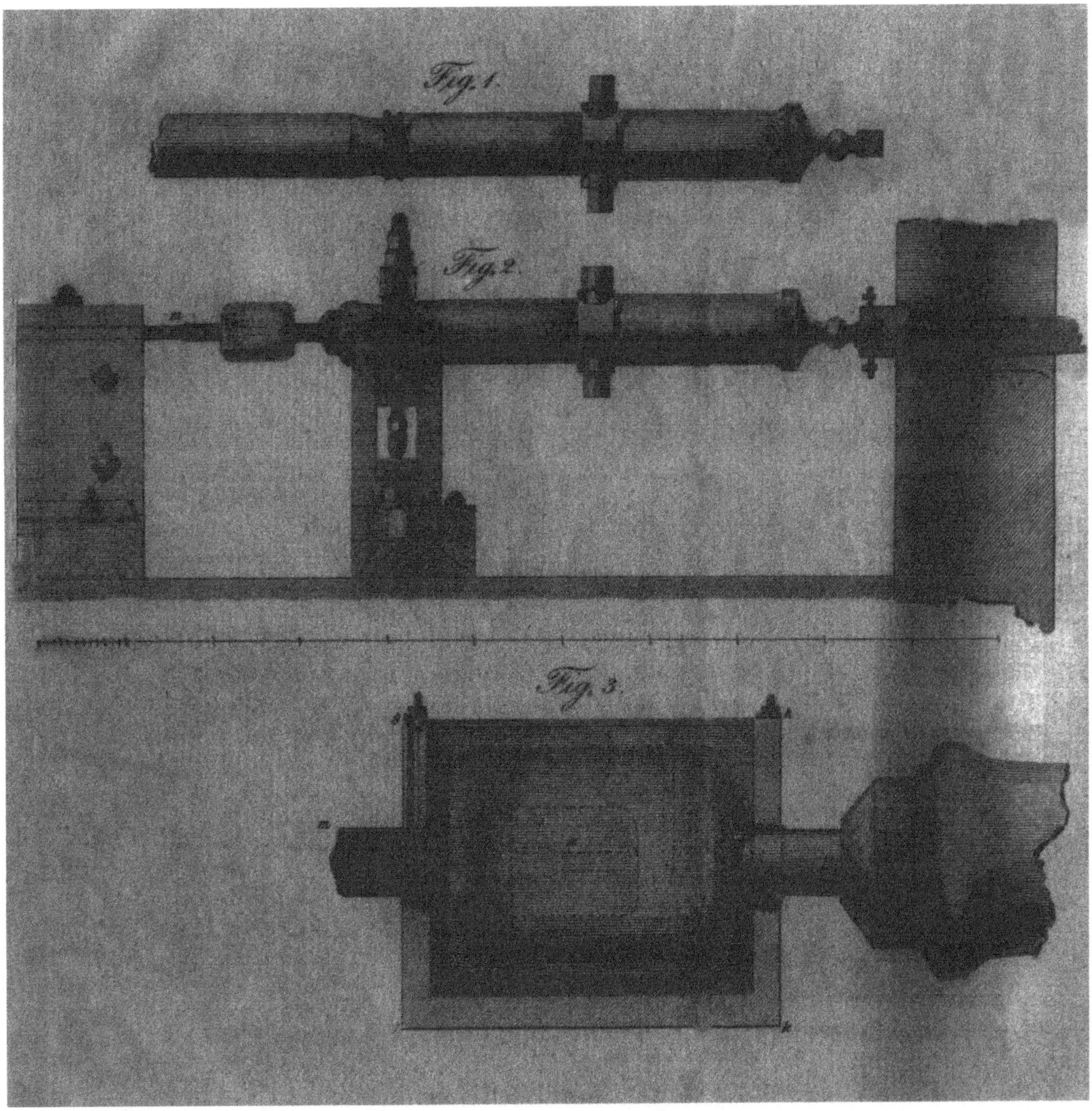

Figura 97 ■ O experimento de perfuração do canhão de Benjamin Thompson (Conde Rumford), que contestou a teoria do calórico (do v. 2 de *Essays, political, economical and philosophical*, 3. ed., Londres, 1798).

Benjamin Thompson nasceu em uma modesta família de agricultores na colônia de Massachusetts em 1753.[2] Ele recebeu pouca educação formal, era essencialmente um autodidata, mudou-se para a cidade de Concord em New Hampshire para dar aulas, e casou-se com uma viúva rica 14 anos mais velha quando ele tinha apenas 19 anos de idade. Eles se separaram definitivamente em 1775, quando teve início a Revolução Americana e Thompson trabalhou como espião para os ingleses – vindo mais tarde a fugir para a Inglaterra. Ele teve baixa do Exército britânico, e recebeu o título de cavaleiro das mãos do Rei Jorge

III em 1784. Mudou-se então para território germânico, tornou-se comandante do Exército bávaro, e recebeu o título de Conde Rumford do Sacro Império Romano-Germânico em 1793. Os primeiros estudos termodinâmicos tiveram origem nessa experiência militar em terras germânicas. O Conde Rumford retornou à Inglaterra em 1798, auxiliou na fundação da Royal Institution em 1799, e indicou Humphrey Davy como Lente de Química em 1801, após a publicação do trabalho deste a respeito do gás hilariante.

O Conde Rumford cortejou com sucesso Madame Marie-Paulze Lavoisier por mais de quatro anos, e eles se casaram em 1805. No entanto, de acordo com Rayner-Canham, "ele era um indivíduo muito presunçoso e enfadonho, que esperava viver bem à custa das finanças de Paulze-Lavoisier, enquanto prosseguia em suas pesquisas sozinho". O casamento aparentemente deteriorou-se em dois meses, e a separação veio a acontecer em 1809.[3]

1 ■ W. Kauzman, *Thermodynamics and statistics: with applications to gases*, v. II de *Thermal properties of matter*, Nova York, Benjamin, 1967, p. 34-35.

2 ■ *Dictionary of scientific biography*, Nova York, Scribner, 1970, v. 13.

3 ■ M. Rayner-Canham e G. Rayner-Canham, *Women in chemistry: their changing roles from alchemical times to the mid-twentieth century*, Washington e Filadélfia, American Chemical Society/ Chemical Heritage Foundation, 1998, p. 17-22.

GÁS HILARIANTE PARA TODOS!

Humphrey Davy[1] (1778-1829) era aprendiz de um cirurgião em Penzance em 1795, mas começou a ler os *Elements of chemistry* de Lavoisier e o *Dictionary of chemistry* de Nicholson – o qual ainda conservava algumas influências do flogístico. Suas primeiras investigações chamaram a atenção de Thomas Beddoes, e Davy foi indicado para trabalhar na Pneumatic Institution de Beddoes em 1798. O objetivo dessa instituição era utilizar gases inaláveis para curar doenças.

O trabalho de Priestley sobre diferentes tipos de ar levou-o a produzir óxido nítrico (N_2O) impuro em 1772. Em 1799, Davy aqueceu nitrato de amônia em uma retorta como a representada na Figura 98 (*Fig. 2*) e obteve o gás puro, recolhido sobre água. Seus estudos experimentais e fisiológicos foram publicados em *Researches, chemical and philosophical, chiefly concerning nitrous oxide, or dephlogisticated nitrous air and its respiration* (1800). A prancha reproduzida é o frontispício da reimpressão de 1839 desse livro extremamente raro, e representa um aparato para armazenamento e para a inalação do gás. A imprudente disposição de Davy em inalar os gases recém-descobertos nessa época foi, ao menos uma vez, recompensada com o óxido nitroso (gás hilariante):

> No dia 16 de abril, quando o Doutor Kinglake por acaso estava presente, eu respirei três quartos* de óxido nitroso de dentro de bolsa de seda, por mais de meio minuto, sem fechar meu nariz ou esvaziar meus pulmões previamente. As primeiras inspirações me causaram um ligeiro grau de tontura. Isso foi sucedido por uma sensação incomum de repleção da cabeça, acompanhada pela perda de sensações distintas e dos movimentos voluntários – uma sensação análoga àquela produzida no primeiro estágio da intoxicação, mas não acompanhada de sensação agradável. O Doutor Kinglake, que mediu o meu pulso, informou que ele havia ficado mais rápido e mais cheio.

Davy, que escrevia boa poesia e era um ávido pescador,[1] tinha uma grande variedade de amigos e correspondentes que experimentaram o óxido nitroso. Entre eles estavam o Doutor Peter Mark Roget, futuro médico e autor do *Thesaurus*, mas com apenas 20 anos de idade na época, e Samuel Taylor Coleridge, um ano após escrever *The rime of the ancient mariner*. A descrição de Coleridge é a mais poética:

> Na primeira vez em que eu inspirei o óxido nitroso, senti uma muito prazerosa sensação de calor por todo meu corpo – semelhante àquela que me lembro ter experimentado uma vez ao retornar de um passeio na neve e entrar em um quarto aquecido. O único movimento que eu me senti disposto a fazer era rir daqueles que estavam olhando para mim. Senti meus olhos distendidos, e por último, meu coração pulsava como se estivesse saltando para cima e para baixo. Ao remover o bocal, toda a sensação se dissipou quase instantaneamente.

O óxido nitroso foi usado como anestésico pela primeira vez em 1846, não sem antes ter causado uma agitação nos dormitórios universitários da época. A caricatura feita por James Gillray em 1802 (Fig. 99) mostra Davy segurando um fole e auxiliando em uma demonstração do gás hilariante em um auditório. E de pé, à direita, está o Conde Rumford sorrindo em aprovação.[2]

* N.T.: Um quarto é uma unidade britânica de medida de volume, correspondente a aproximadamente 1,14 litro.

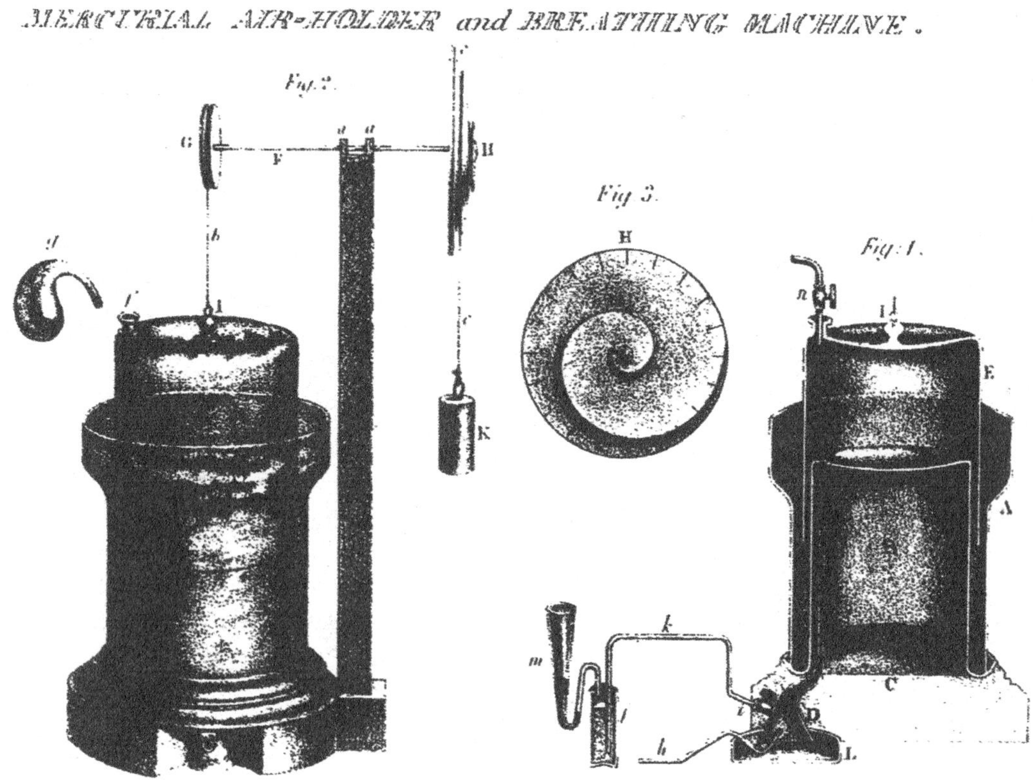

Figura 98 ■ Diagrama do aparato de Humphrey Davy para armazenar e respirar óxido nitroso (do livro *Researches, chemical and philosophical, chiefly concerning nitrous oxide, or dephlogisticated nitrous air and its respiration*; a edição original, publicada em 1800, é de extrema raridade). O círculo de amigos artistas de Davy incluía o poeta Samuel Taylor Coleridge e o Doutor Mark Roget (famoso pelo *Thesaurus*), os quais experimentaram o gás hilariante com Davy, e relataram suas observações científicas.

[1] ■ J. R. Partington, *A history of chemistry*, Londres, MacMillan, 1964, v. 4, p. 29-73.

[2] ■ J. Read, *Humour and humanism in chemistry*, Londres, G. Bell, 1947, p. 207.

Figura 99 ■ O artista James Gillray representou uma conferência na Royal Institution em 1802, na qual Humphrey Davy – segurando o fole – se diverte enquanto um voluntário recebe uma dose de gás hilariante (vide *Chemical Heritage*, v. 17, n. 2, p. 45, 1999). O personagem alto, de pé à direita, é o Conde Rumford. (Cortesia de Edgar Fahs Smith Collection, Biblioteca de Livros Raros e Manuscritos, Universidade da Pensilvânia.)

LAVOISIER APAIXONADO

Rascunho para um roteiro de cinema: *Lavoisier apaixonado*. Ao ver o grande sucesso de crítica (e também comercial) do filme *Shakespeare apaixonado*, de 1998, sentimos[1] que o período de pouco mais de 30 anos que testemunhou a revolução química, entre 1772 e 1805, poderia render um grande filme.[2] Embora apresentemos a ideia a seguir de maneira bem-humorada, achamos honestamente que um épico, com um título mais apropriado, poderia ser realmente muito bom. Imaginamos Kenneth Branagh dirigindo o filme e fazendo o papel de Antoine; Gwyneth Paltrow como a jovem Marie; Judie Dench como Marie em seus últimos anos. Alguém aí estaria interessado em financiar?

Nem sequer fazemos questão do título acima – uma outra possibilidade seria *Antoine e Marie, a filha do coletor de impostos*.[3] Enquanto *Shakespeare apaixonado* oferece apenas lutas de espadas, oferecemos pólvora certificada, além de verdadeiras pirotecnias no laboratório, nas ruas e em alto-mar. O filme será uma história de época, enfocando as vidas de Antoine Laurent Lavoisier, o pai da química moderna, e de sua esposa Marie-Anne Pierette Paulze-Lavoisier, uma das mais sofisticadas e encantadoras mulheres do período. A narração[4] em *off* é de Madame Paulze-Lavoisier, o nexo de nosso drama. O pano de fundo inclui a Revolução Americana, a Revolução Francesa, e a assustadora e violenta reação na Inglaterra durante e após a perda da joia da coroa de seu império americano. (*As loucuras do Rei George* fez isso bem em 1994, mas estava voltado para um público sofisticado, não para as massas.) Terá sexo, violência, adultério, abandono, luxúria, espionagem, traição – fará *Ligações perigosas* parecer *Vila Sésamo*.

O ano é 1766 e o flogístico, um último remanescente do pensamento alquímico, ocupou seu espaço por quase cem anos. Na Inglaterra, Henry Cavendish – um gênio excêntrico e milionário – acredita ter isolado o elusivo flogístico, mas na verdade preparou o explosivo hidrogênio. (AVANÇA NO TEMPO 20 anos – franceses explorando viagens aéreas em balões cheios de hidrogênio – um desastre, com incêndio, acontece). CORTA PARA Birmingham, Inglaterra, no início da década de 1770: Joseph Priestley, um clérigo unitarista um tanto teimoso, descobre o oxigênio, e observa que ele mantém os animais por cinco vezes mais tempo que o ar comum. Priestley é amigo e correspondente de Benjamin Franklin, quando tem início a Revolução Americana. CORTE NO TEMPO para o outono de 1775; Franklin aconselha:[5]

> "Joseph, a Inglaterra, ao custo de três milhões de libras, matou 150 ianques nesta campanha, o que dá 20 mil libras por cabeça (...) Durante o mesmo período, 60 mil crianças nasceram nas colônias inglesas da América."

Entra em cena o rico e brilhante Antoine, aos 28 anos, para resgatar Marie-Anne, de 14 anos, dos lascivos tagarelas que trabalham com ele e com Monsieur Paulze na Ferme Générale. (A Ferme era uma empresa financeira privada, encarregada pelo governo de cobrar os impostos – veremos mais sobre isso adiante.) Entretanto, há um presságio quando a sombra de uma lâmina cai sobre uma salsicha do *choucroutes garnie* da festa de Natal da Companhia.[6] Marie e Antoine se casam em 1771, e formam uma parceria da qual qualquer casal teria inveja. Antoine começa seus estudos científicos na residência do casal. A facilidade de Marie com idiomas permite que Antoine tenha acesso à literatura química estrangeira. Ele não gosta do que lê, e decide mudar *tudo*. Marie aprende química suficiente para ser capaz de traduzir e comentar criticamente os textos estrangeiros. Artista talentosa, ela produz as gravuras das pranchas do monumental livro de Antoine, o *Traité élémentaire de chimie* e também pinta um retrato de Franklin que este terá em grande consideração. Os sábados são passados na sala de visitas, onde Antoine e Marie discutem os experimentos da semana com os *cogniscenti*.

Entram Pierre du Pont e seu filho Eleuthère Irénée, que mais tarde terá um pouco de sucesso ao fundar uma empresa química no selvagem e remoto estado do Delaware. Pierre é impetuoso e agitado. Antoine é analítico e totalmente dedicado a seus béqueres, frascos e balanças. Pierre e Marie começam um caso em 1781, que irá durar mais de dez anos sem prejuízo para a amizade de Pierre e Antoine (ou, nesse caso, de Marie e Antoine) – ah, os franceses. De uma cena:

Antoine: Há 26 robes de Pierre no meu armário. Não consigo encontrar meu avental de laboratório!

Marie: Está no laboratório, junto com suas roupas de baixo limpas. Vejo você no próximo sábado na sala de visitas, Cheri.

FLASHBACK para Benjamin Thomson, nascido em uma família de posses modestas na colônia de Massachusetts, que se casa aos 19 anos com uma rica viúva uns 14 anos mais velha. Durante a Revolução Americana, Thomson espiona para os ingleses, quase é apanhado, abandona sua esposa, faz fortuna, e foge para a Inglaterra, onde é feito cavaleiro por Jorge III em 1784. Ele vai voltar.

Enquanto isso, os ingleses e os franceses estiveram brigando pelo domínio global, diretamente e por procuração, por mais de cem anos. A controvérsia em torno do flogístico lhes dá um novo campo para rivalidade. Rajadas de retórica são disparadas de um lado para outro do Canal da Mancha. Richard Kirwan, um irlandês vitriólico, ataca Antoine (por escrito). Marie traduz o trabalho de Kirwan – o qual fornece a Antoine exatamente a munição de que ele precisa. Antoine anexa suas próprias notas à tradução publicada por Marie. Atingido por seu próprio petardo e mortalmente ferido, Kirwan abandona o flogístico. Priestley resiste – ele nunca abandonará o flogístico! A Revolução Americana triunfa. A Inglaterra está cheia de medo e fúria. Os excessos da Revolução Francesa se somam a esse medo. Lavoisier, o coletor de impostos, é guilhotinado (lembram-se do presságio?). Priestley foge da Inglaterra quando uma turba furiosa jura "sacudir o pó da sua peruca", e queima sua igreja. (Retratos futuros irão mostrar Priestley *sans* peruca.)[7]

Após a execução de Lavoisier, os pretendentes mais ricos e brilhantes da Europa cortejam Marie. REAPARECE Benjamin Thompson, agora Conde Rumford do Sacro Império Romano-Germânico, comandante aposentado do Exército da Bavária, e o homem que derrotou a teoria do calórico de Antoine, emergindo daquele grupo. O feliz casal de não casados viaja junto pela Europa durante quatro anos. Rumford mais uma vez deseja aguentar as consequências de se casar com uma mulher rica. Eles se casam em 1805, mas o casamento azeda em dois meses – parece que Rumford um dia fechou as portas para os convidados de Marie, e ela respondeu jogando água fervente sobre as flores premiadas dele (o simbolismo dessas duas ações renderia um monte de teses de doutorado de estudantes de cinema). A esse interessante elenco podemos acrescentar as festas onde se cheirava gás hilariante, promovidas por Humphrey Davy e seus amigos artistas.

Em nosso *trailer* de propaganda – BREVE, EM UM CINEMA PERTO DE VOCÊ:

VEJA! Franklin desfila pelos salões de Paris!

VEJA! Cavendish produz água!

VEJA! Marie Paulze-Lavoisier escalda as flores de Rumford!

1 ■ A Professora Susan Gardner, da Universidade da Carolina do Norte em Charlotte, contribuiu com ideias para este texto.

2 ■ O Professor Roald Hoffmann gentilmente compartilhou comigo suas ideias anteriores sobre utilizar os Lavoisier como personagens dramáticos. No momento em que este livro era finalizado, uma peça intitulada *Oxigênio* estava sendo escrita pelos Professores Carl Djerassi e Roald Hoffmann, em torno da ideia de um "Prêmio Nobel Retroativo" a ser outorgado em 2001 (vide *Chemical & Engineering News*, 11 out. de 1999, p. 7).

3 ■ No filme, o título original que Shakespeare imagina para *Romeu e Julieta* é "Romeu e Ethel, a Filha do Pirata".

4 ■ A Professora Susan Gardner propôs que Madame Lavoisier fosse a narradora da história.

5 ■ E. Wright, *Franklin of Philadelphia*, Cambridge, Belknap Press of Harvard University Press, 1986, p. 239.

6 ■ Homenagem ao filme de Jane Campion, *O piano*.

7 ■ Bem, ao menos o retrato em óleo sobre tela de Rembrandt Peale, de 1801, o mostra sem peruca. Vide B. B. Fortune e D. J. Warner, *Franklin and his friends: portraying the man of science in eighteenth-century America*, Washington e Filadélfia, Smithsonian Portrait Gallery/University of Pennsylvania, 1999, p. 151.

ALGUNS PROBLEMAS DE ÚLTIMA HORA ANTES DA ALVORADA DA TEORIA ATÔMICA

Livros de química básica pintam um quadro bastante elegante para a bem ordenada marcha de Dalton rumo à Teoria Atômica: a descoberta das Leis de Conservação da Matéria, das Composições Definidas e das Proporções Múltiplas, e daí a Teoria Atômica. Pois não foi assim tão elegante.

Os químicos que antecederam Lavoisier havia décadas, senão séculos, supunham implicitamente que a matéria não poderia ser criada nem destruída.[1] Por que outra razão eles postulariam a incorporação de eflúvios do fogo (vide Becher, Boyle, ou Freind) para explicar o aumento de massa quando os metais formam cales? Ou postulariam a flutuabilidade (ou massa negativa) para o flogístico para explicar o mesmo fenômeno? Entretanto, foi o cuidadoso trabalho de Lavoisier com balanças e com a química pneumática que estabeleceu a Lei da Conservação da Matéria sobre sólidas bases científicas.[1] Analogamente, a Lei das Composições Definidas fora admitida por muito tempo – por exemplo, que o óxido preto de cobre seria sempre constituído de 80% em peso de cobre e 20% de oxigênio, qualquer que fosse o país, o químico ou o método de preparação. Os estudos de Joseph Louis Proust (1754-1826) estabeleceram isso, e ajudaram a solidificar os princípios da composição química (*estequiometria*).

Todavia, Claude Louis Berthollet (1748-1822), um dos grandes colaboradores de Lavoisier no livro *Nomenclature chimiques*, levantou algumas questões difíceis em seu livro *Essai de statique chimique*, publicado em 1803 (Fig. 100).[2] Embora houvesse alguma confusão a respeito de misturas e compostos, ele observou que alguns compostos cristalinos tinham composições indefinidas e variáveis. Berthollet estava certo. Por exemplo, o minério de ferro wustita recebe normalmente a fórmula FeO, embora ela de fato varie de $Fe_{0,95}O$ (76,8% de ferro) a $Fe_{0,85}O$ (74,8% de ferro) – dependendo, como sabemos hoje, do equilíbrio entre os íons de Fe^{2+} e Fe^{3+} para equilibrar os íons de O^{2-} no sal iônico.[3] Como dois íons de Fe^{3+} serão equivalentes a três íons de Fe^{2+} para efeito de neutralização de três íons de O^{2-}, a substituição de Fe^{2+} por Fe^{3+} produzirá vacâncias no retículo cristalino, e fará com que a proporção Fe/O seja menor do que 1:1 e ligeiramente variável. A wustita é um exemplo de *composto não-estequiométrico*, sendo que tais compostos às vezes são chamados de *bertholídeos*.

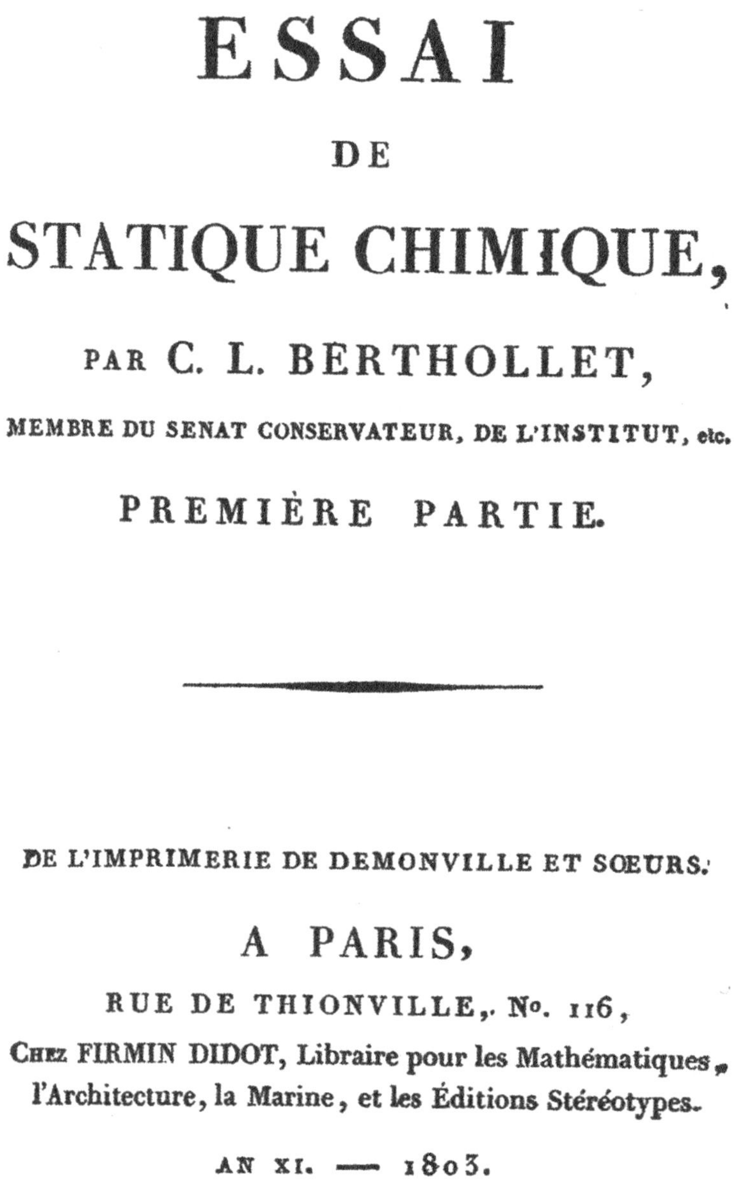

ESSAI

DE

STATIQUE CHIMIQUE,

PAR C. L. BERTHOLLET,

MEMBRE DU SENAT CONSERVATEUR, DE L'INSTITUT, etc.

PREMIÈRE PARTIE.

DE L'IMPRIMERIE DE DEMONVILLE ET SOEURS.

A PARIS,

RUE DE THIONVILLE, No. 116,

CHEZ FIRMIN DIDOT, Libraire pour les Mathématiques, l'Architecture, la Marine, et les Éditions Stéréotypes.

AN XI. — 1803.

Figura 100 ■ Folha de rosto do livro de Claude Louis Berthollet, publicado pouco antes da Teoria Atômica de Dalton. Berthollet descobriu que as composições químicas nem sempre eram "definidas", mas muitas vezes dependiam das condições de reação. Ele havia de fato descoberto a lei da ação das massas.

Ainda mais importante foi a descoberta de Berthollet de que, em alguns casos, os produtos obtidos em uma reação química dependiam das condições da reação. Por exemplo, uma reação química bem conhecida feita em laboratório é:

$$CaCl_2 + Na_2CO_3 \rightarrow CaCO_3 + 2\,NaCl$$

onde $CaCl_2$ é um muriato de cal, Na_2CO_3 é a soda, $CaCO_3$ é calcário, e NaCl é sal. A precipitação de calcário sólido conduz essa "atração eletiva dupla". Todavia, quando acompanhou Napoleão em uma viagem ao Egito em 1798, Berthollet ficou surpreso ao descobrir depósitos de soda nas margens dos lagos salgados.[4] Ele imaginou que as altas concentrações de sal nos lagos poderiam inverter as afinidades normais, e assim os produtos da reação dependeriam das condições. Na verdade, ele havia descoberto a reversibilidade das reações químicas e a Lei da Ação das Massas, mas isso somente foi compreendido mais tarde.

$$CaCl_2 + Na_2CO_3 \leftrightarrows CaCO_3 + 2\,NaCl$$

Aqui, podemos aprender alguma coisa sobre o método científico. Tomemos emprestado o muito citado exemplo dado pelo filósofo Karl Popper: Se, durante décadas, somente cisnes brancos são observados, então a hipótese "Todos os cisnes são brancos" parece razoável. Se ela continuar a ser verificada ao longo de décadas, assumirá a condição de uma teoria confirmada, e possivelmente, de uma lei. Nunca poderá ser provada *verdadeira*, pois não se pode testar todos os possíveis casos futuros. Entretanto, uma observação científica confirmada de um cisne negro irá derrubar a teoria. Ou seja, poder-se-ia considerar que as observações científicas de Berthollet invalidavam a Lei das Composições Definidas, e enfraqueciam seriamente a Teoria Atômica. Porém, em vez de jogá-las fora devido à observação de alguns "cisnes negros", os químicos conservaram essas explicações, antecipando corretamente que as inconsistências seriam explicadas no futuro.

1 F. L. Holmes, *Chemical and Engineering News*, **72**(37):38-45, 1994.

2 H. M. Leicester e H. S. Klickstein, *A source book in chemistry 1400-1900*, Nova York, McGraw-Hill, 1952, p. 192-201.

3 D. W. Oxtoby e N. H. Nachtreib, *Principles of modern chemistry*, 3. ed., Fort Worth, Saunders College Publishing, 1996, p. 9.

4 W. H. Brock, *The Norton history of chemistry*, Nova York, Norton, 1993, p. 144.

O PARADIGMA ATÔMICO

A palavra *paradigma* tem sido excessivamente usada. Todavia, a existência dos átomos é tão fundamental para o próprio tecido do entendimento químico que não podemos dizer virtualmente nada que seja cientificamente sensato sem admiti-la. *Isso* é um paradigma! As Figuras 101 e 102 foram retiradas de *A new system of chemical philosophy*, publicado entre 1808 e 1810 por John Dalton (v. I, Partes I e II; o terceiro livro, v. II, Parte I, apareceu em 1827; embora seja menos importante do que os volumes anteriores, esse volume é muito raro e caro). Dalton (1766-1844), nascido em uma família quacre de posses modestas,[1] foi em grande medida um autodidata. Ele já dava aulas aos 12 anos de idade, e em 1793 se mudou para Manchester, onde durante algum tempo foi professor de matemática e filosofia no New College. Essa instituição saiu de Manchester em 1803 e, após diversas encarnações, tornou-se o Manchester College da Universidade Oxford em 1889.[1] Dalton, porém, permaneceu em Manchester, onde ganhava a vida modestamente, lecionando em escolas e dando aulas particulares enquanto fazia suas pesquisas.[1] Partington especulou que o "robusto e musculoso" Dalton teria herdado sua constituição principalmente de sua "ativa e vigorosa" mãe.[1] Ele nunca se casou, mas esteve atraído brevemente por uma viúva de "grande capacidade intelectual e charme pessoal": "Durante o meu cativeiro, que durou cerca de uma semana, perdi o apetite e tive outros sintomas de dependência, como raciocínio incoerente, etc.; mas felizmente já recuperei a minha liberdade".[1]

Dalton teve um interesse por meteorologia que se estendeu por toda sua vida,[1,2] e publicou um livro sobre esse assunto em 1793. Entretanto, seus estudos sobre a composição da atmosfera lhe deram as primeiras pistas que levaram a sua teoria atômica. Dalton percebeu que a composição do ar era independente da altitude. Embora o oxigênio e o nitrogênio tenham densidades diferentes, eles não se separam em camadas. Seus pensamentos nessa época incluíam a ideia de que átomos individuais seriam envolvidos por envelopes (atmosferas) de calórico, que repeliriam átomos iguais e atrairiam átomos diferentes – explicando assim a mistura atmosférica. Durante o período de 1799 a 1801, ele definiu o conceito de pressão de vapor da água, e percebeu que, quando se adicionava água ao ar seco, a pressão total passava a ser a soma da pressão do ar seco com a pressão de vapor da água. Isto é, embora os gases se misturassem, eles atuavam de maneira totalmente independente (Lei de Dalton das Pressões Parciais). Ele também mostrou, como fizera Charles anteriormente, que o ar expande seu volume linearmente quando é aquecido.

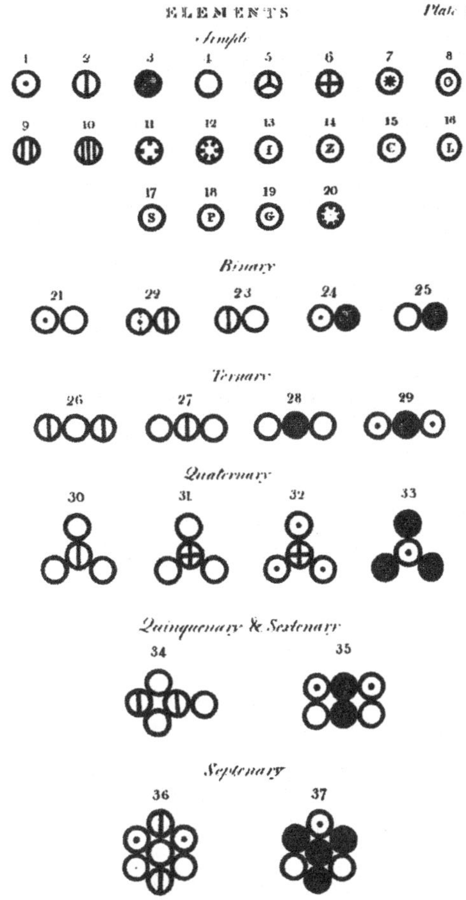

Figura 101 Prancha representando os átomos, do livro de Dalton *A new system of chemical philosophy* (Manchester, 1808-1810). A "regra da máxima simplicidade", proposta por Dalton (talvez um estilo quacre de ciência, assim como de viver), assumia a fórmula da água como sendo HO em vez de H_2O (o peróxido de hidrogênio, H_2O_2, somente seria descoberto por Gay-Lussac e Thenard em 1815).

Embora haja indícios de que os químicos do final do século XVIII admitissem que substâncias específicas tinham composições definidas,[2] os estudos de Berthollet (vide Fig. 100) mostravam que as composições das "substâncias", muitas vezes, dependiam das condições iniciais. Hoje compreendemos que Berthollet estava observando misturas, cujas proporções se modificavam conforme as condições que prevaleciam no equilíbrio. Joseph Louis Proust (1754-1826) foi educado em Paris, mas se mudou para Madri, onde ocupou cargos acadêmicos.[2] Ele se envolveu em um respeitoso debate com Berthollet ao longo de muitos anos, vindo afinal a prevalecer. Proust demonstrou que havia dois diferentes óxidos de estanho, e dois diferentes sulfetos de ferro – cada um dos quais com sua própria composição definida. Incertezas anteriores decorriam de misturas formadas pelos pares de compostos binários.[2]

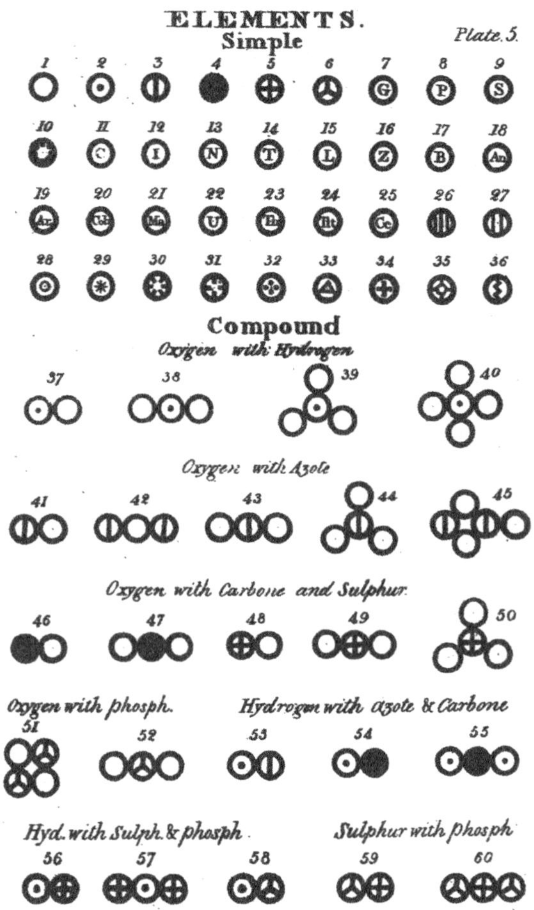

Figura 102 ■ Prancha representando os átomos, do livro de Dalton *A new system of chemical philosophy* (Manchester, 1808-1810).

Dalton aplicou as Leis de Conservação da Massa e das Composições Definidas para explicar sua Teoria Atômica.[3] Ele desenvolveu a teoria química em 1803 e falou sobre ela para Thomas Thomson, da Universidade de Edimburgo, em 1804. A terceira edição da obra em vários volumes escrita por Thomson, *A system of chemistry* (Edimburgo, 1807), foi o primeiro livro a incluir a Teoria Atômica de Dalton. A partir dessa teoria, Dalton desenvolveu uma terceira lei, a Lei das Proporções Múltiplas, para explicar as diferentes fórmulas para compostos binários. Por exemplo, considere os compostos binários (*41* a *45*) formados com oxigênio e nitrogênio (Fig. 102). Comparando o óxido nítrico (*41*, NO) com o óxido nitroso (*42*, N_2O), observamos que a massa de nitrogênio que se combina com uma dada massa de oxigênio para formar o composto *42* é o dobro daquela em *41*. Os átomos de Dalton eram reais, indestrutíveis e únicos para cada um dos elementos ponderáveis de Lavoisier. Eram uma total negação da transmutação alquímica. Dalton até mesmo construiu modelos moleculares.

Dalton, um quacre no estilo tanto de ciência como de vida, admitiu também uma "regra da máxima simplicidade".[2] Ele criou o conceito de massas atômicas mas não podia medi-las, nem sequer compreender seu fundamento. Dalton optou por atribuir uma massa relativa de 1 para o hidrogênio, o mais leve dos elementos, e por admitir que as combinações seriam as mais simples possíveis. Por exemplo, sabemos que a água é H_2O, amônia é NH_3 e metano é CH_4. Dalton supôs que fossem HO, NH e CH, respectivamente. Com base nas análises químicas de 1803 – que eram boas, mas longe de serem perfeitas –, ele obteve as seguintes massas atômicas: hidrogênio, 1,0 (padrão); oxigênio, 5,5; nitrogênio, 4,2; carbono, 4,3. Em 1808, ele já havia modificado esses valores, incluindo dados mais recentes e arredondando os valores para números inteiros: hidrogênio, 1 (padrão); nitrogênio, 5; carbono, 5; oxigênio, 7.[3,4] Seus pressupostos continuariam a causar confusão por décadas. A atribuição do valor 1,0 para o hidrogênio parece ser presciente, embora não houvesse qualquer base para sua suposta "unidade". Hoje sabemos que a "unidade" do hidrogênio provém de seu núcleo, que tem apenas um próton. Embora o gás hidrogênio seja de fato H_2, o oxigênio (O_2), o nitrogênio (N_2), e alguns outros gases também são diatômicos, e suas densidades relativas refletem diretamente suas massas atômicas. Foi o médico William Prout (1785-1850) quem formulou, em 1815-1816, a hipótese de que as massas atômicas seriam múltiplos inteiros da massa atômica do hidrogênio.[3,4]

Partington[1] observou que "Dalton nunca pretendeu que seu trabalho como professor interferisse em sua pesquisa, e disse que 'lecionar era uma espécie de recreação, e se fosse mais rico, provavelmente não passaria mais tempo pesquisando do que estava acostumado'". Essa é uma boa lição para aqueles professores que se acham muito importantes e cujas realizações não incluem a descoberta do paradigma de suas disciplinas. É claro, um dos alunos de Dalton foi o célebre físico James Prescott Joule – quer dizer, há sempre um aluno brilhante para um professor dedicado!

1 ■ J. R. Partington, *A history of chemistry*, Londres, MacMillan, 1962, v. 3, p. 755-822.

2 ■ A. J. Ihde, *The development of modern chemistry*, Nova York, Harper and Row, 1964, p. 98-111.

3 ■ J. R. Partington, op. cit., p. 713-714.

4 ■ W. H. Brock, *The Norton history of chemistry*, Nova York, Norton, 1993, p. 133-147, 160-162.

"ESTAMOS AQUI! ESTAMOS AQUI! ESTAMOS AQUI!"

O maravilhoso livro do Doutor Seuss, *Horton hears a Who*,[1] conta a história dos Quem da Quemlândia, uma cidade que fica em um grãozinho de poeira. Os Quem são pequenos demais para serem vistos, e somente o elefante Horton é capaz de ouvi-los. Antes que o grão de poeira fosse fervido em óleo, Horton apelou para que a cidade inteira fizesse barulho ao mesmo tempo para proclamar a existência dos Quem e salvar suas vidas: "Estamos aqui! Estamos aqui! Estamos aqui!"

De muitas formas, os invisíveis (e mudos) átomos estavam chamando a atenção para si mesmos no início do século XIX. A Figura 103 é do livro de Dalton de 1808, *A new system of chemical philosophy*. Na ilustração *1*, vemos a representação feita por Dalton para a estrutura da água líquida. Dalton postulou que, quando a água congela, os átomos de uma camada mudam desse arranjo quadrado para um arranjo romboide, representado na ilustração *2*. É este arranjo hexagonal que Dalton percebeu ser responsável pela bem conhecida simetria hexagonal existente em flocos de neve e em cristais de gelo (vide ilustração *5*). Dalton também tentou usar essas estruturas para explicar outro fato conhecido: o de que o gelo é menos denso do que a água (o gelo flutua na água). Seus argumentos (usando as ilustrações *3* e *4*) estavam incorretos, o que foi observado com desaprovação por Berzelius, em 1812.[2] A água líquida tampouco apresenta um arranjo ordenado como está representado no diagrama *1*. Mesmo assim, a ideia central a respeito da estrutura do gelo estava correta. Entendemos hoje que as moléculas de água não são esferas perfeitas, e que o gelo é menos denso do que a água por permitir ligações de hidrogênio completas entre as moléculas de água. O retículo molecular global do gelo apresenta simetria de ordem seis, e isso de fato se reflete no floco de neve.

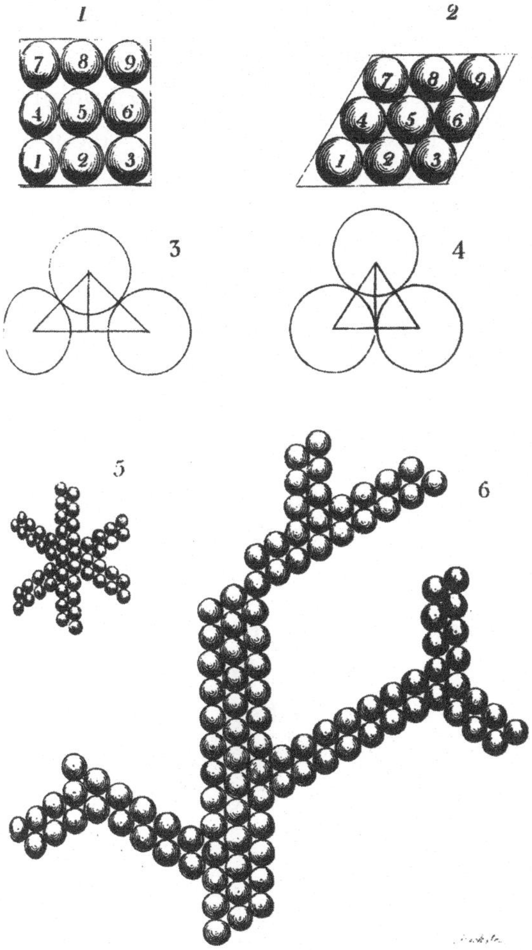

Figura 103 ■ Uma prancha do livro *A new system of chemical philosophy*, de Dalton, que explica por que o gelo é menos denso do que a água, usando a Teoria Atômica. Embora os detalhes não estejam corretos, a explicação de Dalton para a simetria de ordem seis dos flocos de neve e dos cristais de gelo, originando-se em nível molecular, era incrivelmente perspicaz. Berzelius e outros observaram o erro trigonométrico na explicação de Dalton a respeito da diminuição da densidade quando a água (*1* nesta figura) se transforma em gelo (*2*).

Em 1808, Jean Louis Gay-Lussac* (1778-1850) sumarizou os resultados de experimentos feitos por outros pesquisadores, e alguns obtidos por ele mesmo, e descobriu a lei da combinação dos volumes dos gases. Ele percebeu que os volumes dos gases somente poderiam ser comparados se suas pressões e suas

* ■ N.T.: O nome deste químico francês era Louis Joseph Gay-Lussac.

temperaturas fossem iguais. (A primeira afirmação é a Lei de Boyle; a segunda às vezes é chamada de Lei de Charles, em homenagem a seu primeiro descobridor, ou então de Lei de Gay-Lussac, que foi o primeiro a publicá-la.) Assim, volumes iguais de amônia (NH_3) e de ácido muriático (HCl) se combinam completamente para formar um sal sólido; um volume de nitrogênio e um volume de oxigênio formam dois volumes de "gás nitroso" (NO). Um volume de nitrogênio e três volumes de hidrogênio formam dois volumes de amônia.

Dalton não aceitou os achados de Gay-Lussac, pois traziam problemas para a sua regra da máxima simplicidade. Como um dado volume de hidrogênio reage com igual volume de cloro, é razoável supor que esses volumes contêm iguais números de partículas elementares. Entretanto, se dois volumes de hidrogênio reagem com um volume de oxigênio, como Gay-Lussac observou, isso não seria consistente com a fórmula proposta por Dalton para a água, HO. (Observe que o peróxido de hidrogênio, H_2O_2, somente foi descoberto em 1815.)

Em agosto de 1804, Biot e Gay-Lussac, assim como Charles fizera em 1783, voaram em um balão cheio de hidrogênio para fazer medidas do campo magnético da Terra. Em setembro de 1804, Gay-Lussac subiu a 7.000 m acima de Paris, recolheu amostras de ar, e descobriu que elas tinham a mesma composição que o ar no nível do mar.[3] É admirável a confiança de Charles e Gay-Lussac nas leis dos gases.

Em 1811, Amedeo Avogadro[4] (ou, na versão completa, Lorenzo Romano Amedeo Carlo Avogadro di Quaregna e Cerreto, 1776-1856) usou os trabalhos de Gay-Lussac, Dalton e outros para formular a sua hipótese: iguais volumes de gases (sob mesma temperatura e pressão) têm iguais números de moléculas. É interessante observar que essa contribuição ficou, em geral, esquecida até ser ressuscitada por Cannizzaro em 1858.[5]

Um outro indício macroscópico da existência dos átomos foi o conceito de isomorfismo, proposto por Eilhardt Mitscherlich (1794-1863) por volta de 1818-1819.[6,7] Ele relacionou a composição atômica com estruturas cristalinas observáveis. Assim, fosfatos e arsenatos (por exemplo, $Na_2HPO_4 \cdot 12\ H_2O$ e $Na_2HAsO_4 \cdot 12\ H_2O$), assim como sulfatos e selenatos (por exemplo, Na_2SO_4 e Na_2SeO_4) têm estruturas cristalinas idênticas ou muito similares – e isso seria uma consequência de suas composições atômicas serem muito parecidas. (Você consegue ouvir o pêndulo da futura Tabela Periódica oscilando aqui?) Berzelius usou essas relações como auxiliares para a determinação de pesos atômicos.

Estudos calorimétricos, do tipo daqueles feitos por Lavoisier e Laplace (Fig. 92), continuaram a ser feitos por outros cientistas, como Pierre Louis Dulong (1785-1838) e Alexis Therese Petit (1791-1820). Eles descobriram a lei que recebeu o seu nome: o produto do calor específico pela massa atômica dos elementos sólidos (por exemplo, chumbo, ouro, estanho, prata e enxofre) é constante. Isso de fato implica que todos os átomos (independentemente de suas identidades) têm a mesma capacidade calorífica. Esse resultado mais tarde foi estendido para compostos sólidos, e acabou ajudando a esclarecer algumas dúvidas – por exemplo, se os óxidos binários de cobre seriam de fato CuO e CuO_2, ou se seriam Cu_2O e CuO.

1 ■ T. S. Geisel, *Horton hears a Who* (do Doutor Seuss), Nova York, Random House, 1954.
2 ■ W. H. Brock, *The Norton history of chemistry*, Nova York, Norton, 1993, p. 158-162.
3 ■ J. R. Partington, *A history of chemistry*, Londres, MacMillan, 1964, v. 4, p. 77-90.
4 ■ J. R. Partington, op. cit., p. 213-217.
5 ■ J. R. Partington, op. cit., p. 489-494.
6 ■ J. R. Partington, op. cit., p. 207-212.
7 ■ A. J. Ihde, *The development of modern chemistry*, Nova York, Harper and Row, 1964, p. 147-149.

A HIPÓTESE DE AVOGADRO FOI UMA DESCOBERTA PREMATURA?

Avogadro teve uma grande sacada em 1811 quando, ao combinar a Teoria Atômica de Dalton e a Lei Volumétrica de Gay-Lussac, concluiu que volumes iguais de gás (à mesma temperatura e pressão) teriam igual número de partículas últimas. Um aspecto crítico aqui era o termo *meias-moléculas* usado por Avogadro para se referir ao que de fato eram átomos no caso de moléculas diatômicas, como H_2, O_2, N_2 e Cl_2. Dalton nunca aceitou a lei da combinação de volumes. Ele se aborrecia, por exemplo, com o "sesquióxido" de nitrogênio (1 volume de átomos de nitrogênio; 1,5 volume de átomos de oxigênio). Em seu estilo quacre de escrever, ele disse:[1] "Vós sabeis (...) que homem algum pode partir um átomo". A nomenclatura usada por Avogadro era um tanto confusa. Por exemplo, a "molécula integrante" de água continha meia-molécula de oxigênio e uma molécula (ou duas meias-moléculas) de hidrogênio:[2] $1\ H_2 + \frac{1}{2}\ O_2 \rightarrow 2\ H + 1\ O \rightarrow 1\ H_2O$. A Hipótese de Avogadro também irritava Dalton: como o gás nitrogênio (N) podia ser mais denso do que o gás amônia (NH) se os dois gases tivessem igual número de moléculas em uma unidade de volume? É claro que a resposta é que o gás nitrogênio é N_2, enquanto a amônia gasosa é NH_3.

André Marie Ampère, Jean Baptiste André Dumas, e o aluno deles, Marc Augustin Gaudin, adotaram a Hipótese de Avogadro em seus trabalhos durante as três décadas seguintes.[3] Antes de Dumas, as densidades dos gases somente podiam ser medidas para gases permanentes. Dumas desenvolveu uma técnica para medir as densidades para líquidos e sólidos voláteis, estendendo assim a faixa de pesos moleculares (e atômicos) que podiam ser determinados pela Lei do Gás Ideal ($PV = nRT$). Desse modo, Gaudin descobriu que o fósforo elementar (fósforo branco) é, na verdade, P_4.[2] Entretanto, ficaria para Stanislao Cannizzaro a tarefa de reintroduzir a Hipótese de Avogadro em 1858.

Por que demorou quase 50 anos para a Hipótese de Avogadro ser amplamente aceita? Nesse caso, talvez possa ser útil nos referirmos ao conceito de *descoberta prematura*, que Gunther S. Stent definiu da seguinte maneira: "Uma descoberta é prematura se suas implicações não puderem ser conectadas, por meio de uma série de passos lógicos simples, com o conhecimento canônico ou comumente aceito".[3] Stent deu como exemplo de descoberta prematura a inequívoca identificação experimental do DNA como o material genético, feita por Oswald T. Avery em 1944.[3] Qual era o problema conceitual? Sabia-se que o DNA era composto por apenas quatro nucleotídeos diferentes. Como um "alfabeto" tão simples podia codificar uma quantidade tão vasta de informação genética? Proteínas, ao contrário, tinham um "alfabeto" de 20 aminoácidos, e eram obviamente a melhor escolha para armazenar informações. Assim, embora as conclusões experimentais de Avery fossem sólidas e inequívocas, os cientistas não aceitaram imediatamente o arcabouço conceitual para compreendê-las, e elas passaram relativamente despercebidas por cerca de cinco ou seis anos. De maneira semelhante, os átomos não eram universalmente aceitos como reais, e a nomenclatura usada por Avogadro era um tanto confusa. Além disso, Avogadro – que era advogado e professor de matemática em Turim –, embora fosse "um homem de grande erudição e modéstia", era considerado "pouco conhecido na Itália".[2] Analogamente, Avery era "um cavalheiro sereno, sem pretensões, e não dado a discussões".[3] Se Avogadro tivesse acesso a uma boa empresa de relações públicas da Madison Avenue,[*] talvez a Tabela Periódica houvesse sido descoberta com uma década ou duas de antecedência.

[1] J. R. Partington, *A history of chemistry*, Londres, MacMillan, 1962, v. 3, p. 806.
[2] J. R. Partington, *A history of chemistry*, Londres, MacMillan, 1964, v. 4, p. 213-222.
[3] G. S. Stent, *Scientific American*, v. 227, n. 6, p. 84-93, 1972.

[*] N.T.: Uma rua da cidade de Nova York, na qual se concentram as principais agências de publicidade.

A QUÍMICA NÃO É FÍSICA APLICADA

Os átomos de Dalton eram derivados de experimentos químicos e explicavam as leis químicas. Os átomos foram "adotados" pelos físicos somente depois que muitas décadas se passaram.

De fato, tentativas de aplicar à química a física da época – o grande trabalho de Newton –, feitas cem anos antes, fracassaram. Entre os primeiros a tentarem essas aplicações estavam o matemático John Keill (1671-1721) e o físico John Freind (1675-1728).[1] Newton expressou a força que surge da atração gravitacional entre dois corpos por meio da fórmula:

$$F = Gm_1m_2/d^2$$

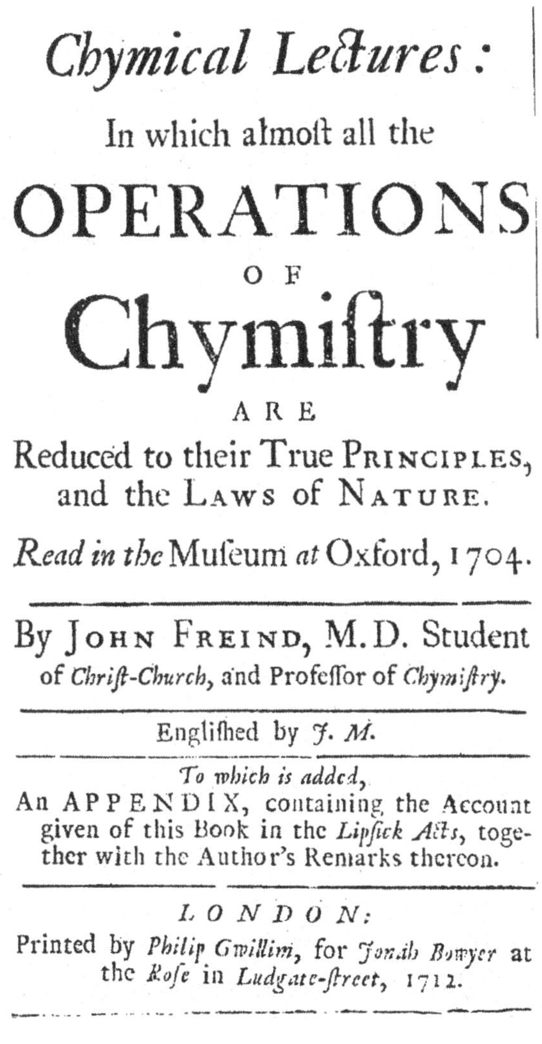

Chymical Lectures:
In which almost all the
OPERATIONS
OF
Chymistry
ARE
Reduced to their True PRINCIPLES,
and the LAWS of NATURE.
Read in the Museum *at* Oxford, 1704.

By JOHN FREIND, M.D. Student
of *Christ-Church*, and Professor of *Chymistry*.

Englished by *J. M.*

To which is added,
An APPENDIX, containing the Account given of this Book in the *Lipsick Acts*, together with the Author's Remarks thereon.

LONDON:
Printed by *Philip Gwillim*, for *Jonah Bowyer* at the *Rose* in *Ludgate-street*, 1712.

Figura 104 Folha de rosto do livro de 1712 do Doutor John Freind, no qual ele tentou usar a física newtoniana para explicar as propriedades físicas e químicas da matéria. Newton suspeitava que as forças que mantinham a matéria unida seriam elétricas e magnéticas.

A distância (d) era calculada entre os centros de massa (centro da Terra, massa m_1; centro da maçã, massa m_2). A diminuição da intensidade da força com o quadrado da distância ($1/d^2$) significava que, se a distância fosse duplicada, a força seria apenas um quarto da original.

Tanto Keill como Freind reconheceram a gravidade como uma força fraca, a menos que um planeta estivesse envolvido. No livro (muito raro) de Freind, *Chymical lectures* (Figs. 104 e 105), ele descreve outra força atrativa similar, extremamente forte a distâncias muito pequenas e presente na superfície das partículas (pontos c e d). Essa força teria uma relação de ordem maior com a distância ($1/d^{10}$, $1/d^{100}$, ..., ?), e assim diminuiria rapidamente mesmo quando a distância entre c e d fosse ainda pequena.

Freind reconheceu também que um metal seria mais leve do que sua cal. Ele explicou essa observação postulando a incorporação de partículas ígneas (partículas de fogo; vide "eflúvios" de Boyle), que separariam mais as partículas do metal – diminuindo, por isso, a intensidade das forças entre elas. Então, é compreensível que o ponto de fusão da prata metálica seja de 962 °C, enquanto sua cal (Ag_2O) decomponha a apenas 230 °C. As cales metálicas, embora não sejam muito solúveis em água, seriam mais solúveis do que os próprios metais. Contudo, o chumbo funde a 327 °C, enquanto o pigmento branco litargírio (PbO) funde a 886 °C; o mercúrio é um líquido, enquanto o HgO é um sólido, ainda que apenas ligeiramente mais solúvel em água do que o metal. Para aumentar a confusão, havia cales que na verdade eram misturas, contendo componentes que eram facilmente decompostos.

Velocity they approach each other For the Attractive Force exerts it ſelf only in thoſe Particles which are very near one another; as for inſtance, in d *and* c*; The Force of ſuch as are remote is next to nothing.*

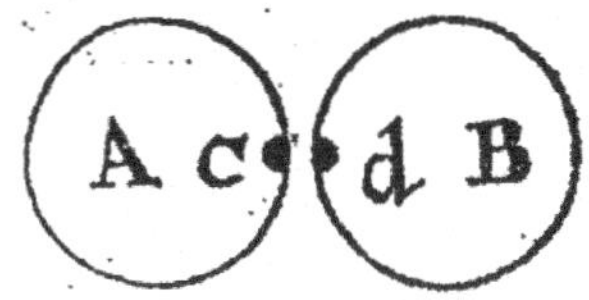

Therefore no greater Force is requir'd to move the Bodies A *and* B*, than what would put into motion the Particles* d *and* c*, when diſengag'd from the reſt. But the Velocities of Bodies moving with the ſame Force are reciprocally, as the Bodies themſelves. Therefore the more the Body* A *exceeds the Particle* d *in Magnitude, the leſs is its Velocity; and this Motion is ſo languid, that oftentimes 'tis overcome by the Circumambient Medium, and other Bodies. Hence it is that this Attractive Force does ſcarce exert it ſelf, unleſs in the ſmalleſt Particles, ſeparated from the reſt.*

Figura 105 ■ Um página do livro de Freind, na qual se encontra representada a atração gravitacional entre os átomos.

No século XX, descobriu-se que a física newtoniana explica o comportamento de objetos grandes e que se movem lentamente – como a bola rápida arremessada por Nolan Ryan.[*] Os elétrons, que sabemos serem responsáveis por manter unidos os átomos, precisam da mecânica quântica para explicar seu comportamento. Eles simplesmente não obedecem às leis de Newton. Ironicamente, as forças que mantêm unidos os sais – formados de íons, como Fe^{3+} e O^{2-} (a existência dos íons foi demonstrada por Arrhenius no final do século XIX) – são quase totalmente explicadas pela física clássica da lei de Coulomb. Contudo, os elétrons, negativos, *não* colapsam no núcleo, positivo.

[1] ■ J. R. Partington, *A history of chemistry*, Londres, MacMillan, 1962, v. 2, p. 478-482.

[*] ■ N.T.: Referência a um jogador de beisebol americano, hoje aposentado.

Seção VI

A QUÍMICA COMEÇA A SE ESPECIALIZAR E AUXILIA A AGRICULTURA E A INDÚSTRIA

A ELETRICIDADE COMO UM BISTURI QUÍMICO*

O conde Rumford, cujos esforços levaram à criação da Royal Institution da Grã-Bretanha em 1799, notou o talento e a verve de Humphrey Davy, então com 23 anos, e intercedeu pela sua nomeação como conferencista em química, em 1801.[1,2] O fato de Davy ter criticado a teoria calórica de Lavoisier não o prejudicou nesse caso.

O elegante e poético Davy foi um sucesso imediato na Royal Institution, atraindo mulheres, bem como homens, às suas conferências. Ele trabalhou também em problemas práticos, incluindo a química dos curtumes e da agricultura (*Elements of agricultural chemistry*, Londres, 1813). Na época, o mundo científico e o interesse popular estavam polarizados em torno do invento de Alessandro Volta. Tratava-se de uma pilha de discos circulares de prata e zinco alternados, sendo cada par separado por um papelão embebido com salmoura. Volta (1745-1827) foi quem descobriu o metano em 1776 no lago Como, revolvendo a lama e coletando as bolhas do gás em um frasco emborcado, cheio de água. Ele descreveu pela primeira vez a pilha voltaica em uma carta dirigida a Sir Joseph Banks, presidente da Royal Society, com a data de 20 de março de 1800.[3]

* ■ N.T.: O autor emprega o termo "bisturi" em sentido figurado, fazendo analogia entre o instrumento cirúrgico que efetua dissecações anatômicas e o uso da eletricidade para decompor compostos em seus elementos químicos.

Durante a última parte do século XVIII, vários experimentos químicos foram feitos usando eletricidade.[3] Apenas um mês após a descoberta de Volta, Anthony Carlisle e William Nicholson construíram uma pilha voltaica com 36 pares de placas de prata e zinco (moedas de meia coroa eram às vezes utilizadas como placas de prata).[2,3] Eles conectaram um fio de latão (liga de cobre e zinco) a uma placa de prata (o polo positivo da pilha de Volta) e um fio de latão à placa de zinco na extremidade oposta (polo negativo) e mergulharam os fios em um tubo de ensaio contendo água. Bolhas de hidrogênio foram produzidas no polo negativo, enquanto o fio ligado ao polo positivo sofreu corrosão. Quando ambos os fios eram de platina, no polo negativo se formava gás hidrogênio e no polo positivo, gás oxigênio.[3] Davy passou a se dedicar a estudos eletroquímicos, incluindo a eletrólise da água. A Figura 106(a) foi tirada do seu livro *Elements of chemical philosophy* (Londres, 1812; Filadélfia, 1812). Ela representa uma pilha voltaica constituída por 24 pares de placas de prata e zinco, cada par separado por tecido impregnado com líquido. Por volta de 1806, Davy afirmou em público que as forças que mantêm os compostos unidos eram de natureza elétrica.[1,2]

Em 1807, Davy se interessou por um problema que havia exasperado Lavoisier, o qual estava convencido de que potassa (KOH) era um composto, embora resistisse às tentativas de "simplificação ou decomposição".[1,2] Ele utilizou uma pilha voltaica enorme, mais potente (sua "bateria com a potência de 250 de 6 e 4" era aparentemente uma pilha com 150 pares de placas quadradas de 4 polegadas conectadas a uma pilha de 100 pares de placas quadradas de 6 polegadas).[4] As suas tentativas de decompor soluções aquosas de potassa somente eletrolisaram a água. Entretanto, quando um pedaço de potassa sólida foi colocado sobre um disco de platina (conectado ao polo negativo) e um fio de platina (ligado ao polo positivo) foi encostado no topo da potassa, o sólido fundiu em ambos os pontos de contato. Uma efervescência violenta na superfície superior (polo positivo) era devida ao gás oxigênio. Na parte inferior (junto à placa de platina), apareceram glóbulos de um líquido prateado com aparência de mercúrio, alguns do quais explodiram e se queimaram com chama brilhante. De acordo com o seu primo Edmund Davy, então trabalhando como assistente (o episódio foi relatado por John, irmão de Humphrey):[4]

> [Quando Humphrey Davy] viu os glóbulos de potássio irromperem através da crosta de potassa e se inflamarem em contato com a atmosfera, não conseguiu conter a sua empolgação – ele realmente saiu pulando pela sala, em arrebatada alegria; e levou algum tempo para se recompor o suficiente para continuar o experimento.

Em poucos dias, Davy isolou com sucesso o sódio. Sua pilha voltaica também lhe deu os metais alcalinoterrosos bário, estrôncio, cálcio e magnésio. (Lavoisier corretamente identificara os seus óxidos como compostos, porém não conseguiu isolar os metais.) Durante esse período, Davy provou que o gás cloro (obtido pela primeira vez por Scheele em 1774) não continha oxigênio. Mostrou, assim, que o ácido clorídrico não continha oxigênio, invalidando a hipótese de Lavoisier de que o oxigênio faria parte da composição de todos os ácidos.

No ano seguinte ao da obtenção eletroquímica do potássio por Davy, Gay-Lussac e Thenard o isolaram por processo químico. A Figura 106(b) (do livro de Davy *Chemical philosophy*) mostra um experimento efetuado (mais um exemplo) em um cano de espingarda. Em um ambiente isento de ar, o ferro é aquecido até a incandescência branca, enquanto a potassa no tubo superior à direita se funde produzindo potássio quando a massa fundida entra em contato com o ferro.

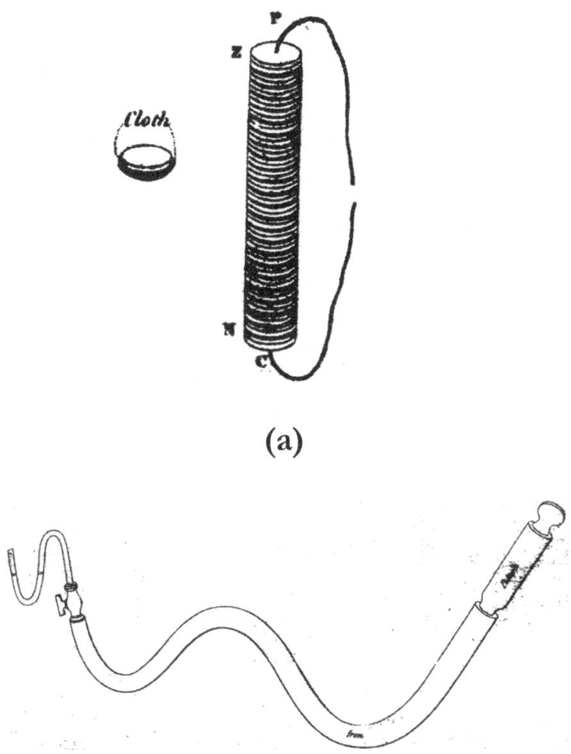

(a)

(b)

Figura 106 ■ Do livro de Humphrey Davy, *Elements of chemical philosophy* (Filadélfia e Nova York, 1812; primeira edição inglesa, Londres, 1812): **(a)** a pilha voltaica de Davy consistia de placas alternadas de zinco e prata, separadas por tecido umedecido; **(b)** outro experimento em cano de espingarda. No cano aquecido até incandescência branca (isento de ar), potassa produz potássio metálico; o potássio foi gerado pela primeira vez utilizando a pilha voltaica. Quando descobriu o potássio, Davy "realmente saiu pulando pela sala em arrebatada alegria".

1 ■ J. R. Partington, *A history of chemistry*, Nova York, MacMillan, 1964, v. 4, p. 29-75.
2 ■ W. H. Brock, *The Norton history of chemistry*, Nova York, Norton, 1993, p. 147-153.
3 ■ J. R. Partington, op. cit., p. 4-5, 12-19.
4 ■ J. R. Partington, op. cit., p. 46.

OS BISTURIS QUÍMICOS AO LONGO DAS ERAS

Até a metade do século XX, Humphrey Davy deteve o recorde pela descoberta do maior número de elementos químicos: seis.[1] Ele teve sucesso porque foi o primeiro a aplicar sistematicamente um novo tipo de ferramenta (a bateria ou pilha voltaica) a problemas químicos. Com muita modéstia, ele atribuiu suas descobertas ao instrumento em vez de ao próprio talento:[2]

> A capacidade intelectual dos homens em diferentes épocas não é tanto a causa dos diferentes sucessos do seu trabalho quanto a natureza peculiar dos meios e recursos sintéticos à sua disposição.

O fogo é claramente o mais antigo bisturi químico. Na verdade, Vulcano libertando Atena da cabeça de Zeus antes de seu casamento químico [Fig. 36(f)] pode ser interpretado como uma metáfora do papel do fogo em provocar transformação química. Antes de 1600, a utilização do fogo acrescentou essencialmente quatro novos elementos (antimônio, arsênio, bismuto e zinco) aos nove elementos conhecidos na Antiguidade (carbono, enxofre e os sete metais: ferro, estanho, chumbo, cobre, mercúrio, prata e ouro – um para cada dia da semana).[1] As próprias chamas foram dissecadas pelos maçaricos – e as suas partes redutora e oxidante utilizadas na Suécia a partir do século XVIII, para fins analíticos. O fogo aqueceu os alambiques que produziram os novos agentes de transformação, ácido sulfúrico (por destilação do vitríolo verde, $FeSO_4 \cdot 7H_2O$), ácido nítrico (destilação do produto obtido adicionando óleo de vitríolo ao salitre) e *aqua regia* (ácidos nítrico e clorídrico). Oxigênio e cloro (isolados por Scheele) e flúor (isolado cerca de cem anos depois por Moissan) foram também poderosos agentes de transformação.

A radiação, inclusive partículas α e nêutrons, originou finalmente a verdadeira transmutação. Não é coincidência o fato de Glenn Seaborg e seus colegas em Chicago e Berkeley deterem o recorde pela descoberta de elementos depois de utilizarem essas partículas para produzi-los como espécies inéditas. Expandir a Tabela Periódica como se fosse ampliar a estação de beisebol de 154 para 162 jogos quase não parece justo com Davy. Talvez o nome de Seaborg devesse ter um asterisco nos livros dos recordes, assim como o de Roger Maris quando quebrou o recorde de Babe Ruth de completar o circuito das bases* durante a primeira estação estendida.[3] Nas duas últimas décadas, o *laser* e o microscópio de força atômica alcançaram sucesso em promover reações de um átomo por vez – aparentemente, a façanha final em dissecação química.

[1] ▪ A. J. Ihde, *The development of modern chemistry*, Nova York, Harper and Row, 1964, p. 747-749.

[2] ▪ W. H. Brook, *The Norton history of chemistry*, Nova York, Norton, 1993, p. 187-188.

[3] ▪ Não há aqui absolutamente nenhum desrespeito. O meu interesse precoce de adolescente por física e química nuclear fez de Seaborg o primeiro químico vivo cujo nome conheci. Eu nunca fui apresentado a ele, porém me lembro da emoção de estar em uma conferência da Sociedade Americana de Química quando Seaborg silenciosa e polidamente entrou na sala.

DAVY SALVA A REVOLUÇÃO INDUSTRIAL

"Dois grandes acontecimentos surpreenderam a Grã-Bretanha em 1815: a vitória de Wellington sobre Napoleão e a vitória de Davy sobre os gases de minas de carvão."[1] A Revolução Industrial corria risco de estagnação no início do século XIX por causa dos perigos na mineração com as lâmpadas contemporâneas, que utilizavam chamas e provocavam explosões. Um acidente perto de Newcastle em 1812 matou 101 mineiros e mais de dois terços das minas de carvão na Inglaterra foram consideradas perigosas demais em virtude dos seus níveis de gás de carvão (principalmente metano).[1]

Em 1815, Humphrey Davy foi solicitado pelo presidente de uma "Sociedade para Prevenção de Acidentes em Minas de Carvão" a propor uma solução.[2] A sua invenção elegante e simples está representada (Fig. 107) no frontispício do seu livro de 1818 *On the safety lamp for coal miners; with some researches on flame.* Davy tinha estudado anteriormente as chamas e a sua propagação e notou que as chamas não conseguem se propagar através de orifícios pequenos. Assim, a sua solução foi simplesmente envolver a lâmpada com um cilindro de tela de arame que ainda permitia o contato da chama com a atmosfera. A tela dissipava o calor da chama, esfriando-a de modo que a temperatura que o metano encontraria na lâmpada seria inferior ao seu ponto de fulgor. A chama em si não podia atravessar a tela.[2]

* ▪ N.T.: Trata-se de um acontecimento histórico no beisebol, no ano de 1961.

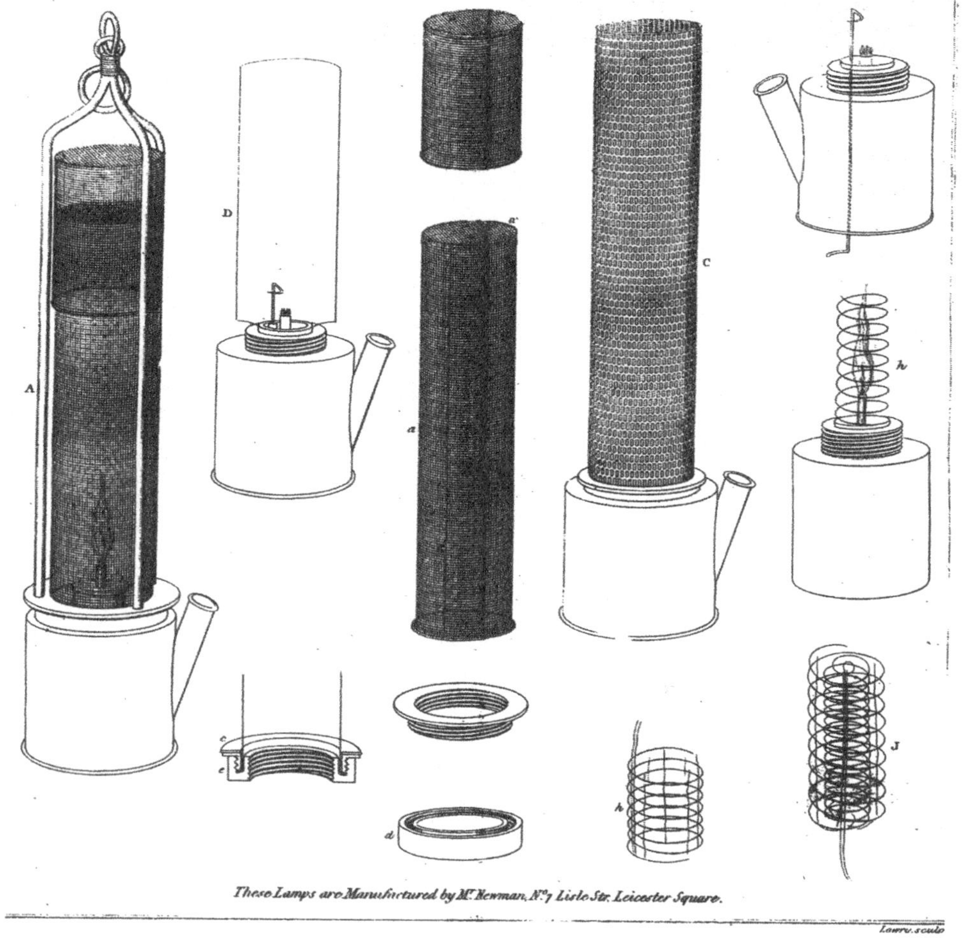

Figura 107 ■ Esquemas de aspectos da lâmpada de segurança para mineiros de carvão de Humphrey Davy (Londres, 1818). A sua solução engenhosa para as lâmpadas, que incendiavam o gás de carvão com consequências mortais, foi incrivelmente simples. A fina tela metálica esfriava o gás de carvão abaixo do seu ponto de fulgor. Assim, embora a chama e o gás combustível entrassem em contato, não ocorria explosão.

Ainda a respeito do gás de carvão, observamos que o químico Friedrich Accum (1769-1838) teve um papel fundamental na introdução da iluminação a gás de carvão na Inglaterra. É difícil imaginar a mudança na vida noturna de Londres após a difusão ampla do seu uso. "Lua cheia à noite é alegria dos namorados", mas e os outros 27 dias? Na névoa de Londres em noite sem lua, dois namorados podiam ouvir um ao outro, tocar-se, mas não se ver. O gás de carvão, obtido pela destilação destrutiva do carvão,[1] consiste em sua maior parte de hidrogênio e metano, com quantidades menores de monóxido de carbono, etileno e algum acetileno e dióxido de carbono, sulfeto de hidrogênio e amônia.

A Figura 108 é da terceira edição do livro de Accum *A practical treatise on gas-light* (Londres, 1816; primeira e segunda edição, 1815). Ela representa um aparelho de gás para demonstração e para teste de diferentes carvões. À direita, há um forno portátil com retorta de ferro fundido para queimar o carvão; a unidade central é um purificador com três câmaras [uma com água para remover amônia; a segunda com solução aquosa de potassa (KOH) para remover dióxido de carbono e sulfeto de hidrogênio; a terceira recolhe outros produtos líquidos]. A unidade à esquerda na Figura 108 é o gasômetro que armazena o gás de carvão sobre água, a uma pressão moderada. Observe as elegantes lâmpadas ou queimadores na parte superior. Por volta de 1815, já havia 26 milhas de canalização de gás sob as ruas de Londres.

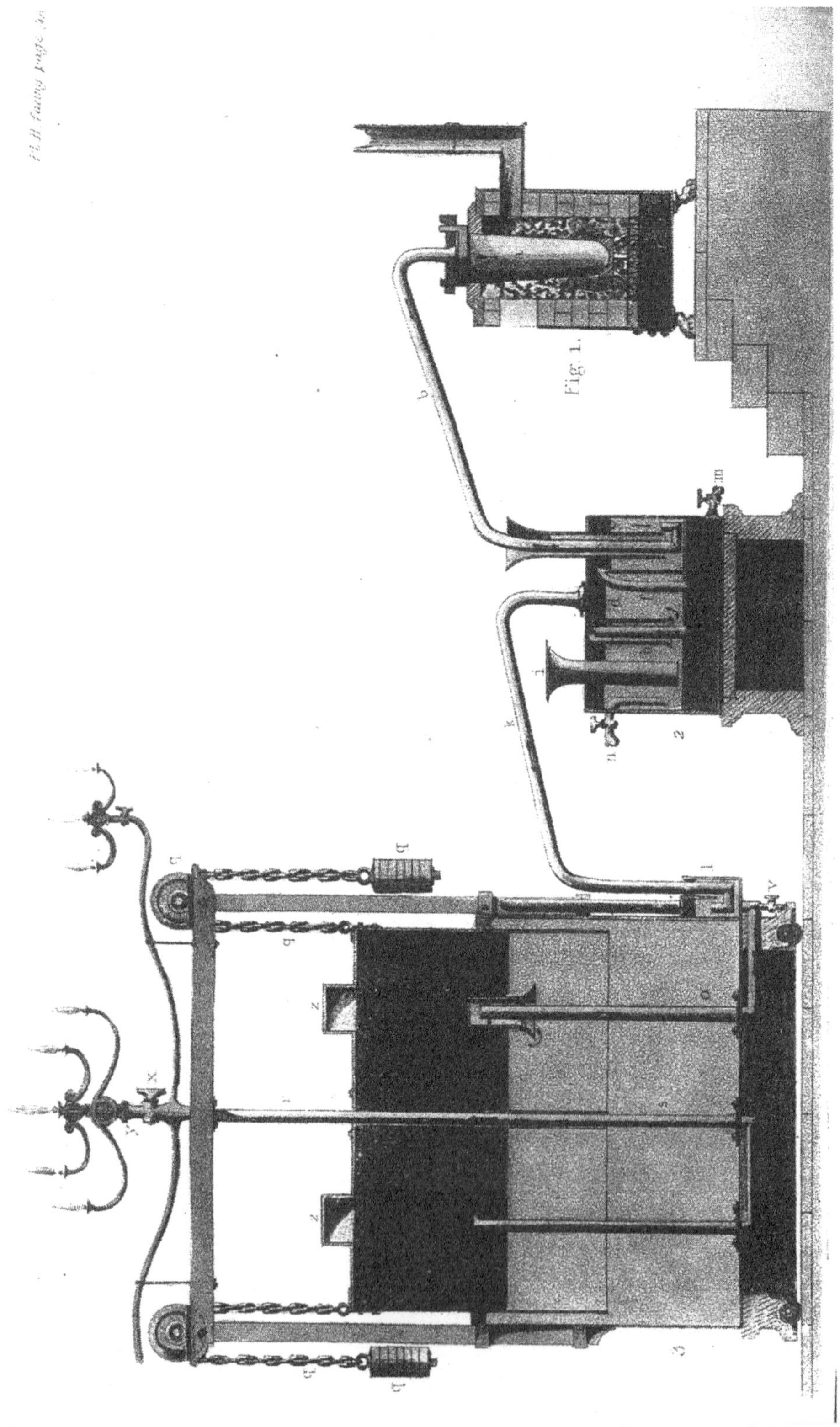

Figura 108 ■ Um modelo demonstrativo de um sistema de iluminação a gás de carvão (Friedrich Accum, *A practical treatise on gas-light*, 3. ed., Londres, 1816).

Accum escreveu diversos livros interessantes sobre química teórica e prática e entretenimentos químicos, além do seu *Practical treatise on gas-light.* O seu livro *Death in the pot: a treatise of food, and culinary poisons* (Londres, 1820) lhe trouxe muitos inimigos. Alguns deles podem ter conspirado para acusá-lo de roubar e desfigurar livros na biblioteca da Royal Institution. Ele não foi preso, porém deixou a Inglaterra desacreditado, indo assumir uma posição de professor na Alemanha.[4] O seu excelente trabalho de 1824, *An explanatory dictionary of the apparatus and instruments employed in the various operations of philosophical and experimental chemistry*, foi publicado anonimamente.

1 ■ J. Stradins, *Chymia*, n. 9, p. 125-145, 1964.
2 ■ J. R. Partington, *A short history of chemistry*, 3. ed., Nova York, Dover, 1989, p. 189-190.
3 ■ J. R. Partington, *A history of chemistry*, Londres, MacMillan, 1962, v. 3, p. 826-827.
4 ■ C.A. Browne, *Chymia*, n. 1, p. 1-9, 1948.

A TEORIA DUALÍSTICA DA QUÍMICA

Os primeiros alquimistas e filósofos naturais acreditavam na dualidade da matéria – sol e lua; macho e fêmea; enxofre (fixo) e mercúrio (volátil). Quando Davy eletrolisou a potassa pura (KOH) e produziu um espírito volátil (feminino) – oxigênio – no polo positivo e um material explosivo, fixo (masculino) – potássio – no polo negativo, isso teria sido intuitivamente óbvio para eles.

Jons Jacob Berzelius[1,2] (1779-1848) nasceu em Estocolmo um ano antes do seu grande conterrâneo Scheele descobrir ácido lático em leite azedo. A página de rosto mostrada na Figura 109 é do primeiro livro de Berzelius. Ele encontrou ácido lático em músculo ("suco de carne") e isso apareceu no segundo volume da obra em dois volumes (1806; 1808). O ácido lático viria a desempenhar um papel crítico no desenvolvimento da estereoquímica cerca de 75 anos depois. Assim como Scheele antes dele, Berzelius é onipresente na química de sua época e, certamente, em nossos livros didáticos modernos. Ele desenvolveu a abreviação que utilizamos para os elementos (por exemplo, H, C, Cl e Po, que foi posteriormente modificado para K) e escreveu versões das nossas fórmulas atuais em que os números adicionados aos elementos eram sobrescritos. As fórmulas modernas com os números subscritos tais como H_2O foram introduzidas por Liebig e Poggendorff em 1834.[1,2] Berzelius fez um grande trabalho de sistematização na química e a ele são atribuídas as descobertas do selênio e do tório, uma participação na descoberta do cério, a primeira identificação do silício (na verdade, produzido anteriormente por Gay-Lussac e Thenard mas não identificado) e a primeira preparação de zircônio e titânio na forma de metais – eles já haviam sido identificados como novos elementos em seus estados combinados.[1,3] Na verdade, o titânio, atualmente o "elemento mais excitante de toda a Tabela Periódica", foi realmente obtido como metal puro pela primeira vez em 1910.[4] Ele teve contribuição importante em análise química, incluindo o campo novo e complexo da análise orgânica, e os seus estudos extraordinariamente cuidadosos (nada menos do que 30 repetições) confirmaram a lei de Dalton das proporções múltiplas e fortaleceram a Teoria Atômica. Ele também demonstrou que as descobertas de Dalton e de Berthollet eram mutuamente compatíveis, diferenciou o que chamava de "fórmulas empíricas" (por exemplo, C_2H_6O) do que chamava de *fórmulas racionais* (por exemplo, $C_2H_4 + H_2O$) e definiu os termos *isômeros* e *alótropos*. Em 1827, Berzelius "afirmou que uma força vital peculiar intervém na formação de compostos orgânicos e dificilmente se pode esperar a sua preparação no laboratório".[1]

FÖRELÄSNINGAR

I

DJURKEMIEN,

AF

J. JACOB BERZELIUS.

FÖRRA DELEN.

STOCKHOLM,

Tryckte hos CARL DELEN, 1806.

Figura 109 ■ Página de rosto do primeiro livro de Jons Jacob Berzelius. Ele relata como isolou o ácido lático a partir de "suco de carne" (músculo).

O dogma central da visão do mundo de Berzelius era a teoria dualística que ainda permeia a nossa compreensão da química – particularmente para compostos iônicos como o cloreto de sódio. Resumidamente, o sal de cozinha é composto por uma parte positiva (Na^+) e uma parte negativa (Cl^-). Tal dualismo já fazia parte do pensamento de Lavoisier cerca de 30 anos antes:[1]

Ácido = radical + oxigênio

Base = metal + oxigênio

Sal = base + ácido

O termo *radical*, introduzido por Morveau e empregado por Lavoisier, é definido como "da ou a partir da raiz"; "fundamento ou fonte de algo".[5] Berzelius dividiu os corpos ponderáveis em uma classe eletronegativa e uma classe eletropositiva. As substâncias da classe eletronegativa são atraídas pelo polo positivo (seguindo a convenção de Davy) e as substâncias da classe eletropositiva são atraídas pelo polo negativo (Berzelius havia inicialmente definido os polos de maneira diferente, mas se curvou à ampla aceitação das definições de Davy).[2] Embora sais orgânicos, como o acetato de sódio, se encaixem no conceito dualístico, a grande maioria dos compostos orgânicos não o faz.

1 ■ J. R. Partington, *A history of chemistry*, Londres, MacMillan, 1964, v. 4, p. 142-177.
2 ■ W. H. Brock, *The norton history of chemistry*, Nova York, Norton, 1993, p. 150-159.
3 ■ A. J. Ihde, *The development of modern chemistry*, Nova York, Harper and Row, 1964.
4 ■ D. Rabinovich, *Chemical Intelligencer*, out. 1999, p. 60-62. O Professor Rabinovich aprecia o "irídio" ou "paládio" no lugar do "titânio".
5 ■ J. R. Partington, op. cit., p. 258-262.

ADAMS SE OPÕE AOS ÁTOMOS

John Adams e Thomas Jefferson, o segundo e o terceiro presidentes dos Estados Unidos, vieram das duas principais "fontes de poder", Massachusetts e Virgínia, respectivamente. Eles foram aliados e forças fundamentais na Revolução Americana, depois se tornaram amargamente antagônicos, porém chegaram a uma reconciliação na velhice.[1] Surpreendentemente, ambos faleceram em 4 de julho de 1826, precisamente 50 anos após a assinatura da Declaração da Independência. Desconhecendo o destino do seu amigo, as últimas palavras de Adams foram: "Thomas Jefferson sobrevive".

Esses dois grandes líderes se empenharam na vida intelectual de sua jovem nação. A Figura 110 é a página dedicatória do livro *Plain discourses on the laws and properties of matter: containing the elements or principles of modern chemistry*, publicado em 1806 por Thomas Ewell (médico) de Virgínia, um dos cirurgiões da Marinha dos Estados Unidos. Em 1805, ele havia recebido do Presidente Jefferson a seguinte carta:[2]

> Da importância de dirigir um conhecimento de química para propósitos domésticos, estou há muito tempo convencido. Os filósofos em geral parecem escrever somente uns para os outros. Os químicos encheram compêndios com a composição de milhares de substâncias sem nenhuma importância para os propósitos da vida; enquanto a arte de fabricar pão, manteiga, queijo, vinagre, sabão, cerveja, cidra etc., permanece inexplicada. Chaptal forneceu recentemente a química da fabricação do vinho; o finado Doutor Penington fez o mesmo com relação ao pão e prometeu prosseguir na meta de tornar o seu conhecimento útil para a vida prática; mas a morte nos privou do seu trabalho. Bons tratados sobre esses assuntos receberiam aprovação geral.

Quando John Gorham assumiu a Cadeira Erving de Química em Harvard em 1817, recebeu de John Adams uma carta de congratulações maravilhosa.[2] O presidente aposentado expressou a sua opinião de que a matéria é "uma simples abstração metafísica" e que ele "não podia compreender" os átomos e "não conseguia evitar de rir" das moléculas. Próximo ao fim da sua deliciosa carta, ele aconselha:

> Químicos! Prossigam seus experimentos com ardor e perseverança infatigáveis. Deem-nos os melhores possíveis Pães, Manteiga e Queijo, Vinho, Cerveja e Cidra, Casas, Navios e Barcos a vapor, Jardins, Pomares, Campos, para não mencionar os Fabricantes de roupas ou os Cozinheiros. Se as suas pesquisas levarem acidentalmente a qualquer descoberta profunda, exultem e gritem "Eureca!" Porém nunca façam nenhum experimento com um propósito ou uma expectativa de descobrir as partículas primeiras e menores da Matéria.

TO

THOMAS JEFFERSON, *Esq.*

OF VIRGINIA,

THE PRESIDENT OF THE UNITED STATES OF AMERICA.

SIR,

TO inscribe this work to you, I was incited by an impulse given from a view of your station, as well as a sense of favors received. Raised by your own qualities, and the will of a free people, to the first place among them, the legitimacy of your title will be questioned by none.

IN preparing the following plain discourses, I was stimulated by a desire to imitate you in doing good. I was anxious to revolutionize the habits of many of our countrymen; to lessen their difficulties, by acquainting them with important improvements, and to diffuse more widely that genuine happiness derived from the interesting study of the ways of nature.

YOU, sir, have long since enjoyed the luxury of serving your countrymen.

WITHOUT expressing sentiments concerning your services as a statesman, in affairs better suited to my opportunities of observing,

Figura 110 ■ A página dedicatória do livro de Thomas Ewell *Plain discourses on the laws or properties of matter* (Nova York, 1806). O Presidente Jefferson reclamou que "os químicos encheram compêndios sobre a composição de milhares de substâncias sem nenhuma importância para os propósitos da vida;". Ele pediu um livro *útil* e o Doutor Ewell entregou.

[1] ■ J. J. Ellis, *American sphinx*, Nova York, Knopf, 1997, p. 12, 290, 292.

[2] ■ E. F. Smith, *Old chemistries*, Nova York, McGraw-Hill, 1927, p. 50-52, 60-64.

O PODER QUÍMICO DE UMA CORRENTE ELÉTRICA

O século XIX foi um período de especialização nas ciências. A química orgânica, a química inorgânica, a físico-química e a química analítica emergiram como disciplinas. É digno de nota que Michael Faraday (1791-1867) assistiu pela primeira vez a uma conferência proferida por Davy na Royal Institution em 1812, solicitou emprego em seu laboratório e foi nomeado assistente de laboratório em 1813.[1] Davy recebeu o título de Sir em 1812 e se casou com uma viúva rica naquele ano. Embora renunciasse ao seu cargo de professor na Royal Institution em 1813, continuou a frequentá-la e fazer experimentos e manteve o seu vínculo de mentor com Faraday. Em 1813, Davy iniciou uma série de viagens ao continente, empacotando os seus equipamentos químicos (ele fazia alguns experimentos em seus quartos de hotel).[1] Apesar de Inglaterra e França estarem em guerra, sempre havia uma plateia ansiosa para Davy. Entretanto, as complexidades da situação de guerra o levaram a designar o jovem Faraday como o seu "criado pessoal temporário" – uma nomeação que a régia e formal Lady Davy aparentemente levou "muito ao pé da letra".[1] Em 1815, Faraday recebeu uma promoção na Royal Institution e passou a apresentar conferências públicas. Ele começou a escrever os seus primeiros trabalhos científicos em 1820 e, a seu pedido, eles foram editados pelo seu mentor Davy. Embora Faraday produzisse pesquisa significativa em muitas áreas da química, suas contribuições mais importantes foram em eletroquímica. Este era, é claro, o campo onde foi pioneiro Davy, bem como Berzelius.

No período de 1831 a 1855, Faraday publicou várias séries de artigos, "Experimental Researches in Electricity", na revista *Philosophical Transactions of the Royal Society*. Partington observa que os principais estudos sobre eletrólise e células galvânicas apareceram entre 1833 e 1840.[1] A descoberta mais importante desses trabalhos foi a do equivalente eletroquímico:

> A força química, assim como a força magnética, está em proporção direta com a quantidade absoluta de eletricidade que passa.

A Figura 111 é da Sétima Série de Conferências de Faraday, apresentadas para a Royal Society em 9 de janeiro de 1834 e lidas em 23 de janeiro, 6 e 13 de fevereiro de 1834. As *Figs. 64 a 66* (na Fig. 111) são variações do aparelho inventado por Faraday para medir a quantidade de gases gerados pela *eletrólise* (designação de Faraday) da água. Os gases eram coletados às vezes separadamente ou em conjunto. Ele demonstrou que a quantidade de água decomposta era diretamente proporcional à quantidade de eletricidade empregada e definiu "um grau de eletricidade" como a quantidade que liberava 0,01 polegada cúbica de gás misturado, seco (corrigido quanto à temperatura e pressão).[1] Ele percebeu que esse aparelho era útil para determinar a quantidade de eletricidade e o chamou de "eletrômetro de Volta" (posteriormente, ele o denominou *voltâmetro*; desde 1902, o nome é *coulômetro*).[1]

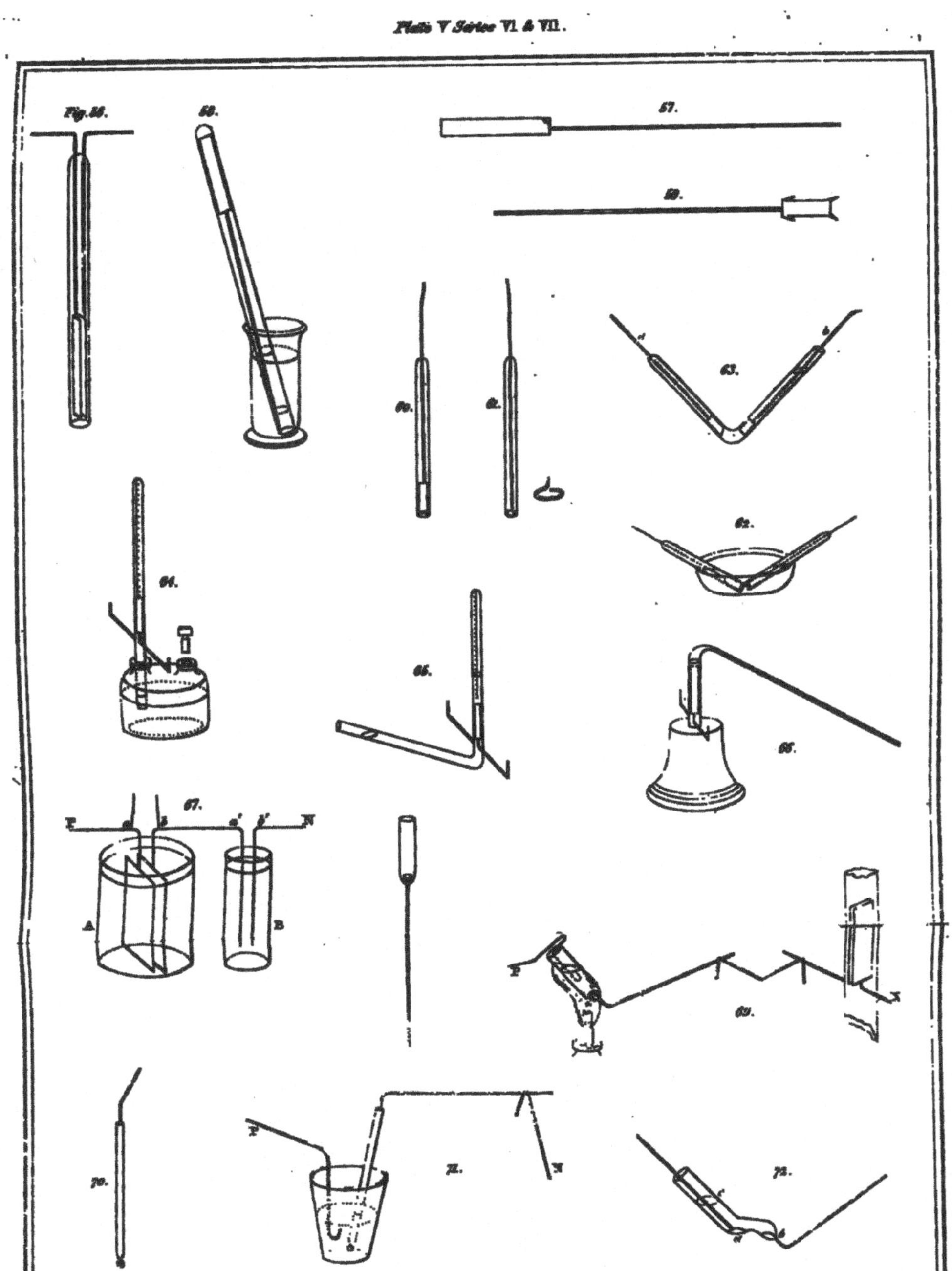

Figura 111 ■ Esta ilustração é da Sétima Série de Conferências de Michael Faraday na Royal Society (janeiro-fevereiro 1834) e esquematiza o seu eletrômetro de Volta (coulômetro desde 1902), em que a corrente elétrica é medida pelo volume de gás produzido pela eletrólise (denominação de Faraday) da água (vide *64* a *66*). Em *69* a *72*, vemos aparelhos para eletrólise de substâncias fundidas. Faraday descobriu que a massa de matéria produzida por eletrólise era proporcional à corrente e demonstrou os equivalentes elétricos da matéria.

Faraday descobriu (acidentalmente) que o gelo é um isolante e também que, enquanto os sais são isolantes, no estado de fundido são bons condutores de eletricidade. As *Figs. 69*, *71* e *72* ilustram três versões do aparelho de Faraday para eletrólise de sais fundidos. A *Fig. 69* inclui um tubo de vidro em cujo interior é fundido um fio de platina com um bulbo em uma extremidade. O outro fio de platina *P* é mergulhado no sal fundido. O aparelho foi conectado a uma bateria por meio de um voltâmetro. Começando com cloreto estanoso ($SnCl_2$) fundido, cloro é liberado, combina-se com cloreto estanoso e forma cloreto estânico gasoso quente ($SnCl_4$, ponto de ebulição 114 °C), que é coletado. Estanho metálico se deposita no fio de platina, cuja massa foi previamente determinada. Após o aparelho ter esfriado, o $SnCl_2$ fundido é removido do fio por raspagem e o aumento da massa do fio devido à deposição de estanho é determinado. Faraday observou que 3,2 grãos de estanho foram recolhidos, e isso coincidia com a coleta de 3,85 polegadas cúbicas de gás. Em uma escala onde H = 1, a massa equivalente de estanho [Sn(II) no cloreto estanoso] encontrada foi 58,53 (quatro determinações).[1] Isso é muito próximo ao valor atual de 118,7/2 = 59,35. Embora, assim como o seu mentor Davy, Faraday se sentisse desconfortável quanto à existência dos átomos, ele foi obrigado a concluir que:[1]

> Os pesos equivalentes dos corpos são simplesmente as quantidades dos mesmos que contêm iguais quantidades de eletricidade. Ou, se adotarmos a teoria atômica (...) os átomos dos corpos que são mutuamente equivalentes em suas ações químicas usuais possuem iguais quantidades de eletricidade associadas a eles. Porém, devo confessar que sou sensível quanto ao termo "átomo", pois, embora seja muito fácil falar de átomos, é muito difícil fazer uma ideia clara de sua natureza, especialmente quando corpos compostos estão sendo considerados.

Além do termo *eletrólise*, com a colaboração de William Whewell, um estudante bastante preparado, Faraday desenvolveu os termos *eletrodo*, *anodo*, *íon*, *catodo*, *ânion*, *cátion* e *eletrólito*.[2] Ele é considerado o inventor do tubo de ensaio,[3] e fez estudos pioneiros sobre a liquefação de gases. Por exemplo, quando uma seringa foi utilizada para comprimir gás cloro em um tubo, formou-se uma pequena quantidade de um líquido verde oleoso. Ele também usou o dióxido de carbono sólido recém-descoberto (1835, por Thilourier; a compressão de CO_2 gera um líquido e a expansão brusca do líquido resfria rapidamente a substância e forma gelo seco),[1] que pode ser usado em banho de acetona para atingir a temperatura de –78 °C. Isso permitiu a Faraday liquefazer etileno e outros gases de baixo ponto de ebulição usando alta pressão e resfriamento e o levou a concluir que certos gases, como o hidrogênio, eram "gases permanentes". Por exemplo, a temperatura crítica do metano (T_c) é igual a –82,6 °C. A essa temperatura, a pressão crítica (P_c) de 45,4 atm (4,60 MPa) irá condensá-lo em um líquido. Contudo, a –78 °C, nenhum aumento de pressão irá condensar o metano e por isso ele é um "gás permanente".

[1] ■ J. R. Partington, *A history of chemistry*, Londres, MacMillan, 1964, v. 4, p. 99-128.
[2] ■ A. J. Ihde, *The development of modern chemistry*, Nova York, Harper and Row, 1964, p. 133-138.
[3] ■ W. H. Brock, *The Norton history of chemistry*, Nova York, Norton, 1993, p. 191.

UMA FLORESTA TROPICAL PRIMITIVA

"Para mim, a química orgânica parece uma floresta tropical primitiva, cheia das coisas mais extraordinárias", escreveu Friedrich Wöhler a Berzelius em 1835.[1] Eu me lembro de receber de meu pai o seu exemplar pessoal do livro de Karrar, *Organic chemistry* (3. ed., 1947), na iminência de ter o meu primeiro curso de química orgânica, juntamente com o conselho de que eu precisava aprender tudo o que havia nele (quase mil páginas grandes). Trinta e cinco anos depois, reconheço que ele podia estar caçoando de mim, porém levei quase meio semestre para tomar pé no curso. Tenho por isso uma grande dose de empatia com os estudantes no meu próprio curso de química orgânica.

A química orgânica é a química dos compostos de carbono. Observamos que minerais como os carbonatos não são considerados orgânicos, nem certos gases como o dióxido de carbono (ou o monóxido de carbono) que podem ser gerados a partir deles. Embora Lavoisier não tenha feito essa distinção, a química orgânica era considerada diferente do restante da química e, ao longo do início do século XIX, relegada a seções descritivas sobre "Química Animal" e "Química Vegetal" nos livros de química. A absoluta complexidade das misturas, as complexidades das fórmulas e o fato de os compostos orgânicos não obedecerem ao dualismo observado para os inorgânicos, como a água ou o cloreto de sódio, somavam-se a esses problemas conceituais.

Eu visitei a página eletrônica do Chemical Abstracts Service (CAS) em 24 de maio de 1999. Precisamente às 11:17:11 A.M. havia 19.632.211 substâncias registradas, das quais cerca de 12 milhões (68%) eram orgânicas. As demais eram biossequências (17%), compostos de coordenação (6%), polímeros (4%), ligas (3%) e substâncias inorgânicas lamelares (2%). Cerca de 160.000 dessas substâncias apresentam importância prática suficiente para estarem em listas de registro e inventários químicos nacionais e internacionais. Desde 1997, 1,3 milhão de novas substâncias são adicionadas à lista a cada ano. O motivo desses números assustadores e dessa incrível diversidade é, fundamentalmente, o átomo de carbono, que pode se ligar a quase todos os outros elementos, inclusive outros átomos de carbono. Ele forma quatro ligações em combinações de ligações simples, duplas e triplas, bem como cadeias, anéis e gaiolas. Após dois minutos (11:19:12 A.M.), havia 19.632.221 substâncias (10 novas!) no registro CAS.

A Figura 112, da edição de 1857 do livro *Chemical atlas* de Youmans, ilustra a parte atmosférica do ciclo do carbono envolvendo plantas e animais. Do lado direito vemos animais que inalam (setas para baixo) oxigênio (observe que ele está representado como monoatômico em vez de O_2) com o alimento que os nutre para produzir dióxido de carbono e água. No texto de Youmans, persiste a confusão que durou 50 anos na fórmula da água (HO) e nos pesos atômicos do oxigênio (8), carbono (6), enxofre (16) e outros. A fórmula da amônia (NH_3) está correta e o peso atômico do nitrogênio, 14, também. Do lado esquerdo estão as plantas que incorporam dióxido de carbono e água (setas para baixo) para produzir oxigênio (setas para cima).

A confusão tão evidente no livro de Youmans sobre fórmulas, pesos atômicos, isômeros e valência acabou sendo totalmente esclarecida nos próximos dez anos aproximadamente.

[1] ■ J. R. Partington, *A history of chemistry*, Londres, MacMillan, 1964, v. 4, p. 233.

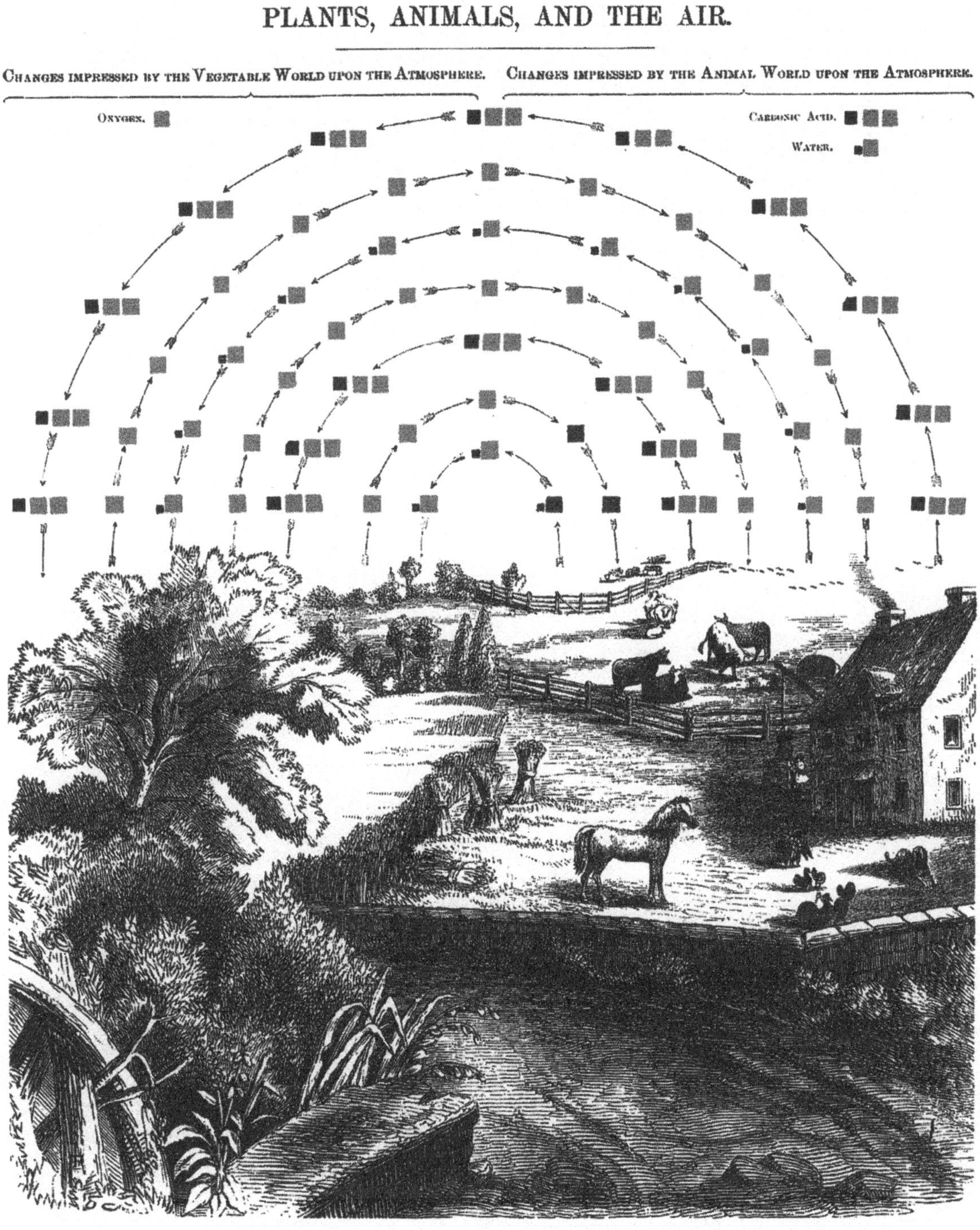

Figura 112 ■ Essa bela figura colorida à mão (vide pranchas em cores) é da edição de 1857 do livro de Edward Youmans *Chemical atlas,* (Nova York, primeira edição em 1854).

DOMINANDO A FLORESTA PRIMITIVA

Na natureza, os compostos orgânicos geralmente ocorrem em misturas incrivelmente complexas. A destilação destrutiva de uma amostra de carvão produz centenas de compostos em quantidades facilmente mensuráveis e milhares deles se quisermos medir em nível de traços. Se um químico quiser determinar a fórmula de um composto, este deve primeiro ser separado dos outros compostos e purificado rigorosamente. Nos dias de hoje, a separação absoluta dos compostos nem sempre pode ser conseguida, mesmo utilizando as técnicas mais atuais.

Lavoisier não acreditava que os compostos orgânicos estivessem fora do domínio normal da química e analisava as quantidades de oxigênio consumido e dióxido de carbono formado na combustão do carvão utilizando os aparelhos usuais (por exemplo, Fig. 90, *Fig. 1*). Ele também queimava álcoois, gorduras e ceras.[1] Entretanto, os seus resultados sobre a composição de H_2O e CO_2 estavam incorretos:[1]

	Lavoisier	**Correto**
CO_2	28% C; 72% O	27,2% C; 72,8% O
H_2O	13,1% H; 86% O	11,1% H; 88,9% O

Esses erros podem parecer desprezíveis. Mas, embora o possam ser na determinação de fórmulas simples como CH_4, seriam significativos para fórmulas como $C_{18}H_{38}O$ e interfeririam na compreensão da valência do carbono.

Gay-Lussac e Thenard fizeram as primeiras determinações exatas do teor de carbono de compostos orgânicos utilizando clorato de potássio ($KClO_3$) como agente oxidante.[1] A mistura da amostra a ser analisada e clorato de potássio era prensada em uma pastilha, a qual era introduzida cuidadosamente em um recipiente aquecido por carvão. O CO_2 resultante era absorvido por potassa. Eles substituíram eventualmente $KClO_3$ por óxido cúprico (CuO), que era mais seguro e não oxidava nitrogênio orgânico. O aparelho continuou a evoluir notavelmente devido aos aperfeiçoamentos introduzidos por Berzelius.[1]

Justus Liebig (1803-1873) desenvolveu o método para análise de C, H e O essencialmente em uso atualmente.[1-3] O seu primeiro livro sobre análise orgânica foi publicado em 1837 e é muito raro. A Figura 113(a) é da primeira edição inglesa, *Hand-book of organic analysis* (Londres, 1853). Liebig observou que as substâncias orgânicas frequentemente absorvem água e que elas deviam ser submetidas à secagem antes de se efetuar a análise. A Figura 113(a) representa um aparelho de secagem. O sifão ligado ao frasco de três bocas à direita drena a água, criando um leve vácuo que aspira o ar através do tubo de secagem *C* (preenchido com cloreto de cálcio) à esquerda. A amostra está contida em um tubo *A*, que não pode ser visto na figura por estar dentro do banho de aquecimento em cima do forno. O tubo *A* está ligado por tubos de vidro a *C* e ao tubo *D*, que condensa qualquer água liberada pela amostra. O tubo *A* é removido periodicamente do aquecimento e pesado até que não ocorra mais variação de massa. O tubo *D* também pode ser pesado se necessário para determinar o teor de água.

A Figura 113(b) ilustra o *kaliapparat* de Liebig (*A*, *kalia* se refere a potássio e à solução de potassa que ocupa os três bulbos inferiores dessa peça de vidro com cinco bulbos). A amostra para análise é colocada em um tubo de vidro duro apoiado sobre uma calha de ferro aquecida por uma chama.[1,2] A água formada na combustão é retida em um tubo de secagem, que foi anteriormente pesado, à direita da calha de ferro. O dióxido de carbono é removido pelas soluções de potassa presentes nos três bulbos inferiores do *kaliapparat*. Os dois bulbos superiores, em ambas as extremidades do *kaliapparat*, servem a duas funções: como ilustrado na Figura 113(b), antes do início do experimento, um pouco de ar é retirado do aparelho aspirando pela boca, e a solução de potassa sobe no bulbo *m*. Se o vácuo for mantido e o nível do líquido em *m* não descer, então não há vazamentos no aparelho. Estes bulbos também evitam perda de solução de potassa que espirrar. O *kaliapparat* de massa previamente determinada é seguido por um tubo de secagem, também previamente pesado, que retém qualquer vapor de água perdido pelo *apparat*.[1,2] O equipamento representado na Figura 113(c) emprega oxigênio puro para a combustão – o oxigênio é gerado em *B*, passa pelo *kaliapparat f* contendo ácido sulfúrico concentrado e depois pelo tubo *g* preenchido com cloreto de cálcio. O oxigênio seco é introduzido no tubo de combustão *cc* em um leito de óxido de magnésio numa calha de ferro. O tubo de combustão tem um tampão espesso de raspas de cobre e está cheio até dois terços da capacidade com óxido de cobre. Ar atmosférico seco, livre de dióxido de carbono, pode ser introduzido usando o aparelho da direita.

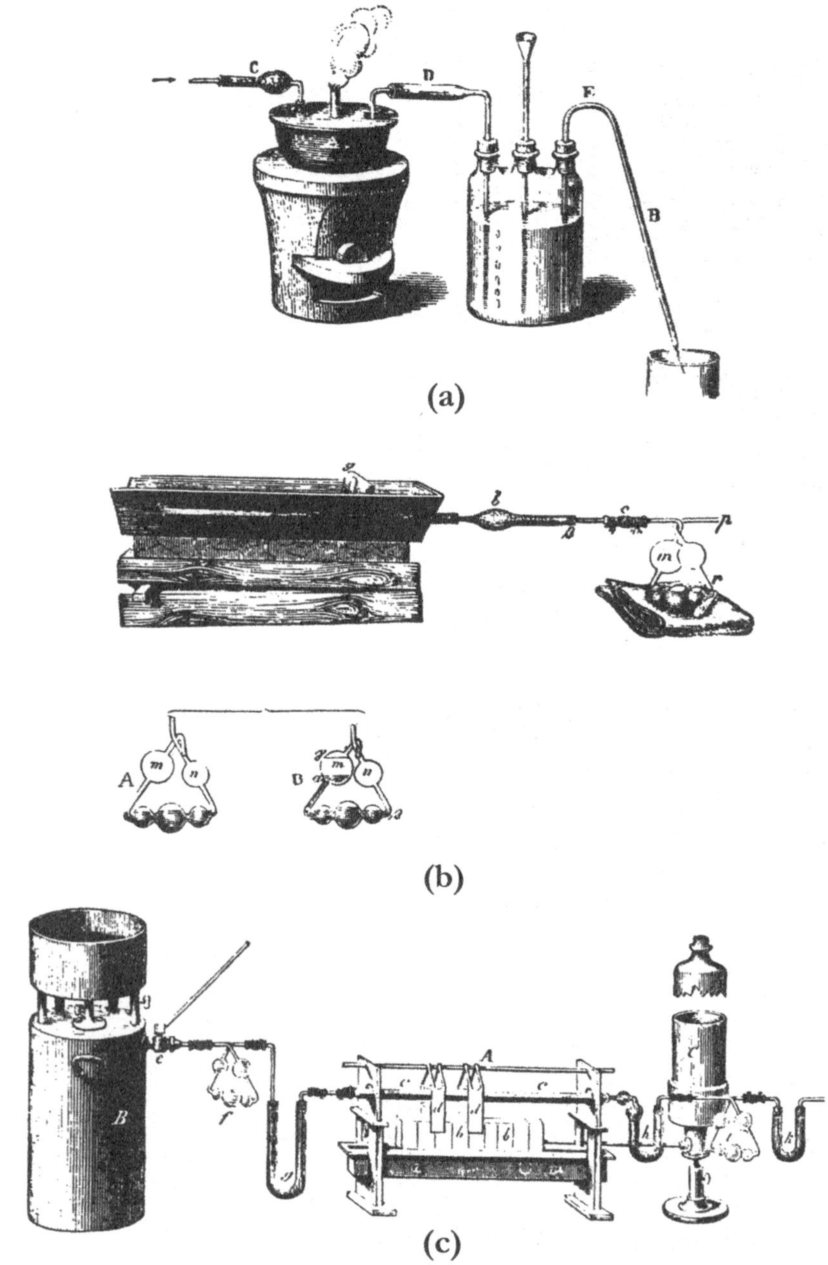

Figura 113 ■ Figuras do livro de Justus von Liebig *Handbook of organic analysis* (primeira edição inglesa, Londres, 1853; o primeiro livro de Liebig sobre análise orgânica foi publicado em 1837 em Braunschweig e é extremamente raro): **(a)** aparelho para secagem quantitativa da amostra a ser analisada; **(b)** aparelho para determinação de carbono e hidrogênio; o engenhoso dispositivo *kaliapparat*, de Liebig, a peça de vidro com cinco bulbos contendo solução de potassa nos três bulbos inferiores para a quantificação de CO_2, é mostrado como parte do aparelho e separadamente; **(c)** aparelho capaz de usar oxigênio puro, bem como ar, para a análise de carbono e hidrogênio.

Eis os resultados de uma análise no estado da arte da época, relatada por Adolph Strecker no laboratório de Liebig na Universidade de Giessen em 1848:[3] a fórmula encontrada para o ácido cólico foi $C_{48}H_{39}O_9$ (com os pesos atômicos C = 6; O = 8). A fórmula atualmente aceita é $C_{24}H_{40}O_5$ (C = 12; O = 16).[3] É óbvio que os resultados são precisos mas não o suficiente para colocar em um rótulo confiável. Contudo, é suficiente para que a valência do carbono faça sentido.

Liebig nasceu e cresceu em circunstâncias bastante pobres. Ele era um homem intenso, irascível, que, quando estudante, foi preso pelas suas atividades políticas. Foi patrocinado por Karl Wilhelm Kastner (1783-1857) na Universidade de Bonn e depois Erlangen. Kastner convenceu o corpo docente da Universidade de Erlangen a premiar Liebig com um grau de doutor honorário *in absentia* em 1822. Conforme afirma Brock:[3] "É uma das ironias da carreira docente de Liebig que ele próprio nunca apresentou uma tese para seu doutorado". Ele se envolveu em debates acrimoniosos durante toda a sua carreira, foi pouco gentil em suas últimas críticas ao seu patrono Kastner e não hesitou em atacar Friedrich Wöhler quando ambos encontraram a mesma fórmula para o fulminato de prata de Liebig e o cianato de prata de Wöhler. A controvérsia se esclareceu quando os dois fizeram as suas análises em conjunto, descobriram o primeiro exemplo de isomeria e começaram uma das maiores amizades na história da química. O gentil e sábio Wöhler disse a Liebig em 1843:[3]

> Guerrear contra Marchand, ou na verdade contra qualquer outro, não traz nenhuma satisfação e é de pouca utilidade para a ciência. Você apenas se consome, fica zangado e arruína seu fígado e seus nervos – finalmente com as pílulas de Morrison. Imagine-se no ano 1900, quando nós dois estivermos dissolvidos em ácido carbônico, água e amônia, e as nossas cinzas talvez façam parte dos ossos de algum cachorro que pilhou nossas sepulturas. Para quem importa então se nós tivermos vivido em paz ou fúria; quem pensa então nas polêmicas, no sacrifício da saúde e da paz de espírito pela ciência? Ninguém. Mas vossas boas ideias, os novos fatos que tiverdes descoberto – estes, separados de tudo o que é imaterial, serão conhecidos e lembrados, por todos os tempos. Mas como eu posso aconselhar o leão a comer açúcar?

Liebig se associou à faculdade de Giessen em 1824 e se tornou coeditor do *Magazin fur Pharmazie*. Em 1832, assumiu sozinho a editoria, mudou o título para *Annalen der Chemie und Pharmazie* e o "leão" agressivo e cáustico fez dela uma revista química vital. Ele construiu uma escola famosa de ensino e pesquisa em Giessen e por volta de 1852 havia influenciado cerca de setecentos estudantes de química e farmácia.[3] Naquele ano, ele se transferiu para a Universidade de Munique, mas sua saúde não lhe permitiu mais trabalhar no laboratório. A sua intensidade provavelmente contribuiu para a sua saúde precária e ele passou seus

20 anos finais em ásperas controvérsias químicas.[3] O seu amigo Wöhler, cujo senso de humor se refletiu em um artigo de 1843 por ele publicado no *Annalen* sob o pseudônimo "S.C.H. Windler",[4] viveu até a idade de 82 anos. Ele orientou cerca de 20 químicos americanos, entre os quais estava Ira Remsen, que iniciou na Universidade Johns Hopkins o primeiro programa americano de doutorado em química, assim como Edgar Fahs Smith na Universidade da Pensilvânia.[5] É agradável dar-se conta de que Wöhler sintetizou a ureia em 1828 e E. F. Smith, seu aluno, publicou o delicioso livro *Old chemistries* em 1927.

1 ■ A. J. Ihde, *The development of modern chemistry*, Nova York, Harper and Row, 1964, p. 173-183.

2 ■ J. R. Partington, *A history of chemistry*, Londres, MacMillan, 1964, v. 4, p. 234-239.

3 ■ W. H. Brock, *The Norton history of chemistry*, Nova York, Norton, 1993, p. 194-207.

4 ■ W. H. Brock, op. cit., p. 218.

5 ■ A. J. Ihde, op. cit., p. 264.

O PESO ATÔMICO DO CARBONO E CONFUSÕES RELACIONADAS

A confusão a respeito das fórmulas e dos pesos atômicos foi um subproduto infeliz do início da Teoria Atômica. A Regra de Dalton da Simplicidade Máxima proporcionou fórmulas incorretas como HO para a água e NH para a amônia. Embora a Lei dos Volumes de Combinação de Gay-Lussac (1808), a Hipótese de Avogadro (1811), a Lei de Dulong e Petit (1819) e outros estudos começassem a elucidar a confusão, não foi senão até o trabalho de Cannizzaro de 1858 e a Conferência de Karlsruhe em 1860 que fórmulas, equivalentes e pesos atômicos realmente se esclareceram.

A Figura 114 é do *Chemical atlas* de Edward Youmans (Nova York, 1854; impressão de 1857). Ela exemplifica a confusão reinante sobre os pesos atômicos do carbono e do oxigênio com relação ao hidrogênio (admitido como sendo 1). Assim, Dulong determinou que a relação de densidades de CO_2/O_2 = 1,38218.[1] Portanto, o mesmo volume de oxigênio gasoso contendo 100 g deveria conter 138,218 g de dióxido de carbono. Se aceitarmos a Hipótese de Avogadro, então a relação de massa de oxigênio para carbono é 100,00/38,218. Usando a suposição de Gay-Lussac e Dumas, a fórmula do "ar fixo" sendo CO e não CO_2, o peso atômico do carbono será 6,12 se o oxigênio for 16,0. Berzelius determinou que ar fixo é CO_2 e atribuiu peso atômico de 12,24 ao carbono. Contudo, em 1840 Dumas e Stas publicaram os seus estudos muito precisos sobre a combustão de grafite purificada em uma corrente de oxigênio puro. Pesando qualquer cinza não queimada, determinaram o peso atômico do carbono como 12,0 (se oxigênio = 16,0 e ar fixo for CO_2). Entretanto, fica claro pela

Figura 114 que a confusão continuou por cerca de mais 20 anos. Os problemas das fórmulas e dos pesos atômicos somente seriam resolvidos em Karlsruhe. No *Chemical atlas* de Youmans, os pesos atômicos do carbono (6) e oxigênio (8) são a metade dos valores aceitos (depois de Karlsruhe), enquanto o nitrogênio está correto com 14. Assim, o ácido acético, dado como $C_4H_4O_4$ na Figura 114, é na verdade $C_2H_4O_2$, ácido butírico é de fato $C_4H_8O_2$, e a diferença comum numa série homóloga é CH_2 e não C_2H_2.

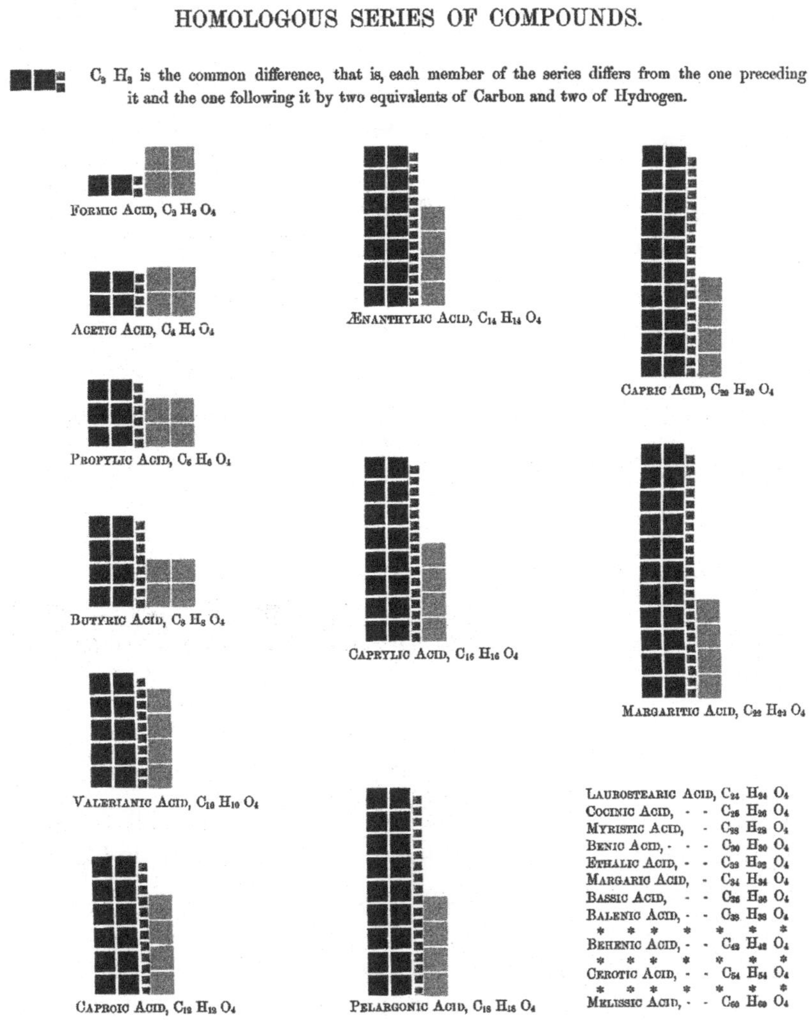

Figura 114 ■ Prancha do *Chemical atlas*, de Youmans (Fig. 112). A organização da "Floresta Primitiva" da química orgânica, feito por Laurent e Gerhardt, incluía o conceito de homologia. As unidades de homologia são CH_2 e não C_2H_2, como é mostrado. A confusão resultou de discrepâncias nos pesos atômicos dos elementos, e nas fórmulas postuladas. Isso seria esclarecido em breve, no Congresso de Karlsruhe em 1860.

1 ■ A. J. Ihde, *The development of modern chemistry*, Nova York, Harper and Row, 1964, p. 183-184.

POR QUE O ÁTOMO DE NITROGÊNIO É AZUL, MAMÃE?

As belas ilustrações coloridas à mão no *Chemical atlas* de Youmans (por exemplo, a Fig. 114) têm cores específicas representando os átomos individuais. Elas são explicadas por Youmans: o oxigênio muda a cor do sangue para vermelho brilhante nos pulmões, por isso ele é representado em vermelho; o céu, que contém 80% de nitrogênio, é azul, assim os átomos de nitrogênio são coloridos de azul; o carbono, o enxofre e o cloro são ilustrados nas cores dos elementos naturais, respectivamente preto (uma variedade), amarelo e verde. É bem aceito que a maioria dos modelos moleculares, feitos de madeira, metal ou plástico, conserva o mesmo esquema de cores. Além disso, a maioria dos programas computacionais modernos de modelagem molecular representa o oxigênio em vermelho sangue e mantém as outras cores tradicionais. Eu tenho lembranças adicionais de tais tradições ao recordar um professor, num congresso de química, gracejando que "todo mundo sabe que os orbitais *p* são azuis e verdes" – uma referência às cores utilizadas e à importância do trabalho sobre simetria orbital de Robert Burns Woodward e Roald Hoffmann.[1]

1 ■ R. B. Woodward e R. Hoffmann, *The conservation of orbital symmetry*, Weingeim, Verlag Chemie, 1970.

NÃO POSSO RETER MINHA ÁGUA – EU POSSO FAZER UREIA

A Figura 114 é do *Chemical atlas*[1] de Edward L. Youmans e ilustra conceitos de isomeria da metade do século XIX. O campo da química orgânica é vasto. Por volta do ano 2000, eram mais de 13 milhões de compostos orgânicos. Essa enorme diversidade é devida, em grande parte, à ocorrência de isômeros – moléculas com a mesma fórmula mas diferentes arranjos de átomos.

Na década de 1820, dois grandes químicos orgânicos, Justus Liebig e Friedrich Wöhler, descobriram que duas substâncias muito diferentes, fulminato de prata e cianato de prata, respectivamente, tinham a mesma composição. Liebig inicialmente atacou de forma *fulminante* os resultados de Wöhler, mas após um encontro e comparação dos resultados, eles concordaram em que eram consistentes – e, portanto, *muito* confusos.[2,3] O dilema foi essencialmente resolvido em 1830 por Berzelius, que propôs o conceito de *isômeros*.[2] Entretanto, ele diferenciou isômeros que eram *metâmeros*, basicamente semelhantes ao nosso conceito moderno de isômeros, e *polímeros*, que tinham a mesma fórmula, mas diferentes densidades. Assim, a densidade do buteno (C_4H_8) gasoso é o dobro da do etileno (C_2H_4) gasoso, mesmo tendo ambos igual composição (85,7% C; 14,3% H ou CH_2).[2] No texto de Youmans, isômeros são considerados provenientes de diferentes alótropos do carbono.

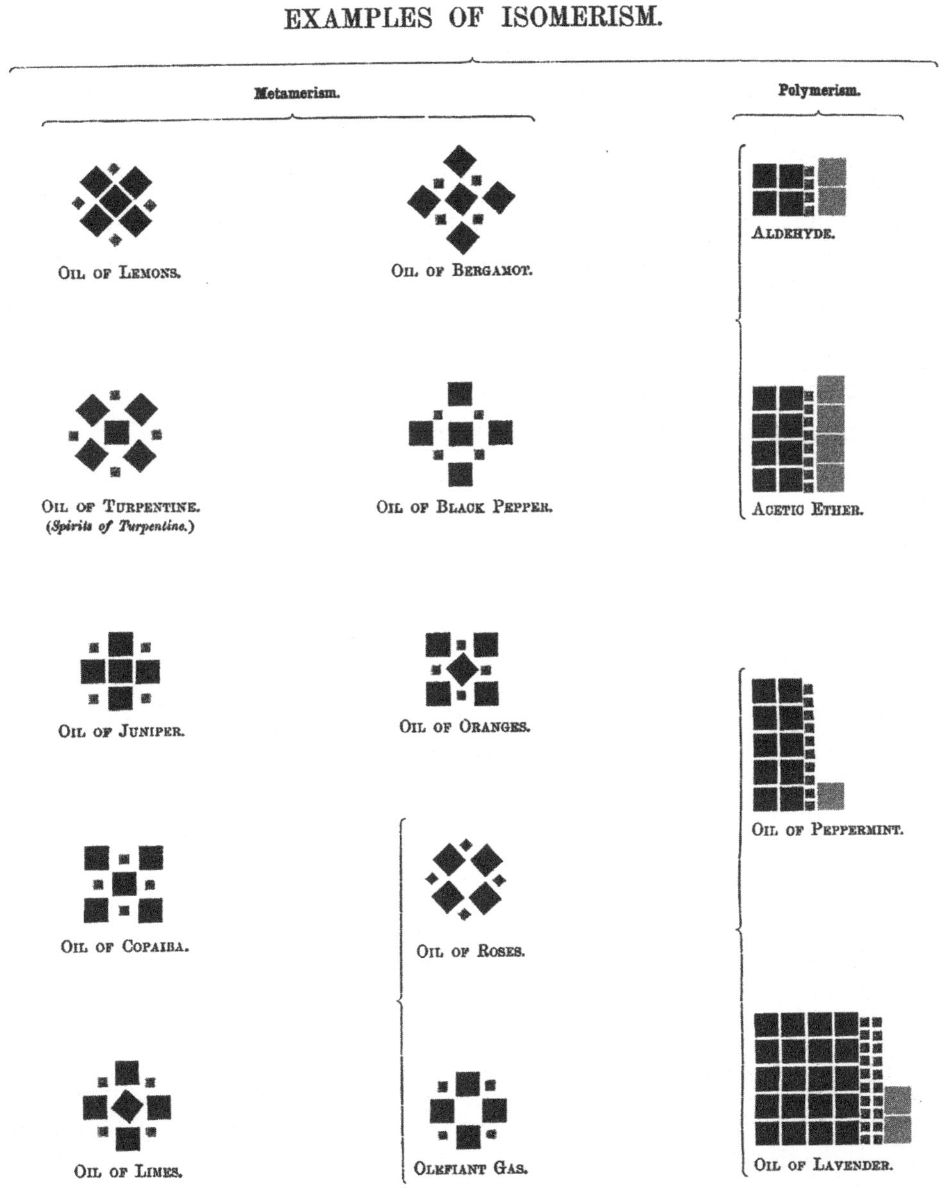

Figura 115 ■ Prancha do *Chemical atlas,* de Youmans. Embora Wöhler e Liebig tivessem descoberto que o fulminato de prata e o cianato de prata eram isômeros (termo criado por Berzelius em 1830) e se suspeitasse de que a origem desse fenômeno fosse o arranjo diferente dos átomos, o conceito de valência ainda viria a ser descoberto. Nesta prancha, Youmans representa isômeros como diferentes arranjos de átomos. Porém, ele postula que a sua história química tem sentido. Por exemplo, como os arranjos atômicos nos alótropos do carbono, grafite e diamante, são diferentes (presumivelmente diferentes tipos de carvão seriam também alótropos), então isômeros de hidrocarbonetos (butano e isobutano, por exemplo) manteriam os diferentes arranjos de átomos de carbono dos alótropos dos quais eles (presumivelmente) se derivaram.

É interessante o fato de ser mais provável encontrar informações sobre fulminatos em um livro de história da química do que em um texto de química. Há dois fulminatos mais acessíveis,[4] o fulminato de mercúrio, usado como "espoleta" em cápsulas de percussão, e o fulminato de prata, que é considerado perigoso demais para utilização (bravos, glórias, portanto, ao famoso Liebig!). O fulminato de prata sólido tem a estrutura Ag-CNO (durante algum tempo, no século XX, *pensou-se* que fosse CNO-Ag).[5] A estrutura do cianato de prata sólido é Ag-NCO.[5,6] E eis aqui uma ironia interessante. O ligante cianato (NCO^-) pode, em princípio, combinar-se com metais pelo N ou O. Embora o Ag-NCO sólido devesse ser chamado de *isocianato*, Brittin e Dunitz[6] se submeteram à história e demonstraram tolerância ou pelo menos aceitação resignada ao reter a nomenclatura de Liebig, uma vez que o isômero NCO-Ag (o *verdadeiro* cianato de prata) é desconhecido.

Em 1828, Wöhler tentou sintetizar cianato de amônio (NH_4OCN) e encontrou em vez dele uma substância tendo a mesma fórmula que o composto pretendido, mas idêntica em todas as suas propriedades à ureia. A ureia é um componente da urina dos mamíferos e Wöhler escreveu para o seu mentor Berzelius: "Eu não posso, por assim dizer, reter minha água, e devo lhe dizer que posso fazer ureia, sem com isso precisar ter rins, ou de qualquer forma um animal, seja ele humano ou um cão (...)."[7] Esse foi o começo do fim da teoria do Vitalismo, que sustentava que as substâncias "orgânicas" possuem um tipo de força vital, uma vez que sempre foram isoladas de organismos vivos ou pelo menos relacionadas a eles. Assim, elas não poderiam ser sintetizadas a partir de substâncias não-orgânicas (realmente, elementares).

Na verdade, Wöhler aparentemente *pode* ter obtido inicialmente cianato de amônio como pretendia.[8] Entretanto, durante o aquecimento e a evaporação da água, cianato de amônio se isomeriza *em solução* dando ureia.[8] Dois anos depois, em 1830, Liebig e Wöhler sintetizaram de fato o cianato de amônio sólido pela reação entre amônia anidra e ácido ciânico.[9] Em um frasco selado, sob amônia, sabe-se agora que os cristais são estáveis, mas se o frasco for aberto, a conversão à ureia se completa em dois dias.[9] Dunitz e colaboradores[9] também determinaram a estrutura do cianato de amônio por cristalografia de raios X. Eles observaram a dificuldade em diferenciar as extremidades com N e com O do cianato pelos raios X, mesmo utilizando técnicas do final do século XX. A estrutura encontrada foi NH_4NCO. Como no caso da prata, num sentido formal, o sólido deveria ser chamado de isocianato de amônio, mas não é.

Diz-se que Wöhler permaneceu adepto do Vitalismo.[8] É digno de nota que, assim como Priestley, um flogistonista, descobriu o oxigênio –, e isso foi o declínio da teoria do flogisto –, Wöhler, um vitalista, sintetizou a ureia, que foi o começo da queda do Vitalismo.[8] O verdadeiro fim do Vitalismo veio nos anos 1840 quando o químico alemão Hermann Kolbe demonstrou efetivamente a síntese do ácido acético (o componente ativo do vinagre, que está relacionado com o vinho, que está relacionado com o açúcar – portanto ORGÂNICO e TOTALMENTE NATURAL) a partir de seus elementos químicos constituintes através da seguinte sequência:[10]

$$2\,H_2 + O_2 \rightarrow 2\,H_2O$$

$$FeS_2 + C \rightarrow CS_2 + Fe$$

$$CS_2 + 2\,Cl_2 \rightarrow CCl_4 + 2\,S$$

$$2\,CCl_4 \rightarrow C_2Cl_4 + 2\,Cl_2$$

$$C_2Cl_4 + 2\,H_2O + 3\,Cl_2 \rightarrow CCl_3CO_2H + 3\,HCl$$

$$CCl_3CO_2H + 3\,H_2 \rightarrow CH_3CO_2H + 3\,HCl$$

onde CH_3CO_2H é ácido acético.

Sobraram alguns assuntos a esclarecer em química estrutural. Em 1841, Berzelius desenvolveu o conceito de alotropia – diferentes arranjos de átomos em elementos puros.[2] Exemplos modernos incluem o oxigênio (O_2) e o seu alótropo ozônio (O_3), o enxofre, que usualmente tem anéis octogonais de átomos de enxofre, mas pode ser aquecido para formar "enxofre plástico" (cadeias longas de átomos de enxofre), e o carbono, que se considera ter três alótropos (grafite, camadas "infinitas" de átomos de carbono; diamante, uma rede tridimensional "infinita" de átomos de carbono; e fullereno, como C_{60} – *buckminsterfullerene*, um arranjo de átomos de carbono semelhante a uma bola de futebol. Poder-se-ia imaginar cada fullereno conhecido (C_{60}, C_{70}, C_{84}) como um alótropo. O tema confuso dos diferentes arranjos cristalinos da mesma substância foi também resolvido por Berzelius, que os chamou de *polimorfos*.[2]

Terminamos este ensaio com uma nota divertida. John Darby, professor de química e ciências naturais no East Alabama College, descreve os corpos isoméricos no seu *Text book of chemistry* de 1861.[11] Ele observa corretamente que formato de etila e acetato de metila são "corpos isoméricos" (ambas as fórmulas são $C_3H_6O_2$). E então prossegue afirmando: "Uma explicação desses fenômenos que os atribui a um arranjo diferente dos átomos não é satisfatória, como corpos elementares assumem estados diferentes em química inorgânica, o que é chamado de alotropia, quando tal causa é evidentemente impossível. Podemos apenas atribuí-la, presentemente, à vontade do Criador".

1 ■ E. L. Youmans, *Chemical atlas*, Nova York, Appleton, 1857.

2 ■ A. J. Ihde, *The development of modern chemistry*, Nova York, Harper and Row, 1965, p. 170-173.

3 ■ W. H. Brock, *The Norton history of chemistry*, Nova York, Norton, 1993, p. 201-202, 214.

4 ■ A. G. Sharpe, *Comprehensive coordination chemistry*, G. Wilkinson, R. D. Gillard e J. A. Mc-Cleverty (eds.), Oxford, Pergamond, 1987, v. 2, p. 12-14.

5 ■ K. Vrieze e G. Van Koten, *Comprehensive coordination chemistry*, G. Wilkinson, R. D. Gillard e J. A. McCleverty (eds.), Oxford, Pergamon, 1987, v. 2, p. 227-236.

6 ■ D. Brittin e J. D. Dunitz, *Acta crystallographica*, **18**:424-428, 1965.

7 ■ P. S. Cohen e S. M. Cohen, *Journal of Chemical Education*, **73**:883-886, 1996. Agradeço ao Doutor Daniel Rabinovich por trazer à minha atenção este artigo e o da Referência 8.

8 ■ G. B. Kauffman e S. H. Chooljian, *Journal of Chemical Education*, **56**:197-200, 1979.

9 ■ J. D. Dunitz, K. D. M. Harris, R. L. Johnston, B. M. Kariuki, E. J. MacLean, K. Psalidas, W. B. Schweitzer e R. R. Tykwinski, *Journal of the American Chemical Society*, v. **120**:13274-13275, 1998.

10 ■ W. H. Brock, op. cit., p. 620-621.

11 ■ J. Darby, *Text book of chemistry – theoretical and practical*, Nova York, Cooper, Savannah and Barnes & Burr, 1861, p. 275-276.

DUAS CORRENTES NA FLORESTA PRIMITIVA

A escuridão na "floresta primitiva" de Wöhler somente se intensificou durante os anos 1840 e início dos 1850 à medida que a complexidade da química orgânica se tornava cada vez mais evidente.[1,2] Ironicamente, a vasta maioria dos compostos orgânicos é constituída por apenas quatro elementos: carbono, oxigênio, hidrogênio e nitrogênio.

Para começar, permaneciam três conjuntos de massas atômicas para H, C e O:[1,2] 1, 12, 16, Berzelius; 1, 6, 8, Liebig; 1, 6, 16, Dumas. A Teoria Dualística de química de Berzelius continuava sendo um princípio organizador importante. Hoje reconhecemos que, em sua vasta maioria, os compostos orgânicos, como o álcool etílico (C_2H_6O), são mantidos unidos por ligações covalentes (compartilhamento de elétrons); sais inorgânicos simples, como o cloreto de sódio, são constituídos por íons unidos entre si por forças eletrostáticas. Todavia, não foi senão em 1884 que Svante August Arrhenius reconheceu os íons como entidades reais independentes da eletroquímica.[3]

O trabalho de Davy e Berzelius estabeleceu claramente a importância das forças elétricas para manter coesos compostos como o cloreto de sódio e a água. Elementos eletropositivos substituem outros elementos eletropositivos (por exemplo, HCl, KCl, $MgCl_2$); elementos eletronegativos substituem outros elementos eletronegativos (por exemplo, Na_2O, NaCl, NaBr). Em 1815, os estudos de Gay-Lussac sobre o ácido prússico (HCN) o levaram à descoberta do cianogênio, $(CN)_2$, e uma série de outros compostos tais como o cianeto de potássio (KCN) e o cianeto de prata (AgCN), que mantinham o radical CN intacto como se fosse um "átomo". Na verdade, o cianogênio parecia ser tão "elementar" quanto o Cl_2.[1] Radicais cada vez mais complexos foram logo descobertos: em estudos sobre o benzaldeído e derivados publicados em 1832, Liebig e Wöhler descobriram o radical benzoíla (fórmula moderna C_7H_5O) – excitante porque parecia ser uma unidade "intacta" de três elementos. Porém, muitos problemas vexatórios estavam vindo à luz, por exemplo:

1. Gay-Lussac encontrou que a reação entre ácido prússico (HCN) e gás cloro produzia cloreto de cianogênio (ClCN). Como um elemento eletronegativo podia substituir um eletropositivo?
2. Analogamente, como o hidrogênio no clorofórmio ($CHCl_3$) poderia ser substituído por cloro para produzir CCl_4?
3. Se o radical benzoíla se combina com cloro para formar cloreto de benzoíla, ele deve ser eletropositivo. Como ele pode incluir o elemento eletronegativo oxigênio?
4. Compreendemos que $SO_3 + H_2O \rightarrow H_2SO_4$. Sabemos que $C_2H_4 + H_2O \rightarrow C_2H_6O$ (álcool etílico) e, com HCl, C_2H_4 (o radical "etherin") forma C_2H_5Cl (cloreto de etila). Porém, por que o álcool etílico parece fornecer o radical C_2H_5 quando reage com ácido sulfúrico para formar o "éter sulfúrico" ($C_4H_{10}O$)? As moléculas se quebram em radicais diferentes quando querem?

A Figura 116 é do *Chemical atlas* de Youmans. O ano dessa impressão, 1857 (primeira impressão 1854), situa-se próximo ao final desse período caótico. A figura ilustra a confusão reinante nas teorias, bem como nos pesos atômicos.[1,2,4]

O livro de Brock captou muito bem a metáfora de August Kekulé das duas correntes de pensamento na organização da química orgânica.[2] A ilustração no alto da Figura 116 mostra a teoria dos radicais compostos, desenvolvida por Berzelius e preferida pelas escolas alemãs e inglesas. Nessa corrente de pensamento, os radicais orgânicos que existem independentemente se unem uns aos outros para formar compostos orgânicos. Esses radicais podem ser etila (C_2H_5, representado como C_4H_5, usando peso atômico C = 6 e o átomo duplo de carbono preferido na Alemanha e utilizado no livro de Youmans) e hidroxila (OH, representado como HO_2, usando peso atômico do oxigênio igual a 8). O radical "formila", aqui descrito como C_2H – significando CH –, pode se combinar com três radicais cloro para formar clorofórmio.

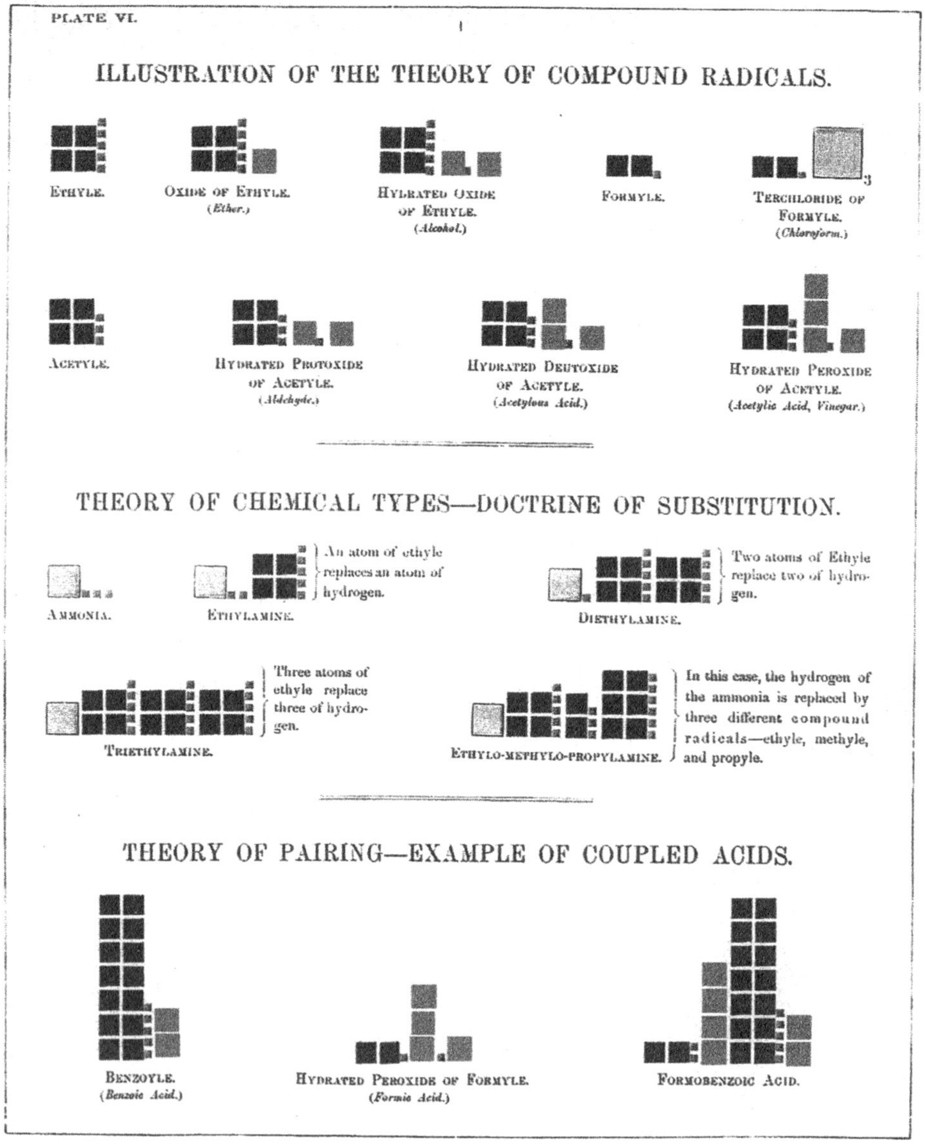

Figura 116 ■ Ilustração do *Chemical atlas* de Youmans (original em cores) retratando as três principais teorias estruturais da química orgânica aplicadas à reatividade, anteriores a Karlsruhe.

A ilustração do meio representa a outra corrente de pensamento, a "teoria dos tipos", introduzida inicialmente por Dumas, em que os compostos estão relacionados a um Tipo Químico (ou Classe). Classes fazem sentido. Os ácidos, que compartilham o H em comum, compreendem uma classe – HCl, HBr, HCN. Analogamente, sais como NaCl, KCl, $MgCl_2$, NaBr, NaCN e Na_2O também formam uma classe. Aqui as coisas se tornam um pouco arriscadas, considerando a possibilidade de substituir H por Cl. Na verdade, em um número de 1840 do *Annalen der Pharmacie und Chemie*, um certo S. C. H. Windler (também conhecido como Friedrich Wöhler) publicou um artigo satírico relatando a substituição, em etapas lógicas, de todos os átomos no acetato manganoso ("MnO + $C_4H_6O_3$") por cloro, assim "demonstrando" que o acetato manganoso, um sal, e o cloro, um gás, eram do mesmo "tipo".[1] Os estudantes, com o auxílio do capítulo "Aminas I" de um texto moderno típico de orgânica, não terão dificuldade em reconhecer esta figura: etilamina, dietilamina e trietilamina (e inúmeras outras aminas) estão na "classe tipo amônia" porque podem ser derivadas diretamente da amônia. A "classe tipo água" era muito mais complicada. Incluía álcoois, éteres, ácidos carboxílicos, ésteres e anidridos ácidos (pelo menos cinco capítulos em um livro moderno de química orgânica) e se estendia até a ácidos como o sulfúrico e o fosfórico. Gerhardt basicamente reconhecia quatro tipos fundamentais: o tipo nitrogênio (aminas e amidas); o tipo água; o tipo hidrogênio (hidrocarbonetos, cetonas, aldeídos) e o tipo cloreto de hidrogênio (cloretos de alquila, cloretos de acila e os brometos correspondentes).

A Teoria do Emparelhamento (parte inferior da Fig. 116) foi introduzida por Berzelius para modificar a sua teoria de radicais. A ideia era que um radical no composto original retém o seu caráter no novo composto enquanto o outro muda o seu caráter (é "copulado") no novo composto, por meio de substituição ou rearranjo. Isso foi utilizado para explicar, por exemplo, a descoberta por Dumas em 1838 de que a cloração do ácido acético produzia ácido tricloroacético tendo essencialmente as mesmas propriedades.[2] O radical acídico permaneceu essencialmente constante, enquanto o outro radical associado mudou.

Realmente, a organização da química orgânica por Auguste Laurent e Charles Frederic Gerhardt, *Les enfants terribles*,[2] em última análise mais ou menos reuniu as teorias dos radicais e dos tipos nos pesados volumes de química orgânica carregados pelos estudantes de hoje e nos CD-ROMs cada vez mais densos dos próximos anos.

1 ▪ A. J. Ihde, *The development of modern chemistry*, Nova York, Harper and Row, 1964, p. 203-216.

2 ▪ W. H. Brock, *The Norton history of chemistry*, Nova York, Norton, 1993, p. 210-240.

3 ▪ A. J. Ihde, op. cit., p. 413-415.

4 ▪ J. R. Partington, *A history of chemistry*, Londres, MacMillan, 1964, v. 4, p. 352-464.

QUER UMA GRANDE TEORIA QUÍMICA? DEIXE KEKULÉ ADORMECER SOBRE ELA

Próximo ao fim da década de 1850, dois avanços principais ocorreram para começar a dominar a "floresta primitiva". Em 1858, Stanislao Cannizzaro enfatizou a importância da Hipótese de Avogadro, publicada primeiro em 1811, segundo a qual volumes iguais de gases (à mesma temperatura e pressão) possuem números iguais de unidades últimas (moléculas de Cl_2, O_2, P_4; átomos de vapor de Hg). Utilizando a lei dos gases ideais ($PV = nRT$) e a técnica de Dumas, as massas atômicas de átomos cujo estado elementar não é volátil poderiam também ser medidas em moléculas se as massas dos outros átomos fossem conhecidas. Assim, no final da década e na Conferência de Karlsruhe em 1860, o problema das massas atômicas foi amplamente resolvido. Isso não apenas preparou o ambiente para a lei periódica, mas também trouxe coerência para as fórmulas químicas.

O outro avanço principal foi a compreensão de que o carbono é tetravalente, primeiro enunciado de maneira restrita por Friedrich August Kekulé (1829-1896) em 1857, e então para todos os compostos contendo carbono em 1858.[1] Kekulé começou na Universidade de Giessen como estudante de arquitetura antes de ser atraído para a química por Liebig. O conceito de valência, às vezes atribuído a Kekulé por trabalho publicado em 1854, parece ser devido a William Odling e outros um pouco antes.[1] De igual importância foi a sua ideia de que os carbonos estão ligados diretamente – compartilhando igualmente as suas "afinidades". Essa ideia entrava em conflito direto com a teoria do dualismo eletroquímico.[1] Kekulé relembra de que modo ele integrou imagens com os dados existentes para chegar à teoria da tetravalência em 1854 enquanto andava de ônibus em Londres.[2]

> Eu entrei num devaneio. Os átomos estavam saltando diante dos meus olhos. Eu sempre os vi em movimento, essas pequenas entidades, mas nunca conseguira discernir a natureza do seu movimento. Desta vez, entretanto, eu via como, frequentemente, dois átomos menores se uniam para formar um par; como um maior cingia dois menores; como um ainda maior agregava três ou mesmo quatro dos menores; enquanto o conjunto continuava rodopiando numa dança vertiginosa. Eu via como os maiores formavam uma cadeia e os menores se penduravam somente na extremidade da cadeia.

A história indica que Archivald Scott Couper (1831-1892) descobriu a tetravalência do carbono (e a ligação carbono-carbono) ao mesmo tempo e independentemente de Kekulé. A sua publicação foi atrasada por razões técnicas pelo seu diretor Adolph Wurtz. Quando ele foi preterido por Kekulé, reclamou com amargura e foi prontamente despedido por Wurtz. Um esgotamento físico antes dos 30 anos efetivamente pôs fim à sua promissora carreira de cientista.[3]

O reconhecimento de que o carbono é tetravalente estabeleceu a base para a química orgânica estrutural. Em 1861, Aleksandr Butlerov afirmou pela primeira vez que o arranjo particular dos átomos em uma molécula é responsável pelas propriedades físicas e químicas das substâncias:[4]

> Apenas uma fórmula racional é possível para cada composto, e quando as leis gerais que estabelecem como as propriedades químicas dependem da estrutura química forem derivadas, esta fórmula irá expressar todas essas propriedades.

Essa frase ainda faz parte da primeira aula de qualquer curso moderno de química orgânica. A Figura 117 foi tirada da edição de 1868, impressa em Leipzig, do livro de Butlerov *Lehrbuch der Organischen Chemie* (edição original russa, 1864). As fórmulas mostram a tetravalência do carbono e expressam claramente as diferenças de estruturas entre isômeros.

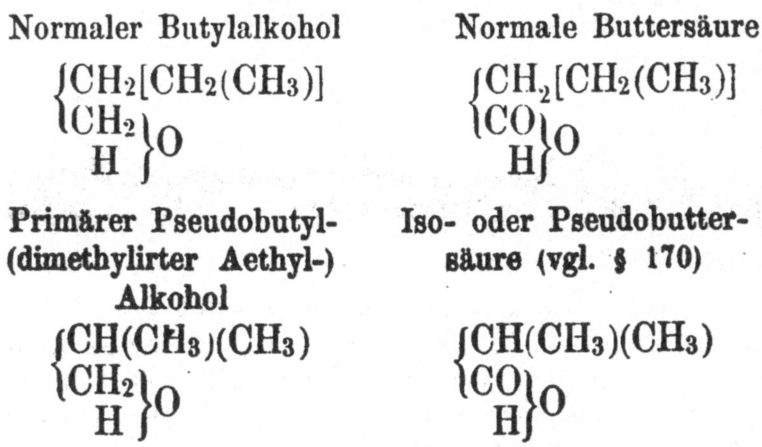

Figura 117 ■ Figura da edição de 1868, impressa em Leipzig, do livro de Butlerov *Lehrbuch der Organischen Chemie* (edição original russa, 1864). Butlerov enunciou pela primeira vez as bases estruturais modernas da química orgânica.

O benzeno, obtido pela primeira vez a partir do gás de óleo comprimido em 1825 por Faraday, era um enigma interessante. Com a fórmula C_6H_6, era altamente "insaturado" e deveria esperar-se que sofresse reações de adição como o etileno e outras olefinas. O seu comportamento químico era notavelmente diferente do esperado. Novamente, Kekulé assevera ter sonhado com uma solução:[5]

> Eu estava sentado, escrevendo em meu livro; mas o trabalho não progredia; meus pensamentos estavam em outro lugar. Eu virei a minha cadeira para o fogo e cochilei. Novamente os átomos estavam saltando diante dos meus olhos. Desta vez, os grupos

> menores ficaram modestamente na parte de trás. Meu olho mental, aguçado por repetidas visões desse tipo, podia agora distinguir estruturas maiores, de conformação multiforme: longas fileiras, às vezes encaixadas de forma mais compacta; todas se torcendo e girando em movimento serpenteante. Mas olhe! O que foi aquilo? Uma das serpentes agarrou a alça de sua própria cauda e a forma rodopiou zombeteiramente diante de meus olhos. Como por um clarão de luz, acordei e também desta vez passei o resto da noite elaborando as consequências da hipótese.

O modelo do benzeno tipo salsicha está na parte inferior esquerda do conjunto de estruturas da Figura 118 reproduzida do trabalho de Kekulé publicado em 1865 no *Bulletin de la Société Chimique*.[5] O benzeno, o clorobenzeno e um diclorobenzeno são mostrados a seguir. Um trabalho posterior de Ladenburg e Körner fez Kekulé postular duas estruturas alternativas equivalentes do benzeno em 1872. O que Kekulé estava lendo antes de adormecer? Talvez a *Alchymia* de Libavius (Fig. 52) inspirou os seus sonhos com serpentes. Talvez a tartaruga de Porta [Fig. 26(b)] foi a chave que ele precisava para a estrutura do benzeno. Estou convencido, entretanto, de que (1) Kekulé produziu mais adormecido do que eu acordado; (2) vou procurar uma carga didática mais leve para acrescentar sonecas ao meu relatório anual de atividades.

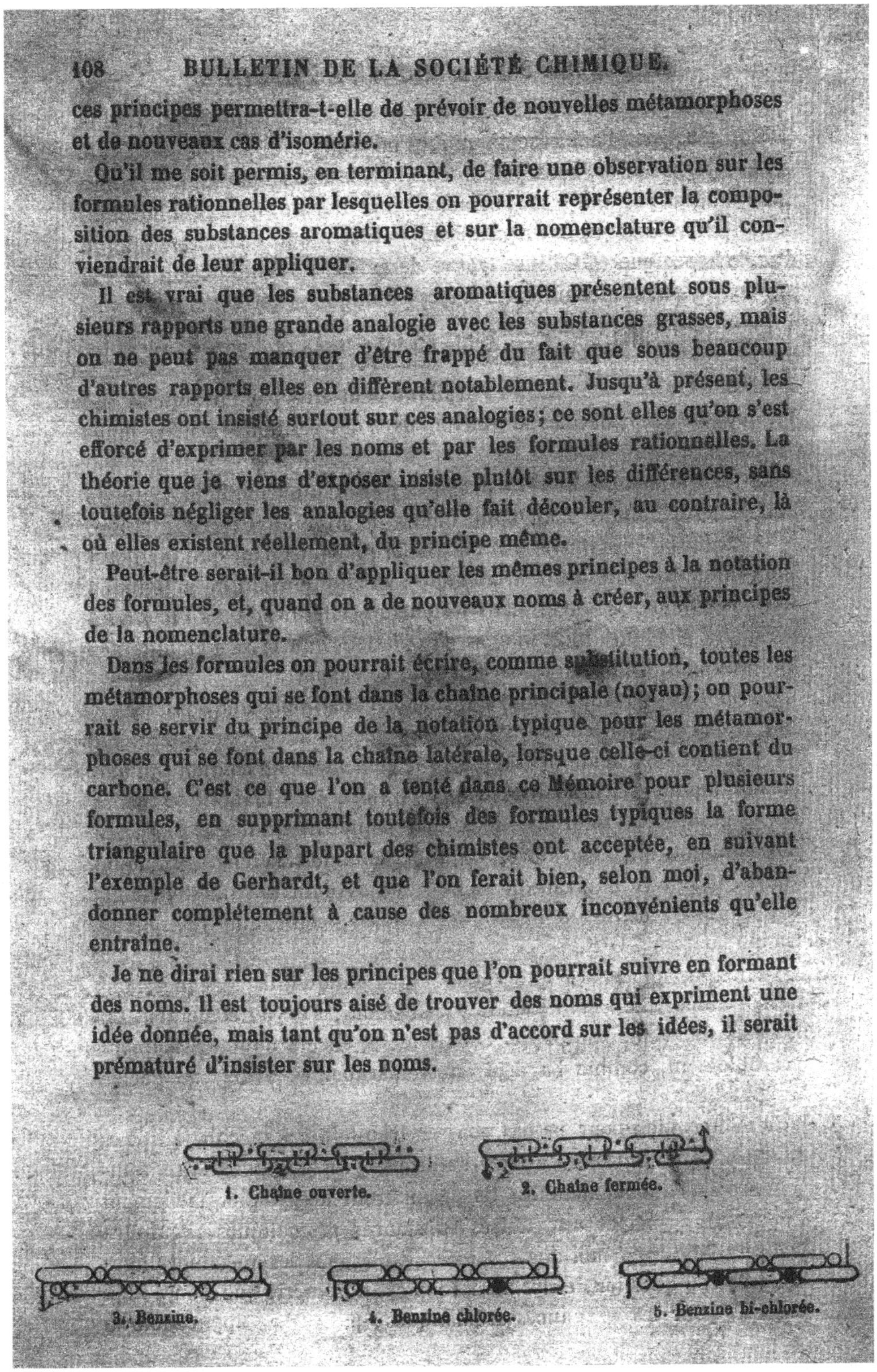

108 BULLETIN DE LA SOCIÉTÉ CHIMIQUE.

ces principes permettra-t-elle de prévoir de nouvelles métamorphoses et de nouveaux cas d'isomérie.

Qu'il me soit permis, en terminant, de faire une observation sur les formules rationnelles par lesquelles on pourrait représenter la composition des substances aromatiques et sur la nomenclature qu'il conviendrait de leur appliquer.

Il est vrai que les substances aromatiques présentent sous plusieurs rapports une grande analogie avec les substances grasses, mais on ne peut pas manquer d'être frappé du fait que sous beaucoup d'autres rapports elles en diffèrent notablement. Jusqu'à présent, les chimistes ont insisté surtout sur ces analogies; ce sont elles qu'on s'est efforcé d'exprimer par les noms et par les formules rationnelles. La théorie que je viens d'exposer insiste plutôt sur les différences, sans toutefois négliger les analogies qu'elle fait découler, au contraire, là où elles existent réellement, du principe même.

Peut-être serait-il bon d'appliquer les mêmes principes à la notation des formules, et, quand on a de nouveaux noms à créer, aux principes de la nomenclature.

Dans les formules on pourrait écrire, comme substitution, toutes les métamorphoses qui se font dans la chaîne principale (noyau); on pourrait se servir du principe de la notation typique pour les métamorphoses qui se font dans la chaîne latérale, lorsque celle-ci contient du carbone. C'est ce que l'on a tenté dans ce Mémoire pour plusieurs formules, en supprimant toutefois des formules typiques la forme triangulaire que la plupart des chimistes ont acceptée, en suivant l'exemple de Gerhardt, et que l'on ferait bien, selon moi, d'abandonner complétement à cause des nombreux inconvénients qu'elle entraîne.

Je ne dirai rien sur les principes que l'on pourrait suivre en formant des noms. Il est toujours aisé de trouver des noms qui expriment une idée donnée, mais tant qu'on n'est pas d'accord sur les idées, il serait prématuré d'insister sur les noms.

1. Chaîne ouverte. 2. Chaîne fermée.

3. Benzine. 4. Benzine chlorée. 5. Benzine bi-chlorée.

Figura 118 ■ As "fórmulas tipo salsicha" de Kekulé para o benzeno e dois derivados do benzeno que apareceram no *Bulletin de la Société Chimique* (Paris), v. 3, p. 98, 1865 (cortesia de Edgard Fahs Smith Collection, Biblioteca de Livros Raros e Manuscritos, Universidade da Pensilvânia).

A Figura 119 é de um folheto raro distribuído em um congresso da Sociedade Alemã de Química em 1886 que comemorou o trabalho estrutural de Kekulé.[6] Os macacos adotam duas estruturas que se alternam rapidamente (caudas enlaçadas e não enlaçadas). As representações modernas para o benzeno [círculo sólido ou pontilhado no hexágono – vide Fig 26(b)] foram contribuições de Johannes Thiele em 1899 e Sir Robert Robinson em 1925.[7]

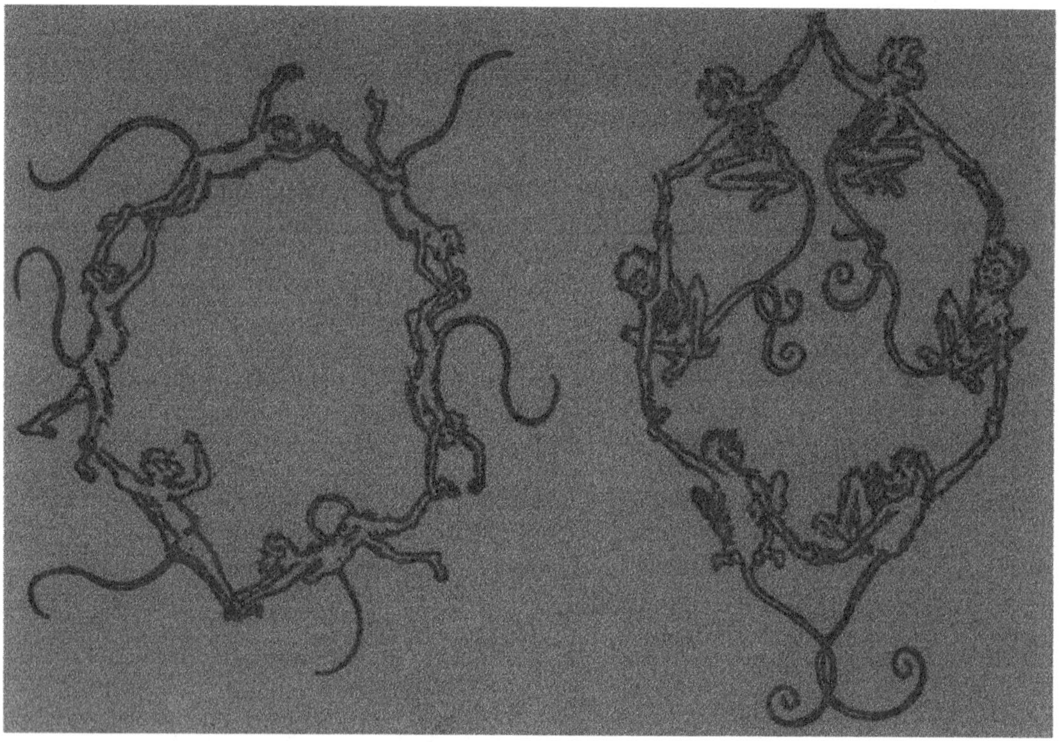

Figura 119 ■ Comemoração satírica das estruturas do benzeno de Kekulé pela Sociedade Alemã de Química em 1886 (vide E. Heilbronner e J. D. Dunitz, *Reflections on symmetry*, Weinheim, VCH, 1993, p. 52; cortesia de John Wiley-VCH).

A capacidade de explicar a química complexa de substituição do benzeno e outros derivados aromáticos relacionados como resultado da estrutura do benzeno assinalou o triunfo da química estrutural. Quando Hermann Kolbe, que detestava Kekulé, faleceu em 1884, a última resistência real à química estrutural morreu com ele.[8] Nas eloquentes palavras de Brock:[8]

> Assim como Picasso transformou a arte ao deixar o observador ver dentro e atrás dos objetos, também Kekulé transformou a química. As propriedades químicas surgiram das estruturas internas das moléculas, que podiam agora ser "vistas" e "lidas" através da ótica experiente do químico analítico e sintético.

1 ■ .J. R. Partington, *A history of chemistry*, Londres, MacMillan, 1964, v. 4, p. 533-565.
2 ■ J. R. Partington, op. cit., p. 537.
3 ■ A. J. Ihde, *The development of modern chemistry*, Nova York, Harper and Row, 1964, p. 222-225.
4 ■ W. H. Brock, *The Norton history of chemistry*, Nova York, Norton, 1993, p. 256.
5 ■ A. J. Ihde, op. cit., p. 310-319.
6 ■ E. Heilbronner e J. D. Dunitz, *Reflections on symmetry*, Weinheim, VCH, 1993, p. 52.
7 ■ W. H. Brock, op. cit., p. 555.
8 ■ W. H. Brock, op. cit., p. 263-269.

"MEUS PAIS FORAM A KARLSRUHE E TUDO QUE EU GANHEI FOI ESTA CAMISETA IMPRESTÁVEL"

Peço desculpas, gentil leitor, por esse arremedo mal-amarrado do arquétipo de lembrança de viagem em todos os Estados Unidos, a camiseta. Com toda a probabilidade, os 140 químicos que foram para a agradável cidade da terra do rio Reno, Karlsruhe, em 1860, pouco passearam de barco e compraram lembranças. Empenhos humanos, como a ciência, são esforços coletivos. Precisamos de interação humana para acotovelar, alfinetar, aborrecer e nos inspirar – a soma é maior do que as partes. Somos nós diferentes das térmitas, que precisam primeiro se reunir em grande número antes que possam desenvolver uma "ideia coletiva" e construir um cupinzeiro? Bem, sinceramente sim – nós somos grandes, elas são pequenas; temos pausas para o café e TV, elas não. Ainda, ficamos "antenados", usamos telefone, mandamos mensagens eletrônicas, enviamos correspondência pelo correio vagaroso, damos palestras, assistimos a seminários e simpósios, lemos artigos e livros, tagarelamos no café da manhã e nos escondemos das reportagens nos encontros profissionais – quanto mais longe, melhor.[1]

As tentativas de classificação dos elementos químicos começaram no início do século XIX. Johann Wolfgang Dobereiner (1780-1849) notou durante 1816 e 1817 que o estrôncio, quimicamente semelhante ao cálcio e ao bário, possuía um peso atômico igual à média aritmética dos outros dois.[2] Por volta de 1829, ele havia observado outras "tríadas" semelhantes e reivindicou ter previsto corretamente o peso atômico do recém-descoberto bromo pela média do cloro e iodo.[2]

Em 3 de setembro de 1860, a Conferência de Karlsruhe se reuniu para tentar resolver questões vexatórias relativas a átomos, moléculas, equivalentes, nomenclatura e pesos atômicos.[3] O esclarecimento quanto aos pesos atômicos proporcionado pelo folheto de Cannizzaro de 1858 e suas apresentações na conferência levaram Julius Lothar Meyer a comentar:[2]

> As crostas pareceram cair dos meus olhos. As dúvidas desapareceram e um sentimento de certeza tranquila tomou o seu lugar. Se alguns anos depois eu mesmo pude contribuir com algo para esclarecer a situação e acalmar espíritos acalorados, uma parte não pequena do crédito se deve a este folheto de Cannizzaro.

Stanislao Cannizzaro (1826-1910), nascido em Palermo, foi a estrela de Karlsruhe. Ele relembrou para todos os congressistas a importância da Hipótese de Avogadro, combinou-a com a Lei de Dulong e Petit e outras descobertas e esclareceu os pesos atômicos, que se tornaram o "eixo y" da futura Tabela Periódica, assim como as propriedades químicas viriam a se tornar o "eixo x". Na Figura 120, vemos a descrição de Cannizzaro de átomos, moléculas e pesos atômicos. O conceito de "meia-molécula" deriva da nomenclatura de Avogadro de 1811. A Figura 121 é uma exposição muito direta da Lei de Dulong e Petit. Nesta tabela, todos os sólidos triatômicos têm quase o mesmo calor específico por átomo, independentemente da identidade do átomo. É uma validação poderosa da Teoria Atômica e dos pesos atômicos utilizados.

	Simboli delle molecole dei corpi semplici e formule dei loro composti fatte con questi simboli, ossia simb. e form. rappresentanti i pesi di volumi eguali allo stato gassoso		Simboli degli atomi de'corpi semplici, e formule dei composti fatte con questi simboli		Numeri esprimenti i pesi corrispondent
Atomo dell'idrogeno . . .	$\mathfrak{H}^{1}/_{2}$	=	H	=	1
Molecola dell'idrogeno . .	$\mathfrak{H}$	=	H^2	=	2
Atomo del cloro	$\mathfrak{Cl}^{1}/_{2}$	=	Cl	=	35,5
Molecola del cloro. . .	$\mathfrak{Cl}$	=	Cl^2	=	71
Atomo del bromo	$\mathfrak{Br}^{1}/_{2}$	=	Ar	=	80
Molecola del bromo . . .	$\mathfrak{Br}$	=	Br^2	=	160
Atomo dell'iodo	$\mathfrak{I}^{1}/_{2}$	=	I	=	127
Molecola dell'iodo. . . .	$\mathfrak{I}$	=	I^2	=	254
Atomo del mercurio . . .	$\mathfrak{Hg}$	=	Hg	=	200
Molecola del mercurio . .	$\mathfrak{Hg}$	=	Hg	=	200
Molec. dell'acido cloridrico	$\mathfrak{H}^{1}/_{2}\mathfrak{Cl}^{1}/_{2}$	=	HCl	=	36,5
Mol. dell'acido bromidrico.	$\mathfrak{H}^{1}/_{2}\mathfrak{Br}^{1}/_{2}$	=	HBr	=	81
Mol. dell'acido iodidrico .	$\mathfrak{H}^{1}/_{2}\mathfrak{I}^{1}/_{2}$	=	HI	=	128
Mol. del protocl. di merc.	$\mathfrak{Hg}\mathfrak{Cl}^{1}/_{2}$	=	HgCl	=	235,5
Mol. del protobr. di merc.	$\mathfrak{Hg}\mathfrak{Br}^{1}/_{2}$	=	HgBr	=	280
Mol. del protoiod. di merc.	$\mathfrak{Hg}\mathfrak{I}^{1}/_{2}$	=	HgI	=	327
Mol. del deutoclor. di merc.	$\mathfrak{Hg}\mathfrak{Cl}$	=	$HgCl^2$	=	271
Mol. del deutobr. di merc.	$\mathfrak{Hg}\mathfrak{Br}$	=	$HgBr^2$	=	360
Mol. del deutoiod. di merc.	$\mathfrak{Hg}\mathfrak{I}$	=	HgI^2	=	454

Figura 120 ■ O sistema de pesos atômicos de Cannizzaro baseado na Hipótese de Avogadro (de 1811) e recordado em seu trabalho de 1858 e na apresentação no Congresso de Karlsruhe de 1860. Essa figura é de S. Cannizzaro, *Scritti intorno alla teoria moleculare ed atomica ed alla notazione chimica di S. Cannizzaro* (Palermo, 1896).

Formule dei composti	Pesi delle loro molecole $=p$	Calorici specifici dell'unità di peso $=c$	Calorici specifici delle molecole $=p \times c$	Numeri di atomi nelle molecole $=n$	Calorici specifici di ciascun atomo $=\frac{p \times c}{n}$
$HgCl^2$	271	0,06889	18,66919	3	6,22306
$ZnCl^2$	134	0,13618	18,65666	3	6,21888
$SnCl^2$	188,6	0,10161	19,163646	3	6,387882
$MnCl^2$	126	0,14255	17,96130	3	5,98710
$PbCl^2$	278	0,06641	18,46198	3	6,15399
$MgCl^2$	95	0,1946	18,4870	3	6,1623
$CaCl^2$	111	0,1642	18,2262	3	6,0754
$BaCl^2$	208	0,08957	18,63056	3	6,21018
HgI^2	454	0,04197	19,05438	3	6,35146
PbI^2	461	0,04267	19,67087	3	6,55695

Figura 121 ■ O uso por Cannizzaro da Lei de DuLong e Petit para reforçar o seu sistema de pesos atômicos (vide Fig. 120).

[1] ■ Destaco, em reconhecimento, o livro de Lewis Thomas , *Lives of a cell*, Nova York, Viking Press, 1974, pela sua influência neste ensaio.

[2] ■ A. J. Ihde, *The development of modern chemistry*, Nova York, Harper and Row, 1964, p. 236-237.

[3] ■ A. J. Ihde, op. cit., p. 228-229.

O ÍCONE NA PAREDE

Em um lar muçulmano, uma página de versos do *Corão* escrita em bela caligrafia pode adornar a parede. Em um lar católico, podemos ver um crucifixo; em um lar judeu haverá um *mezuzah* afixado na porta de entrada; um Bodhisattva em um lar budista; uma imagem da divindade da família num lar hindu. E em cada casa de química, cada sala de aula, cada anfiteatro de conferências e laboratório, está pendurado o nosso ícone – a Tabela Periódica.

A Figura 122(a) é da obra *Grundlagen der Chemie* (São Petersburgo, 1891), a primeira edição alemã do livro de química de Mendeleev, e mostra uma tabela periódica da época. Faltam os gases nobres e as "ilhas" dos metais de transição interna (lantanídeos e actinídeos), mas em outros aspectos se assemelha às tabelas periódicas modernas.

Logo após a Conferência de Karlsruhe, John Alexander Newlands (1837-1898) publicou alguns artigos sobre as regularidades nos pesos atômicos.[1] Em 1864 publicou uma versão de uma tabela dos elementos e notou a sua lei das oitavas: "... o oitavo elemento a partir de um dado elemento é uma espécie de repetição do primeiro, como a oitava nota de uma escala musical".[1] Newlands publicou uma tabela modificada em 1865 e depois a aperfeiçoou em 1866. William Odling (1829-1921) publicou uma tabela dos elementos na ordem dos pesos atômicos em 1865. Lothar Meyer construiu uma tabela (não publicada) em 1868 que colocava o carbono, o nitrogênio, o oxigênio, o flúor e o lítio no topo de seus respectivos grupos. Uma versão modificada foi publicada pela primeira vez em 1869.

O crédito pela Tabela Periódica é atribuído a Dmitry Ivanovich Mendeleyev (Mendeleeff ou Mendeleev, 1834-1907).[2] A mãe de Mendeleev foi uma heroína em cada significado da palavra.[2] Depois do colapso físico do seu marido e da destruição por um incêndio, em 1848, da fábrica de vidro que ela havia restaurado e administrava, ela levou o seu filho cientificamente dotado, o mais novo dos 14 que tivera, para Moscou. Não obtendo sucesso em matriculá-lo na universidade porque ele era siberiano, foram para São Petersburgo e conseguiu a matrícula de Mendeleev na Escola Pedagógica em 1850, ano em que ela faleceu. Numa dedicatória de um artigo publicado em 1887, Mendeleev escreveu: "Ela ensinou pelo exemplo, corrigiu com amor e, com o objetivo de devotá-lo à ciência, deixou a Sibéria com ele, gastando seus últimos recursos e forças".[2]

Em seguida à sua formação como professor em São Petersburgo, Mendeleev escreveu uma dissertação de mestrado na Universidade de São Petersburgo e foi contratado. Depois, estudou em Paris e Heidelberg. Retornando a São Petersburgo em 1861, tornou-se professor no Instituto Tecnológico e mais tarde professor na universidade. Em 1868, enquanto escrevia seu livro *Principles of chemistry*, diz-se que Mendeleev começou a pensar sobre a lei periódica, tendo comparecido a Karlsruhe, mas sem conhecer o trabalho de Newlands.[2] A primeira Tabela Periódica de Mendeleev foi impressa em 1869, mesmo ano que a de Lothar Meyer, e uma versão modificada foi publicada em 1871.[2]

Tendo em mente esse resumo histórico delinesdo por Partington, é ainda fascinante encontrar o que poderia ser considerada a ideia primordial para a Tabela Periódica. A Figura 122(b) é tirada da segunda edição do livro de Mendeleev *Organicheskaja khimia* (São Petersburgo, 1863). Ela, com certeza, tem uma visão precursora da tabela.

GRUPPE:	I.	II.	III.	IV.	V.	VI.	VII.	VIII.
Reihe: 1	. H			RH^4	RH^5	RH^2	RH	Wasserstoffverbindungen.
» 2	Li	Be .	B	C .	N .	O .	F .	
» 3	. Na	Mg	. Al	. Si	. P	. S	Cl	
» 4	K .	Ca .	Sc .	Ti	V .	Cr :	Mn .	Fe. Co. Ni. Cu.
» 5	. (Cu)	. Zn	. Ga	Ge	. As	. Se	. Br	
» 6	Rb. .	Sr .	Y .	Zr .	Nb	Mo .	— .	Ru. Rh. Pd. Ag.
» 7	. (Ag)	Cd	. In	. Sn	. Sb	. Te	. J	
» 8	Cs .	Ba .	La	Ce .	Di? .	— .	— .	— — — —
» 9	. —	. —	. —	. —	. —	. —	. —	
» 10	— .	— .	Yb .	— .	Ta .	W .	— .	Os. Ir. Pt. Au.
» 11	. (Au)	. Hg	. Tl	. Pb	. Bi	. —	. —	
» 12	— .	— .	— .	Th .	— .	U .	— .	
	R^2O	R^2O^2 RO	R^2O^3	R^2O^4 RO^2	R^2O^5	R^2O^6 RO^3	R^2O^7	Höchste salzbildende Oxyde RO^4

(a)

Зная атомность радикаловъ, легко предугадать ихъ обыкновеннѣйшія соединенія, наблюдая всегда чтобы сумма атомностей всѣхъ радикаловъ была четное количество.

Простѣйшіе виды соединеній будутъ:

$$R'R',\quad R'^2R'',\quad R'^3R'''.$$

Потому водородъ образуетъ слѣдующія типическія соединенія:

Главные типы: $\left.\begin{matrix}H\\H\end{matrix}\right\}$, $\left.\begin{matrix}H\\H\end{matrix}\right\}O$ и $N\left\{\begin{matrix}H\\H\\H\end{matrix}\right.$

Производные типы: $\left.\begin{matrix}H\\Cl\end{matrix}\right\}$ $\left.\begin{matrix}H\\H\end{matrix}\right\}S$ $P\left\{\begin{matrix}H\\H\\H\end{matrix}\right.$

$\left.\begin{matrix}H\\Br\end{matrix}\right\}$ $As\left\{\begin{matrix}H\\H.\\H\end{matrix}\right.$

Орг. химія, Менделѣева. 2

(b)

Figura 122 ■ (a) A primeira Tabela Periódica de Mendeleev foi publicada em 1869. A desta figura apareceu no seu livro de 1891 *Grundlagen der Chemie* (São Petersburgo, 1891) (vide texto); **(b)** essa figura intrigante veio da segunda edição russa do livro de Mendeleev sobre química orgânica (*Organicheskaja khimia*, São Petersburgo, 1863). Embora Partington indique que Mendeleev começou a pensar sobre a Tabela Periódica em 1868, as ideias parecem ter ocorrido antes. O Doutor Roy G. Neville, que está catalogando a sua coleção de livros, percebe que há evidência da organização dos elementos na dissertação de mestrado de Mendeleev de 1856 (comunicação pessoal com A. Greenberg).

O brilhantismo e o pioneirismo da Tabela Periódica de Mendeleev estão na sua audácia de deixar nela lacunas, onde ele previa que elementos, até então desconhecidos, estavam faltando.[3] Na Figura 122(a), vemos abaixo do alumínio (Al) o elemento gálio (Ga). Este elemento era desconhecido em 1871, mas Mendeleev previu a existência de um novo elemento, que chamou de *eka*-alumínio, bem como o seu peso atômico, densidade, ponto de fusão e a fórmula do seu óxido. (O termo eka significa "algo adicionado".) Em 1875, ele foi descoberto por Paul Emile Lecoq de Boisbaudran e o nome derivou de Gália para confortar o ego de seus compatriotas após a sua derrota na Guerra Franco-Prussiana. Em 1879, Lars Frederik Nilson da Suécia descobriu o *eka*-boro, condizendo bem com as propriedades previstas por Mendeleev, e o chamou de escândio (Sc). Em 1886, Clemens Windler descobriu o *eka*-silício, novamente de acordo com as previsões de Mendeleev, e o chamou de germânio (Ge), contrapondo-se ao chauvinismo francês.

As previsões de Mendeleev nem sempre foram corretas. Ele corajosamente colocou o iodo *depois* do telúrio, mais pesado, incorretamente prevendo que novos experimentos iriam reverter as suas massas. Ele também previu novos elementos que nunca existiram. Mendeleev desconhecia que a origem da ordem para a Tabela Periódica não era o peso atômico, mas o número atômico, e este seria descoberto por Henry Moseley pouco antes da Primeira Guerra Mundial.

Em 1999, o penúltimo ano do milênio, foi um puro deleite descobrir um belo artigo do médico escritor Oliver Sacks (autor do famoso *Awakenings*), que confessa a sua fascinação de toda a vida pela Tabela Periódica:[4]

> As paredes da minha cozinha são forradas com tabelas periódicas de todos os tamanhos e tipos – oblongos, espirais, pirâmides, ventoinhas – e na mesa da cozinha, uma muito favorita, uma tabela periódica circular feita de madeira que eu posso fazer girar como uma roda de oração.

Claramente, "fala-se química" na casa de Sacks e ele mantém mesmo dois pequenos ícones periódicos em sua carteira. Talvez em uma hora determinada a cada dia, o Doutor Sacks se oriente para São Petersburgo e medite, contemplando o barbudo Mendeleev, semelhante a um profeta.

[1] ■ J. R. Partington, *A history of chemistry*, Londres, MacMillan, 1964, v. 4, p. 886-891.

[2] ■ J. R. Partington, op. cit., p. 891-899.

[3] ■ A. J. Ihde, *The development of modern chemistry*, Nova York, Harper & Row, 1964, p. 231-256.

[4] ■ O. Sacks, Everything in its place – one man's love affair with the periodic table, *New York Times Magazine*, 18 abr. 1999, p. 126-130.

A QUÍMICA DO POVO

A muck manual for farmers (Fig. 123) e *600 receipts worth their weight in gold* (Fig. 124) são livros americanos do século XIX que continuam uma tradição que remonta ao início do século XVI. Livros de segredos,[1] como o *natural magick* de Porta, forneciam receitas de cosméticos, vinhos e outros preparados. Livros de receitas[2] e livros "da família" também proporcionavam remédios caseiros práticos, informação sobre conservação de alimentos e milhares de outras sugestões de assistência técnica para a vida diária.

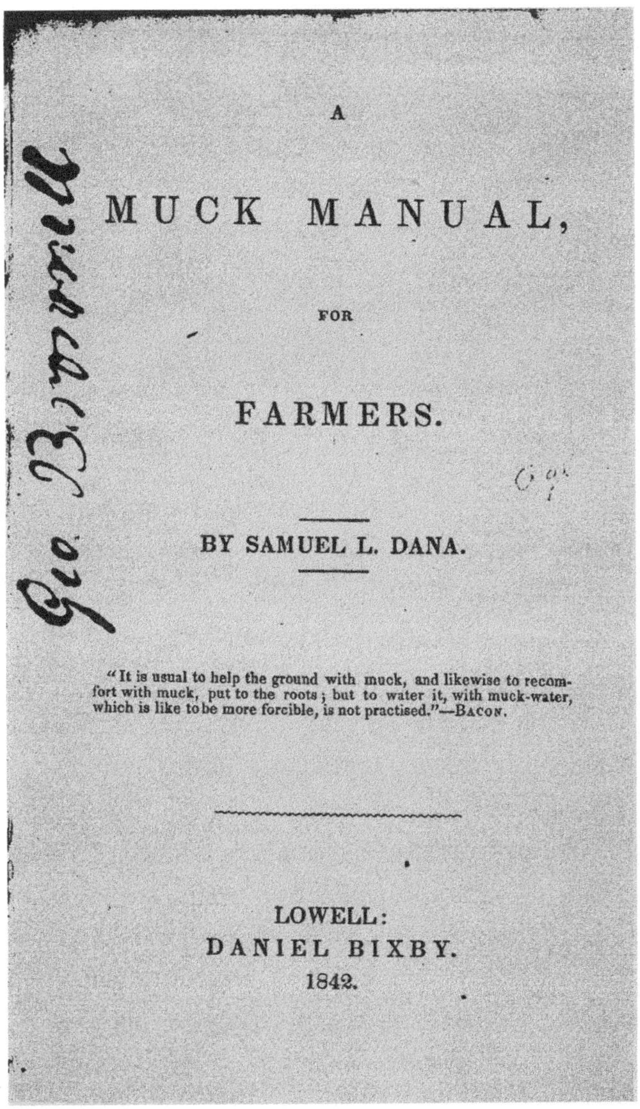

A

MUCK MANUAL,

FOR

FARMERS.

BY SAMUEL L. DANA.

"It is usual to help the ground with muck, and likewise to recomfort with muck, put to the roots; but to water it, with muck-water, which is like to be more forcible, is not practised."—BACON.

LOWELL:
DANIEL BIXBY.
1842.

Figura 123 ■ Aqui está um belo título para um livro prático americano. Samuel L. Dana foi um químico americano respeitado que escreveu um livro prático e nunca condescendente para fazendeiros sobre solos e fertilizantes (uma espécie de Serviço de Extensão à Agricultura).

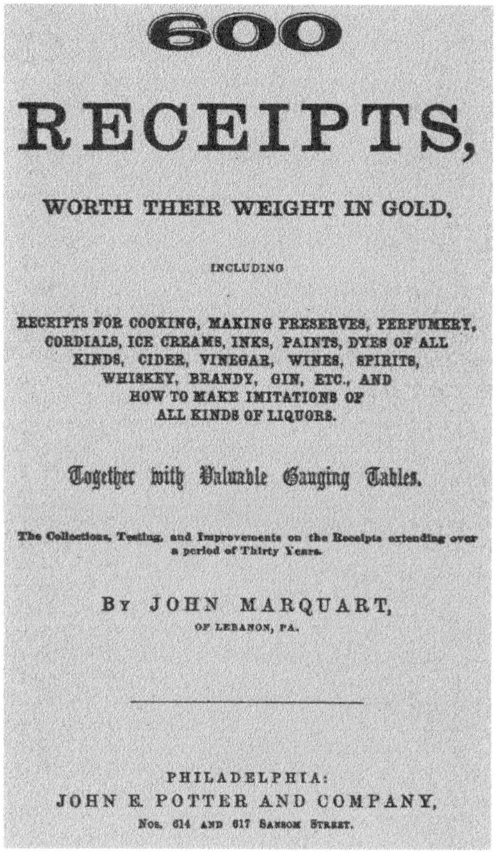

600

RECEIPTS,

WORTH THEIR WEIGHT IN GOLD,

INCLUDING

RECEIPTS FOR COOKING, MAKING PRESERVES, PERFUMERY, CORDIALS, ICE CREAMS, INKS, PAINTS, DYES OF ALL KINDS, CIDER, VINEGAR, WINES, SPIRITS, WHISKEY, BRANDY, GIN, ETC., AND HOW TO MAKE IMITATIONS OF ALL KINDS OF LIQUORS.

Together with Valuable Gauging Tables.

The Collections, Testing, and Improvements on the Receipts extending over a period of Thirty Years.

BY JOHN MARQUART, OF LEBANON, PA.

PHILADELPHIA:
JOHN E. POTTER AND COMPANY,
Nos. 614 AND 617 SANSOM STREET.

Figura 124 ■ Aqui está um livro cujas tradições remontam aos "manuais domésticos" do século XVI: como preparar tintas, bebidas e uma catarse para gado.

A muck manual, escrito pelo químico americano Samuel L. Dana, proporciona uma introdução inteligente, acessível e nunca condescendente para minerais, rochas, solos, adubos e fertilizantes. Dana (1795-1868) foi um químico técnico respeitado e o inventor do "sistema americano" de alvejamento.[3] O seu livro segue uma tradição exemplificada por obras como *A treatise shewing the intimate connection that subsists between agriculture and chemistry* (Archibald Cochrane, 9th Earl of Dundonald, Londres, 1795) e *Elements of agricultural chemistry* de Humphrey Davy (Londres, 1813). Um aspecto interessante do livro de Dana é a sua introdução de um novo termo, *urets*, para minerais como sulfetos metálicos. Ele cuidadosamente justifica para a sua audiência prática a sua necessidade de introduzir um novo termo ao dicionário químico. *Muck manual* também discute a natureza química do húmus – cuja complexidade continua assustadora. Atualmente, universidades estaduais contempladas conduzem programas de Serviço de Extensão à Agricultura para cumprir a função do ensino prático para fazendeiros presumido pelo manual útil de Dana.

Eu sou um ianque de Brooklin[4] vivendo em Charlotte, Carolina do Norte, no momento em que este livro está sendo escrito. É interessante falar com pessoas cujas famílias viveram por longo tempo nesta região. Um amigo[5] me contou a importância desesperadora do sal, para preservação de alimentos e refrigeração, à medida que a Confederação estava perdendo a Guerra Civil e em dificuldades terríveis. Carne não salgada frequentemente apodrecia durante o transporte. Carne fortemente salgada chegava preservada mas tinha de ser fervida em água repetidas vezes para se tornar apenas comestível. Destrua as fontes de sal e você terá desferido um golpe devastador nos soldados confederados. Estrategicamente, uma batalha importante foi travada em 1864 pelo controle de Saltville, na Virgínia, uma região de salinas naturais.[6] Famílias sulinas se reduziam a escavar desesperadamente a terra de pisos imundos sob defumadouros e "fervê-la" em água de modo a recuperar o sal de estações precedentes. Essa foi uma química do povo muito triste, de vida ou morte.

Terminamos este ensaio com notas mais leves, embora não enaltecedoras. No livro de Marquart de 1867, encontramos a Receita n. 83, "um remédio para Dentes Pretos": creme de tártaro em pó e sal; lave os seus dentes pela manhã e então esfregue-os com este pó; Receita n. 479, "Para curar Inchaço em Gado [gado superalimentado com comida rica, inchando por causa do primeiro estômago sobrecarregado e incapaz de expelir o seu conteúdo – uma situação de risco de vida] – veja a Receita n. 480": 1 libra de sal de Glauber ($Na_2SO_4 \cdot 10\ H_2O$ – um laxante); 2 onças de pó de gengibre; 4 onças de melaço, misture e então despeje sobre a massa 3 quartilhos de água fervente. Quando estiver "morno como leite recém-ordenhado" (isto é, recém-tirado do úbere ou "uberemente" fresco), dê a dose toda (cubra os seus ouvidos e tape o seu nariz).

1 ■ J. R. Partington, *A history of chemistry*, Londres, MacMillan, 1961, v. 2, p. 27-31.

2 ■ J. R. Partington, op. cit., p. 68-60.

3 ■ E. F. Smith, *Chemistry in America*, Nova York, Appleton, 1914, p. 222.

4 ■ Um ianque de Brooklin é um oxímoro – pergunte a qualquer pessoa que já foi a um jogo de beisebol em Ebbets Field. Nós detestávamos "ianques" tanto quanto qualquer caroliniano.

5 ■ Eu ouvi a história de ferver a terra de pisos sob defumadouros de um soldado da cavalaria aposentado do estado da Carolina do Norte, Harold Eaker, cuja família viveu nas vizinhanças da monte King, NC, desde a Revolução Americana. Veja também Charles Frazier, *Cold mountain*, Nova York, Vintage, 1997, p. 103.

6 ■ G. G. Walker, *The war in southwest Virginia: 1861-1865*, 6. ed., Roanoke, A & W Enterprise, 1985, p. 10, 71-106. Agradeço ao Senhor R. Steward Lillard por discussões esclarecedoras e por me ter informado a respeito deste livro.

TINTA DE AMENDOINS E O MELHOR AÇÚCAR DO SUL

Em 1947, Roald Hoffmann, ganhador do Nobel, estava com 10 anos, em um campo de refugiados na Alemanha, quando ficou fascinado pelas biografias (em versão para o alemão) de Marie Curie e George Washington Carver.[1] Carver (ca. 1860-1943) nasceu filho de escravos pertencentes a Moses Carver pouco antes do começo da Guerra Civil.[2] Ao terminar a guerra, Moses Carver descobriu que o seu único escravo sobrevivente era o menino de 5 anos, George, seriamente enfermo com coqueluche. Voltando à casa de seu antigo patrão, George permaneceu por quase dez anos antes de viajar e desenvolver o seu interesse por plantas e animais e seus talentos na arte e na música. Conseguiu um diploma de curso secundário no final dos seus 20 anos e se tornou o primeiro afro-americano diplomado do que é agora a Universidade Estadual de Iowa (1894), rapidamente obtendo lá o título de mestre, em 1896. Os seus conhecimentos sobre agricultura o levaram a atuar numa espécie de serviço de extensão para fazendeiros afro-americanos. Essa dedicação conduziu Carver ao Instituto Tuskegee no Alabama, então sob a presidência de Booker T. Washington.

Como administrador universitário dirigindo o recém-organizado Departamento de Agricultura de Tuskegee, Carver não era forte em prática burocrática ou controle orçamentário. Contudo, pesquisa aplicada era a sua verdadeira vocação e Carver foi pioneiro em rotação de culturas e plantio de leguminosas, como soja e amendoim, para repor os nutrientes do solo. Com seus colaboradores em Tuskegee, desenvolveu cerca de trezentos produtos derivados de amendoins (por exemplo, tintas, plásticos, corantes, café) e mais de cem outros a partir de batatas-doces. Os amendoins evoluíram da condição de "não cultivado" para a segunda colheita mais rendosa (em seguida ao "rei algodão") no Sul. Em 1990, Carver e o químico orgânico Doutor Percy L. Julian foram os primeiros afro-americanos a entrar para a Galeria da Fama dos Inventores Nacionais. O Doutor Julian (1899-1975) foi pioneiro na síntese de fisostigmina (*physostigmine*), usada para tratar glaucoma, aperfeiçoou uma rota econômica para o esteroide cortisona, tão eficiente para tratar artrite reumatoide, e se tornou o primeiro diretor de pesquisa afro-americano de uma companhia importante (Glidden Company em Chicago).[3]

Norbert Rillieux (1806-1894) era filho do inventor Vincent Rillieux (o tio-avô do artista Edgar Degas) e uma mulher negra livre, Constance Vivant, com quem Vicent manteve um relacionamento duradouro.[4] O Rillieux mais jovem, um engenheiro químico educado em Paris, desenvolveu o evaporador de efeito triplo para o refino do açúcar na década de 1830. Em parceria com o judeu proprietário de plantações Judah P. Benjamin (futuro Secretário da Guerra de Jefferson Davis), o açúcar produzido pelo equipamento de Rillieux ganhou prêmios e reconhecimento e o aparelho foi adotado amplamente. Acredita-se que Degas pode ter usado os dois homens como modelos para um dos seus retratos duplos.[4]

1 ■ R. Hoffmann e V. Torrence, *Chemistry imagined – reflections on science*, Washington, Smithsonian Institute Press, 1993, p. 30-32.

2 ■ R. Holt, *George Washington Carver: an american biography*, ed. rev., Garden City, Doubleday, Doran and Co., 1963.

3 ■ E. J. McMurray (ed.), *Notable twentieth-century scientists*, Gale Research Inc., Detroit, MI, 1995, v. 2, p. 1045-1047.

4 ■ *Chemical heritage*, **16**(1):10, jun./ago. 1998.

SEÇÃO VII

ENSINANDO QUÍMICA PARA AS MASSAS

A PRIMEIRA PROFESSORA DE QUÍMICA DE MICHAEL FARADAY

Jane (Haldimand) Marcet (1769-1858) nasceu na Inglaterra e se casou com Alexander Marcet, um médico suíço proeminente e químico amador respeitado.[1,2] Influenciada pelas conferências públicas de Humphrey Davy, ela tentou alguns experimentos e decidiu escrever um livro para explicar a ciência:

> Aventurando-se a oferecer ao público e mais particularmente ao sexo feminino uma Introdução à Química, a autora, ela própria uma mulher, compreende que pode ser necessária alguma explicação: e sente ser imperioso pedir desculpas pelo presente empreendimento, uma vez que o seu conhecimento do assunto é apenas recente e ela não pode ter reivindicações reais ao título de química.

(Compare esta *Apologia* estrategicamente diplomática com aquela citada anteriormente do livro de 1794 da Senhora Fulhame (p.185). Fulhame desdenha abertamente o povo tacanho e ignorante que limitaria o papel de uma mulher). Consta que a primeira edição londrina de *Conversations* (Fig. 125) apareceu em 1805[1] (outra versão menciona 1806).[2] Edgar Fahs Smith afirma que cerca de 160.000 cópias de suas numerosas edições foram vendidas antes de 1853.[1]

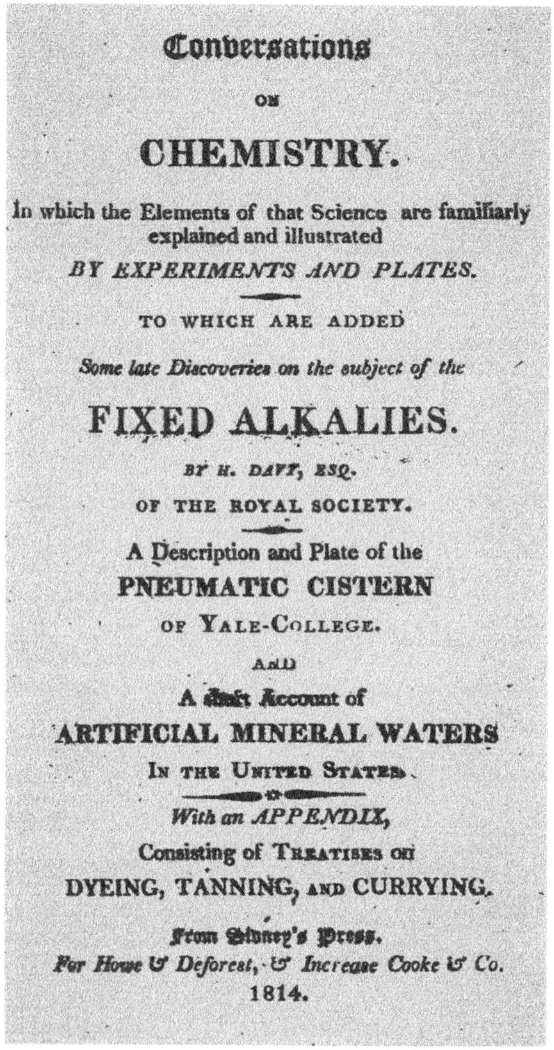

Conversations
ON
CHEMISTRY.
In which the Elements of that Science are familiarly explained and illustrated
BY EXPERIMENTS AND PLATES.
TO WHICH ARE ADDED
Some late Discoveries on the subject of the
FIXED ALKALIES.
BY H. DAVY, ESQ.
OF THE ROYAL SOCIETY.
A Description and Plate of the
PNEUMATIC CISTERN
OF YALE-COLLEGE.
AND
A Short Account of
ARTIFICIAL MINERAL WATERS
IN THE UNITED STATES.
With an APPENDIX,
Consisting of TREATISES on
DYEING, TANNING, AND CURRYING.
From Sidney's Press.
For Howe & Deforest, & Increase Cooke & Co.
1814.

Figura 125 ■ *Conversations on chemistry* foi na realidade de autoria da Senhora Jane Marcet. É um belo texto didático que utiliza o diálogo socrático envolvendo uma Senhora B. e duas adolescentes, Caroline e Emily. Ele inspirou o interesse do jovem Michael Faraday pela química e apareceu em numerosas edições por quase 50 anos e vendeu mais de 160.000 cópias.

A mais cuidadosa leitura da página do título e do resto do texto das primeiras edições não proporciona nenhum indício da identidade do autor. Parte do motivo era a própria modéstia de Marcet a respeito da sua falta de preparo formal. Contudo, a etiqueta da época é também uma causa provável. De maneira bastante chocante, edições posteriores (por exemplo, 1822, 1826, 1829 e 1831, editadas pelo Doutor J. L. Comstock) foram publicadas por homens que, embora dando crédito à "autora", foram rápidos em acrescentar as suas próprias críticas. Um defensor de Marcet escreveu:[1]

Fomos informados por um dos editores americanos deste trabalho que o seu motivo para não colocar o nome de Jane Marcet na página de rosto foi que os homens científicos acreditavam ser ele fictício!

Conversations on chemistry é um delicioso diálogo entre uma Senhora B. (às vezes referida como Senhora Bryan)[2] e Caroline e Emily[2] (com idades de 13 e 15 anos). A sua cobertura de princípios químicos, embora acessível, não é de modo algum superficial e Jane Marcet atualizava as suas próprias edições com a inclusão dos trabalhos mais recentes do seu correspondente Davy e outros químicos proeminentes. Eis uma seleção encontrada nas páginas 198-199 da edição americana de 1814.

Sra. B.: Pelas suas próprias propriedades poderosas e pelas várias combinações onde entra, o ácido sulfúrico é de grande importância em muitas artes. É também usado como remédio em estado de grande diluição, pois se fosse ingerido em estado concentrado, ele se revelaria um veneno dos mais perigosos.

Caroline: Tenho certeza de que iria queimar a garganta e o estômago.

Sra. B.: Você pode pensar em algo que se comportaria como um antídoto para esse veneno?

Caroline: Um grande gole de água para diluí-lo.

Sra. B.: Isso certamente enfraqueceria o poder do ácido, mas iria aumentar o calor a um grau intolerável. Você se lembraria de algo que destruiria as suas propriedades deletérias mais efetivamente?

Emily: Um álcali poderia, combinando-se com ele; mas então um álcali puro é por si próprio um veneno, devido à sua causticidade.

Sra. B.: Não é necessário que o álcali seja cáustico. Sabão, em que ele está combinado com óleo, ou magnésia, tanto em estado de carbonato como misturado com água, se revelariam os melhores antídotos.

Emily: Nesses casos, então, suponho, o potássio e o magnésio deixariam as suas combinações para formar sais com o ácido sulfúrico?

Sra. B.: Precisamente.

Parece que a novelista Maria Edgeworth leu o livro da Senhora Marcet e pode ter salvado a vida de sua irmã mais nova, que tinha engolido ácido, ministrando leite de magnésia.[2] É intrigante que, em sua novela de suspense de 1998,[3] a historiadora Barbara Hambly supre uma professora escolar, uma negra livre, de um livro intitulado *Conversations in chemistry more especially for the female sex* de autoria de uma (presumivelmente Senhora) Mercer.

O grande cientista do século XIX Michael Faraday veio de uma família de recursos muito modestos e trabalhou como encadernador começando em 1804 aos 13 anos. Ele foi iniciado na química pelo livro de Marcet:[1]

> Assim, quando questionei o livro da Senhora Marcet, por achar tão poucos experimentos para executar, percebi que ele era fiel aos fatos e me permitia compreendê-los. Senti que havia conseguido uma âncora em conhecimento químico e me agarrei firmemente a ela. Daí a minha profunda veneração pela Senhora Marcet: primeiro por ser alguém que me proporcionou grande benefício pessoal e prazer, e depois por ser alguém capaz de transmitir a verdade e os princípios daqueles campos ilimitados de conhecimento, e que dizem respeito às coisas naturais, para a mente jovem, leiga e inquiridora.
>
> Você pode imaginar a minha alegria quando conheci pessoalmente a Senhora Marcet. Frequentemente projeto meus pensamentos para trás, encantando-me em conectar o passado e o presente; ou em enviar para ela um artigo como agradecimento. Penso com frequência em minha primeira professora e tais pensamentos permanecerão comigo.

A influência de Marcet sobre Faraday foi profunda. Além de suas contribuições fundamentais para a ciência, Michael Faraday ficou famoso por suas conferências públicas conquistarem plateias e o seu livro *A course of six lectures on the chemical history of a candle* (1861) se tornou um clássico na divulgação da química.

1 ■ E. F. Smith, *Old chemistries*, Nova York, McGraw-Hill, 1927, p. 64-71.

2 ■ M. Rayner-Canham e G. Rayner-Canham, *Women in chemistry: their changing roles from alchemical times to the mid-twentieth century*, Washington e Filadélfia, American Chemical Society e Chemical Heritage Foundation, 1998, p. 32-35.

3 ■ B. Hambly, *Fever season*, Nova York, Bantam, 1998, p. 292. Agradeço à Professora Susan Gardner por ter chamado minha atenção para este livro.

"QUÍMICA SEM MISTÉRIO"

Logo no início do livro de Marcet, *Conversations on chemistry*, Caroline diz: "Para confessar a verdade, Sra. B., não me disponho a formar uma ideia muito favorável da química, nem espero conseguir muita diversão a partir dela. Prefiro as ciências que mostram a natureza em grande escala àquelas que estão confinadas às minúcias de detalhes insignificantes". Quatro anos após a Teoria Atômica de Dalton e já os estudantes adolescentes se sentiam "entediados"!

John Scoffern, um cirurgião e assistente químico ocasional no Hospital de Londres,[1] escreveu um livro chamado *Chemistry no mistery* (Londres, 1839) que oferecia empolgação igualmente para jovens e velhos:

> Se eu fosse me apresentar a vocês com uma oferta de lhes ensinar algum jogo novo: – se eu fosse lhes contar um plano aperfeiçoado para lançar uma bola, empinar um papagaio ou pular carniça, oh, com que atenção vocês iriam me ouvir. Bem, vou lhes ensinar muitos jogos novos. Pretendo instruí-los numa ciência cheia de interesse, deslumbramento e beleza; uma ciência que lhes proporcionará diversão na sua juventude e riquezas na sua maturidade. Em resumo, vou lhes ensinar a ciência da química.

Quão maravilhosamente adequado a página de rosto (Fig. 126) representar uma cena do lado de fora de uma caravana de espetáculo onde o narrador imaginário ("O Velho Filósofo" ou "V.F.") relembra um episódio da sua juventude desperdiçada. Ele apreciava brincadeiras práticas e liberou gás sulfeto de hidrogênio (cheiro de ovo podre) sob o soalho do palco onde era encenado o espetáculo do gigante e seu anão. Aparentemente, ele sentiu logo a fúria do gigante e passou dois dias no hospital depois disso.[1]

Figura 126 ■ "Aproximem-se, senhoras e senhores, e peguem a sua bela e quente química *tootsie-frootsie*!" (homenagem a Marx – o Chico, não o Karl). Esta figura, desenhada por George Cruikshank (que ilustrou *Oliver Twist*), aparece no livro *Chemistry no mistery* do Doutor John Scoffern (Londres, 1839). Uma aplicação prática da química (uma bomba de gás fétido) foi solta na tenda de um circo.

A Figura 127 ilustra uma das conferências hipotéticas do "V.F." onde ele produz e então distribui insensatamente gás hilariante aos estudantes na sua sala de aula.[1] O ilustrador e caricaturista George Cruikshank (1792-1878), que produziu esses desenhos, foi provavelmente o primeiro a proporcionar imagens alegres e humorísticas para livros infantis, e ilustrou *Oliver Twist* de Charles Dickens (1838).[2]

1 ■ J. Read, *Humour and humanism in chemistry*, Londres, Bell, 1947, p. 208-214.

2 ■ *Encyclopedia brittanica*, Chicago, 1986, v. 3, p. 763.

Figura 127 ■ Mais travessura química em *Chemistry no mistery*: O Velho Filósofo ("V.F.") deixou a sua classe participar do experimento sobre óxido nitroso. Imagino o seguinte diálogo que ocorreu depois: "Sorte que sua posição é permanente", disse o Chefe do Departamento de V.F.; "Liberdade acadêmica", responde V.F.; "Não abuse de sua sorte", replica o Chefe, que não vê desculpas para gargalhadas numa sala de aula.*

* ■ N.T.: O texto na ilustração explica os efeitos do gás hilariante:
"Alguns pularam sobre as mesas e cadeiras; alguns estavam empenhados em fazer discursos; outros ficaram muito propensos a brigar; e um jovem cavalheiro persistia numa tentativa de beijar as senhoras."

HISTÓRIA QUÍMICA DE UMA VELA

A obra *A course of six lectures on the chemical history of a candle* [Londres, 1861; Nova York, 1861 – vide Fig. 128(a)], originada de anotações feitas nas conferências públicas de Faraday, é o ponto culminante de uma herança maravilhosa de 60 anos popularizando a química que envolveu três indivíduos: Humphrey Davy, Jane Marcet e Michael Faraday. Já tínhamos encontrado o Conde Rumford, cujo "experimento maçante" (Fig. 97) desacreditou a teoria calórica da Lavoisier. Ele se casou com a viúva Madame Lavoisier em 1805 e eles efetivamente se separaram em dois meses (um marido maçante?). Em 1799, as ideias de Rumford para melhorar a educação das classes médias e aperfeiçoar as artes e manufaturas levaram à criação da Royal Institution da Grã-Bretanha. Ele introduziu o jovem Humphrey Davy como conferencista assistente em química, diretor do laboratório e editor da revista de química da instituição. As conferências públicas de Davy eram populares e bem frequentadas. Um desses frequentadores era a Senhora Jane Marcet. As conferências de Davy inspiraram o interesse de Marcet pela química e no fim a estimularam a escrever *Conversations on chemistry*, que teve numerosas edições e vendeu mais de 160.000 cópias. Jane Marcet incluiu alguns dos últimos trabalhos de Davy em suas edições e manteve correspondência científica com ele.

Michael Faraday (1791-1867) nasceu na família de um ferreiro pobre.[1] Aos 13 anos, foi empregado como aprendiz de encadernador. Com a permissão do proprietário, ele leu o – e foi inspirado pelo – livro de Jane Marcet. Faraday começou a frequentar conferências públicas de química e, em 1812, um cliente o recompensou com uma entrada para a conferência de Davy na Royal Institution. Pouco depois, Faraday enviou cópia das suas anotações da conferência para Davy e solicitou emprego como seu assistente. Davy contratou o jovem e por volta de 1820 Faraday publicou o seu primeiro trabalho. Durante toda a sua carreira, Faraday agradeceu prazerosamente a sua dívida com Jane Marcet e se manteve seu correspondente e amigo. Faraday fez um curso de elocução em 1818 e era "um conferencista esplêndido".[1]

O livro *Chemical history of a candle* se originou das conferências públicas de Faraday. Foi reeditado durante o século XIX em muitas línguas. De fato, a reedição mais recente parece ser de 1993 (Atlanta, Cherokee Press). Eis a exposição de motivos de Faraday apresentada na Conferência".[1]

> Proponho trazer diante de vocês, no decorrer destas conferências, A História Química de uma Vela. Não existe porta melhor, não existe porta mais aberta, pela qual vocês possam iniciar o estudo da filosofia natural, do que considerando os fenômenos físicos de uma vela. Não há nenhuma lei, sob a qual qualquer parte deste universo é governada, que não entre em jogo e não seja mencionada nestes fenômenos. Acredito, portanto, que não irei decepcioná-los por escolher isso para meu tema em vez de qualquer tópico mais novo, que não poderia ser melhor, mesmo que fosse tão bom.

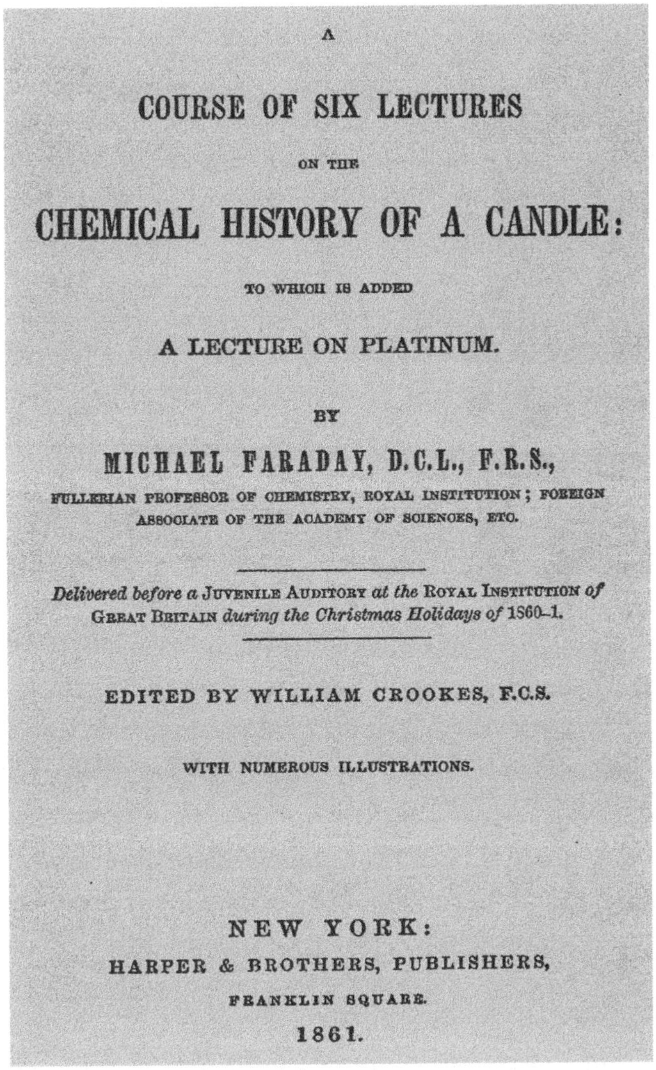

A

COURSE OF SIX LECTURES

ON THE

CHEMICAL HISTORY OF A CANDLE:

TO WHICH IS ADDED

A LECTURE ON PLATINUM.

BY

MICHAEL FARADAY, D.C.L., F.R.S.,

FULLERIAN PROFESSOR OF CHEMISTRY, ROYAL INSTITUTION; FOREIGN ASSOCIATE OF THE ACADEMY OF SCIENCES, ETC.

Delivered before a JUVENILE AUDITORY *at the* ROYAL INSTITUTION *of* GREAT BRITAIN *during the Christmas Holidays of* 1860–1.

EDITED BY WILLIAM CROOKES, F.C.S.

WITH NUMEROUS ILLUSTRATIONS.

NEW YORK:

HARPER & BROTHERS, PUBLISHERS,

FRANKLIN SQUARE.

1861.

(a)

Fig. 7.

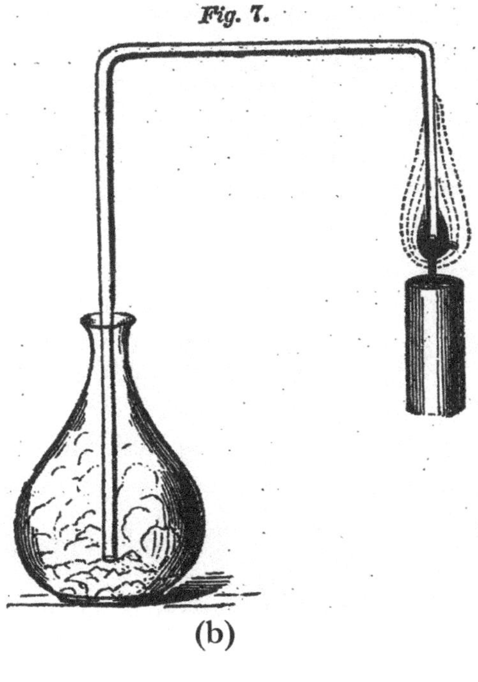

(b)

Fig. 8.

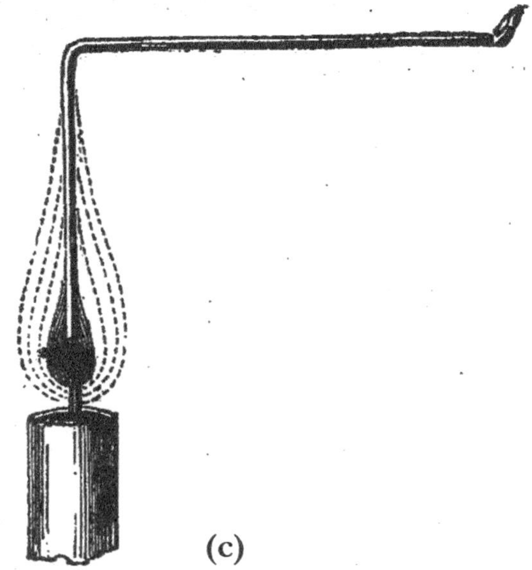

(c)

Figura 128 ■ **(a)** Página de rosto de *Chemical history of a candle* de Michael Faraday (a edição de Londres também foi publicada em 1861). O livro não foi escrito por Faraday mas se originou de anotações das suas conferências públicas na Royal Institution. O interesse de Faraday em ensinar química para o público segue uma corrente de 60 anos, passando por Jane Marcet, a partir de Humphrey Davy; **(b)** coletando os vapores invisíveis de uma vela; **(c)** uma vela articulada.

A Figura 128(b) é da Conferência 2. O tubo de vidro se abre em uma das extremidades na parte escura do interior da chama da vela. Na outra extremidade, os vapores de cera invisíveis dessa parte da chama são vistos se condensando. Faraday então diferenciava vapores de gases para a sua audiência. Ele prossegue, aquecendo cera de vela em outro frasco, e despeja os vapores em uma bacia e os incendeia. Em outra demonstração [Fig. 128(c)], ele usa um pedaço de tubo de vidro em comunicação com a parte do meio da chama e acende a outra extremidade do tubo de vidro, formando um tipo de vela articulada. Ele observa ainda que, se o tubo de vidro se comunicasse com o topo – em vez do meio – da chama, não haveria vapor para ser conduzido, pois ele é queimado na região superior. Ele assim demonstrava a presença de vapores invisíveis e inflamáveis no centro da chama, mas não no topo. Faraday graceja: "Falando em permanecer sobre o gás – por que nós podemos realmente suportar o interior da chama uma vela?"

[1] ■ J. R. Partington, *A history of chemistry*, Nova York, MacMillan, 1964, v. 4, p. 99-140.

NO CORAÇÃO DA CHAMA

A Figura 129 é a ilustração fantástica e maravilhosamente estilizada da chama de uma vela na edição de 1857 do *Chemical atlas* de Edward Youmans. A fórmula do dióxido de carbono é mostrada corretamente, mas esse autor se engana (vide discussão da Fig. 116) ao descrever a água como HO, combustível como CH e ao representar oxigênio gasoso como átomos em vez de moléculas O_2. A região interior mais baixa da chama (que vemos em azul) é mostrada como rica em combustível e deficiente em oxigênio. Sabemos agora que esta parte da chama e as regiões incandescentes imediatamente acima e ao redor dela estão cheias de moléculas, fragmentos de moléculas e partículas ricas em carbono, de tempo de vida curto, exóticas e ultrarreativas.[1] Essas regiões são de natureza redutora, uma vez que as espécies ricas em carbono avidamente se apoderam de átomos de oxigênio das cales, como o óxido de estanho, para produzir os metais. (A ligação carbono-oxigênio no CO é a ligação mais forte em qualquer composto neutro.)[2] Contrariamente, a borda exterior azul da chama é oxidante – rica no radical hidroxila super-reativo (na verdade HO), bem como oxigênio, dióxido de carbono e água.[1] Nesta região, o estanho seria imediatamente oxidado à sua cal. Esses detalhes são conhecidos há quase duzentos anos pela aplicação de um tipo de "bisturi de chama" denominado maçarico.

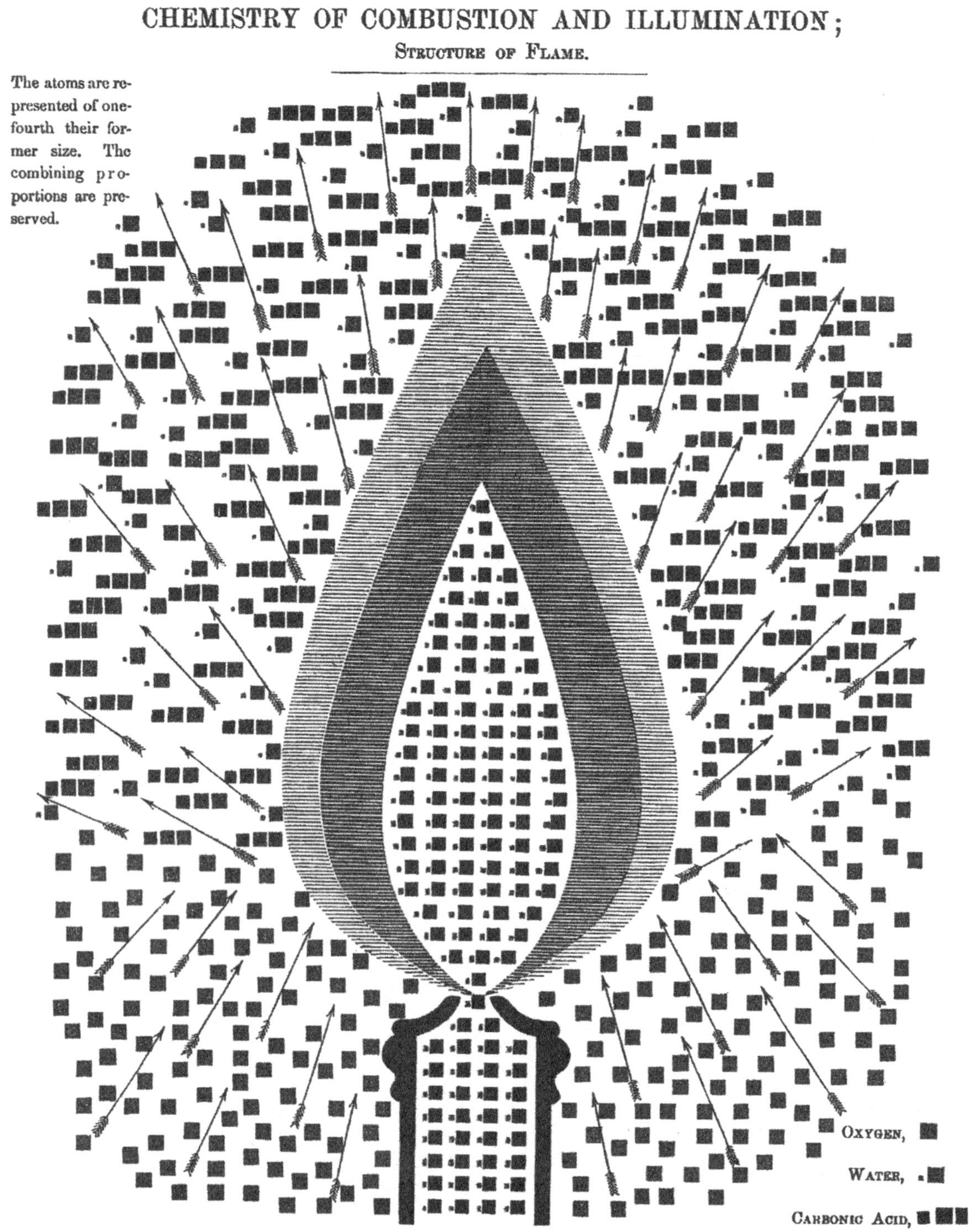

Figura 129 ■ Uma ardente chama da edição de 1857 do *Chemical atlas* de Youmans (vide Fig. 112; os erros nas fórmulas, como HO para água, são discutidos no texto).

No seu livro *The use of the blowpipe in chemical analysis, and in the examination of minerals* (Estocolmo, 1820; Londres, 1822), Jons Jacob Berzelius remonta a história do maçarico a aplicações tradicionais por joalheiros. Ele localiza a sua primeira aplicação na química "por via seca" em cerca de 1733. Um maçarico ideal é feito de um tubo de latão com uma ponteira de marfim (tendo uma abertura com diâmetro de aproximadamente 3/8 de polegada) adaptada a uma extremidade para facilitar a exalação do químico, com uma ponteira de platina fundida (com diâmetro de abertura de cerca de 1/16 de polegada) em seguida a uma dobra de 90° na outra extremidade. A ponteira de platina é inserida na chama e assopra-se de maneira vigorosa mas constante, de modo a desviar as partes oxidante ou redutora para entrar em contato com a matéria de interesse. O autor observa que usuários inexperientes parecem requerer esforços excessivos de potência pulmonar: "Eles poderiam igualmente ter proposto tocar um instrumento de sopro com uma bexiga".[1] Ele detalha uma técnica em que as bochechas são cheias com ar e continuamente enchidas de novo e usadas para gerar uma corrente de ar constante mas vigorosa. O maçarico foi um instrumento sensível para a análise de amostras minerais e podia fornecer evidência para impurezas metálicas em níveis baixos demais para pesagem. Por exemplo, as cinzas de um pedaço de papel, submetidas à chama redutora de um maçarico, forneciam partículas microscópicas de cobre metálico.[3]

1 ■ P. W. Atkins, *Atoms, electrons and change*, Nova York, Scientific American Library, Freeman, 1991, p. 105-109.

2 ■ Agradeço ao Professor Joel F. Liebman por ter chamado minha atenção para isso.

3 ■ J. J. Berzelius, *The use of the blowpipe in chemical analysis, and in the examination of minerals* (traduzido por J. G. Children), Londres, Baldwin, Cradock and Joy, 1822, p. 5, 8.

POOF! AGORA VOCÊ SENTE O CHEIRO! AGORA NÃO!

Aqui está uma maneira criativa de ensinar química por parte de uma pessoa com muita imaginação. No seu livro de 1823 *Diagrammes chimiques*, Henri Decremps coloca as ideias em fluxogramas que dissecam as substâncias em partes e as reagrupam seguindo reações químicas. Decremps era advogado e mágico amador.[1] Em 1784, publicou um livro intitulado *La magia blanche devoilee* (Magia branca revelada). Um mágico rival de grande fama, Pinetti, que se proclamava Cavaleiro, Professor de Matemáticas e Ciências Naturais etc., plagiou com toda a liberdade *La magia* sem compartilhar os créditos. Decremps publicou muitos livros tentando desmascará-lo, mas eles só aumentaram a fama de Pinetti.[1] Finalmente, idoso e de barba grisalha, Decremps escreveu um livro de química.

A Figura 130 descreve como "dois corpos inodoros colocados em contato produzem um odor muito forte e dois outros corpos formam ao se reunir um corpo visível, palpável". Acima à esquerda, vemos ácido sulfúrico se juntar com os componentes do calcário ($CaCO_3$), que são a cal (CaO) e o dióxido de carbono (CO_2) liberados pela adição de calor ("calórico"). O sulfato de cálcio ($CaSO_4$) e a água permanecem na retorta de cima, enquanto o dióxido de carbono e o "calórico" se dirigem para o frasco da parte mais inferior. Na parte do meio, à esquerda, adicionamos cal (CaO) e "calórico" a cloreto de amônio (NH_4Cl), que irão reagir nessas condições liberando gás amônia (NH_3) – também conhecido como o "odor picante", deixando cloreto de cálcio ($CaCl_2$) e água na retorta do meio, à esquerda. Amônia e "calórico" se juntam a dióxido de carbono e "calórico" (sem dúvida, na presença de um pouco de água) para formar carbonato de amônio, $(NH_4)_2CO_3$ – um corpo visível, palpável.

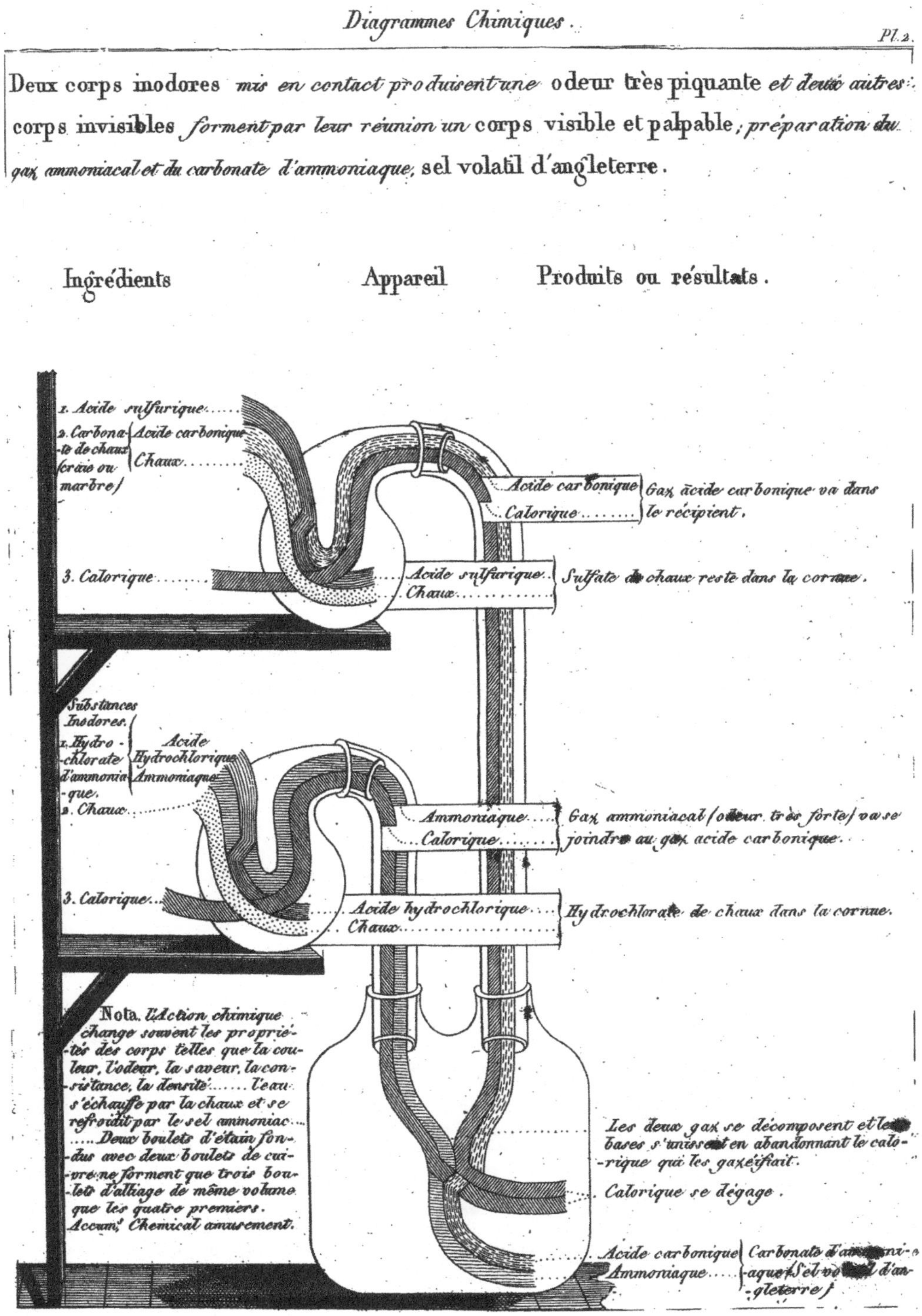

Figura 130 ■ Henri Decremps, o autor de *Diagrammes chimiques* (Paris, 1823), foi um mágico famoso durante a maior parte de sua vida. Os diagramas fascinantes desse livro parecem inventar aparelhos imaginários para conduzir correntes conceituais de substâncias químicas, sua "dissecação" e subsequentes reações. Nesta figura, duas substâncias inodoras provocam a formação de uma substância "picante" – a amônia.

Mais mágica na Figura 131: a infusão de violetas é na verdade um indicador ácido-base (o primeiro foi descoberto por Boyle em 1675). Quando o vinagre, um ácido, é adicionado à infusão de violeta neutra, de cor azul, a solução fica vermelha. Quando um excesso de base amônia aquosa é acrescentado, a solução vai do vermelho para azul para verde. Ao primeiro sopro, a solução volta para o azul, pois se neutraliza com o dióxido de carbono, que forma ácido carbônico em água. Um segundo sopro, porém, faz a cor retornar para o vermelho, por adicionar mais ácido carbônico.

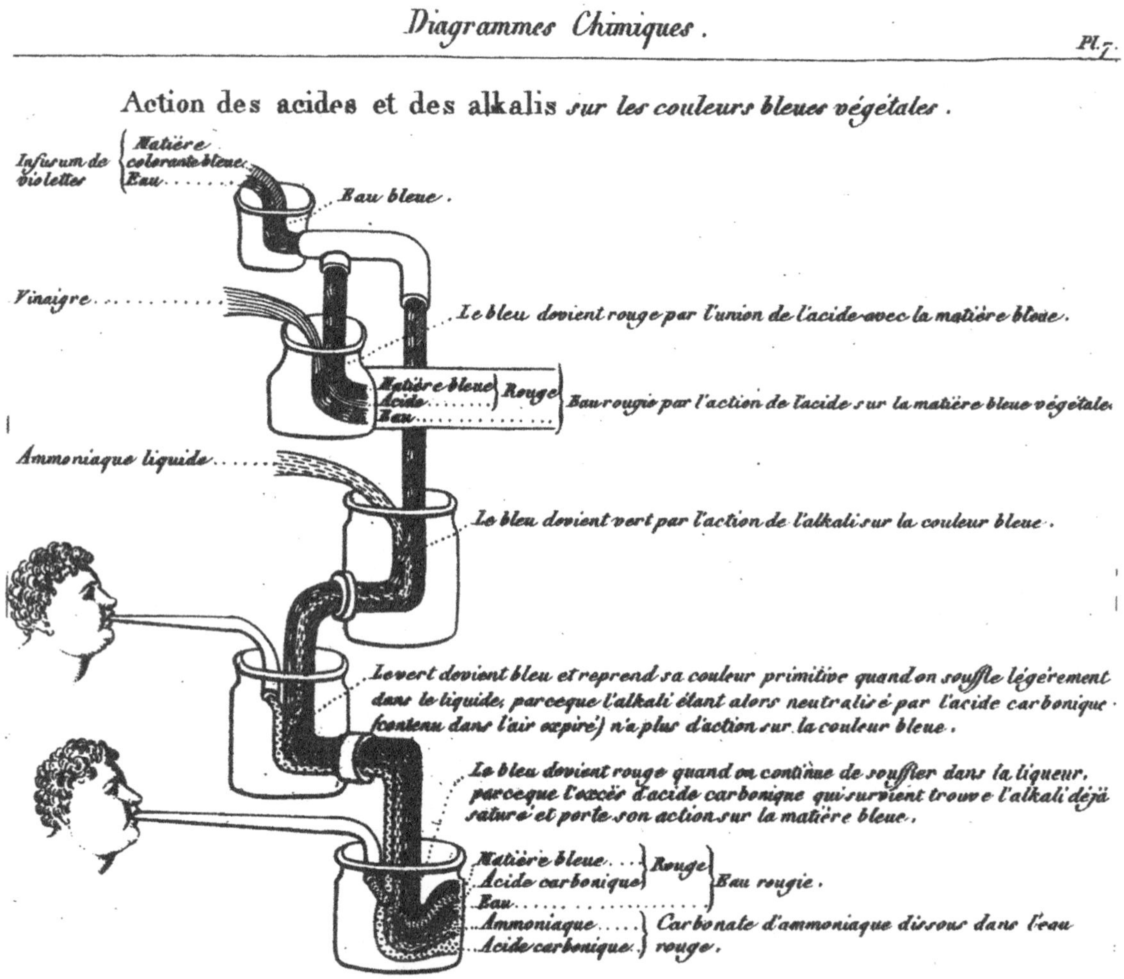

Figura 131 ■ Mudanças de coloração em *Diagrammes chimiques* provocadas adicionando vinagre a uma solução neutra (colorida de azul pelo indicador) e observando-se a solução ficar vermelha; amônia é acrescentada e a solução volta ao azul e depois fica verde (básica). Assoprando dióxido de carbono na solução, ela então se neutraliza até o azul. O segundo sopro a torna ácida novamente (cor vermelha).

A Figura 132 mostra ao leitor como visualizar a estrutura molecular do sulfato de cobre (está faltando um oxigênio). Compostos iônicos não eram compreendidos até o trabalho de Arrhenius no final do século XIX. A terceira figura neste desenho mostra a adição de ferro metálico (átomos de ferro) ao sulfato de cobre. Os átomos de ferro perdem seus elétrons (são oxidados) para os íons de cobre, que são reduzidos a átomos e precipitam.

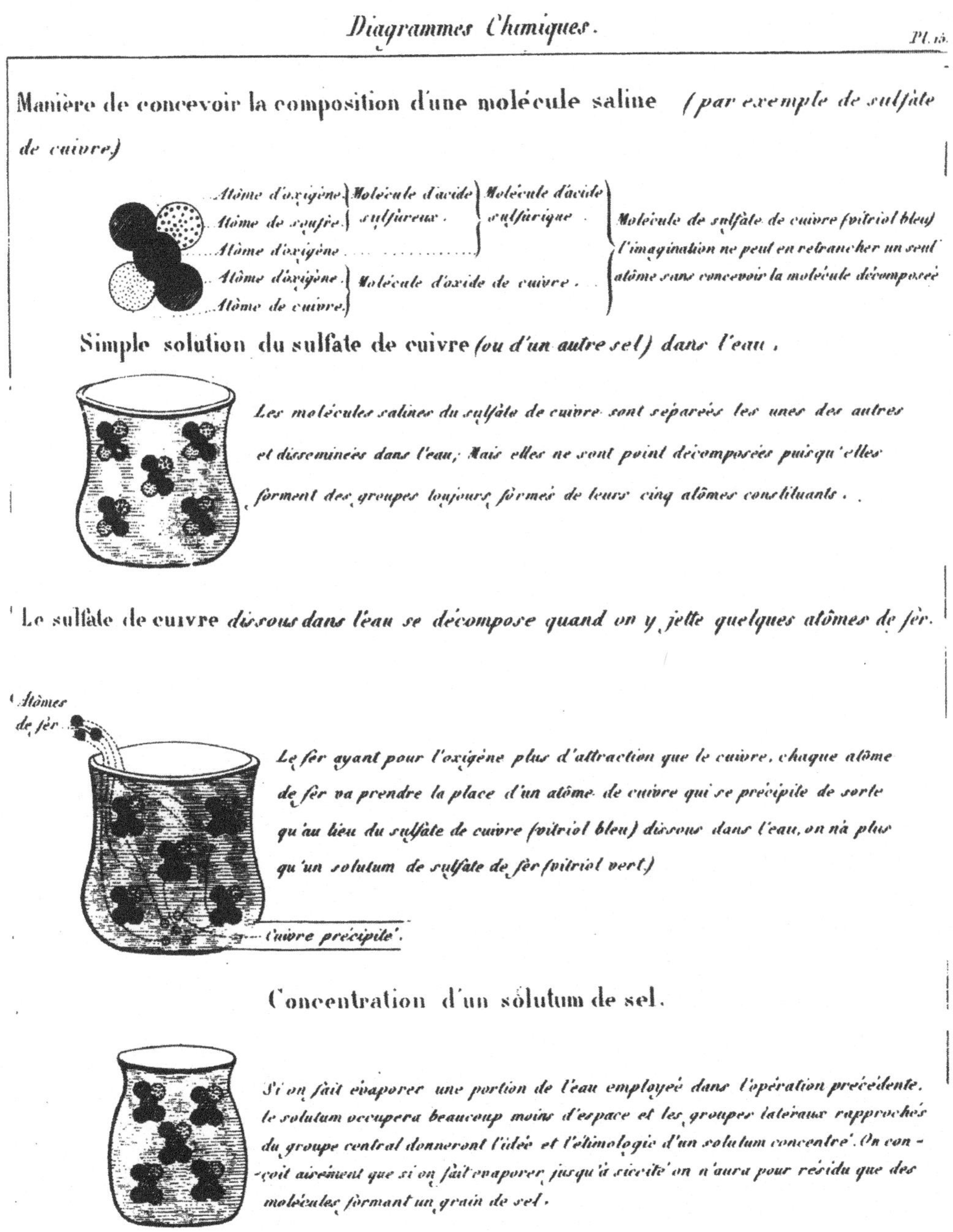

Figura 132 ■ Decremps não conhecia íons. Sulfato de cobre é $CuSO_4$. Entretanto, esse diagrama mostra habilmente que o ferro atômico irá oxidar-se e reduzir o cobre ao metal.

A Figura 133 lembra ao mundo que foi um francês que derrotou o flogisto. O diagrama de cima mostra chumbo metálico constituído por "terra de chumbo" (cal ou óxido de chumbo) mais flogisto. O aquecimento do chumbo metálico provoca a perda do flogisto, deixando ficar a cal. O diagrama registra que a cal é mais pesada do que o metal e isso é impossível (a menos que o flogisto tenha massa negativa). Assim, o "calorique", desenvolvido na França, recebe um tratamento mais cordial do que o flogisto, desenvolvido na Alemanha e defendido na Inglaterra.

[1] ■ C. Milbourne, *Panorama of magic*, Nova York, Dover, 1962, p. 27-31.

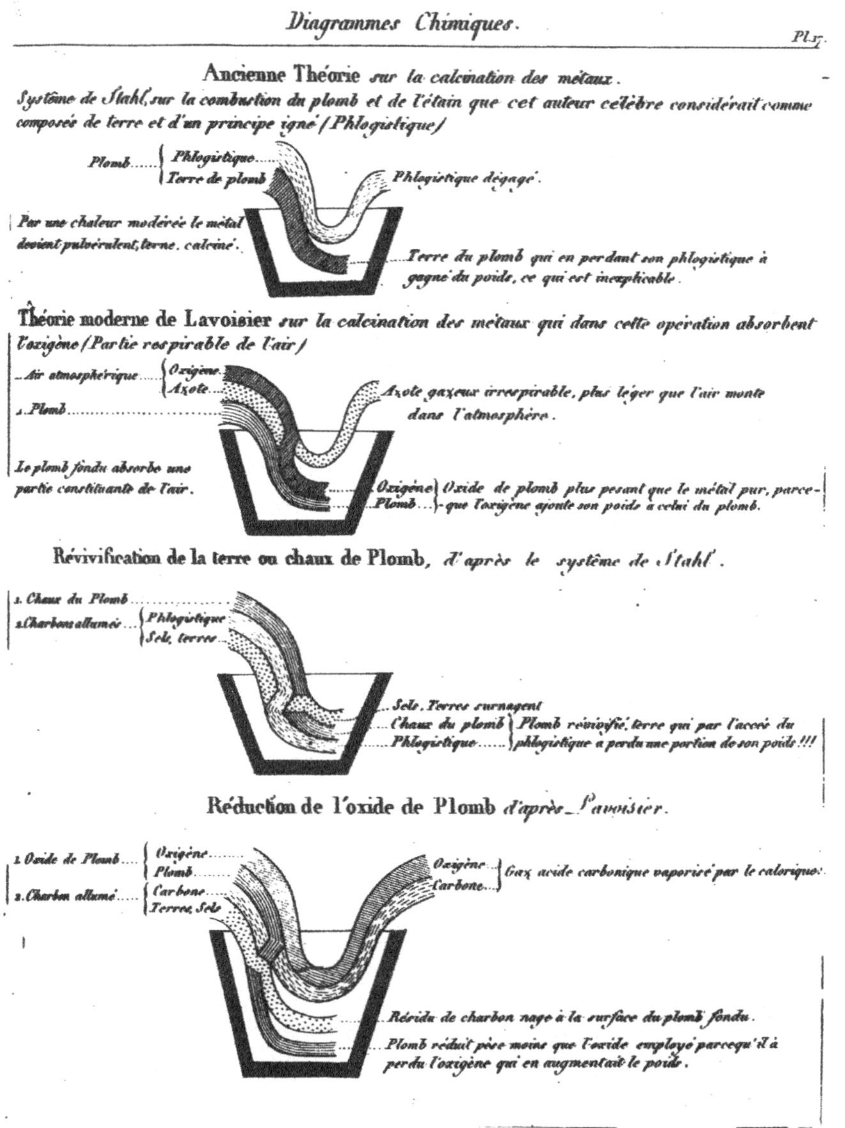

Figura 133 ■ No caso de alguém esquecer, foi um francês que derrotou o flogisto. Essa figura demonstra que a variação do peso pela calcinação do chumbo envolve um ganho de massa e não uma perda como ocorreria se o metal perdesse flogisto.

FADAS CLORO?

O livro *Real fairy folks or the fairy land of chemistry* (Lucy Rider Meyer, Boston, 1887) foi uma retomada bastante preciosa do magnífico *Conversations on chemistry* de Jane Marcet, publicado pela primeira vez 80 anos antes. Os gêmeos (Joseph e Josephine ou Joey e Jessie – descendentes sentimentais de Sol e Luna?) aprendem química com o seu tio Richard James, um químico também conhecido como "O Professor".

As fadas cloro [Fig. 134(a)] são as moléculas do gás cloro. Cada átomo de cloro tem um braço (monovalente); elas usam roupas verdes; as asas totalmente abertas significam volatilidade [lembra-se do dragão alado em *Third key* de Basil Valentine – Fig. 17(c)?]. O bromo, um líquido, tem fadas de um braço, com roupas vermelhas e as asas dobradas; aquecimento brando faz com que as fadas do bromo estendam as suas asas e voem. As fadas de um braço no iodo sólido usam roupas púrpuras e têm as asas dobradas e as pernas encolhidas. "My, my!", exclamou Jessie, "Elas devem ser as mais diminutas pessoas". As fadas sódio e cloro se casam para formar sal [Fig. 134(b)] e sua roupa agora é branca (o que mais poderia ser?) e as suas asas estão dobradas e as pernas, encolhidas. As fadas hidrogênio e ácido clorídrico (na verdade HCl gasoso) são mostradas nas Figuras 134(c) e 134(d). A Figura 135(a) ilustra corretamente a atmosfera, contendo 80% de fadas nitrogênio e 20% de fadas oxigênio. As fadas oxigênio possuem corretamente dois braços [vide fadas água na Fig. 135(b)], mas cada fada nitrogênio deveria ter três braços em vez de um – talvez um pouco monstruoso demais? Pense nisso, como poderia a Senhora Meyer saber quantos braços estavam unindo os átomos-fadas? A regra do octeto ainda estava a cerca de 30 anos no futuro.

Figura 134 ■ De *Real fairy folks or the fairy land of chemistry* (Lucy Rider Meyer, Boston, 1887). **(a)** Duas fadas cloro unidas por um braço visto que a valência do cloro é um; **(b)** uma fada cloro e uma fada sódio se casam – as suas asas e pernas estão dobradas uma vez que o sal é um sólido; **(c)** cada fada hidrogênio tem um braço; **(d)** fadas ácido clorídrico formam uma dupla acre!

FAIRIES OF THE AIR.

(a)

FAIRY PICTURE OF WATER.

(b)

Figura 135 ■ **(a)** Observe que as fadas do ar da Senhora Meyer estão na proporção correta de 4:1 de N_2 para O_2; **(b)** não seriam as sereias melhores para a água do que as fadas?

O tio Richard deixa sobrinha e sobrinho e seus amigos da vizinhança cheirarem cloro, bromo e sulfeto de hidrogênio. Ele também guarda um frasco de estricnina na casa para mostrar para as crianças. Ele compõe poesia:* "Hg, Mercúrio, Que poeta, eu sou!" Eu não iria querê-lo perto dos meus filhos. Michael Faraday foi inspirado pelo livro de Jane Marcet para se tornar um químico. Tivesse ele lido *Fairy land of chemistry* teria se tornado um contador oficial.

* ■ N.T.: Infelizmente, na tradução, a sonoridade se perdeu: "Hg, Mercuree, What a poet, I be!"

O "TRAIÇOEIRO" FLÚOR: UMA FADA COM PRESAS?

O tio Richard termina a sua aula sobre os halogênios falando sobre o flúor:

> O flúor é o último dos primos. As suas fadas são muito espertas, mais difíceis de capturar e ainda mais difíceis de se armazenar. Supõe-se que elas tenham pés e asas muito ativos e vistam a capa invisível, mas elas são traiçoeiras a ponto de que ninguém tem certeza de alguma vez tê-las capturado, separadas de alguma outra coisa.

Lucy Meyer sabia que Henri Moissan isolou o gás flúor em 1886, um ano antes de o seu livro ser publicado? Talvez. O flúor é o elemento mais reativo – as ligações no F_2 são muito fracas, as entre carbono e flúor e no HF são incrivelmente fortes. A molécula irá arrancar elétrons de quase tudo. Ele não reage com argônio, mas reage com xenônio. XeF_2 é estável em relação a Xe e F_2, ao passo que Kr e F_2 são estáveis em relação ao KrF_2.[1] O mineral espatoflúor (CaF_2) foi utilizado durante centenas de anos e a presença de um quarto halogênio que não podia ser separado a partir de seus compostos foi compreendida por volta de 1830.[2] Sabia-se ao redor de 1670 que a adição de óleo de vitríolo (ácido sulfúrico) produzia um gás (HF) que podia atacar o vidro.[2] Pelo menos dois químicos do início do século XIX morreram explorando a química dos compostos gasosos do flúor e muitos outros ficaram seriamente enfermos. Ainda que possamos pensar no flúor como uma fada com presas, ele foi denominado o *Tyrannosaurus rex* dos elementos, embora eu prefira chamá-lo de demônio da Tasmânia dos elementos.[3,4] Finalmente, Moissan obteve o gás flúor a partir do fluoreto ácido de potássio ($KF \cdot HF$ ou KHF_2) em HF líquido (–50 °C),[4] usando eletrólise com liga inerte de platina-irídio e recipiente inerte de platina.[2,4] Os esforços de Moissan na química do flúor representaram um preço alto em sua saúde. Ele recebeu o Prêmio Nobel de Química em 1906, meses antes de falecer aos 55 anos, pela diferença de um voto sobre Mendeleev, que morreu no ano seguinte e, assim, nunca o ganhou.[4]

[1] ■ Agradeço ao Professor Joel F. Liebman por essa visão.

[2] ■ A. J. Ihde, *The development of modern chemistry*, Nova York, Harper and Row, 1964, p. 366-369.

[3] ■ G. Rayner-Canham, *Descriptive inorganic chemistry*, Nova York, Freeman, 1996, p. 349-352.

[4] ■ D. Rabinovich, *The Chemical Intelligencer*, **3**:64-65, out. 1997.

SONHO DE UMA NOITE DO MEIO DO SEMESTRE

Os duendes do laboratório no Haverford College reconheceram um artista talentoso no jovem de 19 anos Maxfield Parrish (1870-1966).[1] Eles deram o melhor de si para desviá-lo durante o seu curso de química para a sua verdadeira vocação como pintor, ilustrador e desenhista.[2] Na verdade, ele mais tarde colocou esses duendes para trabalhar e frequentemente os usava como atração em suas cenas silvestres.[2]

A Figura 136 é do caderno de laboratório de Parrish, atualmente parte da Coleção Quacre da Biblioteca de Haverford College.[3] Agora, como deveria um professor reagir a tal caderno? Por um lado, solicitamos precisão escrupulosa na descrição de um experimento. Entretanto, é altamente improvável que mais de um duende de cada vez ajudasse um estudante individual em Haverford. Na verdade, teriam os duendes concordado em ser retratados? Por outro lado, o seu professor, Lyman Beecher Hall, reconheceu adequadamente que "as observações e os resumos experimentais de Parrish são concisos e cuidadosamente escritos".[1] Como o Professor Hall fez muito poucas anotações no caderno (e a lápis) e visto que Parrish lhe deu o caderno de presente cerca de 20 anos depois (em 1910), podemos admitir com segurança que o curso terminou afavelmente para o jovem artista.

[1] ■ J. Chesick, *Chemical Beritage*, v. 17, n. 2, p. 42, 1999. A ilustração original (e o desenho) é colorida.

[2] ■ J. Turner (ed.), *The dictionary of art*, Nova York, MacMillan, v. 24, 1996, p. 210.

[3] ■ Embora a família de Parrish fosse quacre, ele se casou com uma não-quacre. Apesar de uma declaração de interesse sincero o permitisse continuar sendo quacre, pode-se supor que ele preferiu não se integrar aos quacres. Agradeço pelas discussões com Diana F. Peterson, da Biblioteca de Haverford College, e Barbara Katus, da Pennsylvania Academy of Fine Arts, que conduziram a primeira retrospectiva crítica de Maxfield Parrish em 1999.

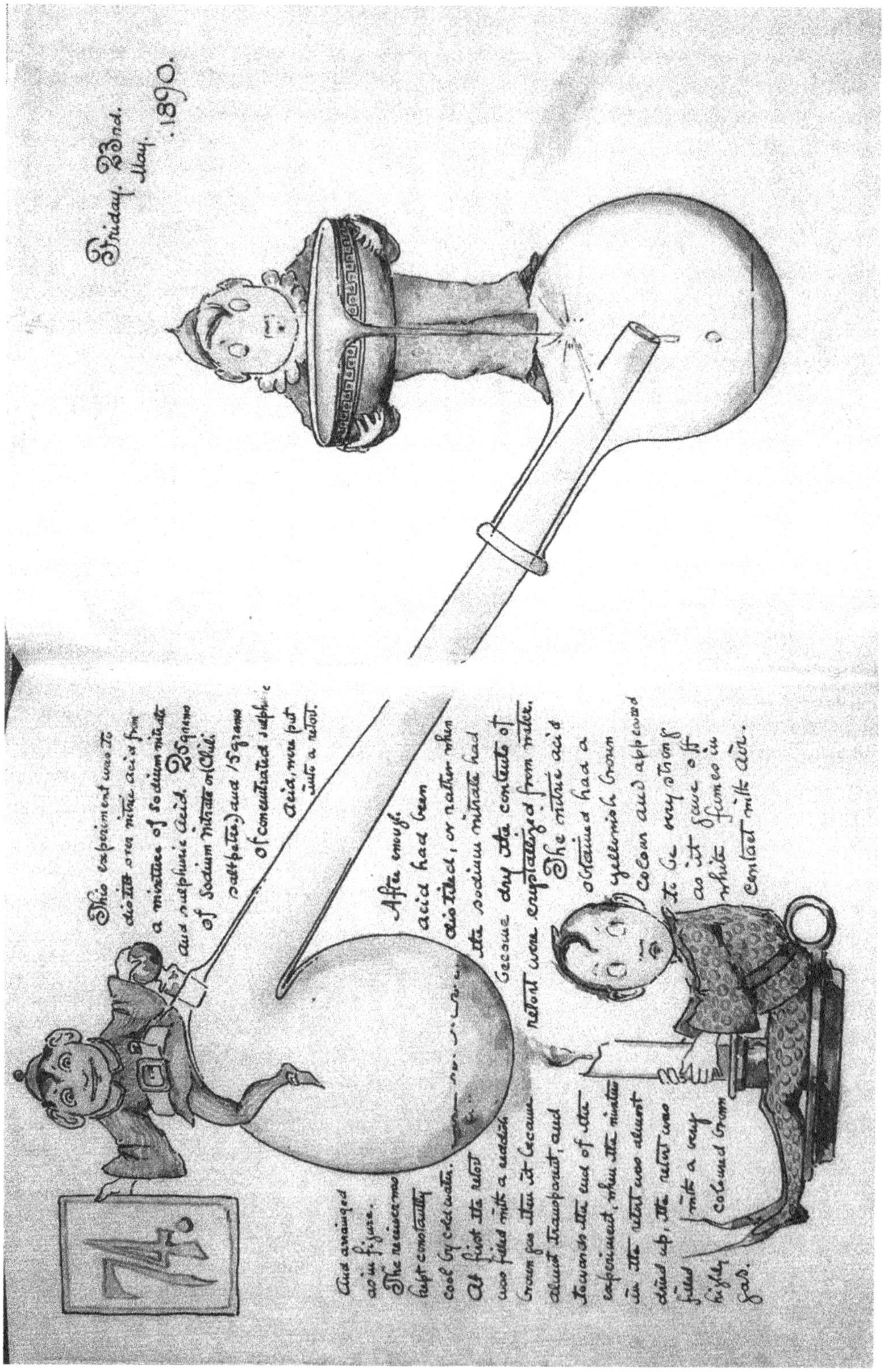

Figura 136 ■ Páginas do primeiro caderno de anotações de Maxfield Parrish. Cortesia da Coleção Quacre, Biblioteca de Haverford College.

E AGORA VOLTE À PÁGINA 3 DO NOSSO LIVRO DE SALMOS DE QUÍMICA

A página de rosto ornada com iluminuras do delicado livro de salmos cristão inglês *Chemistianity* de 1873 é reproduzida na Figura 137.

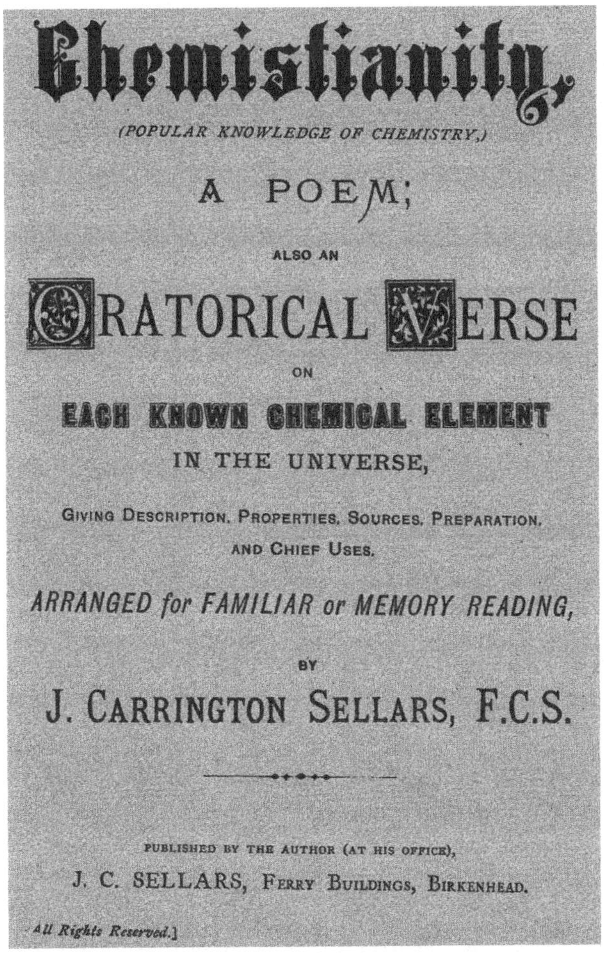

Chemistianity,

(POPULAR KNOWLEDGE OF CHEMISTRY,)

A POEM;

ALSO AN

ORATORICAL VERSE

ON

EACH KNOWN CHEMICAL ELEMENT

IN THE UNIVERSE,

GIVING DESCRIPTION, PROPERTIES, SOURCES, PREPARATION, AND CHIEF USES.

ARRANGED *for* FAMILIAR *or* MEMORY READING,

BY

J. CARRINGTON SELLARS, F.C.S.

PUBLISHED BY THE AUTHOR (AT HIS OFFICE),

J. C. SELLARS, FERRY BUILDINGS, BIRKENHEAD.

[*All Rights Reserved.*]

Figura 137 ■ A ideia desse livro químico de salmos é ensinar química a adolescentes e octogenários, ambos supostamente com memória curta, recitando salmos. A poesia nesse livro está entre as piores publicadas e se você prefere chamar vidro de "die-bee-day", então ele é o seu livro!

Este trabalho pode se revelar um polidor da memória.
Para adolescentes e octogenários,
E agir como fósforo ou tocha química
Para a luz necessária a ordenar a Ignorância.

O seu toque de clarim para estudar química é um pouco "forçado":
O conhecimento de química deveria ser
Bem difundido na terra e no mar
Para espalhar a semente da Química, tão hey, tão ho, tão ha!

O nosso Serviço começa na página 3 (TODOS SE LEVANTAM):
MATÉRIA, é o corpo do universo,
Que, com o auxílio da Ciência Química,
Com os melhores de todos os instrumentos conhecidos,
Foi resolvida em *Sessenta e três* corpos
(Ou condições de essência livre, real)
Chamados de ELEMENTOS, ou Substâncias Simples;
Estes, não fomos capazes de quebrar
Ou subdividir, em entes mais Primordiais.
Nomeados na ordem de seus pesos de combinação,
E quarenta e três *Metais* conhecidos, provados, reais,
Dispostos conforme o sistema do Químico Roscoe,
Pela classificação em *dez famílias* ou *Clãs*;
Os corpos pertencentes a cada Clã
São escritos na ordem de seus *pesos de combinação*
Ou tipo de sua energia Química.

Por favor, vá agora à página 61:
OXIGÊNIO, a Rainha da Afeição do Corpo
O mantenedor da vida humana Terrestre;
A lufada de ar necessária a todas as formas comuns
De combustão nos chamados Animais vivos
Em madeira ou carvão comuns em chamas;
E a força motriz principal na maioria das *goceptions* com sensação de calor
É um metaloide gasoso incolor,
Insípido e isento de cheiro.

POR FAVOR, SENTEM-SE

(O autor cunhou o termo *goception* para ação química e Deus é chamado de *The Great Goceptor.*)

Sellars escreve: "Ao ler os nomes dos compostos químicos, muitas pessoas ficam desapontadas com a sua extensão e falta de significado". (Isso ainda é uma queixa comum entre os estudantes nos cursos de química introdutória.) Ele, então, desenvolve uma nomenclatura alfabética mais simples que será ilustrada muito resumidamente. Para os cinco elementos mais leves conhecidos pelo autor, temos:

Nome alfabético	Composição Nome abreviado		Nome aceito atualmente
ABGEN	Ab	Abb	Hidrogênio
AMYAN	Am	Amm	Boro
ATYAN	At	Att	Carbono
BAGEN	Ba	Bay	Nitrogênio
BEBEN	Be	Bee	Oxigênio

Usando essa nomenclatura, a água (H_2O, que *poderíamos* chamar atualmente de óxido de di-hidrogênio, mas não o fazemos) seria pronunciada "die-abb-bee". O vidro comum (dióxido de silício) teria o som agradável de "die-bee-day" e P_2O_5 o jovial "try-bee-die-dee". Entretanto, o óxido nitroso ou gás hilariante (N_2O) é "die-bay-bee", improvável de encorajar um paciente dentário, mas felizmente não é N_3O, pronunciado "try-bay-bee".

Esse esforço gentil e sincero, condenado por seus versos de pé quebrado e nomenclatura, é um argumento imperioso para separar a Igreja do Estado de Oxidação.

MECÂNICA MOLECULAR NO ANO 1866

O desejo de calcular matematicamente as formas das moléculas e as forças que as mantêm unidas nos tem acompanhado desde o desenvolvimento da física newtoniana. As conferências de John Freind de 1704 publicadas no seu *Chymical lectures* (Londres, 1712; vide Figs. 104 e 105) foram uma tentativa inicial de aplicar a física newtoniana ao problema. No começo do século XX, tornou-se sobejamente claro que a mecânica quântica (em última análise, a solução da equação de Schrödinger desenvolvida em 1926) era necessária para resolver esses problemas. A física clássica newtoniana era simplesmente inadequada para calcular as propriedades dos elétrons nos átomos. Contudo, cálculos quânticos precisos de moléculas realmente interessantes (digamos, mais do que cinco átomos mas não enormes) tiveram de aguardar o poder computacional do final do século XX. O valor de tais cálculos foi explicitamente reconhecido em 1998 pela concessão do Prêmio Nobel de Química para John A. Pople e Joachim Kohn.

Mas, e quanto às grandes moléculas não-simétricas encontradas na natureza – alcaloides como a morfina, a exuberância de proteínas complexas? Aqui, uma técnica sugerida inicialmente por Frank Westheimer e agora amplamente denominada *mecânica molecular* é empregada.[1] Ela se baseia essencialmente na física clássica. As ligações são tratadas como molas sujeitas à Lei de Hooke. Os parâmetros utilizados derivam de experimentos – há muitos deles. A técnica é ao mesmo tempo teoricamente indefensável e incrivelmente útil. Ela forma a base dos programas amplamente usados na indústria farmacêutica para projetar novos remédios.

Agora queremos deixar claro que Joseph Bayma não "plagiou" Allinger e Burkert[1] e nenhum direito autoral ou registro de patente foi infringido. Seu livro (Fig. 138) contém muita matemática e física e virtualmente nenhuma química. Aparentemente, o autor apresentou o seu trabalho perante a Royal Society e encontrou uma audiência bastante crítica. Um negociante de livros inglês meu amigo chamou-o de ingênuo. Apesar disso, ele é interessante. O livro IV, *Dynamical constitution of primitive polyhedric systems of elements*, oferece como "Problema I. Quatro elementos repulsivos, com igual poder de repulsão, estão dispostos de modo a formar um tetraedro regular ao redor de um centro atrativo. Deduza a fórmula dinâmica deste sistema". Você imagina que Van't Hoff e Le Bel estariam lendo isso? E quanto a Nyholm e Gillespie e a teoria RPECV (repulsão dos pares eletrônicos da camada de valência) da metade do século XX?

[1] N. L. Allinger e I. Burkert, *Molecular mechanics*, Washington, American Chemical Society, 1977.

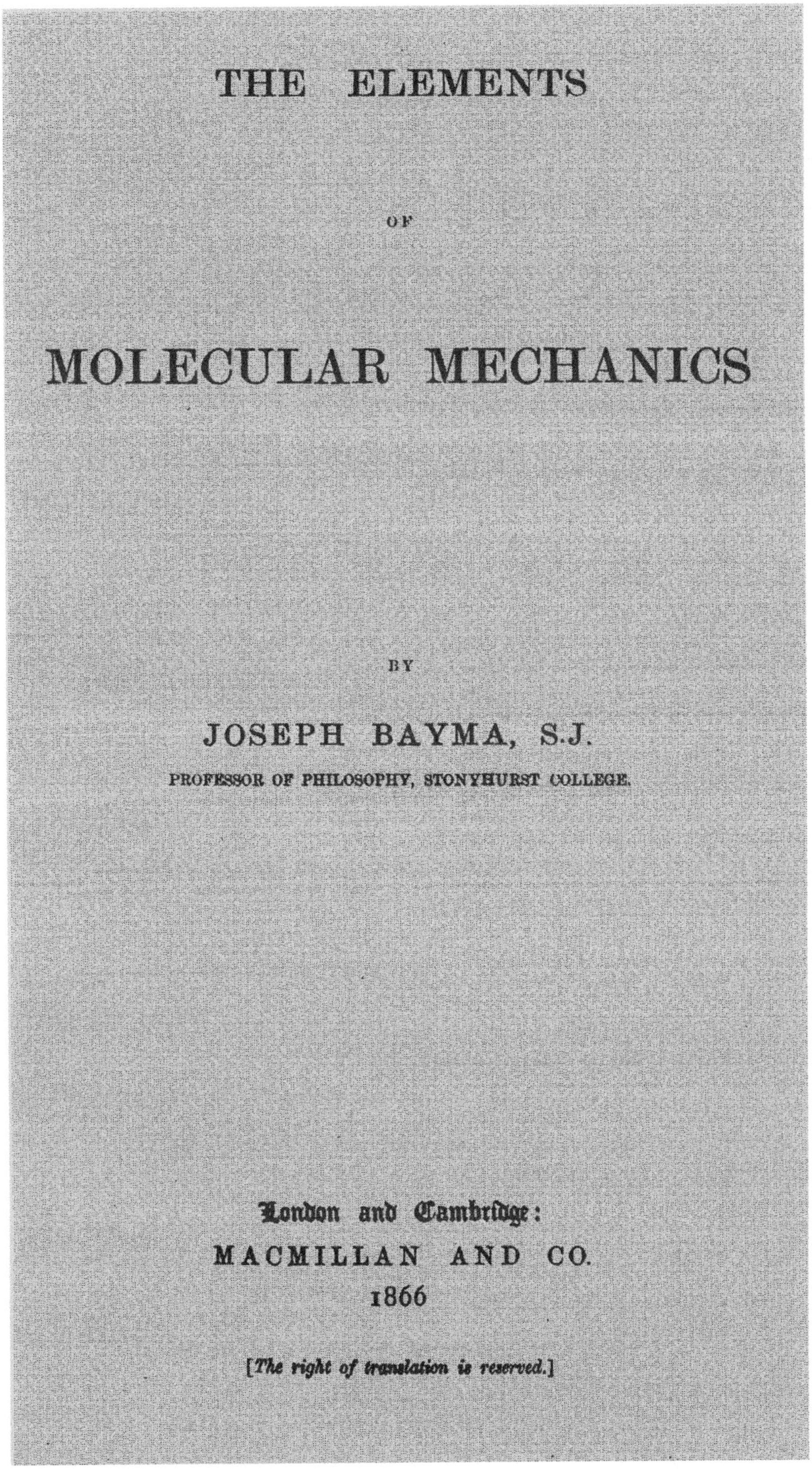

THE ELEMENTS

OF

MOLECULAR MECHANICS

BY

JOSEPH BAYMA, S.J.

PROFESSOR OF PHILOSOPHY, STONYHURST COLLEGE.

London and Cambridge:

MACMILLAN AND CO.

1866

[*The right of translation is reserved.*]

Figura 138 ■ Mecânica molecular no ano 1866?

SEÇÃO VIII

TRATAMENTOS MODERNOS DA LIGAÇÃO QUÍMICA

CAVALGANDO PÉGASUS PARA VISITAR A QUÍMICA NO ESPAÇO

A atividade ótica foi um mistério fundamental da matéria durante a maior parte do século XIX. Jean Baptist Biot descobriu que certos minerais eram oticamente ativos – eles desviavam o plano da luz polarizada. Em 1815 ele constatou que certos líquidos, óleo de terebintina e cânfora em solução alcoólica, por exemplo, também eram oticamente ativos.[1] Entretanto, foi o gênio de Louis Pasteur que percebeu a conexão molecular em 1848, ainda que uma química estrutural racional estivesse a uns 15 anos mais ou menos no futuro.

Pasteur enunciou pela primeira vez o frequentemente citado: "O acaso favorece apenas a mente preparada".[2] Na verdade, *serendipity*[*] estava trabalhando a seu favor em um laboratório (felizmente) frio em Dijon onde ele cristalizava tartarato de sódio e amônio. Um olhar mais atento nos grandes cristais hemi-hédricos indicou que eles eram orientados para a direita (*dextro*) e para a esquerda (*levo*), comportando-se como imagens especulares (a exemplo das nossas mãos ou pés) que não podem ser superpostas ponto a ponto uma sobre a outra. (As estruturas *VIII* e *IX* na Fig. 139 são desenhos planos de cristais hemi-hédricos *dextro* e *levo* de bimaleato de amônio – as estruturas tridimensionais não são superponíveis.) Separando meticulosamente à mão os dois conjuntos de cristais e dissolvendo cada conjunto em soluções separadas, Pasteur descobriu que cada solução era oticamente ativa – em igual extensão, porém em sentidos opostos. Uma solução girava o plano da luz polarizada no sentido horário (chamada *dextrorrotatória*); a outra solução era *levorrotatória*. Pasteur efetuou a primeira resolução de uma mistura de proporções iguais de enantiômeros denominada mistura racêmica.

[*] N.T.: *Serendipity* é capacidade de realizar grandes descobertas por acaso.

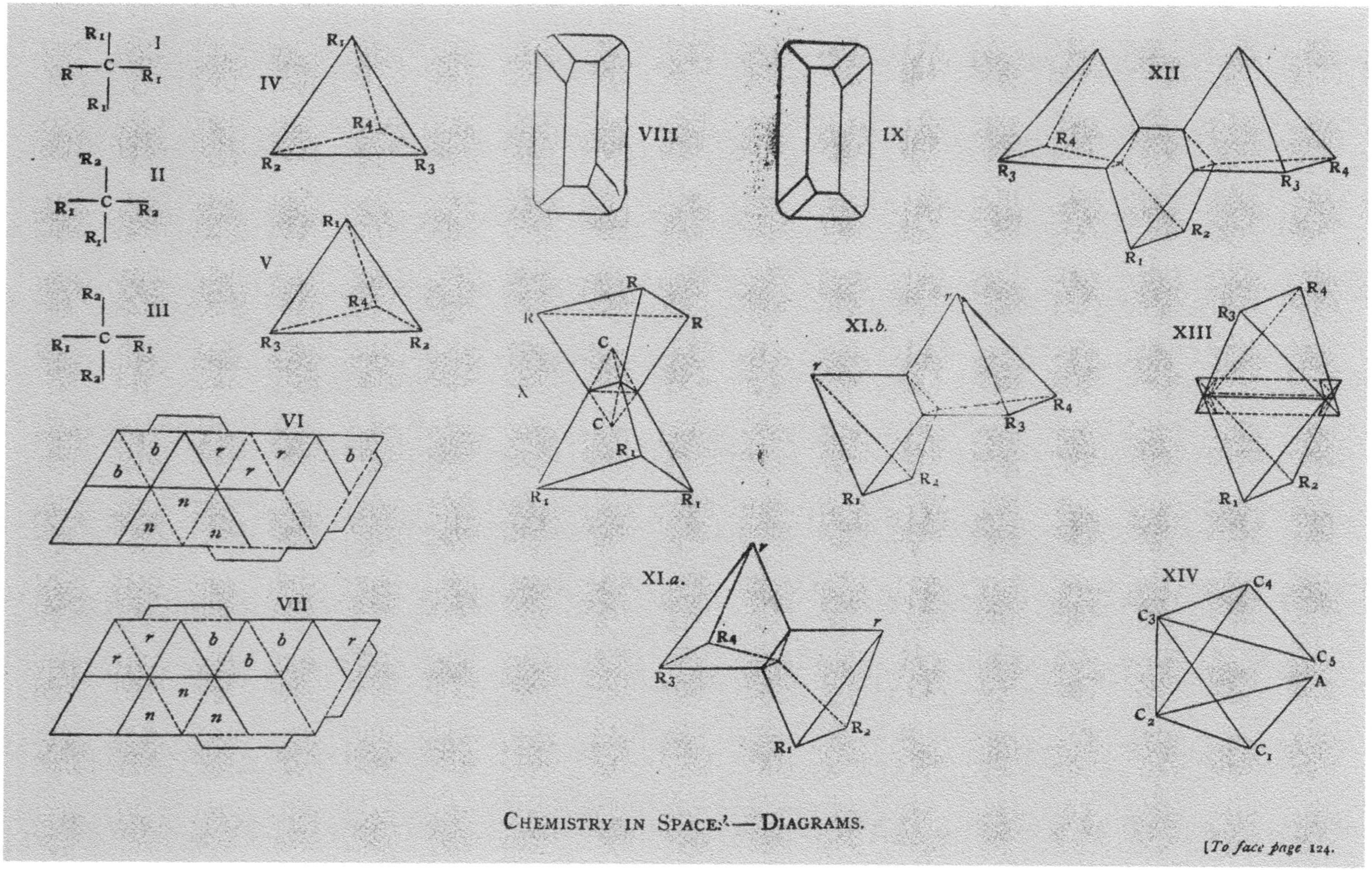

Figura 139 ■ Figuras da primeira edição inglesa do livro de J. H. Van't Hoff, *Chemistry in space* (Oxford, 1891). A sua descoberta simultaneamente com Le Bel (e independentemente dele) pode ter tido alguma influência no fato de ter recebido o primeiro Prêmio Nobel de Química (1901). Entretanto, o prêmio foi concedido especificamente pela sua descoberta das leis da pressão osmótica das soluções.

As observações de Pasteur começaram a se conectar com outras.[1] Por exemplo, em 1770 Schleele isolou ácido lático [$CH_3CH(OH)COOH$] de leite fermentado. Em 1807, Berzelius isolou ácido lático de músculos. Subsequentemente, encontrou-se que o ácido lático do leite fermentado era oticamente inativo, enquanto o de músculo era oticamente ativo. Qual era a origem dessa dicotomia?

A solução para o problema foi descoberta em 1874 por Jacobus Henricus Van't Hoff, de 22 anos, e Joseph Achille Le Bel, de 27 anos. Embora ambos trabalhassem no laboratório de Adolph Wurtz em Paris em 1874, as suas descobertas foram completamente independentes.[1,2] Van't Hoff continuaria a fazer contribuições importantes para a físico-química e ganhou o Prêmio Nobel (1901) pela sua descoberta das leis da pressão osmótica das soluções.

Na Figura 139, vemos a ilustração impressa na primeira edição inglesa[3] do trabalho de Van't Hoff, traduzido da segunda edição francesa. Os dois jovens químicos postularam que um átomo de carbono no centro de um tetraedro com quatro diferentes átomos ou grupos de átomos ligados a ele (nos vértices do tetraedro) seria assimétrico, existindo como imagens especulares não-superponíveis – são os enantiômeros descritos anteriormente. As estruturas *I, II* e *III* na Figura 139 mostram fórmulas planas genéricas com apenas dois grupos diferentes ligados ao carbono, e, portanto, não podem ser consideradas assimétricas. As estruturas *IV* e *V* são as representações tetraédricas correspondentes tridimensionais que não se superpõem. As estruturas *VI* e *VII* são dobraduras para fazer modelos das estruturas *IV* e *V* (*n* é preto; *r* é vermelho; *b* é azul; partes sem marca são brancas; vide no belo livro de Heilbronner e Dunitz[4] uma foto da coleção particular de Van't Hoff de modelos feitos à mão).

A solução para a dicotomia do ácido lático não era clara. O ácido lático tem um átomo de carbono assimétrico. Os quatro grupos diferentes (R_1 a R_4 nas estruturas *IV* e *V* da Fig. 139) são H, CH_3, OH e COOH. O ácido lático de Scheele obtido do leite fermentado tinha os dois enantiômeros em quantidades iguais (a mistura racêmica) e era oticamente inativo, enquanto o ácido lático de Berzelius extraído do músculo era oticamente ativo porque apenas um enantiômero estava presente.

Em 1876, Van't Hoff foi designado para uma posição de docente-júnior no Veterinary College da Universidade de Utrecht na Holanda. Em 1877, a tradução francesa de 1875 do seu trabalho foi vertida para o alemão. Ele recebeu um profundo apoio de Johann Wislicenus em Wurzberg, mas uma recepção muito diferente do Herr Professor Doktor Hermann Kolbe em Leipzig:

> Um tal Doutor J. H. Van't Hoff, do Veterinary College, de Utrecht, parece não ter propensão para a pesquisa química exata. Ele considera uma tarefa menos árdua montar o seu Pégasus (evidentemente

emprestado do Colégio Veterinário) e ascender ao seu Parnaso Químico, para lá revelar em seu *La chimie dans l'espace* como ele acha que os átomos se situam no espaço do mundo.[5]

Coisa maldosa! Tristemente, essa pode ser a passagem mais citada de Kolbe, embora ele tenha sido um cientista completo e cerca de 30 anos antes martelou os pregos no esquife do Vitalismo (vide p. 203-204). Ironicamente, foi Wislicenus quem sucedeu Kolbe na cátedra em Leipzig, no ano de 1885.

A estrutura *X* na Figura 139 mostra tetraedros interpenetrantes com carbono nos centros e uma ligação simples entre esses carbonos. Van't Hoff postulou corretamente que há rotação livre em tais ligações simples. As estruturas *XIa*, *XIb*, *XII* e *XIII* explicam a isomeria *cis* e *trans* (por exemplo, a diferença entre ácido maleico e ácido fumárico). A estrutura *XIV* justifica a ocorrência muito difundida de anéis de seis membros em química e aspectos da teoria de tensão de Baeyer.[6]

Concluímos este passeio na terceira dimensão molecular com um pouco de versos do poeta ocasional, teórico em tempo integral e amigo de longa data Joel F. Liebman.[7]

Reverenciando Van't Hoff e Le Bel
Na falta de lentes de aumento e varinhas mágicas
Não podemos ver as moléculas e suas ligações.
Nem é preciso, porque é evidente ver
Que tetracoordenação significa C* planar.*
(O que mais poderia ser?)

Entram Van't Hoff e Le Bel e suas discordâncias:
Moléculas, invisíveis, mas em três dimensões.
Como assim? É realmente evidente ver;
Carbono com quatro ligações se une tetraedricamente
(O que mais poderia ser?)

Agora claramente não pretendemos dizer um quadrado,
Porque isso, é lógico, seria injusto.
Não deveriam os grupos maiores
Ocupar mais espaço, para os menores ficarem com o que sobrar.
Quatro grupos formam um quadrilátero;
Qualquer discussão parece um miado

* ■ N.T.: O asterisco sobre o carbono é indicativo de assimetria, e exclui a possibilidade de ser planar.

Agora claramente não pretendemos dizer T_d
Os grupos maiores continuam gananciosos.
Não deveriam os grupos maiores
Ocupar mais espaço, para os menores ficarem com o que sobrar.
Todos os ângulos, mas não arco de seno menos um terço.
Ou seja, não é necessário dizer mais nada.

Joel F. Liebman

1 J. R. Partington, *A history of chemistry*, Nova York, MacMillan, 1964, v. 4, p. 749-759.
2 W. H. Brock, *The Norton history of chemistry*, Nova York, Norton, 1993, p. 257-264.
3 J. E. Marsh, *Chemistry in space, from Professor J. H. Van't Hoff's "Dix Annees Dans L'Histoire D'Une Theorie"*, Oxford, Clarendon, 1891.
4 E. Heilbronner e J. D. Dunitz, *Reflections on symmetry*, Weinheim, VCH, 1993.
5 J. E. Marsh, op. cit., p .16.
6 Para uma discussão da teoria das tensões, vide A. Greenberg e J. E. Liebman, *Strained organic molecules*, Nova York, Academic, 1978. Para um tratamento magistral da estereoquímica, vide E. L. Eliel e S. Wilen, *Stereochemistry*, Nova York, Wiley, 1996.
7 *Journal of Molecular Structure (Theochem)*, v. 338, matéria do frontispício (1995). Cortesia do Professor Joel F. Liebman.

O *ARCHEUS* É CANHOTO?

O trabalho brilhante de Pasteur com enantiômeros e misturas racêmicas incluiu a percepção de que um enantiômero de uma substância (por exemplo, uma base oticamente ativa) poderia ser usado para separar os enantiômeros de outra (por exemplo, uma mistura racêmica de um ácido). A analogia com as mãos é simples – nós nos referimos a moléculas que têm imagens especulares não-superponíveis como quirais. Uma luva direita pode diferenciar ("separar") uma mão direita de uma mão esquerda. Pasteur e outros logo perceberam que todos os seus compostos oticamente ativos vieram de organismos vivos. O ácido lático do músculo era oticamente ativo, ácido lático sintético não era. Além disso, organismos vivos resolviam prontamente as misturas racêmicas metabolizando seletivamente um enantiômero. Assim, Pasteur incubou 3 g de álcool secundário amílico oticamente inativo (os quatro grupos ligados ao carbono assimétrico são H, OH, CH_3 e C_3H_7) com uma suspensão contendo fermento. Após um mês, encontrou-se que o álcool destilado da mistura era dextrorrotatório.[1] A levedura tinha metabolizado seletivamente o enantiômero levorrotatório.

Haveria uma Força Vital nos organismos vivos que os faria ser a única fonte de substâncias oticamente ativas? Seria essa Força Vital em última análise o único meio para a resolução de misturas racêmicas? Você se lembra da nossa discussão anterior sobre o *Archeus*, o Alquimista Espiritual, um Espírito Vital, cogitado por Paracelsus para residir próximo ao nosso estômago (vide Fig. 64)? O Archeus foi imaginado como tendo apenas uma cabeça e duas mãos e com a função de separar as partes nutricionais e venenosas do alimento e do ar. Agora, se o Archeus fosse canhoto, por exemplo, poderíamos ter compreendido mais cedo como o corpo separa o esquerdo do direito. Felizmente, não havia possibilidade de retorno ao Vitalismo por parte de cientistas sérios, e atualmente bilhões de dólares são ganhos por companhias que aprenderam a fabricar o enantiômero puro de um remédio sem contaminação pelo outro enantiômero e sem pagar o salário de quaisquer Archeus.

1 ■ J. E. Marsh, *Chemistry in space, from Professor J. H. Van't Hoff's "Dix Annees Dans L'Histoire D'Une Theorie"*, Oxford, Clarendon, 1891, p. 41.

JOHN READ: ESTEREOQUÍMICO

Expressei a minha admiração, em outros pontos desse livro, à inteligência, erudição e sagacidade prodigiosas do Doutor John Read, que escreveu a maravilhosa trilogia da alquimia e química. Read foi um dos primeiros estereoquímicos e esteve "presente na criação" de pelo menos duas descobertas muito importantes no campo.

É bastante interessante que, enquanto ambos, Van't Hoff e Le Bel, postularam um único carbono assimétrico como requisito para a atividade ótica, por volta do final do século XIX não havia sido isolado nenhum composto oticamente ativo tendo menos do que três átomos de carbono em uma cadeia.[1] Isso levou o químico norueguês F. Peckel Möller a postular a sua "Teoria do Parafuso" numa seção do seu livro *Cod-liver oil and chemistry*[2] intitulada "A Posição dos Átomos no Espaço".[3] Um adepto do Éter Universal, desacreditado pelo experimento de Michelson-Morley publicado em 1887, mas ainda seguido por cientistas famosos incluindo Mendeleev, Möller postulou que uma cadeia de três átomos de carbono seria o requisito mínimo para a atividade ótica. A ideia era que três carbonos numa cadeia em ziguezague seriam o mínimo para um saca-rolha quiral capaz de criar vórtices dextro ou levo orientados através do éter, explicando, assim, as propriedades dextro- ou levorrotatórias. Ironicamente, a segunda edição inglesa do trabalho de Van't Hoff,[1] publicada em 1898, três anos depois do trabalho de Möller, acrescenta o novo axioma do requisito de três carbonos. Eu gostaria de ter visto a cara de Van't Hoff quando ele soube dessa parte da edição.

O primeiro composto oticamente ativo contendo apenas um átomo de carbono [$CHClI(SO_3H)$] foi relatado em 1914.[4] Foi sintetizado e resolvido oticamente pelo grande estereoquímico William Jackson Pope e o nosso próprio John Read na Universidade de Cambridge.[3] Pope e seus colaboradores estenderam os conceitos de estereoquímica de apenas o carbono para o nitrogênio, o fósforo, o enxofre, o selênio, o silício e o estanho.[3]

Read tinha obtido antes o seu título de doutor com Alfred Werner na Universidade de Zurique. Werner recebeu o Prêmio Nobel de Química de 1913 pela sua extensão da quiralidade para compostos metálicos. Rigorosamente falando, havia seis carbonos no composto de cobalto cuja resolução foi efetuada em 1911.[5] Entretanto, a quiralidade da molécula se devia à relação espacial ao redor do cobalto hexacoordenado e não aos carbonos. O colaborador de Werner nessa resolução revolucionária: John Read.[6]

Contudo, a história desta descoberta não é simples. Parece que Edith Humphrey, uma das pouquíssimas mulheres engajadas na pesquisa de doutorado há cem anos, provavelmente fez na verdade a resolução original dez anos antes de John Read, embora isso não tenha sido percebido na época.[6] A Doutora Humphrey morreu em 1977 com 102 anos. No seu 100º aniversário, ela é mencionada dizendo "Havia muito poucas estudantes mulheres em Zurique, mas bem cedo me tornei assistente do professor. Acredito que ser inglesa ajudou e também eu sabia mais físico-química do que a maioria das pessoas lá".[6]

1 ■ J. H. Van't Hoff, *The arrangement of atoms in space*, 2. ed., A. Eiloart (tradutor), Londres, Longmans, Green, 1898.
2 ■ F. P. Möller, *Cod-liver oil and chemistry*, Londres, Peter Möller, 1895.
3 ■ A. Greenberg, *Journal of Chemical Education*, **70**:284-286, 1993.
4 ■ W. J. Pope e J. Read, *Journal of the Chemical Society (London)*, **105-I**:811, 1914.
5 ■ A. Werner, *Berichte*, **44**:2447, 1911.
6 ■ I. Bernal, *The Chemical Intelligencer*, **5**, (1):28-31, jan. 1999.

ENCONTRANDO UMA AGULHA INVISÍVEL NUM MONTE DE FENO INVISÍVEL

O ar atmosférico deveria ser incolor e inodoro, embora sobre certos segmentos da autoestrada de Nova Jersey ele possa ser visto e até se possa sentir o seu gosto. Durante a década de 1770, Scheele e Priestley demonstraram que a atmosfera é formada por cerca de 80% de ar flogisticado (nitrogênio) e 20% de ar deflogisticado (oxigênio). [A Fig. 135(a) retrata quatro pares de fadas nitrogênio e um par de fadas oxigênio.]

Durante a década de 1890, Lorde Rayleigh (John William Strutt, Terceiro Barão), um físico, e o químico William Ramsay observaram inconsistências entre as densidades do "nitrogênio químico" e do "nitrogênio atmosférico". A densidade, a 0 °C e 760 mm, do "nitrogênio atmosférico" (1,2572 g por litro) era aparentemente cerca de seis décimos de 1% maior do que a do "nitrogênio químico" (1,2505 g por litro). O "nitrogênio químico" foi sintetizado pela reação de óxido nítrico (NO) ou óxido nitroso (N_2O, gás hilariante) com gás hidrogênio, pelo aquecimento de nitrito de amônio (NH_4NO_2) ou pela reação de ureia (NH_2CONH_2) com hipoclorito de sódio (NaOCl, desinfetante de piscina). A causa da discrepância podia ser a presença de uma impureza leve, como traços de hidrogênio residual, no "nitrogênio químico", ou, mais provavelmente, uma impureza pesada no "nitrogênio atmosférico". Rayleigh e Ramsay estimaram aproximadamente que essa impureza poderia estar presente em nível de cerca de 1%. Era difícil imaginar que o próprio ar que eles respiravam poderia conter 1% de uma substância até então desconhecida:[1]

> A explicação mais simples em muitos aspectos era admitir a existência de um segundo ingrediente no ar do qual oxigênio, umidade e anidrido carbônico já tivessem sido removidos. A quantidade proporcional não era grande.
>
> (...) Mas aceitando essa explicação, mesmo provisoriamente, tínhamos de encarar a improbabilidade de que um gás que nos rodeia de todos os lados e presente em quantidades enormes podia ter permanecido tanto tempo insuspeitado.

O trabalho meticuloso de Rayleigh e Ramsay levou-os a descobrir o elemento gasoso argônio em 1894. Eles retiveram a divulgação enquanto submetiam o seu artigo para o Prêmio Hodgkin do Smithsonian Institute pela descoberta mais importante relacionada com o ar atmosférico.[2] Publicaram o seu trabalho na revista *Philosophical Transations of the Royal Society* durante 1895 e o artigo premiado foi publicado pelo Smithsonian em 1896.[1] Entre os seus numerosos experimentos cuidadosos estava a obtenção de "nitrogênio químico" a partir de "nitrogênio atmosférico" pela remoção de dióxido de carbono e água do ar usando cal sodada e anidrido fosfórico e remoção de oxigênio pela exposição a cobre incandescente. O "nitrogênio atmosférico" remanescente foi então inflamado sobre magnésio com aquecimento até incandescência "vermelha brilhante" para formar nitreto de magnésio (Mg_3N_2) em pó. Adição de água ao nitreto produziu amônia (NH_3), que foi oxidada com hipoclorito de cálcio [$Ca(OCl)_2$] para produzir "nitrogênio químico". O oxigênio reage rapidamente com cobre para formar um cal. O nitrogênio, sendo muito menos reativo quimicamente do que o oxigênio, escapa ileso do cobre incandescente. O magnésio é um metal muito mais reativo do que o cobre. Na verdade, não era conhecido como um metal livre até ser liberado de seus compostos por Davy em 1808, usando uma pilha voltaica.

O aparelho na Figura 140(a) (vide relatório Smithsoniano)[1] inclui o tubo de combustão *A* cheio de raspas de magnésio e aquecido sobre um queimador de chama larga e o tubo de combustão *B* cheio de óxido de cobre (para remover hidrogênio residual gerado pela reação de magnésio no tubo *A* com vapor de água residual) e também aquecido com um queimador de chama larga. O tubo *CD* contém cal sodada e anidrido fosfórico, *E* é um recipiente de medida de volume de gás, *F* está conectado ao reservatório de gás contendo "nitrogênio atmosférico" e *G* armazena o gás não absorvido após cada ciclo. A Figura 140(b) mostra um aparelho em maior escala onde gás pode ser introduzido via *C* no reservatório de gás *A*. O tubo *D* está cheio com cal sodada [na Fig. 140(a)] e com anidrido fosfórico [na Fig. 140(b)]; o tubo de combustão *E*, aquecido por uma chama larga, está preenchido até a metade com cobre poroso e a outra metade com óxido de cobre granulado; o tubo *F* contém cal sodada granulada e *G* contém raspas de magnésio aquecidas à incandescência vermelha sobre um queimador de chama larga; *H* contém anidrido fosfórico e *I*, cal sodada. O nitrogênio preparado passando ar atmosférico através de cobre incandescente é introduzido via *C* no frasco *A*. Durante um período de 10 dias, esse nitrogênio é passado lentamente para diante e para trás entre *A* e *B*. O magnésio é realimentado conforme necessário. O pequeno resíduo de gás remanescente foi transferido para o aparelho da Figura 140(c), que foi projetado para excluir o ar atmosférico nas operações remanescentes.

(a)
(b)
(c)

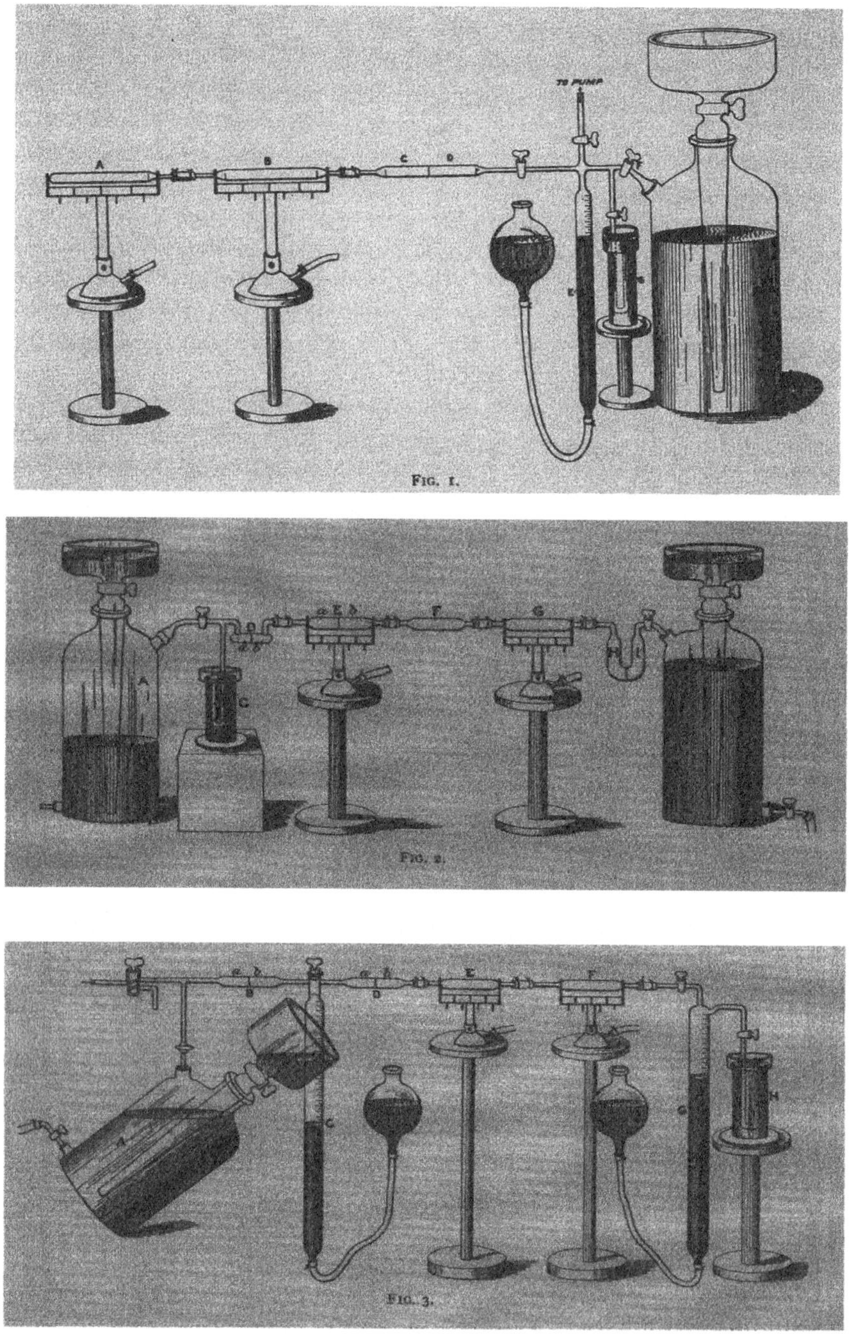

Figura 140 ■ **(a)** até **(c)** estão descritos no texto. São do artigo premiado publicado por Lorde Rayleigh e William Ramsay (*Argon, a new constituent of the atmosphere*, Washington, 1896). Rayleigh observou que o nitrogênio atmosférico é ligeiramente mais denso do que o nitrogênio "químico". Após remover água e dióxido de carbono do ar, o oxigênio foi removido com cobre incandescente e então foi queimado magnésio no nitrogênio remanescente. O gás que não reagiu, compreendendo menos de 1%, era principalmente argônio.

Foi difícil determinar com precisão a densidade do argônio. pois havia impurezas, principalmente nitrogênio, associadas a ele. Os valores estavam tipicamente na faixa de 1,75 a 1,82 g por litro, aproximadamente 20 vezes a do gás hidrogênio (H_2). Como o peso molecular do hidrogênio é 2,0 uma (unidade de massa atômica), então o peso "molecular" do argônio deveria ser ao redor de 40 uma.

Rayleigh e Ramsay caracterizaram o novo gás observando o seu espectro de linhas: "O espectro observado neste tubo não tem nada em comum com o do nitrogênio, nem na verdade, até onde vai nosso conhecimento, com o de qualquer substância conhecida".[1] Eles testaram a reatividade desse novo elemento com praticamente todos os reagentes perigosos que encontraram, e observaram que ele é totalmente não-reativo. Deram a esse novo elemento o nome argônio, derivado do latim *a* (sem) e *ergon* (trabalho), significando "inativo".

E num eloquente cumprimento a Henry Cavendish, que pela primeira vez relatou em 1785 o isolamento de um gás não-reativo compreendendo 1/120 do ar flogisticado, Rayleigh e Ramsay escreveram:[1]

> Tentativas de reproduzir o experimento de Cavendish à maneira de Cavendish apenas aumentaram a admiração com que consideramos este experimento maravilhoso. Trabalhando com quantidades quase microscópicas de material e por meio de operações que se estendiam por dias e semanas, ele assim estabeleceu um dos fatos mais importantes da química. E o que é ainda mais pertinente, ele levanta tão nitidamente quanto poderíamos fazer, e até em certa extensão resolve, a questão acima sugerida.

1 ■ Lorde Rayleigh e Professor William Ramsay, *Argon, a new constituent of the atmosphere*, Washington, Smithsonian Institution, 1896.

2 ■ W. H. Brock, *The Norton history of chemistry*, Nova York, Norton, 1993, p. 331-340. Esta é uma discussão especialmente agradável e acessível.

MAS O ARGÔNIO É UM GÁS MONOATÔMICO – E EXISTEM OUTROS!

Há outro aspecto surpreendente da descoberta do argônio além da sua total inércia química. Rayleigh e Ramsay relataram medidas de velocidade do som no argônio que indicavam que a relação de sua capacidade calorífica a pressão constante por aquela a volume constante (C_P/C_V) era muito alta para uma molécula diatômica. A única outra observação semelhante era para o mercúrio monoatômico (vapor) cujo peso atômico era conhecido, visto que ele forma compostos. A volume constante, o calor adicionado a uma molécula diatômica, tal como N_2, é distribuído entre o movimento da molécula (translação) e a vibração da ligação. Em uma substância monoatômica não há vibração de ligação e, assim, a capacidade de absorver calor é menor.

A descoberta de que o argônio é um gás monoatômico e tem peso atômico 40 desferiu um choque severo na ordem estabelecida.[2] Em primeiro lugar, se ele fosse uma molécula diatômica, o seu peso atômico deveria ser ao redor de 20 (vide acima), encaixando-o confusamente bem entre o flúor (19) e o sódio (23). Entretanto, uma nova substância monoatômica com peso atômico 40 iria não apenas requerer uma família nova e totalmente inesperada na Tabela Periódica, mas coincidia com o peso atômico do cálcio e atrapalhava a ordem que Mendeleev empregara antes para organizar a sua tabela. Essas descobertas desconcertaram na verdade Mendeleev e seus estudantes.[2] Os próprios Rayleigh e Ramsay observaram: "Se o argônio for um elemento único, então há motivo para se duvidar se a classificação dos elementos está completa".[1] O seu relatório concluía: "Nós sugeriríamos para este gás, admitindo provisoriamente que ele não é uma mistura, o símbolo A" (mudado depois para Ar).

No final do século XIX, foram desenvolvidas técnicas para liquefazer o ar por resfriamento e expansão. A primeira página do número de domingo, 30 de dezembro de 1900, do jornal *The Brooklyn Daily Eagle* dá a seguinte manchete ocupando toda a largura da página: "O AR LIQUEFEITO IRÁ DESCORTINAR UM NOVO MUNDO DE MARAVILHAS", e abaixo dela um subtítulo: "Pictet, o Primeiro dos Sábios, Chama o Líquido de Elixir da Vida e Declara que Ele Banirá a Pobreza da Terra".[3,4] Utilizando técnicas semelhantes para condensar ar, em 1898 Ramsay descobriu os gases inertes ou "nobres" relacionados neônio (Ne), criptônio (Kr) e xenônio (Xe). O hélio (He), como o seu nome testemunha, foi descoberto no sol em 1868 através do seu espectro de luz medido durante um eclipse solar. Ele foi isolado por Ramsay em 1895 pelo aquecimento de minérios de urânio. Pelos seus estudos, Rayleigh recebeu o Prêmio Nobel de Física de 1904 e Ramsay o Prêmio Nobel de Química de 1904. Em 1908, Ramsay isolou o último dos gases inertes, o radônio (Rn) radioativo, a partir de minerais contendo rádio.

Em seu agradável livro *The periodic kingdom*,[5] P. W. Atkins descreve a Tabela Periódica como uma terra de montanhas, vales, lagos e regiões costeiras. Os gases nobres são denominados uma faixa de terra no litoral leste e Atkins observa que "nenhuma outra faixa completa de terra do reino deve tanto a uma só pessoa" – Ramsay.

1 Lorde Rayleigh e Professor William Ramsay, *Argon, a new constituent of the atmosphere*, Washington, Smithsonian Institution, 1896.

2 W. H. Brook, *The Norton history of chemistry*, Nova York, Norton, 1993, p. 331-140. Esta é uma discussão especialmente agradável e acessível.

[3] Reprodução especial no *Newsday* do *The Brooklyn Daily Eagle*, v. 60, n. 360, domingo, 30 dez. 1900.

[4] Não é para ser muito rabugento quanto a isso, mas observe que em Brooklin pelo menos o final do século foi celebrado adequadamente.

[5] P.W. Atkins, *The periodic kingdom*, Nova York, Basic Books, 1995, p. 53-54.

QUANTAS SUBSTÂNCIAS DIFERENTES EXISTEM DE FATO NO AR ATMOSFÉRICO?

O número de substâncias que existem no ar depende de quão baixo no nível de detecção você irá (na medida das concentrações). Ao nível de porcentagens (partes por cem ou ppc), há apenas nitrogênio (78,08%) e oxigênio (20,95%).[1,2] Se esticarmos um pouco e adicionarmos argônio (0,93%), mais de 99,9% da atmosfera seca são contabilizados por apenas três substâncias. As concentrações de água podem variar por cinco ordens de grandeza e de fato alcançar níveis de porcentagem em florestas tropicais chuvosas.[1] Essas porcentagens são em volume/volume (v/v), e como números iguais de moléculas de gases ocupam volumes iguais sob as mesmas pressão e temperatura, isso significa que mil moléculas de ar seco terão em média 780 moléculas de N_2, 210 moléculas de O_2 e 9 átomos de argônio. O dióxido de carbono está presente em cerca de 350 partes por milhão (ppm). Outros gases em baixos níveis, da ordem de ppm ou próximos disso, incluem Ne, He, metano (CH_4) e Kr, dando um total de nove substâncias incluindo a água. Ao nível de partes por bilhão (ppb), começamos adicionando hidrogênio, monóxido de carbono, dióxido de enxofre, amônia e ozônio. Abaixo disso, na faixa de ppb a ppt (partes por trilhão), encontramos óxidos de nitrogênio e centenas de vapores orgânicos como benzeno, tolueno e tetracloroetileno.[3] Na verdade, o número de poluentes orgânicos do ar esperados em níveis de traços remonta a milhares.[4]

O que é uma parte por bilhão? Imagine adicionar uma gota de álcool em uma piscina de água com 6 pés de profundidade x 12 pés de largura x 18 pés de comprimento e agitar completamente. Alternativamente, imagine um quarteto de jogadores de golfe comparado à população total do mundo.[5]

[1] T. E. Graedel e P. J. Crutzen, *Atmospheric change: an earth system perspective*, Nova York, Freeman, 1993, p. 8.

[2] J. H. Seinfeld, *Atmospheric chemistry and physics of air pollution*, Nova York, Wiley, 1986, p. 8.

[3] B. B. Kebbekus e S. Mitra, *Environmental chemical analysis*, Londres, Blackie Academic and Professional, 1998, p. 229-230.

[4] T. E. Graedel, D. T. Hawkins e L. D. Claxton, *Atmospheric chemical compounds: sources, occurrence, and bioassay*, Orlando, Academic, 1986.

[5] Agradecimentos ao Professor Joel F. Liebman por essa sugestão.

ÁTOMOS DO ÉTER CELESTIAL

As primeiras sugestões da natureza ondulatória da luz incluíam a descoberta, no século XVII, da difração por Hooke e outras manifestações de interferência. Era óbvio que jogar uma pedra em um lago criava ondas e Boyle mostrou que o ar era necessário para a transmissão de ondas sonoras. Assim, parecia que deveria haver um meio para a transmissão de ondas luminosas e pensou-se ser ele uma espécie de "éter universal" – presente em qualquer lugar, porém imperceptível. Durante a década de 1880, os físicos Michaelson e Morley refutaram experimentalmente a existência do éter. Não obstante, o conceito continuou a influenciar muitos cientistas importantes por talvez mais duas décadas. Num livro publicado em 1895 intitulado *Cold-liver oil and chemistry*, o autor Friedrich Möller explica a rotação da luz plano-polarizada, no sentido horário ou anti-horário, invocando rotação horária ou anti-horária de uma ligação na molécula produzindo "sulcos" horários ou anti-horários no éter.

Mendeleev foi claramente um adepto do éter. A sua explicação era diretamente química e construída a partir de sua Tabela Periódica e os recém-descobertos gases inertes.[1] A edição inglesa de 1904 do livro de Mendeleev *An attempt toward a chemical conception of the ether* apareceu quando o mestre russo tinha 70 anos. Ele postula que o éter é constituído por átomos de um gás inerte superleve até então desconhecido. Claramente, o gás deve ser inerte de modo a penetrar toda a matéria sem reagir ou ser absorvido, e claramente deve ser superleve para não ser percebido.

Ele encaixa o "elemento éter" na sua Tabela Periódica da maneira mostrada na Figura 141. Mendeleev colocou os gases inertes no Grupo 0, à esquerda do hidrogênio e dos metais alcalinos. Isso coloca o hélio no Período 2 e deixa uma lacuna à esquerda do hidrogênio no Período 1. As nossas tabelas periódicas modernas colocam os gases inertes no Grupo 18 (8A em algumas versões) e, assim, o hélio agora se situa no Período 1 por razões teóricas e práticas. Mendeleev postulou um novo elemento no Grupo 0–Período 1, o elemento *y* na figura anexa, que calculou ter peso atômico relativo 0,4 (hidrogênio = 1,0), e observa que, enquanto esta é claramente massa muito grande para átomos do éter, ele poderia corresponder a linhas não atribuídas no espectro solar (lembre-se, o hélio já era conhecido). Ele então postulou outro elemento novo *x* (vide Fig. 141) no espaço Grupo 0–Período 0, o qual ele deduziu ter uma massa relativa da ordem de 0,00000096 – 0,000000000055, o átomo compreendendo o éter celestial.

Series	Zero Group	Group I	Group II	Group III	Group IV	Group V	Group VI	Group VII	Group VIII
0	x								
1	y	Hydrogen H=1·008							
2	Helium He=4·0	Lithium Li=7·03	Beryllium Be=9·1	Boron B=11·0	Carbon C=12·0	Nitrogen N=14·04	Oxygen O=16·00	Fluorine F=19·0	
3	Neon Ne=19·9	Sodium Na=23·05	Magnesium Mg=24·1	Aluminium Al=27·0	Silicon Si=28·4	Phosphorus P=31·0	Sulphur S=32·06	Chlorine Cl=35·45	
4	Argon Ar=38	Potassium K=39·1	Calcium Ca=40·1	Scandium Sc=44·1	Titanium Ti=48·1	Vanadium V=51·4	Chromium Cr=52·1	Manganese Mn=55·0	Iron Fe=55·9 Cobalt Co=59 Nickel Ni=59 (Cu)
5		Copper Cu=63·6	Zinc Zn=65·4	Gallium Ga=70·0	Germanium Ge=72·3	Arsenic As=75·0	Selenium Se=79	Bromine Br=79·95	
6	Krypton Kr=81·8	Rubidium Rb=85·4	Strontium Sr=87·6	Yttrium Y=89·0	Zirconium Zr=90·6	Niobium Nb=94·0	Molybdenum Mo=96·0	—	Ruthenium Ru=101·7 Rhodium Rh=103·0 Palladium Pd=106·5 (Ag)
7		Silver Ag=107·9	Cadmium Cd=112·4	Indium In=114·0	Tin Sn=119·0	Antimony Sb=120·0	Tellurium Te=127	Iodine I=127	
8	Xenon Xe=128	Cæsium Cs=132·9	Barium Ba=137·4	Lanthanum La=139	Cerium Ce=140	—	—		— — — (—)
9		—	—		—	—	—	—	
10	—	—	—	Ytterbium Yb=173	—	Tantalum Ta=183	Tungsten W=184	—	Osmium Os=191 Iridium Ir=193 Platinum Pt=194·9 (Au)
11		Gold Au=197·2	Mercury Hg=200·0	Thallium Tl=204·1	Lead Pb=206·9	Bismuth Bi=208	—	—	
12	—	—	Radium Rd=224	—	Thorium Th=232	—	Uranium U=239		

Figura 141 ■ No livro *An attempt towards a chemical conception of the ether* (Londres, 1904), o idoso Mendeleev postula que o "éter universal" é composto por átomos de gás inerte (x) extremamente leves na série zero, ou Grupo 0 da sua Tabela Periódica. Abaixo de x, deveria haver outro gás inerte novo (y) com uma massa atômica de 0,4 (H = 1,0).

Essa tentativa tão humana de Mendeleev de forçar o conceito do éter na sua Tabela Periódica ilustra as nossas limitações muito humanas tentando ajustar nossas próprias visões do mundo aos fatos. A Figura 142 apresenta ilustrações de dinossauros da metade do século XIX. Os ossos foram "forçados" nas formas de criaturas semelhantes a urso e boi porque esses eram os maiores carnívoros e herbívoros da Terra então conhecidos. Na verdade, o modelo planetário do átomo, desenvolvido por Bohr em 1913 e mais tarde completamente eclipsado, foi provavelmente baseado no seu anseio por uma unidade no universo e uma analogia com o sistema solar.

[1] ■ A. Greenberg, *The Chemical Intelligencer*, abr. 1995, p. 31-36.

Figura 142 ■ A tentativa tão humana de Mendeleev de "forçar" a sua lei periódica numa explicação da extinta teoria do éter é semelhante às tentativas dos paleontólogos do século XIX de "forçar" os ossos de dinossauros nas formas de ursos e outros animais terrestres conhecidos.

NON-ATOMUS

Não-indivisível! Os filósofos gregos conceberam as menores unidades da matéria como átomos (latim *atomus*): indivisível. John Dalton disse "Vós sabeis (...) ninguém pode dividir o átomo" (vide discussão anterior de Dalton). Entretanto, próximo ao fim do século XIX, essa opinião teve de ser completamente modificada.[1,2] Em 1859, Julius Plucker descobriu que as descargas visíveis em tubos de vácuo podiam ser defletidas por um campo magnético. O termo *raio catódico* foi cunhado por volta de 1883, e William Crookes estabeleceu que eles eram carregados negativamente. Joseph John (J. J.) Thomson estabeleceu a natureza corpuscular dessas emissões e determinou uma relação carga-massa e/m = 1,2 x 10^{7} emu/g; valor atual, 1,7 x 10^{7} emu/g = 5,1 x 10^{17} esu/g, para os seus "corpúsculos". O termo elétron foi introduzido por G. J. Stoney contra as objeções de Thomson. Era também conhecido nessa época que o valor e/m para o elétron era cerca de 1.300 vezes o do íon hidrogênio (proporção moderna cerca de 2.000).

Em 1908, Robert Millikan (Prêmio Nobel de Física de 1923) executou pela primeira vez o seu famoso experimento da gota de óleo em que determinou uma carga unitária de 4,77 x 10^{10} esu (mais tarde, 4,80 x 10^{10} esu). Com o valor moderno de e/m (1,7 x 10^{7} emu/g), encontrou-se que a massa do elétron é apenas 1/1.837 a do átomo mais leve, o hidrogênio.

Encontrou-se também que os tubos de raios catódicos ejetam íons positivos em direção oposta à dos elétrons. Esses *raios canais* eram constituídos por partículas com massa muito maior. J. J. Thomson (Prêmio Nobel de Física de 1906) usou um campo magnético para desviar a trajetória desses íons e registrou as suas colisões num filme. Ele descobriu que o gás neônio puro produziu duas massas, 20 e 22, devido aos isótopos. O termo foi cunhado por Frederick Soddy (Prêmio Nobel de Química de 1921) durante os seus estudos de elementos radioativos com as mesmas propriedades químicas mas diferentes propriedades radioativas.[3] A separação de íons positivos usando um campo magnético seguida pelo seu registro em uma chapa fotográfica é a base da espectrometria de massa, desenvolvida por Francis W. Aston (Prêmio Nobel de Química de 1922).[1]

1 ■ J. R. Partington, *A history of chemistry*, Londres, MacMillan, 1964, v. 4, p. 929-934.

2 ■ A. J. Ihde, *The development of modern chemistry*, Nova York, Harper & Row, 1964, p. 478-483, 486.

3 ■ J. R. Partington, op. cit., p. 941-947.

CRISTAIS PODEM DIFRATAR RAIOS X

Os raios X foram descobertos acidentalmente por William Röntgen em 1895.[1] Ele tinha um tubo de raios catódicos dentro de uma caixa de papelão e por perto havia, por acaso, uma folha de papel recoberta com material fosforescente. Quando o tubo foi ligado, o material fosforescente brilhou no escuro. Röntgen encontrou que a mesma radiação penetrante velava chapas fotográficas. Ele chamou a radiação de raios X e até tirou imagens de sua própria mão usando-os.[1] Röntgen ganhou o primeiro Prêmio Nobel de Física (1901).

A difração da luz era um fenômeno bem conhecido e bem compreendido no final do século XIX. Sabia-se que, se um filme transparente é riscado com linhas separadas por uma distância próxima ao comprimento de onda da luz, ocorre interferência (difração). Por exemplo, a luz do sódio (comprimento de onda = 0,0000589 cm ou 589 nm) é difratada por uma grade tendo 7.000 linhas por centímetro (0,000143 cm de espaçamento).[2] Contudo, os raios X não são difratados por tais grades apesar do fato de serem radiação eletromagnética exatamente como a luz. Em 1912, Max von Laue (1879-1950) corretamente propôs a hipótese de que os comprimentos de onda dos raios X, que se acreditava serem da ordem de 10^{-8} ou 10^{-9} cm (1×10^{-8} cm = 1 angstrom), poderiam ser comparáveis às distâncias entre os átomos (ou íons) em cristais.[3] Ele descobriu que esses retículos cristalinos eram capazes de difratar raios X. Na parte superior da Figura 143 vemos desenhos dos retículos cristalinos do cloreto de sódio (salgema) e fluoreto de cálcio (espatoflúor).[4] A metade inferior da Figura 143 esquematiza o aparelho de raios X de Von Laue: raios X focalizados encontram o cristal *K* e então incidem numa chapa fotográfica *P*. A difração dos raios X (representação teórica na parte superior da Fig. 144)[4] produz um padrão na chapa fotográfica (parte inferior da Fig. 144) que proporciona indícios imediatos a respeito da simetria do cristal. Von Laue ganhou o Prêmio Nobel de Física de 1914.

1 ■ J. R. Partington, *A history of chemistry*, Londres, MacMillan, 1964, v. 4, p. 934-935.

2 ■ W. H. Bragg e W. L. Bragg, *X-rays and crystal structure*, 4 ed., Londres, Bell, 1924, p. 1-5.

3 ■ A. J. Ihde, *The development of modern chemistry*, Nova York, Harper & Row, 1964, p. 483-486.

4 ■ M. Born, *The constitution of matter*, Londres, Methuen, 1923, p. 12-19.

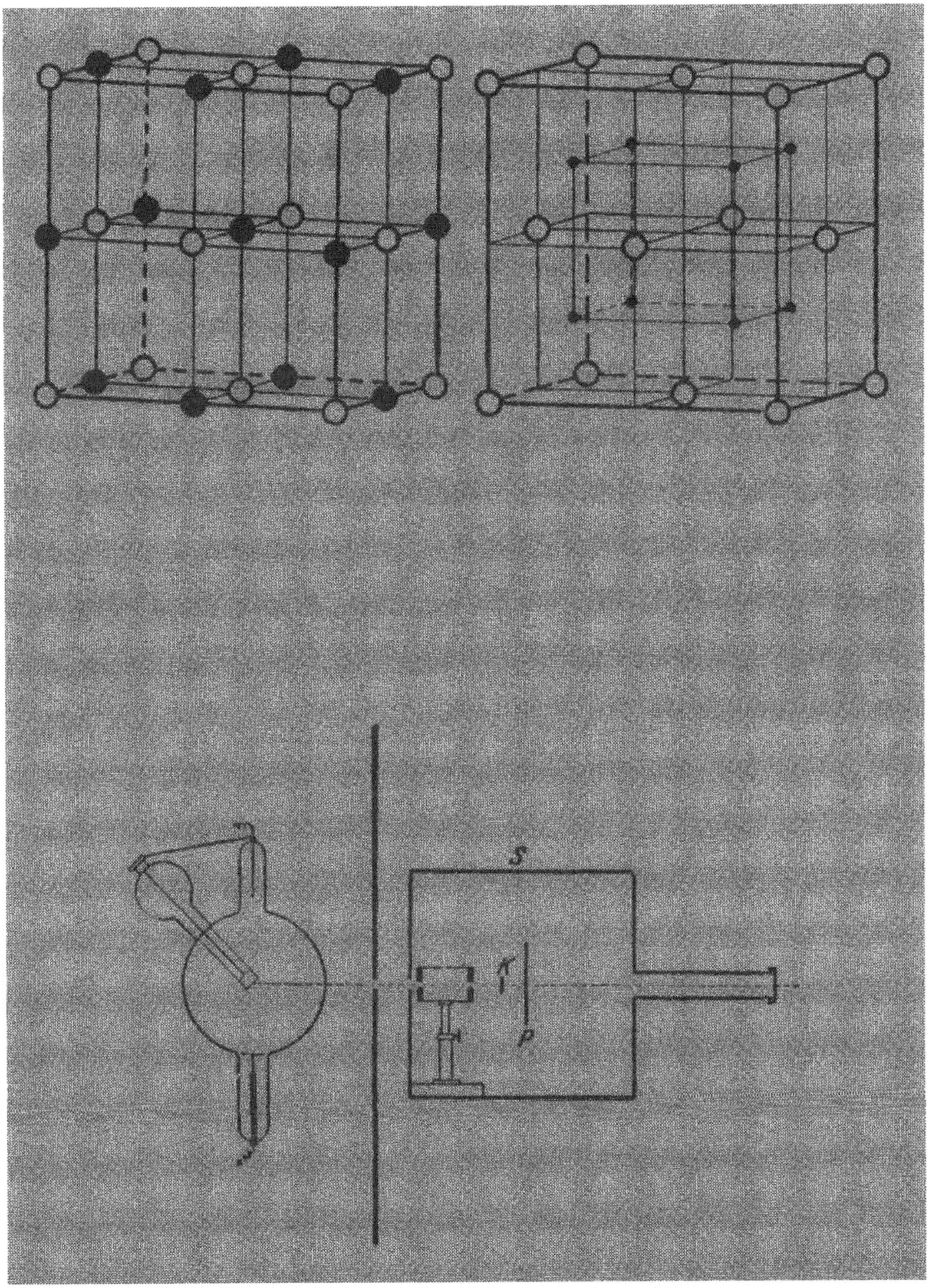

Figura 143 ■ Logo após os raios X serem descobertos por Röntgen, Max von Laue postulou que os seus comprimentos de onda eram semelhantes às distâncias entre os átomos nos cristais iônicos tais como salgema e espatoflúor (parte superior). A sua unidade de raios X está representada na parte inferior (de Max Born, *The constitution of matter*, Londres, 1923).

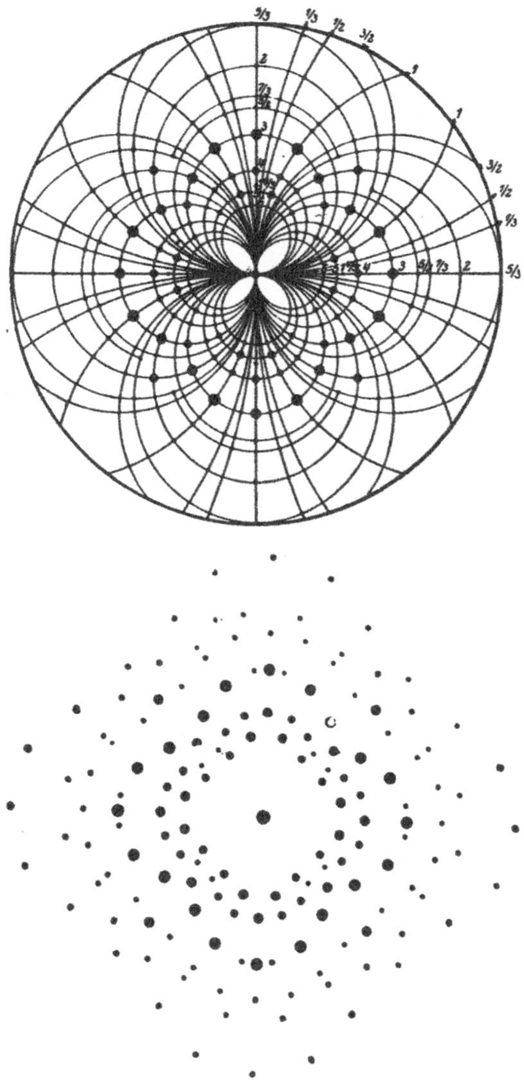

Figura 144 ■ Esquema do padrão de raios X produzido pelo experimento de difração de Von Laue (de Born, vide Fig. 143).

DOIS PRÊMIOS NOBEL? QUE BOM PARA A ACADEMIA DE CIÊNCIAS!

Estimulado pela descoberta dos raios X por Röntgen, Henri Becquerel (1852-1908) postulou uma relação entre os raios X e a fluorescência. Ele colocou diversas amostras cristalinas fluorescentes em contato com chapas fotográficas que eram embrulhadas e bem protegidas da luz solar. Ao expor as amostras à luz solar, descobriu que sulfato de uranilo e potássio velava as chapas fotográficas. Aparentemente, a luz do sol estimulava esses compostos a liberar raios X da mesma maneira que os elétrons de alta energia provocavam a emissão de raios X pelos anticatodos. Entretanto, Becquerel também fez uma descoberta surpreendente. Quando o conjunto sulfato de uranilo e zinco mais filme fotográfico foi mantido no escuro, o filme também ficou velado. Becquerel descobriu a radioatividade.[1,2]

O termo *radioativo* foi aparentemente[1] introduzido por Marie e Pierre Curie no seu artigo publicado na revista *Comptes Rendus*[3] no qual relataram a descoberta do elemento polônio (vide Fig. 145). Marya Sklodowska (1867-1934) foi da Polônia para Paris em 1891 para estudar matemática e física. Apesar de provação considerável, ela completou o equivalente ao grau de mestre em física na Sorbonne em 1893 (a primeira de sua classe) e um título semelhante em matemática em 1894. Naquele ano, ela conheceu Pierre Curie (1859-1906), professor na Municipal School of Industrial Physics and Chemistry.[4] Ela planejava voltar à sua amada Polônia e lecionar, e recusou as propostas de casamento de Pierre. Aceitou a sua proposta quando ele se ofereceu para abandonar a sua carreira de pesquisador e se mudar com ela para a Polônia.[4] Depois do seu casamento em 1895, o casal decidiu ficar em Paris. Pierre terminou o seu doutorado e a sua esposa, Marie Sklodowska Curie, completou sua licenciatura. Eles tiveram a oportunidade de prosseguir juntos na pesquisa na Escola Municipal.

tube à potentiel très élevé, elle se charge négativement, ce qu'il est aisé de vérifier. De même, en touchant du doigt un tube de Crookes loin de la cathode, la paroi touchée devient cathode et il y a répulsion.

» Soit maintenant un tube à cathode plane centrée, de même diamètre que le tube. Les surfaces équipotentielles sont sensiblement planes et le faisceau est cylindrique. Vient-on à réduire le diamètre de la cathode, les surfaces de niveau se courbent et le faisceau est divergent. Si la cathode présente la forme d'un rectangle allongé, les rayons cathodiques doivent s'étaler en éventail dans un plan perpendiculaire à la plus grande dimension du rectangle, et c'est en effet ce qui a lieu.

» Supposons, au contraire, une cathode sphérique concave : à un vide peu avancé, les rayons émis forment un cône creux ; menons un plan tangent à ce cône, le rayon contenu dans ce plan est repoussé d'une manière prépondérante par la partie de la cathode située du même côté de ce plan que le centre. De cette dissymétrie résulte une déviation du rayon qui tend à devenir parallèle à l'axe du cône. On peut également dire que les projectiles cathodiques, rencontrant obliquement les surfaces de niveau, se comportent comme des corps pesants lancés obliquement de haut en bas. De là cet allongement bien connu du foyer cathodique, d'autant plus marqué que le vide est plus avancé et le champ, par suite plus intense, près de la cathode. Plaçant au-devant de celle-ci un diaphragme à deux trous, on a deux faisceaux concourants, rectilignes à partir du diaphragme, se coupant cependant au delà du centre de courbure de la cathode : c'est donc surtout au voisinage de celle-ci que se produit l'inflexion des trajectoires, là précisément où le champ a son maximum d'intensité. »

PHYSICO-CHIMIE. — *Sur une substance nouvelle radio-active, contenue dans la pechblende* ([1]). Note de M. **P. Curie** et de Mme **S. Curie**, présentée par M. Becquerel.

« Certains minéraux contenant de l'uranium et du thorium (pechblende, chalcolite, uranite) sont très actifs au point de vue de l'émission des rayons de Becquerel. Dans un travail antérieur, l'un de nous a montré que

([1]) Ce travail a été fait à l'École municipale de Physique et Chimie industrielles. Nous remercions tout particulièrement M. Bémont, chef des travaux de Chimie, pour les conseils et l'aide qu'il a bien voulu nous donner.

Figura 145 Primeira página do artigo de Pierre e Marie Curie anunciando a descoberta do polônio na Boêmia e inventando a palavra *radioativo* (*Comptes Rendus*, **127**:175, 1898).

Enquanto Pierre fazia pesquisa em piezeletricidade, Marie começou os seus estudos no campo recentemente descoberto da radioatividade, usando o eletrômetro do seu marido como um detector. Madame Curie logo percebeu que o tório (descoberto por Berzelius em 1829) era radioativo como o urânio, uma descoberta feita independentemente por Gerhardt Carl Schmidt. Em 1898, ela constatou que o minério pitchblenda era muito mais radioativo do que o seu teor de urânio (80% U_3O_8) preveria. Ela desconfiou da presença de um elemento desconhecido e intensamente radioativo. A essa altura, Pierre se reuniu a Marie em seus estudos. A pitchblenda era muito cara e os Curie foram forçados a usar o material residual insolúvel que recebiam de uma mina de pitchblenda na Boêmia.[4] Para efetuar separações químicas em toneladas de material pobre em pitchblenda, eles trabalhavam em um barracão abandonado da Escola Municipal. O trabalho de Pierre se centrava nos estudos da radioatividade, enquanto o de Marie se concentrava nas separações e análises químicas. Ela comenta que: "Às vezes tinha que passar um dia inteiro misturando uma massa fervente com uma barra de ferro pesada, quase tão grande quanto eu. Ficava quebrada de cansaço no fim do dia".[4] Em uma fração laboriosamente obtida da pitchblenda impura, Marie Curie descobriu em julho de 1898 um novo elemento, o polônio, nome derivado de sua terra natal (a Fig. 145 mostra a página do título desse artigo).

No entanto, outra fração química que continha sais de bário e outros alcalinoterrosos exibiu intensa radioatividade. Quando Madame Curie purificou essa fração até um ponto em que a radioatividade específica era 60 vezes a do urânio, uma nova linha espectral foi detectada na fração. Tão sensível quanto o espectroscópio (desenvolvido[5] por Robert Wilhelm Bunsen e Gustav Robert Kirchoff por volta de 1869) na detecção de luz emitida, o eletrômetro era ainda mais sensível na detecção de radioatividade. Fracionamento posterior até um nível de 900 vezes a radioatividade específica foi acompanhado por um aumento correspondente na intensidade da nova linha espectral. Isso deu aos Curie a segurança para divulgar o novo elemento químico, o rádio, na revista *Comptes Rendus*, em dezembro de 1898.[1,2,4] Foi somente em julho de 1902 que uma separação posterior proporcionou rádio puro. Diversas toneladas de refugo de pitchblenda foram empregadas para fornecer 0,1 g de cloreto de rádio puro.[1] Usando a analogia química com o seu contaminante alcalinoterroso bário, bem ao modo de Mendeleev, os Curie assumiram que o cloreto era $RaCl_2$ e atribuíram o seu peso atômico como 225, assim deixando lacunas a serem preenchidas na Tabela Periódica. Marie Curie apresentou a sua tese de doutorado em 1902 e ela foi publicada em 1903 (*Recherches sur les substances radioactives*).[1]

Os Curie e Becquerel compartilharam o Prêmio Nobel de Física em 1903. A Academia Francesa de Ciências havia indicado Pierre Curie e Henri Becquerel para o prêmio, mas o cientista sueco Magnus Gosta Mittag-Leffler conseguiu acrescentar Marie à indicação.[4] Pierre foi nomeado para o corpo docente na Universidade de Paris em 1904, enquanto Marie foi promovida a professora no colégio feminino de professoras em Sevres.[4] Já sofrendo os efeitos do envenenamento por radiação, Pierre faleceu em um acidente de rua em 1906. Marie foi então designada para o corpo docente da Universidade de Paris – a primeira mulher em seu quadro docente em 650 anos de história.[4] É inacreditavel que em 1911 ela deixou de ser eleita para a Academia Francesa de Ciências, porém mais tarde, no mesmo ano, receberia o Prêmio Nobel de Química – a única pessoa a ganhar dois prêmios Nobel até que Linus Pauling o fizesse em 1963. Embora ela tenha recebido apenas duas indicações, uma foi do químico sueco e ganhador do Nobel de 1903 Svante Arrhenius, que foi um defensor esclarecido das mulheres na ciência.[4]

A história de Marie Curie é muito dramática e a discussão dos Rayner-Canham[4] sobre ela é sucinta, sensível e balanceada. Durante a Primeira Guerra Mundial, Marie Curie interrompeu a sua pesquisa e ela e a filha Irene (nascida em 1897; Eve nasceu em 1904) trabalharam como técnicas de raios X com unidades móveis no campo de batalha. Marie iniciou investigações das aplicações médicas da radiação, inclusive a terapia do câncer, por essa época. Irene Joliot-Curie[6] e seu marido Frederic Joliot-Curie iriam finalmente compartilhar o Prêmio Nobel de Química de 1935 por sua descoberta da radioatividade artificial. As intensas atividades políticas de esquerda de Irene forneceram pelo menos uma desculpa para a recusa de sua indicação para a Academia Francesa de Ciências. Os Rayner-Canham notam que, embora a evidência de envenenamento por radiação e cânceres entre os seus colaboradores fosse clara, Marie Curie resistia às conclusões óbvias sobre os riscos à saúde. A filha Irene faleceu aos 59 anos de leucemia.[6] Marie faleceu de leucemia aos 67 anos.[4] Os Rayner-Canham observam a profunda influência de Marie Curie em atrair uma espécie de "massa crítica" de mulheres intelectualmente dotadas para a química e física nucleares. Uma delas, Marguerite Perey, descobriu o elemento 87 (frâncio) e se tornou, em 1962, a primeira mulher a ser eleita para a Academia Francesa de Ciências.[6] Ela faleceu de câncer aos 65 anos.[6] Os Rayner-Canham ainda observam o desenvolvimento de "massas críticas" (expressão minha) de cientistas mulheres em cristalografia,[7] bem como em bioquímica.[8] O impacto dessas recém-estabelecidas e formidáveis redes de mulheres cientistas em química será um tópico interessante para sociólogos futuros da ciência. Para registro, observamos que a Academia Nacional de Ciências (EUA) foi fundada em 1863 e tinha um número inicial de membros igual a 50. A primeira mulher foi admitida em 1925 – Doutora Florence R. Sabin, professora de histologia, John Hopkins University. Em 27 de abril de 1999, havia 2.222 membros, dos quais 132 eram mulheres.[9]

[1] J. R. Partington, *A history of chemistry*, Londres, MacMillan, 1964, v. 4, p. 936-939.
[2] A. J. Ihde, *The development fo modern chemistry*, Nova York, Harper & Row, 1964, p. 487-490.
[3] M. Curie e P. Curie, *Comptes Rendus*, **127**:175, 1898.
[4] M. Rayner-Canham e G. Rayner-Canham, *Women in chemistry: their changing roles from alchemical times to the mid-twentieth century*, Washington e Filadélfia, American Chemical Society e Chemical Heritage Foundation, 1998, p. 97-107.
[5] A. J. Ihde, op. cit., p. 233-235.
[6] M. Rayner-Canham, op. cit., p. 112-116.
[7] M. Rayner-Canham, op. cit., p. 67-91.
[8] M. Rayner-Canham, op. cit., p. 135-164.
[9] Public Information Office, National Academy of Sciences.

É O *NÚMERO* ATÔMICO, DMITRY!

O primeiro uso explícito do número atômico é atribuído a John Newlands, que organizou a sua tabela de elementos de 1864 pelo "número do elemento" na ordem de seus "equivalentes" usando o sistema de Cannizzaro.[1] Na época, o Professor George Carey Foster "inquiriu com humor o Senhor Newlands se ele já tinha examinado os elementos de acordo com a ordem de suas letras iniciais".[1]

O fato de que os átomos têm a sua identidade encerrada no interior de seus núcleos foi descoberto somente no começo do século XX. Os Curie foram os primeiros a postular que a radiação emitida pelo urânio e outras substâncias radioativas era de natureza corpuscular.[2] Em 1906, Rutherford e Geiger determinaram um valor para a relação carga-massa da partícula α que era a metade do valor para o íon hidrogênio (H^+). Portanto, a partícula α poderia ser H_2^+ ou He^{2+}.[2] A última possibilidade foi confirmada em 1911 e era, é claro, consistente com a emissão de gás hélio por núcleos radioativos.[2] Em 1909, Geiger e Marsden, trabalhando no laboratório de Rutherford, constataram que muitas partículas α passam através de uma fina folha de ouro com 0,01 mm de espessura com pouca deflexão, enquanto apenas algumas sofrem deflexões maiores ou ricochetes. Resultados semelhantes foram obtidos por Rutherford e Geiger um ano antes.[2] Esses estudos e outros relacionados usando a nova câmara de neblina de Wilson levaram Rutherford a concluir em 1911 que os átomos eram na sua maior parte espaço vazio, com um *núcleo* (termo que ele introduziu em 1912) minúsculo, carregado positivamente, no centro.[2,3]

A medida dos ângulos de deflexão usando a câmara de neblina levou Geiger e Marsden à conclusão de que a carga positiva do núcleo (em múltiplos inteiros da carga de um elétron) tendia a ser cerca da metade do peso atômico.[2,3] A. Van den Broek, em 1913, sugeriu que a carga nuclear, em unidades de carga do elétron, é igual ao número ordinal (1, 2, 3, ...) do elemento na Tabela Periódica.[2]

Foi Henry G. J. Moseley (1887-1915) quem, em 1913, usou o termo *número atômico* e estabeleceu o seu significado.[2,3] Moseley fez um estudo das frequências das ondas de raios X (a série K) emitidos por diferentes anticatodos metálicos. Na Figura 146 (à direita), vemos uma correlação satisfatória entre as raízes quadradas das frequências das radiações K e os pesos atômicos dos elementos correspondentes. Entretanto, a correlação com o número atômico (Fig. 146 à esquerda) era virtualmente perfeita. Claramente, o número atômico era mais do que um dispositivo de contagem. Em última análise, ele explicava certas anomalias incômodas – a inversão de lugar entre o telúrio e o iodo que preocupava Mendeleev e a aparente anomalia no fato de que o recentemente descoberto argônio (que quase igualava o cálcio no peso atômico) tinha de ser colocado antes do potássio, mais leve. Ele verificou a colocação do cobalto antes do níquel com base nas propriedades químicas apesar da inversão de seus pesos atômicos e confirmou lacunas na Tabela Periódica para metais até então desconhecidos.[3] Moseley foi recrutado durante a Primeira Guerra Mundial e foi morto aos 28 anos na batalha de Gallipoli.[2,3]

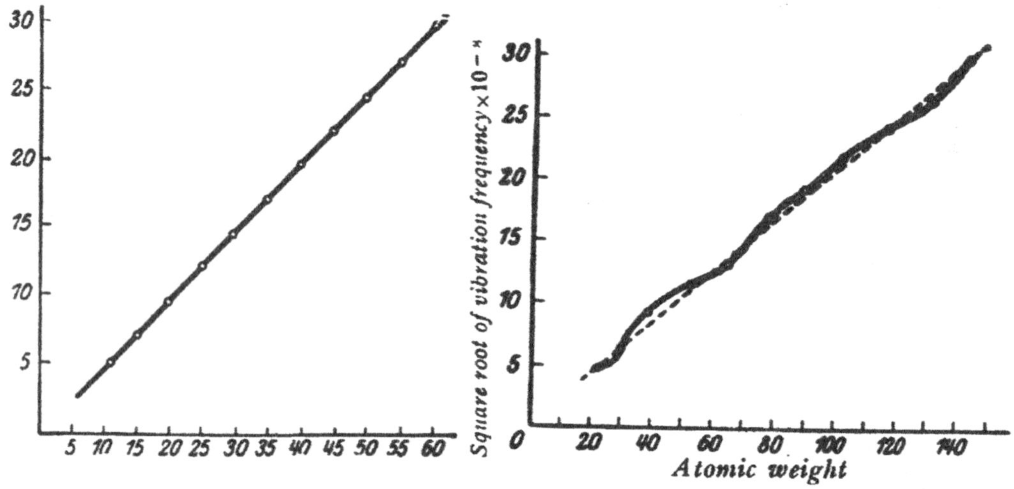

Figura 146 ■ A base fundamental da Tabela Periódica é o *número atômico* e não o *peso atômico*. A raiz quadrada da frequência dos raios X emitidos por diferentes catodos metálicos se relaciona imperfeitamente com a *massa atômica*, mas é diretamente proporcional ao *número atômico*. Isso explicou imediatamente certas anomalias na Tabela Periódica. Henry G. J. Moseley, que fez essa descoberta crítica, foi recrutado na Primeira Guerra Mundial e faleceu em Gallipoli aos 28 anos (figura reproduzida de Born, vide Fig. 143).

Por volta de 1920, admitiu-se que a diferença entre a massa atômica e o número atômico era devida a prótons *combinados no núcleo* com elétrons. Assim, o cloro-35 teria 17 prótons no núcleo, 18 prótons combinados com 18 elétrons nucleares e 17 elétrons fora do núcleo.[4] Esse quadro mudou quando Chadwick descobriu o nêutron em 1932. Mas lembre-se que um nêutron livre pode ser decomposto em um próton e um elétron (mais um antineutrino).

1 ■ J. R. Partington, *A history of chemistry*, Londres, MacMillan, 1964, v. 4, p. 887-888.
2 ■ J. R. Partington, op. cit., p. 942-953.
3 ■ A. J. Ihde, *The development of modern chemistry*, Nova York, Harper & Row, 1964, p. 485-486.
4 ■ J. R. Partington, *Everyday chemistry*, Londres, MacMillan, 1929, p. 245-249.

OS RAIOS X MEDEM A DISTÂNCIA ENTRE OS ÁTOMOS OU ÍONS

Enquanto Max von Laue usou cristais para fazer um experimento com raios X, William H. Bragg (1862-1942) e seu filho William Lawrence Bragg (1890-1971) usaram raios X para determinar as estruturas de cristais. Em 1912 e 1913, os Bragg desenvolveram e aplicaram a equação de difração que leva o seu nome:

$$nL = 2d \text{ sen } \theta$$

onde $n = 1, 2, 3, ..., L$ é o comprimento de onda dos raios X, d é a distância entre as camadas de átomos (íons) e θ é o ângulo de incidência na superfície.

A Figura 147(a) do livro dos Bragg[1] demonstra o reforço das ondas de raios X que obedecem à Lei de Bragg. Na Figura 147(b),[1] vemos um esquema do seu aparelho de raios X no qual monocristais (ou pó) eram colocados em uma mesa rotatória de modo que podiam ser coletadas reflexões de todos os ângulos.

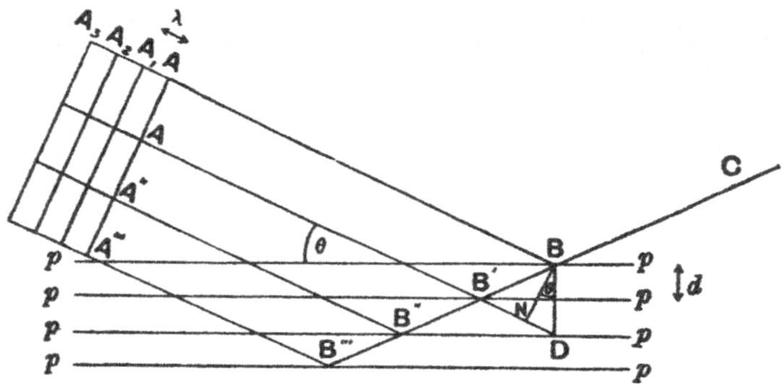

Fig. 3.

(a)

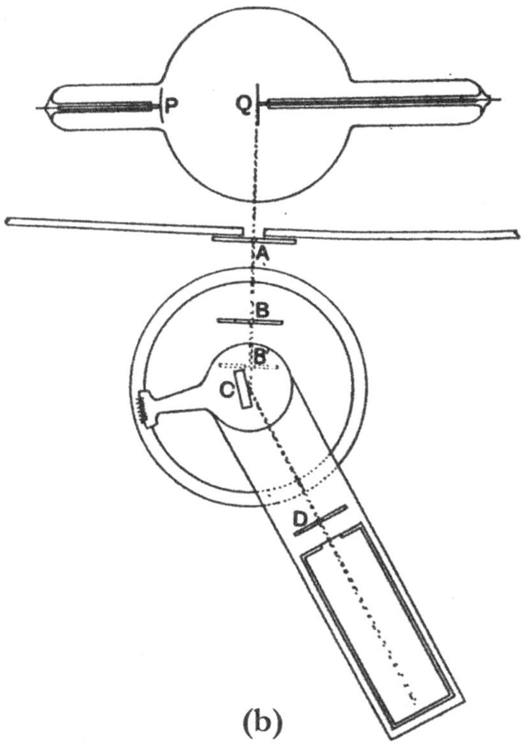

(b)

Figura 147 William H. Bragg e seu filho William L. Bragg inverteram o experimento de Von Laue e usaram raios X para medir as distâncias entre íons ou átomos em cristais (vide texto). **(a)** Ilustra as condições de interferência construtiva dos raios X chamada de Lei de Bragg; **(b)** esquema do aparelho de raios X dos Bragg (W. H. Bragg e W. L. Bragg, *X-rays and crystal structure*, 4. ed., Londres, 1924).

O aparelho de difração de raios X dos Bragg não apenas permitiu essas medidas críticas de distância, como também ajudou a confirmar a existência de íons, uma vez que, conforme determinado por J. J. Thomson, a intensidade do espalhamento era proporcional ao número de elétrons (fornecendo, com efeito, confirmação adicional dos números atômicos).[2,3]

A cristalografia de raios X logo se tornou a "ótica" mais importante para a química estrutural no estado sólido. Ela assentou a base para os estudos cristalográficos de Linus Pauling que conduziram à síntese dos princípios explicados no seu livro de 1939, *The nature of the chemical bond.* Esses princípios foram aplicados por ele para resolver a estrutura α-helicoidal de proteínas pelo simples uso de modelos moleculares. J. D. Watson e Francis Crick usaram a abordagem de construção de modelos de Pauling, combinada com dados de raios X, para sobrepujá-lo em seu próprio jogo e chegaram à estrutura do DNA. Quando eu era um estudante de doutorado no final dos anos 1960, a resolução completa de uma estrutura cristalina por dados de raios X era um evento relativamente raro. Era então usada basicamente para estudos de química estrutural em que os pesquisadores desejavam valores precisos de comprimentos de ligação, ângulos de ligação e outros dados relacionados. Instrumentação aperfeiçoada e especialmente o poder incrivelmente ampliado dos computadores fizeram agora da cristalografia de raios X uma ferramenta de rotina para confirmação da estrutura de moléculas razoavelmente grandes que formam bons cristais. Entretanto, moléculas globulares grandes constituem ainda imensos desafios.

1 ▪ W. H. Bragg e W. L. Bragg, *X-rays and crystal structure*, 4. ed., Londres, Bell, 1924.
2 ▪ J. R. Partington, *A history of chemistry*, Londres, MacMillan, 1964, v. 4, p. 934-936.
3 ▪ W. H. Brook, *The Norton history of chemistry*, Nova York, Norton, 1993, p. 393, 492-494.

DE ONDE DESENTERRAMOS O MOL?

O conceito moderno de valência explica o conceito primitivo de "equivalentes" químicos introduzidos por Cavendish por volta de 1767.[1] Assim, 36,5 g de gás ácido de sal (HCl) neutralizam 56,0 g de potassa (KOH); 49,0 g de ácido de vitríolo (H_2SO_4) ou 32,7 g de ácido de fósforo (H_3PO_4) neutralizam equivalentemente os mesmos 56,0 g de potassa. A relação entre os pesos equivalentes para $HCl/H_2SO_4/H_3PO_4$ é sempre 1,00/1,34/0,90. Analogamente, 53,0 g de soda (Na_2CO_3) neutralizam 36,5 g de gás HCl: a relação de pesos equivalentes para KOH/Na_2CO_3 é sempre 1,06. Os mesmos 36,5 g de HCl neutralizam 29,1 g de "leite de magnésia" [$Mg(OH)_2$; observe que $Ca(OH)_2$ já foi chamado de "leite de cal"] para produzir 47,6 g de $MgCl_2$ e 18,0 g de água. Se colocarmos eletrodos de platina em 47,6 g de $MgCl_2$ fundido, 12,1 g de magnésio serão eletrodepositados e 35,5 g de gás cloro [12,2 litros em temperatura e pressão padrão (25 °C e 1,00 atm)] serão liberados. Assim, a relação de pesos equivalentes de Cl_2/Mg é sempre 2,93.

Massas equivalentes (e o conceito relacionado de "normalidade") desapareceram de modo gradual dos textos químicos modernos em favor de uma definição baseada diretamente no número de "partículas" (átomos, moléculas, íons, elétrons) e isso é verdadeiramente irônico.

O termo *mol* foi introduzido por William Ostwald em 1901.[1] Deriva da palavra em latim para "conjunto, monte ou pilha"[1] (o termo *molécula* introduzido por Pierre Gassendi[2] no início do século XVII tem a mesma raiz; presumivelmente, significa um conjunto de átomos). Especificamente, Ostwald usou o termo para representar o peso fórmula de uma substância em gramas: 36,5 g de HCl é um mol. A definição formal de mol adotada pela 14ª Conferência Geral de Pesos e Medidas em 1971 é: "a quantidade de matéria que contém tantas entidades elementares quantos os átomos que existem em 0,012 quilograma de carbono-12".[1] A fina ironia é que Ostwald resistia ferozmente ao conceito atômico quando Boltzmann cometeu suicídio em 1906, mas o seu mol é atualmente definido em termos de átomos.

O número de átomos em 0,012 kg de carbono-12 é o Número de Avogadro ($6{,}02213670 \times 10^{23}$). Os experimentos de Perrin em 1908 com partículas de poeira e partículas de goma-guta e lentisco *(gamboge and mastic)* em água forneceram um valor de cerca de 6×10^{23}. Assim que Millikan determinou a carga de um elétron (valor físico moderno, $q = 1{,}6021773 \times 10^{-19}$ coulomb ou C) e isso foi combinado com o valor moderno para o faraday (1 F = 96.485,31 C, a carga total de um mol de elétrons), outra determinação completamente independente foi disponível para o Número de Avogadro. Aqui está mais uma: 1 g de rádio fornece $11{,}6 \times 10^{17}$ partículas α em um ano e elas produzem 0,043 litro de gás hélio em temperatura e pressão padrão.[1] Na verdade, o espalhamento Rayleigh que faz o nosso céu ser azul permite o cálculo do Número de Avogadro. O valor atualmente aceito é baseado na densidade, massa atômica e medidas de difração de raios X de silício puro cristalino. A sua incerteza[1] é de apenas $3{,}5 \times 10^{17}$! Vamo-nos lembrar do Número de Avogadro como "seis-vírgula-zero-dois-e-vinte-e-três-zeros" (como "Pensilvânia-6-5-zero-zero-zero" para indicar a idade dos aficionados de Glen Miller incluindo os hippies caducos cujas memórias de Glen Miller são apenas pré-natais).

[1] J. J. Lagowski (ed.), *MacMillan encyclopedia of chemistry*, Nova York, MacMillan, Simon & Schuster, 1997, v. 1, p. 198-199; v. **3**, p. 951-955.

[2] J. R. Partington, *A history of chemistry*, Londres, MacMillan, 1961, v. 2, p. 462.

XENÔNIO É LIGEIRAMENTE IGNÓBIL E O CRIPTÔNIO NÃO É INVENCÍVEL

A inércia dos gases nobres e a lei de Richard Abegg de valência e contravalência[1] foram fios condutores importantes para compreender valência e ligação. Em 1916, Walther Kossel propôs que os átomos usavam os seus elétrons de valência para formar ligações e que eles tentavam atingir a estrutura eletrônica do gás raro que os precedia (elementos eletropositivos) ou os sucedia imediatamente (elementos eletronegativos). A teoria de Kossel é ilustrada na Figura 148.[2] Gilbert N. Lewis formulou a regra do octeto no seu artigo "O átomo e a molécula".[3] Na Figura 149(a) vemos as suas representações dos elétrons de valência do primeiro período completo de elementos nas famílias IA até VIIA.[3] O gás nobre neônio ocorre no final desse período e tem cada vértice do cubo "ocupado" por um elétron. Assim, a inércia corresponde ao octeto completo e esse "preenchimento" da camada de valência explicam a valência de um átomo. A não-reatividade dos gases nobres se tornou um artigo de fé, verificado eficazmente quando Henri Moissan soltou o seu recentemente descoberto "demônio da Tasmânia" flúor sobre uma amostra de argônio enviada por Ramsay em 1894. O resultado: Nada![4]

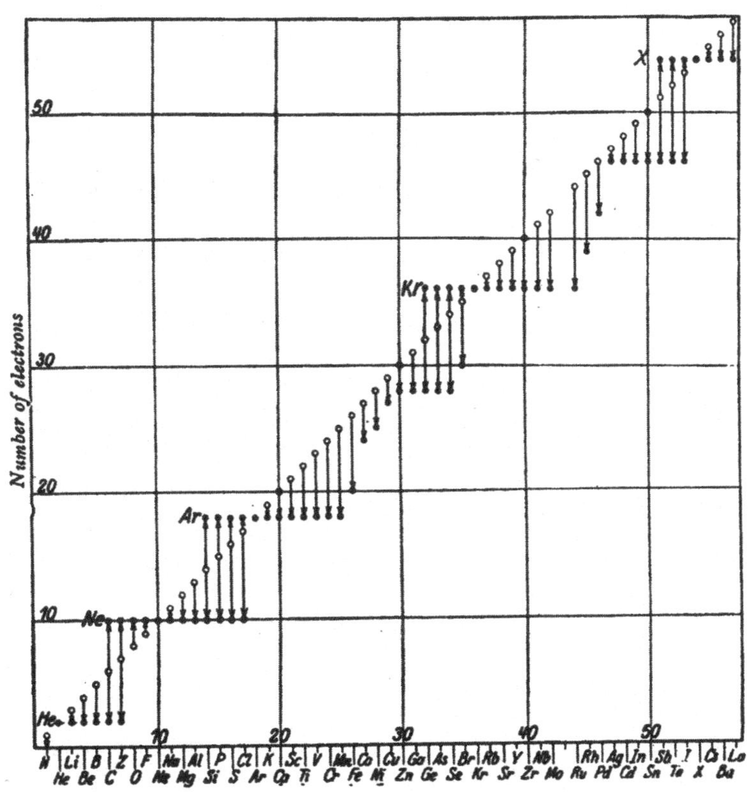

FIG. 20.—Electro-valencies (Kossel).

Figura 148 ▪ Teoria de Walther Kossel na qual os átomos adotam a camada de valência do gás inerte mais próximo por perda ou ganho de elétrons (figura reproduzida de Born, vide Fig. 143).

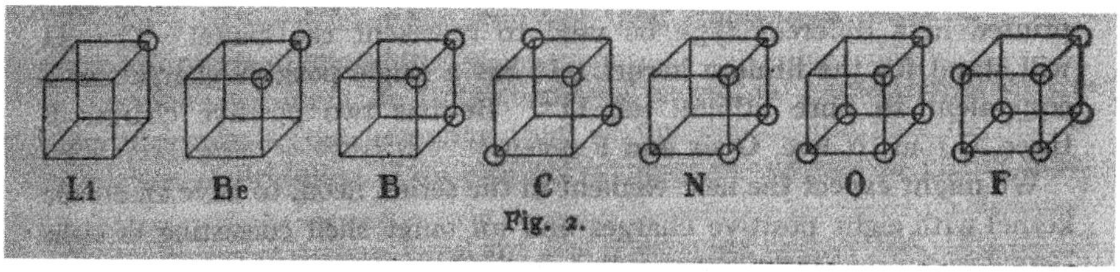

(a)

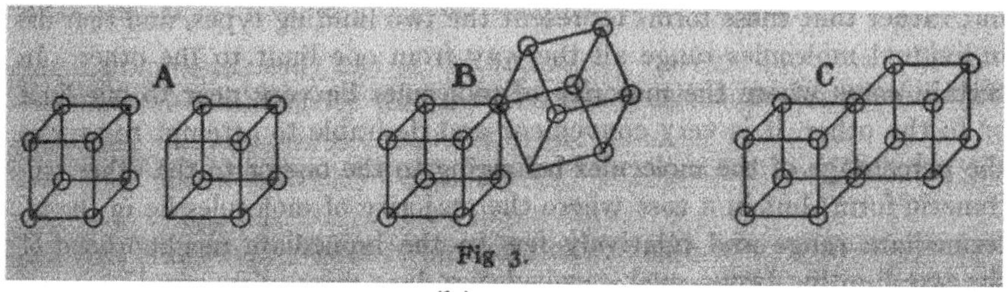

(b)

Figura 149 ■ As estruturas de ponto originais de Gilbert N. Lewis (*Journal of the American Chemical Society*, **38**:762, 1916).

Todavia, em 1962 Neil Bartlett descobriu que o oxigênio molecular (O_2) é oxidado por hexafluoroplatina (PtF_6) para formar o novo composto $[O_2^+][PtF_6^-]$.[5] Ele sabia que a molécula de oxigênio retém o seu elétron quase tão fortemente quanto o átomo de xenônio. Por conseguinte, Xe também poderia perder um elétron para o PtF_6. O sólido cristalino vermelho resultante foi originalmente interpretado como sendo $[Xe^+][PtF_6^-]$, mas agora se acredita ser $[XeF^+][Pt_2F_{11}^-]$.[6]

Em qualquer caso, o limiar conceitual foi cruzado e uma família de compostos de xenônio contendo flúor é agora conhecida. Por exemplo, uma mistura 1:5 de Xe e F_2, aquecida em recipiente de níquel, produz XeF_4 (ponto de fusão 117 °C).[6] XeF_6, formado por Xe e F_2 em alta temperatura e pressão, ataca o quartzo e reage violentamente com água para produzir XeO_3, ele próprio altamente explosivo.[6] Obviamente, isto não é "O amigável mundo da vizinhança química".

O criptônio reage com F_2 sob uma descarga elétrica a –183 °C formando um sólido (KrF_2) que se decompõe lentamente à temperatura ambiente.[6] Existem também sais de KrF^+, como $[KrF^+][SbF_6^-]$.[6] Ainda que o radônio perca elétrons muito mais facilmente do que o xenônio, o seu isótopo mais estável tem uma meia-vida de 3,8 dias e não é feita muita química, embora sejam conhecidos compostos que se acredita serem RnF_2, $[RnF^+][TaF_6^-]$ e possivelmente RnO_3.[6] Quanto aos rumores a respeito de um conceituado minério verde de criptônio, são duvidosos.

A Figura 149(b) mostra "etapas" no compartilhamento de uma aresta (dois elétrons) para formar uma ligação simples entre dois átomos cúbicos de iodo. Se dois átomos compartilham uma face formada pela fusão de dois cubos, eles compartilham quatro elétrons e formam uma ligação dupla. A ligação tetraédrica no metano (CH_4) foi explicada pelo compartilhamento das duas aressas opostas na parte superior do carbono cúbico com dois hidrogênios cúbicos e, analogamente, compartilhamento dos as duas aressas alternadas com hidrogênio na parte de baixo do cubo. Enquanto Van't Hoff explicava as ligações triplas pelo compartilhamento de faces de dois tetraedros, a representação de Lewis é um pouco mais tensionada. Em 1919, Irving Langmuir modificou ligeiramente o quadro de Lewis e estendeu a sua abrangência aos metais de transição. A Figura 150 ilustra óxidos de nitrogênio, os dois alótropos do oxigênio, bem como possíveis isômeros do peróxido de hidrogênio (nunca encontrados) e óxidos de fósforo. É interessante observar que Langmuir lida com o "dueto" da camada de valência completa do hidrogênio fazendo-o atuar como ponte ao longo da aresta de um cubo.

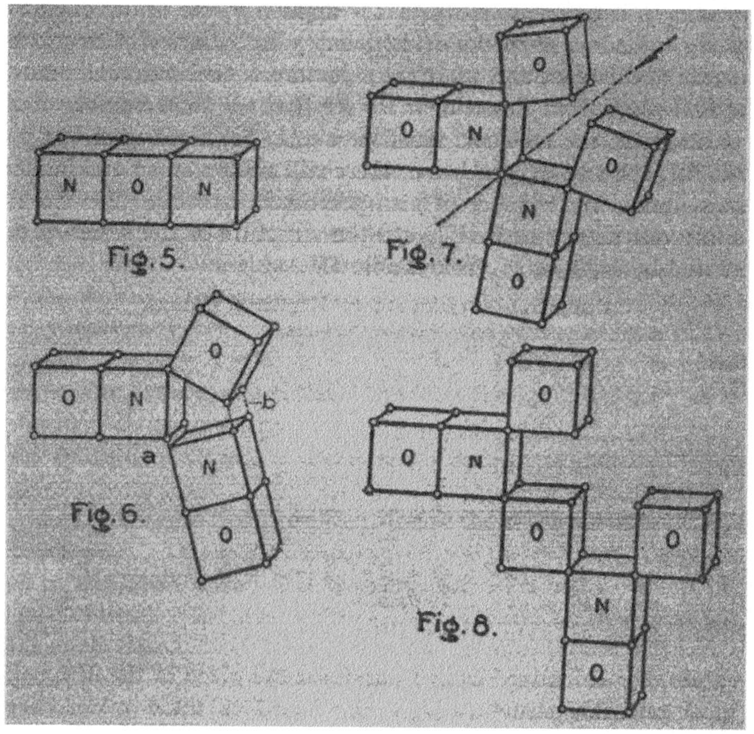

(a)

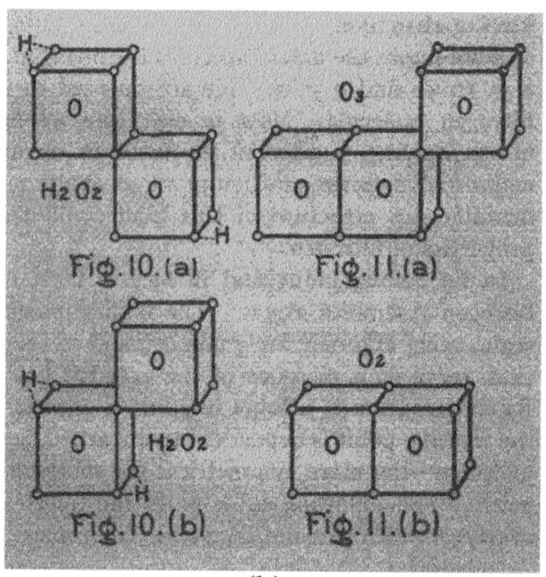

(b)

Figura 150 ■ Modificação das estruturas de Lewis por Irving Langmuir [*Journal of the American Chemical Society*, **41**, n. 6 e n. 10 (1919) e **42**, n. 2 (1920)].

Na década de 1960 foram descobertas ligações *quádruplas* entre átomos metálicos, em espécies como $Re_2Cl_8^{2-}$.[7] Não haveria maneira óbvia de explicar ligações quádruplas com átomos cúbicos ou tetraedros.

O artigo de Lewis propôs as estruturas de contabilidade de pontos (por exemplo, H:H) que levam o seu nome. Como transmitimos a um estudante de química introdutória o quão ridiculamente simples e poderosas são as estruturas de Lewis para efetuar previsões?

1 Lewis (Referência 3) enuncia a lei de Abegg como: "a diferença total entre os valores máximos negativo e positivo ou números polares de um elemento é frequentemente oito e em nenhum caso maior do que oito".

2 M. Born, *The constitution of matter*, Londres, Methuen, 1923, p. 21-23.

3 G. N. Lewis, *Journal of the American Chemical Society*, **38**:762-785, 1916.

4 W. H. Brock, *The Norton history of chemistry*, Nova York, Norton, 1993, p. 337.

5 Vide N. Bartlett, *American Scientist*, **51**:114, 1963.

6 A. Cotton, G. Wilkinson, C. A. Murillo e M. Bochmann, *Advanced inorganic chemistry*, 6. ed., Nova York, Wiley, 1999, p. 588-597.

7 F. A. Cotton, *Accounts of Chemical Research*, **2**:242, 1969.

O ÁTOMO COMO SISTEMA SOLAR

O espectro de linhas obtido aquecendo os elementos e refratando a luz através de um prisma foi utilizado por Bunsen para identificar sais. O seu queimador alimentado a gás foi inicialmente usado para obter chamas incolores para estudar a emissão de luz por esses sais – não para aquecer frascos.[1] O espectroscópio projetado por Bunsen e Kirchoff levou imediatamente à descoberta do césio em 1860 e do rubídio em 1861.[1] Em 1868, o espectro de emissão de outro novo elemento, o hélio, foi descoberto no espectro da cromosfera solar.[2] Mas qual era a origem dos espectros de linhas – luz tendo frequências (ou comprimentos de onda) muito precisas, únicas para cada elemento? Qual era a origem do efeito fotoelétrico: uma pequena quantidade de ondas de luz de alta energia (alta frequência) podia arrancar um elétron da superfície de um metal, mas uma quantidade enorme de luz de frequência menor não conseguia? Aparentemente, a *qualidade* da energia, não sua quantidade, era a questão. Esses fenômenos foram tratados por Max Planck (1858-1947), que desenvolveu a teoria quântica por volta do ano 1900.[3] A equação simples por ele antecipada, $E = h\nu$, indicava que a frequência da luz emitida por um átomo excitado, por exemplo, era diretamente proporcional ao decréscimo de energia do átomo emissor (h é a constante de Planck).

Logo depois de o modelo atômico de Rutherford ser estabelecido, era óbvio especular onde os elétrons estariam. Em 1913, Niels Bohr[3] (1885-1962) usou a teoria quântica de Planck, combinada com o espectro de linhas (visível, ultravioleta, infravermelho) do hidrogênio, para postular o modelo planetário circular do átomo. Se elétrons negativos estivessem orbitando ao redor do núcleo carregado positivamente, a física clássica requeria que eles espiralassem em direção ao núcleo. Bohr postulou que os elétrons poderiam ter somente certas energias discretas (ocupar somente certas órbitas circulares) e nunca valores "entre elas". As órbitas correspondiam aos números quânticos $n = 1, 2, 3, ...$. O modelo era revolucionário e até subversivo. Onde estavam os elétrons quando se moviam entre órbitas? Eles nunca podiam ser encontrados no espaço intermediário (*"in-between"*). O modelo explicava esplendidamente o espectro do átomo de hidrogênio e o do íon hélio (He^+) e falhava para todos os outros átomos. Arnold Sommerfeld modificou as órbitas de Bohr para permitir órbitas tanto circulares quanto elípticas.[3] Ele explicou a estrutura fina do espectro do hidrogênio adicionando um segundo número quântico para o momento angular. Agora havia referência ocasional a *orbitais* – na realidade, *subórbitas*. A teoria de Sommerfeld desfrutou sucesso em explicar os espectros atômicos do H e He^+ e outros. A Figura 151, de um livro de 1923 de Born,[4] ilustra o modelo de Bohr para H, He e He^+ e a sua extensão para He_2.[*] As Figuras 152 e 153, do livro de 1924 de Smith,[5] retratam a "era Rococó" da "velha" teoria quântica algumas "horas antes do alvorecer" da mecânica quântica em 1926. A graciosa imagem de um elétron espiralando na superfície de um orbital 4*s* seria considerada uma violação do Princípio da Incerteza de Heisenberg. A representação de átomos que emergiu em 1926 iria quase parecer mais adequada à arte abstrata do que à ciência "pesada".

[1] ▪ A. J. Ihde, *The development of modern chemistry*, Nova York, Harper & Row, 1964, p. 231-235.

[2] ▪ A. J. Ihde, op. cit., p. 373.

[3] ▪ A. J. Ihde, op. cit., p. 499-507.

[4] ▪ M. Born, *The constitution of matter*, Londres, Methuen, 1923, p. 24-32.

[5] ▪ J. D. Main Smith, *Chemistry and atomic structure*, Nova York, D. Van Nostrand, 1924, p. 160-176.

[*] ▪ N.T.: Na figura está H_2.

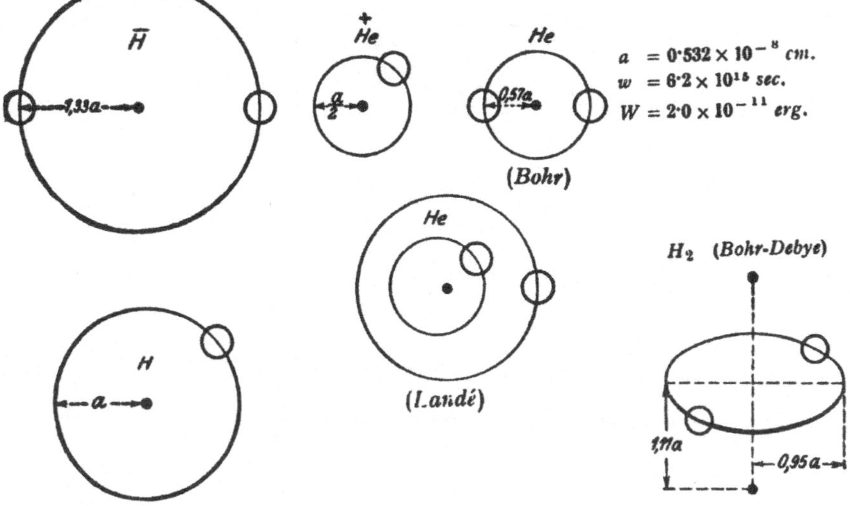

Figura 151 ■ Variações do modelo atômico de Bohr que era na verdade muito mais "subversivo" do que parece. Se um elétron está proibido de existir entre órbitas, como ele passa de uma órbita para a seguinte? (Figura reproduzida de Born, vide Fig. 143.)

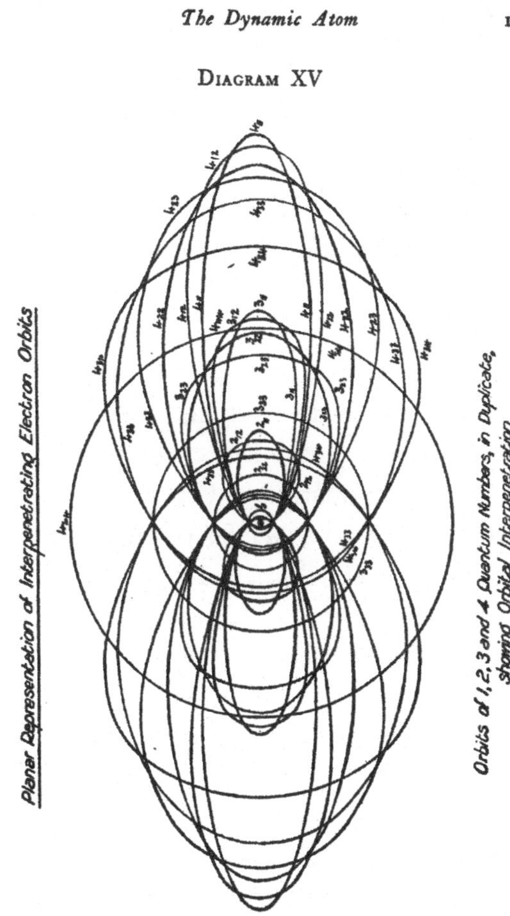

Figura 152 ■ A era "Rococó" da "velha" teoria quântica chega ao fim (J. D. Main Smith, *Chemistry and atomic structure*, Nova York, 1924).

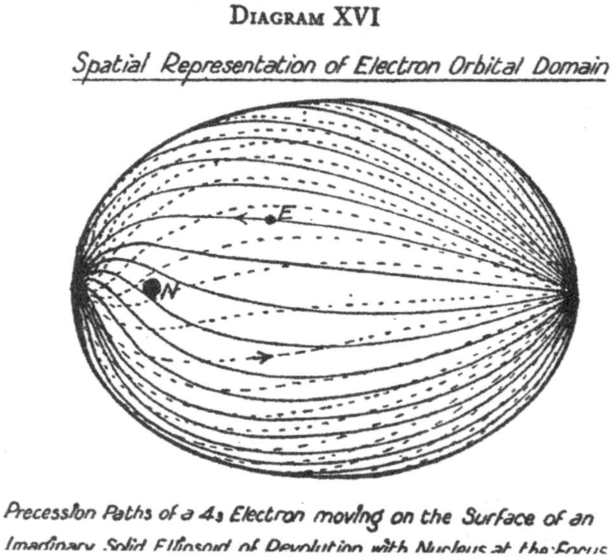

Figura 153 ■ Um elétron espiralando em um orbital 4*s* antes que o Princípio da Incerteza de Heisenberg maculasse a representação (figura reproduzida de Main Smith, vide Fig. 152).

É UMA DÁDIVA SER SIMPLES

As "regras de contagem" simples são úteis, poderosas e permitem sugerir a estrutura básica. Quando Gregor Mendel relatou as leis da hereditariedade em 1865, os seus resultados eram incrivelmente simples e poderosos, embora causassem pouco impacto inicial. A fonte era os até então desconhecidos genes e a origem em última análise: a hélice dupla do DNA. O que emergiu da mecânica quântica em 1926 foram quatro números quânticos (n, l, m_l e m_s). Os valores permitidos para esses números quânticos especificavam energia, orbital ("domínio") e spin para cada elétron em um átomo. As periodicidades das propriedades dos elementos eram manifestações dos números quânticos. Os metais de transição correspondiam ao preenchimento dos orbitais 3*d*, 4*d* e 5*d*; os lantanídeos, ao preenchimento dos orbitais 4*f*; os actinídeos, ao preenchimento dos orbitais 5*f*. A regra do octeto, que explicava por que H_2 e F_2 têm ligações simples, por que N_2 tem uma ligação tripla e por que cloreto de sódio tem íons Na^+ e Cl^-, enquanto óxido de magnésio tem íons Mg^{2+} e O^{2-}, é consistente com a mecânica quântica. Existem muitas outras "regras de contagem" em química com a mecânica quântica embutida. A teoria de repulsão dos pares de elétrons da camada de valência (RPECV) de Nyholm e Gillespie é incrivelmente boa para prever geometrias moleculares (CO_2 é linear, H_2O é angular). Tudo o que fazemos é contar pares de elétrons, obtidos a partir de octetos de Lewis diretamente ou de "octetos expandidos" (por exemplo, PF_5, SF_6) ao redor do átomo central. A estabilidade do benzeno é compreendida pela regra $4n + 2$ de Hückel. As regras de Woodward-Hoffmann seguem alternação semelhante $4n + 2$ e $4n$ com a capacidade de prever química térmica e fotoquímica como alternativas adicionais. Não pretendo insinuar que a mecânica quântica (ou química) é fácil. Mas a ocorrência e o poder de regras simples de contagem na química continuam a me surpreender e encantar.

TRANSMUTANDO MECÂNICA QUÂNTICA EM QUÍMICA

As contribuições de Linus Pauling (1901-1994) para a química do século XX são sem dúvida tão fundamentais quanto as de Lavoisier para o final do século XVIII e o início do século XIX. Pauling recebeu o seu título de doutor sob a orientação de Roscoe Dickinson, primeiro doutor em química do California Institute of Technology, que literalmente o pegou pela mão e lhe ensinou cristalografia.[1] Arthur Amos Noyes foi recrutado do MIT para dirigir o Gates Chemical Laboratory exatamente três anos antes do ingresso de Pauling como estudante na recentemente energizada Caltech. Depois do término do doutorado de Pauling, Noyes desejou reter o jovem brilhante na sua faculdade e se afligia com a sua crescente amizade com Gilbert N. Lewis, o chefe de departamento em Berkeley.[2] A solução foi enviá-lo para a Europa (imediatamente, se não antes). Ele agendou um jantar para Pauling, de 24 anos, com o diretor da Fundação Guggenheim (um amigo de Noyes). Uma bolsa de estudos para trabalhar nos grandes centros de teoria quântica da Europa foi o resultado desse encontro. Ainda restava um período de espera e Pauling planejava visitar Berkeley. Noyes encorajou uma partida antecipada: "Se os Pauling viajarem mais cedo", ele propôs, "terão tempo para escalas em Madeira, Algiers e Gibraltar antes de aportar em Nápoles, e então algumas semanas para passear pela Itália". Itália! Noyes falou ardorosamente das glórias de Roma, as fabulosas ruínas de Paestum. "Eu lhe darei dinheiro suficiente para pagar a estadia na Europa", ele disse, "e mantê-lo desde o fim de março até o início da Bolsa Guggenheim".[2] Noyes manteve sua oferta.

Chegando em Munique na primavera de 1926, Pauling imediatamente contatou Arnold Sommerfeld. Ele iria depois passar um tempo com Niels Bohr em Copenhague. Entretanto, a "velha" teoria quântica subjacente ao átomo de Bohr-Sommerfeld estava justamente começando a desmoronar no final de 1925 e Pauling testemunhou o trabalho dos físicos Louis De Broglie, Erwin Schrödinger, Wolfgang Pauli, Paul Dirac, Max Born, Walther Heitler e Fritz London. Em uma ocasião, Pauling empolgadamente expôs as suas ideias sobre o poder do modelo Bohr-Sommerfeld para Pauli. "Não interessante" foi a resposta lacônica.[3] Mas Pauling aprendeu a nova mecânica quântica e a aplicação da equação de Schrödinger e as tornou acessíveis para os químicos.

A bíblia da química da metade do século XX foi o livro de Pauling *The nature of the chemical bond* (Ithaca, 1939; 2. ed., 1940; 3. ed., 1960). Na obra *The double helix*,

J. D. Watson escreve: "O livro que eu mais usei foi a cópia de Francis de *The nature of the chemical bond.* Cada vez mais frequentemente, quando Francis precisava procurar um comprimento de ligação crucial, ele voltava para o pedaço de bancada do espaço no laboratório que John me cedeu para o trabalho experimental. Em algum lugar da obra-prima de Pauling, eu esperava que o segredo verdadeiro estava guardado...".[4] O livro de Pauling se baseou numa série de artigos, "The nature of the chemical bond", que foram publicados a partir de 1931. A Figura 154 mostra a página do título do primeiro artigo da série. Muito do que nós ensinamos no primeiro ano de química está contido nesses trabalhos.

April, 1931 THE NATURE OF THE CHEMICAL BOND 1367

[CONTRIBUTION FROM GATES CHEMICAL LABORATORY, CALIFORNIA INSTITUTE TECHNOLOGY, No. 280]

THE NATURE OF THE CHEMICAL BOND. APPLICATION OF RESULTS OBTAINED FROM THE QUANTUM MECHANICS AND FROM A THEORY OF PARAMAGNETIC SUSCEPTIBILITY TO THE STRUCTURE OF MOLECULES

BY LINUS PAULING

RECEIVED FEBRUARY 17, 1931 PUBLISHED APRIL 6, 1931

During the last four years the problem of the nature of the chemical bond has been attacked by theoretical physicists, especially Heitler and London, by the application of the quantum mechanics. This work has led to an approximate theoretical calculation of the energy of formation and of other properties of very simple molecules, such as H_2, and has also provided a formal justification of the rules set up in 1916 by G. N. Lewis for his electron-pair bond. In the following paper it will be shown that many more results of chemical significance can be obtained from the quantum mechanical equations, permitting the formulation of an extensive and powerful set of rules for the electron-pair bond supplementing those of Lewis. These rules provide information regarding the relative strengths of bonds formed by different atoms, the angles between bonds, free rotation or lack of free rotation about bond axes, the relation between the quantum numbers of bonding electrons and the number and spatial arrangement of the bonds, etc. A complete theory of the magnetic moments of molecules and complex ions is also developed, and it is shown that for many compounds involving elements of the transition groups this theory together with the rules for electron-pair bonds leads to a unique assignment of electron structures as well as a definite determination of the type of bonds involved.[1]

I. The Electron-Pair Bond

The Interaction of Simple Atoms.—The discussion of the wave equation for the hydrogen molecule by Heitler and London,[2] Sugiura,[3] and Wang[4] showed that two normal hydrogen atoms can interact in either of two ways, one of which gives rise to repulsion with no molecule formation, the other

[1] A preliminary announcement of some of these results was made three years ago [Linus Pauling, *Proc. Nat. Acad. Sci.*, **14**, 359 (1928)]. Two of the results (90° bond angles for *p* eigenfunctions, and the existence, but not the stability, of tetrahedral eigenfunctions) have been independently discovered by Professor J. C. Slater and announced at meetings of the National Academy of Sciences (Washington, April, 1930) and the American Physical Society (Cleveland, December, 1930).

[2] W. Heitler and F. London, *Z. Physik*, **44**, 455 (1927).

[3] Y. Sugiura, *ibid.*, **45**, 484 (1927).

[4] S. C. Wang, *Phys. Rev.*, **31**, 579 (1928).

Figura 154 ■ O primeiro artigo da série *The nature of the chemical bond* por Linus Pauling (*Journal of the American Chemical Society*, **53**:1367, 1931). Esses artigos constituíram o fundamento do seu livro com o mesmo título (Ithaca, 1939), por sua vez a essência da química estrutural do século XX.

Embora o título tenha um som quase mágico, a natureza da ligação química foi verdadeiramente o campo que Pauling começou a explorar. Ele formulou o conceito de *hibridização* para explicar como orbitais atômicos localizados se sobrepõem melhor para formar ligações de dois elétrons. O modelo Kossel-Lewis-Langmuir explicava a ligação iônica e covalente em termos da regra do octeto. Uma questão interessante era se a transição covalente para iônica (a natureza da ligação química) era suave e contínua ou abrupta. No seu trabalho, Pauling examinou a mudança abrupta nos pontos de fusão da série de fluoretos do segundo período:[5] NaF (995 °C); MgF_2 (1.263 °C); AlF_3 (1.257 °C); SiF_4 (–90 °C); PF_5 (–94 °C); SF_6 (–51 °C). A conclusão aparentemente óbvia é que os três primeiros são iônicos (elétrons transferidos completamente, não compartilhados) e os três seguintes são covalentes (elétrons compartilhados). Mas, Pauling observou que a estrutura é a chave aqui e que, enquanto AlF_3 é polimérico, SiF_4 existe como moléculas individuais. Ele concluiu que as ligações Al–F e Si–F são ambas covalentes polares e não de natureza diferente. Pauling, além disso, explorou o que foi chamado de ligações de um elétron (que se imaginava presentes no diborano, B_2H_6, a estrutura "não-clássica" relatada em 1951 por Hedberg e Schomaker, usando difração de elétrons; a sua ligação de três centros explicada por Lipscomb) e ligações de três elétrons em espécies como óxido nítrico (NO). Ele desenvolveu o conceito de *eletronegatividade* para quantificar a transição na natureza da ligação puramente covalente para puramente iônica. O seu conceito de *ressonância* explicou a transição desde a ligação covalente altamente polar no fluoreto de hidrogênio (contribuições comparáveis das formas de ressonância H^+F^- e H–F) até o menos polar HI (menor contribuição de H^+I^-). Também forneceu a explicação para um dilema de 70 anos a respeito da relação entre a estrutura do benzeno e a sua reatividade. Da mesma maneira como dois diapasões encaixados no mesmo bloco de madeira trocam vibrações – um vibra e então transfere a sua vibração ao outro e a transferência se inverte –, assim também o benzeno pode ser representado como duas estruturas equivalentes "em ressonância". Essa é apenas uma analogia e o benzeno é imaginado como "híbrido" de ressonância de duas estruturas clássicas limites do tipo de Lewis (estruturas "canônicas"). Vale a pena mencionar aqui que a abordagem rival de orbitais moleculares defendida por Robert Mulliken provavelmente se tornou, com o auxílio dos computadores, a técnica mais poderosa na pesquisa nos dias atuais.

A audaciosa carreira científica de Pauling incluiu o uso de princípios fundamentais e modelos moleculares para intuir a estrutura da proteína α-queratina. Ele também foi o primeiro a caracterizar a origem de uma doença em nível molecular – a anemia falciforme –, resultado da substituição de um aminoácido por outro na hemoglobina. Pauling foi agraciado com o Prêmio Nobel de Química em 1954.

As atividades políticas de Pauling, caracterizadas como de esquerda durante a era McCarthy dos anos 1950, causaram-lhe dificuldades em Caltech, bem como com o Departamento de Estado. A recusa por parte deste de um passaporte fez Pauling perder uma reunião da Royal Society em 1952, onde informações críticas sobre o DNA foram trocadas.[6] No fim, as suas atividades políticas foram cruciais para a aprovação de uma proibição de testes atmosféricos de armas nucleares e ele recebeu o Prêmio Nobel da Paz de 1962, em 1º de outubro de 1963 – a data do tratado da proibição dos testes. Não é desarrazoado considerar Pauling como um dos pais, juntamente com Rachel Carson, do movimento ambientalista. A teoria de ressonância de Pauling foi considerada "revisionista" na União Soviética de Stalin e ele foi difamado por comunistas ferrenhos. Qualquer um que possa perturbar simultaneamente comunistas e macartianos deve estar fazendo algo de correto!

[1] T. Hager, *Force of nature: the life of Linus Pauling*, Nova York, Simon & Schuster, 1996, p. 82-85, 88-91.
[2] T. Hager, op. cit., p. 107-109.
[3] T. Hager, op. cit., p. 116-117.
[4] J. D. Watson, *The double helix*, A Norton critical edition, editada por G. S. Stent, W. W., Nova York, Norton, 1980.
[5] L. Pauling, *The nature of the chemical bond*, 3. ed., Ithaca, Cornell University Press, 1960, p. 71-73.
[6] T. Hager, op. cit., p. 400-407.

MERCÚRIO PODE SER TRANSMUTADO EM OURO

A transmutação acontece! E mercúrio pode ser transmutado em ouro – mas não pela química ou alquimia. A *Força Forte* que liga um núcleo atômico é da ordem de milhões de elétron-volts (MeV) por partícula nuclear (próton ou nêutron). Um nêutron isolado de um núcleo tem uma meia-vida de meros 17 minutos antes de se desintegrar em um próton e um elétron. Como a massa de um nêutron é igual à de um próton mais 2,5 elétrons, a perda de massa de 1,5 elétron equivale (equação $E = mc^2$ de Einstein) a 0,78 MeV.[1] Agora, a química envolve o ganho ou perda somente de elétrons e assim a química ocorre com energias da ordem de no máximo alguns eV – aproximadamente, um milionésimo da força de ligação nuclear. Os núcleos nos átomos de carbono, hidrogênio, nitrogênio e oxigênio cochilam pacificamente quando TNT explode e todo o inferno químico se libera.

A radioatividade é emitida pelos núcleos atômicos que são instáveis e mudam espontaneamente a sua estrutura. Em 1896, Henri Becquerel descobriu a radioatividade quando colocou uma amostra de sulfato de uranilo e zinco embrulhada em papel sobre uma chapa fotográfica. Dois anos após, Marie e Pierre Curie descobriram dois elementos altamente radioativos, o polônio e o rádio, na pitchblenda.[2] As partículas α, os núcleos de átomos de hélio, estavam entre as radiações emitidas por essas substâncias que sofriam transmutação espontaneamente. Na verdade, como a Terra perdeu há bilhões de anos o seu complemento natural de hélio leve, inerte, todo o hélio em nosso ambiente atual veio de decaimento radioativo. O sol produz o seu próprio hélio fresco todo dia (e noite) pela fusão de átomos de hidrogênio. A primeira transmutação feita pelo homem foi conseguida por Rutherford em 1919 quando ele bombardeou nitrogênio (^{14}N) com partículas α e produziu oxigênio (^{17}O).[3] Em 1932, Chadwick observou o nêutron, explicando assim a existência dos isótopos e unificando amplamente o conhecimento a respeito do núcleo.

O nêutron desempenha um papel central em transmutações artificiais. Nas palavras de Bronowski:[4] "No crepúsculo do sexto dia da Criação, assim dizem os comentaristas hebreus do Velho Testamento, Deus fez para o homem algumas ferramentas que lhe deram também o dom da criação". Se os comentaristas estivessem vivos hoje, eles escreveriam "Deus fez o nêutron". É forçado considerar o elétron como sendo a Pedra dos Filósofos, e quebradores de átomos como athanors – as fornalhas do Ovo Filosofal? Francamente, sim. Mas, em 1941, nêutrons rápidos foram utilizados para transmutar mercúrio em uma quantidade minúscula de ouro.[5] Foi o antigo sonho realizado? Deveria uma versão moderna do imperador romano Deocleciano ter de queimar todos os cadernos de notas (ou computadores? = notebooks) e artigos de revistas e destruir os quebradores de átomos para proteger a economia do mundo? Bem, provavelmente não. É possível que uma onça de tal ouro custaria mais do que o valor global do planeta. Além disso, o ouro assim obtido é radioativo[6] e dura apenas alguns dias no máximo.[5] Mas, não somos sempre lógicos quando se trata de ouro. Nas palavras de Black Elk, um homem santo dos Oglala Lakota-Sioux na Reserva de Pine Ridge em Dakota do Sul:[7]

> Depois eu soube que foi Pahuska[8] quem conduziu os seus soldados até Black Hills naquele verão para ver o que poderia encontrar. Ele não tinha o direito de ir lá, porque aquela região era nossa. Também os Wasichus[8] fizeram um tratado com Nuvem Vermelha (1868) que dizia que ela seria nossa enquanto a grama crescesse e a água escoasse. Mais tarde eu soube também que Pahuska encontrou lá muito do metal amarelo que deixa os Wasichus loucos e isso é o que causou a grande desgraça, exatamente como já fez antes, quando os cem foram mortos. O nosso povo sabia que havia metal amarelo em pequenos pedaços lá em cima, mas não se importava com ele, porque não servia para nada.

1 *Encyclopedia brittannica*, 15. ed., Chicago, 1986, v. 14, p. 332.

2 J. R. Partington, *A history of chemistry*, Londres, MacMillan, 1964, v. 4, p. 936-947, 953-955.

3 P. W. Atkins e L. L. Jones, *Chemistry: molecules, matter and change*, 3. ed., Nova York, Freeman, 1997, p. 858-860.

4 ■ J. Bronowski, *The ascent of man*, Boston, Little, Brown, 1973, p. 341.

5 ■ R. Sherr, K. T. Bainbridge e H. H. Anderson, *The Physical Review*, **60**:473-479, 1941.

6 ■ No filme de James Bond de 1964 *Goldfinger*, o arquivilão Auric Goldfinger tenta detonar uma arma nuclear dentro do Forte Knox para tornar as reservas de ouro dos EUA radioativas, de modo a aumentar o valor do seu próprio estoque de ouro. Aparentemente, o novelista Ian Fleming sabia que existe somente um isótopo estável de ouro.

7 ■ R. Riley (ed.), *Growing up native american*, Nova York, William Morrow, 1993, p. 99. Agradecimentos à Professora Susan Gardner por essa sugestão.

8 ■ *Pahuska* é "Cabelo Comprido" – o General George Armstrong Custer; *Wasichus*, o termo para os colonizadores e soldados brancos, traduz-se como "os gananciosos". (Agradecimentos à Professora Susan Gardner pela sugestão e suporte para esse tópico.)

OS ALQUIMISTAS MODERNOS PROCURAM ATLANTIS

Na Figura 155 vemos uma formulação da Tabela Periódica feita por Glenn T. Seaborg em 1994.[1] Comumente ouvimos dizer que há 92 elementos que ocorrem de modo natural. Logicamente, eles pareceriam terminar no urânio (número atômico 92) e é verdade que o urânio é o elemento de maior número atômico encontrado naturalmente em uma quantidade significativa e que somente ultratraços de netúnio e plutônio ocorrem em minérios de urânio. Contudo, existem lacunas: por exemplo, no elemento 43. Esse elemento, o tecnécio (Tc), foi o primeiro elemento sintético, embora mais tarde se descobrisse que quantidades extremamente diminutas (traços) ocorrem de maneira natural devido ao decaimento do urânio.[2,3] Perrier e Ségré tiveram sucesso em 1937 bombardeando molibdênio (Mo) com dêuterons (núcleos de deutério). A meia-vida do ^{97}Tc é 2,6 milhões de anos. Atualmente, o isótopo Tc-99m (m = metaestável) ($t_{1/2}$ ~ 6 h) é usado para cintilografia de perfusão miocárdica (imageamento do coração).[3] O elemento 87 é o frâncio, sintetizado a partir do actínio por Marguerite Perey em 1939.[2] O seu isótopo mais estável, ^{223}Fr, tem uma meia-vida de 21,8 minutos. É também encontrado em quantidades ultratraços (2 x 10^{-18} ppm) em minérios de urânio, uma vez que frâncio novo é formado à medida que o "velho" decai resultando uma concentração estacionária diminuta.[3] As suas propriedades, embora pouco estudadas, assemelham-se às do rubídio e césio. O elemento 85, astatínio, foi produzido bombardeando bismuto com partículas α aceleradas.[2] O seu isótopo mais estável, ^{210}At, tem uma meia-vida de 8,3 horas e é também encontrado em quantidades ultratraços em minérios de urânio.[3] A maior quantidade preparada de astato (50 bilionésimos de grama) permitiu apenas uma quantidade limitada de estudo: ele é concentrado na tiroide como o iodo e o AtI_2^- é até mais estável que o banal I_3^-.[3] O elemento 61, promécio, foi relatado conclusivamente em 1947 como um subproduto em nível de traços da fissão do urânio (<1 x 10^{-11} ppm).[2,3] O isótopo relatado (^{147}Pm) tem uma meia-vida de apenas 2,6 anos. Subsequentemente, encontrou-se que o ^{145}Pm tem uma meia-vida de 17,7 anos.[3]

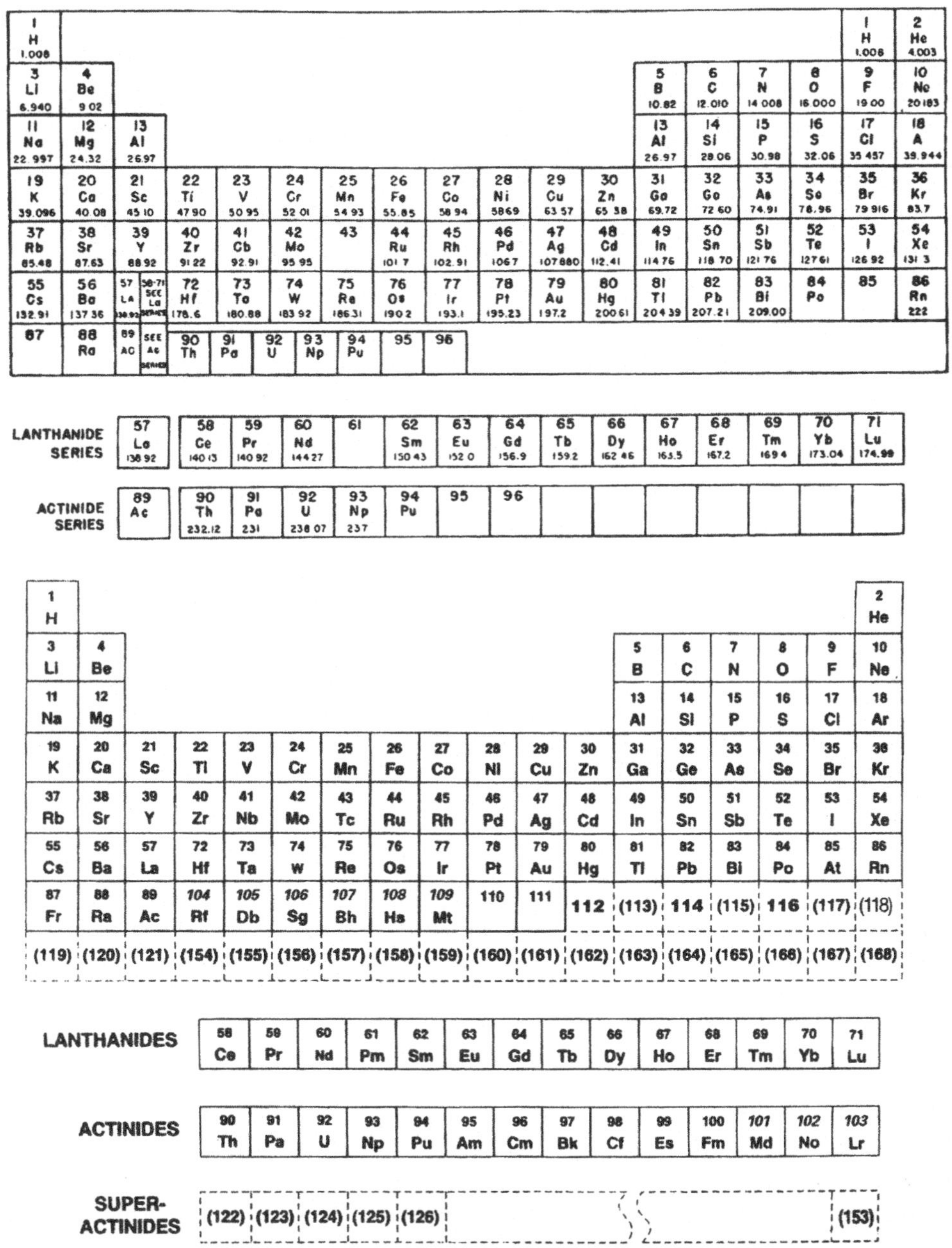

Figura 155 ■ A figura de cima é a Tabela Periódica publicada por Glenn Seaborg em 1944 e a de baixo é uma tabela futurística (ligeiramente modificada do seu diagrama em *Accounts of Chemical Research*, **28**:257, 1995). Seaborg faleceu em março de 1999 depois de um ataque cardíaco cerca de seis meses antes. Tristemente, ele não teve conhecimento de um grupo russo alcançando a prevista "Ilha de Estabilidade" com o elemento 114 em janeiro de 1999 e os elementos 116 e 118 anunciados pelo Lawrence Berkeley National Laboratory em junho de 1999 (cortesia da Sociedade Americana de Química). Entretanto, a alegada descoberta do elemento 118 foi depois retratada.

Assim, parece que, desses 92 elementos "naturais", somente 88 podem ser considerados de ocorrência natural, pois os quatro acima são espécies transientes, formadas recentemente por decaimento radioativo. Netúnio e plutônio podem analogamente ser encontrados em quantidades ultratraços devido à síntese *de novo* acoplada com decaimento radioativo. Poderíamos ir além observando que todo o hélio do nosso planeta é formado *de novo*. Entretanto, embora esses átomos frescos de hélio sejam perdidos no espaço, os núcleos são totalmente estáveis.

As verdadeiras estrelas da Tabela Periódica de Seaborg de 1944 são os elementos transurânicos netúnio (Np) e plutônio (Pu), bem como os elementos 89 a 92 (actínio, tório, protactínio e urânio). O netúnio foi sintetizado por McMillan e Abelson em Berkeley em 1940.[1] No final de 1940 e início de 1941, McMillan, Kennedy, Wahl e Seaborg produziram ^{238}Pu pelo bombardeamento de urânio com dêuterons no começo de 1941, e o ^{239}Pu foi obtido bombardeando urânio com nêutrons.[1] Foi Seaborg quem, em 1944, propôs uma nova série de elementos para a Tabela Periódica – os actinídeos –, análogos às terras raras ou lantanídeos. No seu livro *The periodic kingdom*, Atkins descreve os lantanídeos como o litoral norte de uma ilha perto da costa sul do Reino Periódico.[4] Seaborg, assim, descobriu o litoral sul dessa ilha.

As transmutações aqui descritas são do âmbito da física nuclear e não da química (ou alquimia). Mas, se jogarmos com nossa metáfora anterior e compararmos o nêutron com a Pedra dos Filósofos, então ^{239}Pu poderia ser igualado ao ouro tanto como uma bênção quanto como uma maldição. Ele foi o combustível da bomba atômica usada em Nagasaki que pôs fim à Segunda Guerra Mundial enquanto matava e mutilava a população de uma cidade. O incrível arsenal acumulado durante a Guerra Fria agora deixa a Terra com centenas de toneladas dessa substância assustadora embora útil: a maldição do Rei Midas em uma mão, uma fonte de energia na outra.

Na Figura 155, vemos também uma versão modificada de uma tabela periódica futurística publicada por Seaborg em 1995.[5] O litoral sul da ilha costeira está completo até o Laurêncio (Lr). Seaborg usou a lógica mendeleviana[5] para predizer as propriedades do elemento 101 como o "*eka*-túlio", da mesma maneira como Mendeleev previu um *eka*-silício (germânio) embaixo do silício. Apropriadamente, ele é chamado Mendelévio (Md). Houve, infelizmente, uma controvérsia a respeito da nomenclatura dos elementos com números atômicos superiores a 100, que foi finalmente resolvida em 1997:[6] 101, mendelévio (Md); 102, nobélio (No); 103, laurêncio (Lr); 104, rutherfórdio (Rf); 105, dúbnio (Db); 106, seabórgio (Sg); 107, bóhrio (Bh); 108, hássio (Hs); 109, meitnério (Mt). Dar ao elemento 106 o nome de Glenn Seaborg foi um gesto particularmente significativo, homenageando as suas contribuições de grande peso. Os elementos 107 a 109 têm meia-vida de milissegundos.[5] O elemento 106 foi o último da série a ter um tempo de vida (décimos de segundo) suficientemente longo para permitir estudo químico. Talvez *irá* existir sulfato de seabórgio ou seaborgato de cálcio.[5] Dez anos após a descoberta do hássio em 1984, os elementos 110, 111 e 112 foram identificados nesta ordem. Os elementos 110 a 112 têm meias-vidas da ordem de microssegundos.[5] Essas descobertas são consistentes com a teoria da estrutura em camadas do núcleo, que deu a Maria Goeppart-Mayer e Hans Jensen o Prêmio Nobel de Física em 1963.[2]

A teoria de Göppart-Mayer e Jensen previu a existência de "Ilhas de Estabilidade" entre os elementos superpesados. Atkins as chama de Atlantis.[4] Um experimento audacioso feito no Joint Institute for Nuclear Research em Dubna, Rússia, eletrizou o mundo científico no início de 1999 com um anúncio cauteloso da síntese do elemento 114 (massa atômica 289), com uma meia-vida (decaimento α) de 20 segundos, bombardeando ^{244}Pu com íons ^{48}Ca.[7] Albert Ghiorso disse: "Este é o evento mais excitante de nossas vidas".[7] O número de nêutrons (175) se aproximava do número "mágico" da camada de nêutrons fechada (N = 184). Comprovação mais forte para o elemento 114 veio com a síntese de um segundo isótopo, $^{287}114$ (N = 173) com uma meia-vida (decaimento α) de cerca de 5 segundos.[8] Na verdade, $^{283}112$ (N = 171) tem uma meia-vida de cerca de 1,5 minuto (fissão espontânea), que é 3 x 10^5 maior do que a do primeiro isótopo relatado ($^{277}112$, N = 165).[8] E, em junho de 1999, o Lawrence Berkeley National Laboratory relatou o elemento 118 (massa 293), pelo bombardeio de chumbo com íons de criptônio, bem como o seu nuclídio filho 116 (massa 289) – ambos mostraram certa estabilidade (tempo de vida da ordem de centenas de microssegundos).[9] Tristemente, Glenn T. Seaborg sofreu um ataque que o deixou inválido em agosto de 1998 e faleceu no início de 1999, sem ter conhecimento da aterrissagem em Atlantis. Ainda mais triste, a reivindicação pelo elemento 118 foi retirada entre alegações de erro e mesmo fraude.[10]

[1] G. T. Seaborg, *Chemical and Engineering News*, **23**(23), 10 dez. 1945.

[2] J. R. Partington, *A history of chemistry*, Londres, MacMillan, 1964, v. 4, p. 953-955.

[3] H. Rossotti, *Diverse atoms: profiles of the chemical elements*, Oxford, Oxford University Press, 1998.

[4] P. W. Atkins, *The periodic kingdom*, Nova York, Basic Books, 1995, p. 25-26, 56.

[5] G. T. Seaborg, *Accounts of Chemical Research*, v. **28**:257-264, 1995.

[6] *Chemical and Engineering News*, v. **75**, p. 8-10, set. 1997.

[7] R. Stone, *Science*, **283**:474, 1999.

[8] Yu. Ts. Oganesian, A. V. Yeremin, A. G. Popeko, S. L. Bogomolov, G. L. Buklanov, M. L. Chelnokov, V. I. Chepigin, B. N. Gikal, V. A. Gorshkov, G. G. Gulbekian, M. G. Itkis, A. P. Kabachenko, A. Yu Laurentev, O. N. Malyshev, J. Rohac, R. N. Sagaidak, S. Hofman, S. Saro, G. Giardina e K. Morita, *Nature*, v. 400, p. 242 (1999).

[9] R. Dagani, *Chem. Eng. News*, v. **77**, 14 jun. 1999, p. 6.

[10] R. Monastersky, *The Chronicle of Bigher Education*, p. A16-A21, 16 ago. 2002.

A QUÍMICA DO OURO É NOBRE, MAS NÃO É SIMPLES[1]

Agora, aqui está um caso interessante: era óbvio para os antigos que o ouro era "nobre" no mesmo sentido em que pensamos nos gases do Grupo 8A (hélio, neônio etc.) como sendo "nobres" – isto é, não-reativos. Ele não escurecia como o seu primo valioso, a prata. O enegrecimento da prata é devido ao sulfeto de hidrogênio atmosférico que forma um recobrimento de sulfeto de prata (Ag_2S) negro. O ouro podia ser aquecido repetidamente sem nenhuma alteração. Ele não se dissolvia em ácido clorídrico ou ácido nítrico. Ele se "dissolvia" em *aqua regia*, uma mistura 3:1 de HCl/HNO_3, mas a evaporação da solução e aquecimento intenso recuperavam o ouro inalterado, diferentemente dos metais menos preciosos em que sobrava uma cal. Contudo, a química do ouro não é óbvia, mesmo atualmente.

Sabemos que o ouro apresenta reatividade (mas o xenônio também).[2,3] Por exemplo, a "dissolução" em *aqua regia* é na realidade uma reação química em que HNO_3 e HCl atuam sinergisticamente (como uma equipe). A oxidação do ouro elementar para Au(III) somente pode ocorrer por causa da estabilidade do íon $AuCl_4^-$:

$$Au + 4\ HCl + 3\ HNO_3 \rightarrow AuCl_4^- + 3\ NO_2 + H_3O^+ + H_2O$$

$$2\ Au + 2\ HCl + 3\ Cl_2 + 3\ H_2O \rightarrow 2\ HAuCl_4{\cdot}3\ H_2O$$

onde o produto final é o ácido cloroáurico. Analogamente, na presença de soluções diluídas de cianeto, ele será oxidado ao ar em temperatura ambiente para formar os íons estáveis $[Au(CN)_2]^-$. Esta reação é usada para extrair ouro de minérios.

A explicação para a nobreza do ouro *não* é óbvia.[2] Em termos modernos, observamos que os elétrons mais externos nos átomos dos metais de cunhagem cobre, prata e ouro são $4s^1$, $5s^1$ e $6s^1$. Assim, eles parecem a princípio ser primos próximos dos metais alcalinos decididamente *ignóbeis* potássio, rubídio e césio (também $4s^1$, $5s^1$ e $6s^1$, respectivamente) – o césio se combinaria com praticamente tudo. Os metais alcalinos descritos apresentam como escudo de seus elétrons mais externos uma estrutura de subcamada completa – os octetos dos gases nobres precedentes. Esses octetos blindam os elétrons mais externos (ns^1) da atração nuclear e fazem com que eles sejam fáceis de ionizar (perder) e, assim, tornam os metais alcalinos reativos. O césio tem o elétron mais externo mais distante do núcleo e é o mais reativo. Em contraste, os metais de cunhagem blindam os seus elétrons ns^1 com uma camada de 18 elétrons completa que deveria também conferir grande estabilidade. Porém, os elétrons *d* não são particularmente eficientes na blindagem dos elétrons ns^1, que são, consequentemente, atraídos fortemente pelo núcleo e difíceis de ionizar.[2] Em outro contraste com os metais alcalinos, a ordem de reatividade é do menor para o maior. O cobre é o mais reativo e o ouro, o menos reativo. Aparentemente, é necessária física relativística para explicar o comportamento do elétron $6s^1$ no ouro.[3] Assim, parece que, pelo menos neste caso, a química foi salva pela "carruagem triunfal da física".

[1] Agradeço a minha esposa, Susan Greenberg, pela sugestão desse ensaio.

[2] B. E. Douglas, D. H. McDaniel e J. J. Alexander, *Concepts and models of inorganic chemistry*, 3. ed., Nova York, Wiley, 1994, p. 724-725.

[3] F. A. Cotton e G. Wilkinson, *Advanced inorganic chemistry*, 5. ed., Nova York, Wiley, 1988, p. 937-939.

O "PRINCÍPIO BIOLÓGICO PERFEITO"

> Desejamos sugerir uma estrutura para o sal do ácido deoxirribonucleico (DNA). Esta estrutura tem aspectos singulares que são de interesse biológico considerável.

Assim reza o primeiro parágrafo da comunicação impactante de James D. Watson e Francis H. C. Crick na revista *Nature* relatando a sua estrutura de dupla-hélice para o DNA.[1] O terceiro parágrafo a partir do final diz:

> Não escapou à nossa observação que o emparelhamento específico que postulamos sugere imediatamente um possível mecanismo de replicação para o material genético.

Em sua narrativa pessoal agora clássica, *The double helix*,[2] J. D. Watson discorre com subestimada eloquência a respeito do artigo. O livro é uma história maravilhosamente idiossincrática, do ponto de vista de Watson, da corrida para descobrir a estrutura do DNA. Ele mostra aos leitores leigos que os cientistas são humanos, para o melhor ou o pior.

A tese na narrativa de Watson é que compreender a função do DNA pode fornecer indícios para a sua estrutura. Auspiciosamente, a estrutura do DNA será "bela" e tornará a sua função autoevidente. No livro, Watson recorda a postulação de Francis Crick, após compartilharem algumas cervejas, de um "princípio biológico perfeito" – a autorreplicação perfeita do gene.[3] É esse tipo de interesse debruçado sobre a função e uma disposição para "brincar" com modelos moleculares que dão a Watson e Crick uma vantagem na investigação. Uma discussão histórica que ainda persiste é o seu uso dos dados de cristalografia de raios X obtidos por Rosalind Franklin sem a sua permissão ou conhecimento dela. Permanecem até hoje questões incômodas[4,5] apesar do agradecimento aos seus dados no artigo da *Nature* e do fato de que os dois artigos seguintes no número da revista foram de autoria de Wilkins, A. R. Stokes e H. R. Wilson, seguidos por Franklin e R. G. Gosling. É claro que Flanklin concluiu corretamente que os fosfatos estavam do lado de fora da hélice. Além disso, compreendeu que os dados indicavam helicidade.[4,5] A sua abordagem era uma solução rigorosa da estrutura baseada em análise direta de dados, embora ela tivesse usado anteriormente modelos moleculares.[4,5]

Linus Pauling resolveu a estrutura da α-queratina usando os princípios de ligação do seu *Nature of the chemical bond* para construir modelos e tomar um atalho na laboriosa e incrivelmente complexa interpretação de dados de raios X. Watson e Crick conseguiram vencê-lo em seu próprio jogo. Há um momento delicioso no livro de Watson quando Peter Pauling, filho de Linus, que também está em Cambridge, informa a Watson e Crick que seu pai resolveu a estrutura e que ela é uma hélice tripla.[6] Watson arrebata o manuscrito do bolso do casaco do Pauling mais jovem e ele e Crick o leem trêmulos. Para sua surpresa e deleite, Linus deu mancada. Os fosfatos estavam protonados. A preocupação seguinte de ambos é que ele ficaria envergonhado com o seu engano, redobraria a sua determinação, resolveria o problema e ganharia o Nobel *deles*! (O ano é 1953. Pauling iria ganhar o Prêmio Nobel de Química em 1954.)

A Figura 156 mostra a estrutura compacta do *A*-DNA. Franklin descobriu a técnica de umedecer o *A*-DNA, o que forma *B*-DNA mais hidratado e alongado (Fig. 157) cujo padrão de raios X exprimia tão eloquentemente a sua estrutura helicoidal. Watson, Crick e Wilkins compartilharam o Prêmio Nobel de Medicina em 1962. Após Cambridge, Rosalind Franklin associou-se às atividades de J. D. Bernal no Birkbeck College em Londres, onde ela recebeu a incumbência do seu próprio grupo de pesquisa. Ela foi uma líder de grupo competente e se tornou uma especialista de reputação mundial na cristalografia de vírus. O seu trabalho estabeleceu que os vírus são ocos. Foi diagnosticada com câncer de ovário em 1956 e, durante seus meses finais, efetuou estudos sobre o vírus incrivelmente perigoso da poliomielite. Faleceu em 1958 aos 37 anos.[4,5]

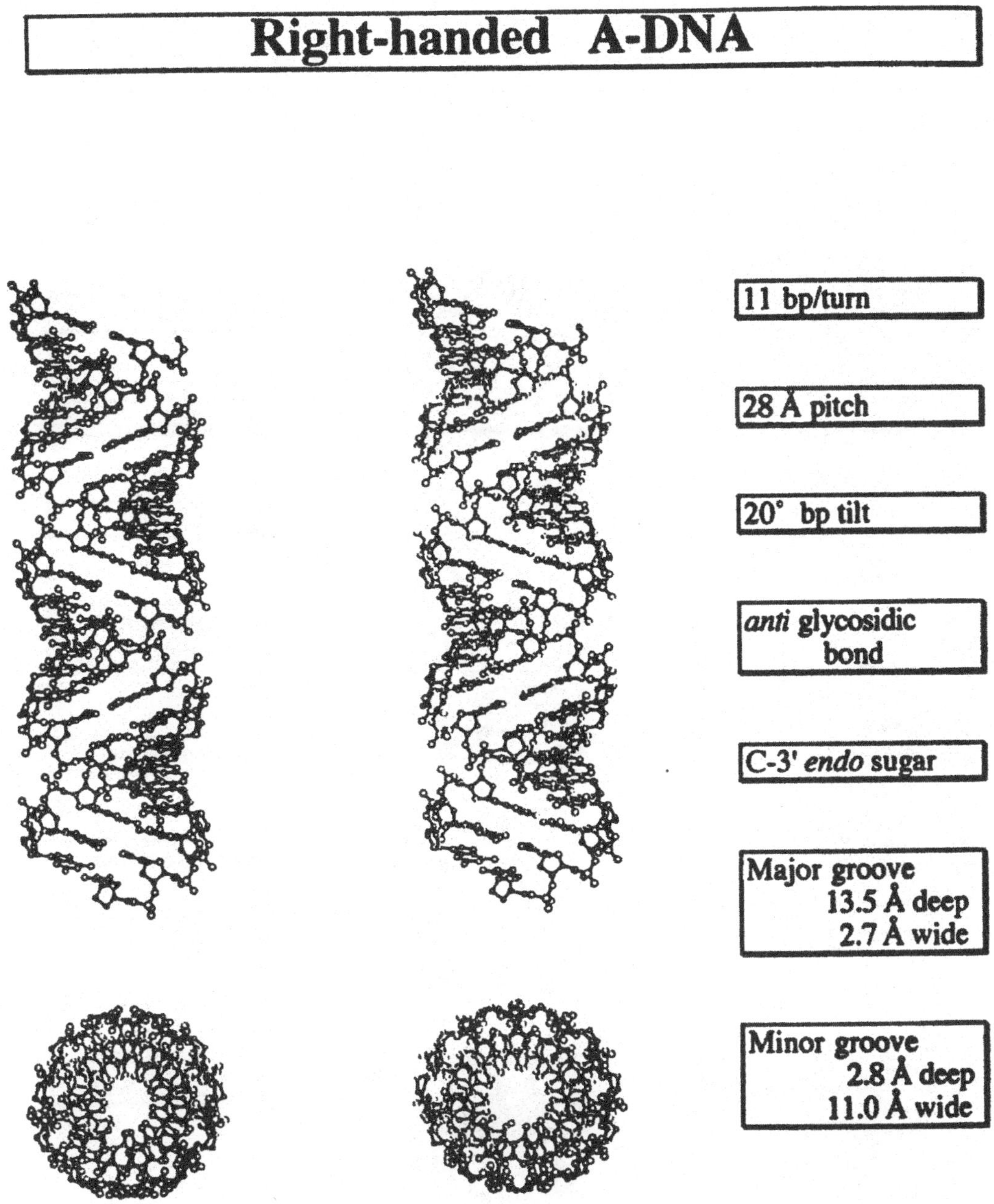

Figura 156 ■ A estrutura compacta do *A*-DNA (cortesia da Professora Catherine J. Murphy com base nas estruturas em Arnott e Chandrasekaran, *Proceedings of the Second SUNYA Conversation in the discipline biomolecular stereodynamics*, R. Sarma (ed.), v. 1, Adenine Press, 1981, p. 99-122; cortesia Adenine Press).

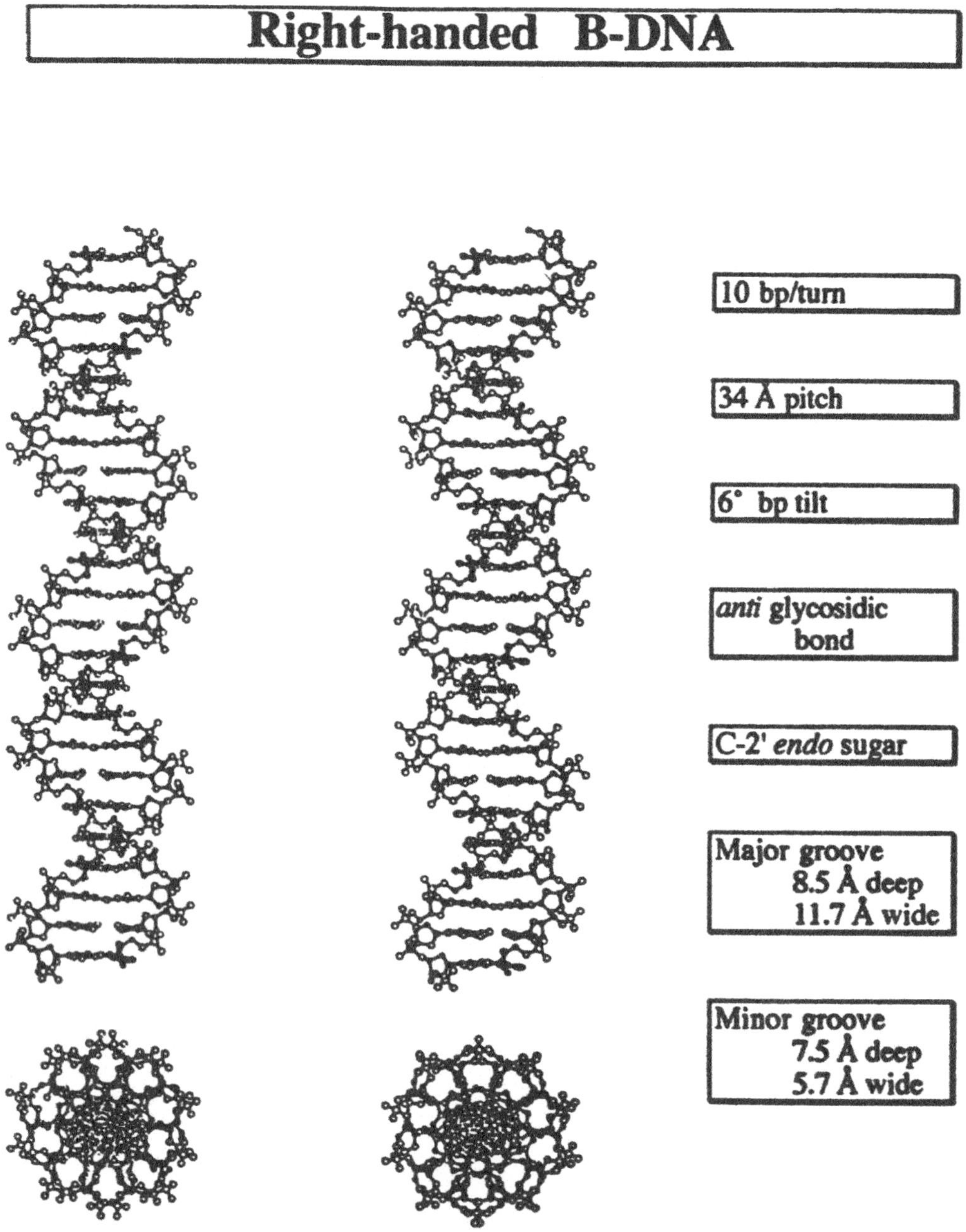

Figura 157 ■ A estrutura B alongada do DNA que proporcionou a Rosalind Franklin um diagrama de difração de raios X claro indicando estrutura helicoidal (cortesia da Professora Catherine J. Murphy com base nas estruturas em Arnott e Chandrasekaran, *Proceedings of the Second SUNYA Conversation in the discipline biomolecular stereodynamics*, R. Sarma (ed.), v. 1, Adenine Press, 1981, p. 99-122; cortesia Adenine Press).

Em 1976, a BBC lançou um filme intitulado *The race for the double helix*, muito inteligente, que foi essencialmente, a dramatização do livro de Watson, embora as interpretações não fossem idênticas. Jeff Goldblum (ator de *Jurassic park*) fez belamente o papel de James D. Watson. Procurei meticulosamente um vídeo desse filme e ele não está disponível para compra. Gostaria de saber por quê.[7]

1 ■ J. D. Watson e F. H. C. Crick, *Nature*, **171**:737-738, 1953.
2 ■ J. D. Watson, *The double helix*, Nova York, Simon & Schuster, 1968.
3 ■ J. D. Watson, op. cit., p. 126.
4 ■ A. Sayre, *Rosalind Franklin and DNA*, Nova York, Norton, 1975.
5 ■ M. Rayner-Canham e G. Rayner-Canham, *Women in chemistry: their changing roles from alchemical times to the mid-twentieth century*, Washington e Filadélfia, American Chemical Society e Chemical Heritage Foundation, 1998, p. 82-90.
6 ■ J. D. Watson, op. cit., p. 157-163.
7 ■ Agora disponível: Films for the Humanities and Sciences, Box 2053, Princeton, NJ 08543-2053.

"PARAÍSOS" NANOSCÓPICOS

No filme *Fantastic voyage*, a atriz Raquel Welch está entre um grupo de cientistas e doutores incumbidos de remover um tumor cerebral inoperável de uma personalidade muito importante. A equipe entra em um recipiente semelhante a um submarino que é então reduzido a dimensões microscópicas e injetado na corrente sanguínea do paciente. Um momento de alta dramaticidade ocorre quando Welch, fora do recipiente, é atacada por anticorpos globulares e os homens disputam a honra de removê-los do seu traje. Desnecessário dizer, após alguns momentos tensos, a operação do tumor é enfim bem-sucedida e o filme termina com final feliz.

Microscópico se refere a objetos que podem ser detectados em microscópios óticos comuns – a sua dimensão é de mícron (micrometro = 10^{-6} m). O tamanho de átomos individuais é da ordem de ângstrons (10^{-10} m ou 10^{-8} cm). Agrupamentos *(clusters)* suficientemente grandes de átomos formam moléculas ou agregados de moléculas (como vírus) com tamanhos na escala de dezenas de ângstrons ou nanômetros (1 nm = 10^{-9} m). Que tal se pudéssemos fazer computadores, máquinas e mesmo robôs com peças em escala nano? Claramente, a natureza já dominou a nanotecnologia, por que nós não podemos fazê-lo?

A Figura 158 ilustra duas moléculas que foram cada uma sintetizada simplesmente misturando quantidades iguais de uma molécula bifuncional *linear* (os "lados" dos quadrados terminam em átomos de nitrogênio) e uma molécula bifuncional *angular* que faz uma dobra de 90° [os "cantos" do quadrado estão centrados em átomos metálicos (M)].[1] Esta síntese está representada na equação (b) da Figura 159. As Figuras 159 e 160 mostram outras possibilidades [equações (a) a (h)] de unir moléculas bifuncionais lineares (**L**) e/ou bifuncionais angulares (**A**) para formar poliedros regulares.[1] Se uma das duas moléculas for trifuncional e estiver combinada com uma molécula bifuncional, o resultado é um poliedro regular [equações (j) a (m) na Figura 160].

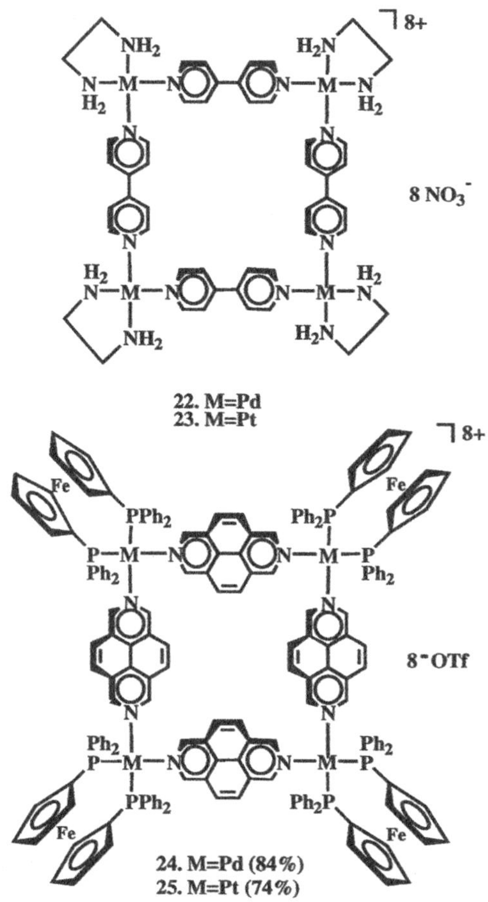

Chart 2.

Figura 158 ■ Quadrados químicos formados por moléculas bifuncionais lineares e moléculas bifuncionais angulares (90°) unidas por ligações dativas que são cerca de 20% tão fortes quanto ligações covalentes. A natureza permite às quatro moléculas, que se juntam para constituir cada uma dessa estruturas, formar-quebrar-reformar até que elas "se ajustem" (P. J. Stang e B. Olenyuk, *Accounts of Chemical Research*, v. **30**:502, 1997) (cortesia da Sociedade Americana de Química).

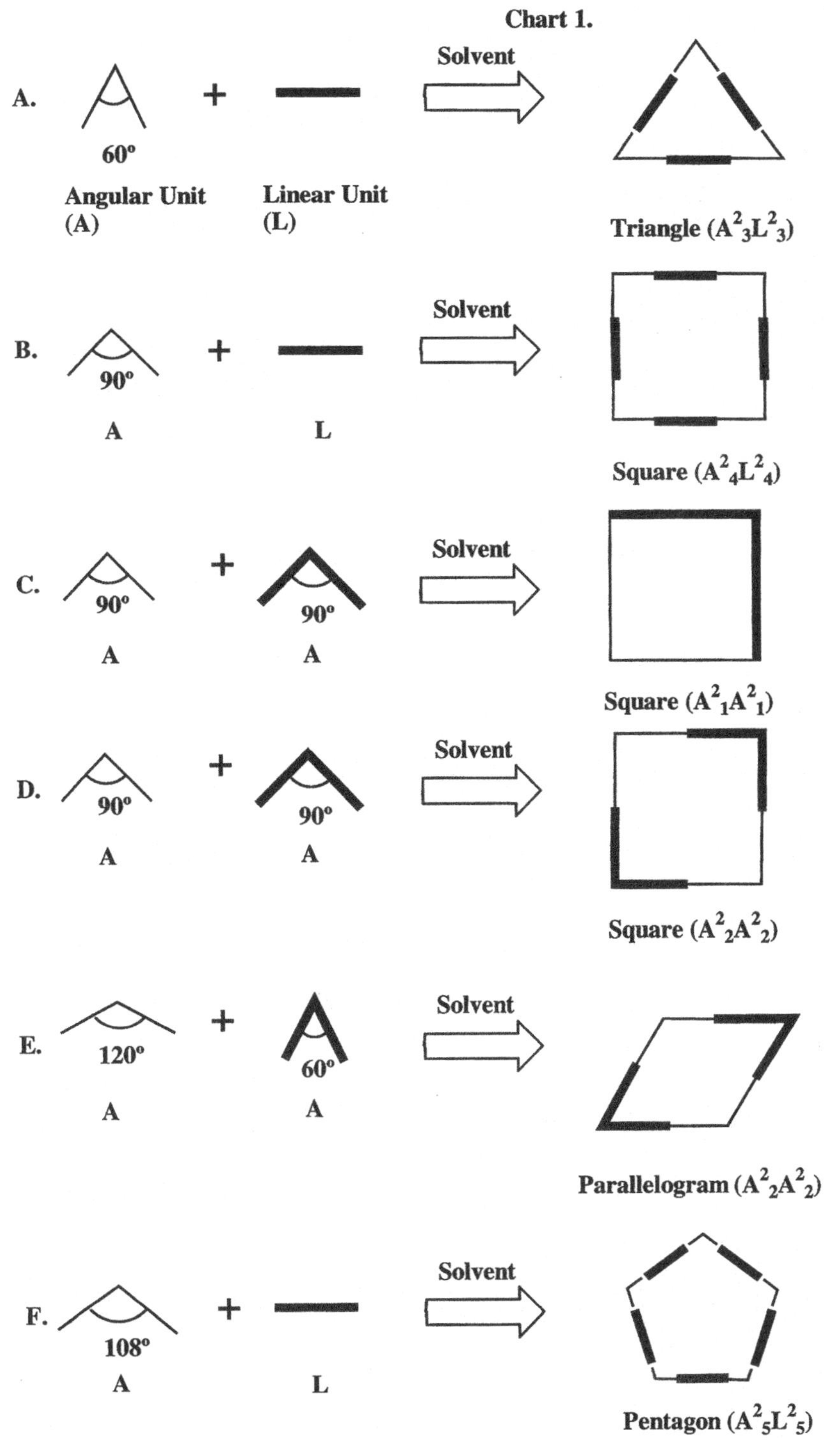

Figura 159 ■ Moléculas que se associam para formar polígonos (vide Stang e Olenyuk, Fig. 158; cortesia da Sociedade Americana de Química).

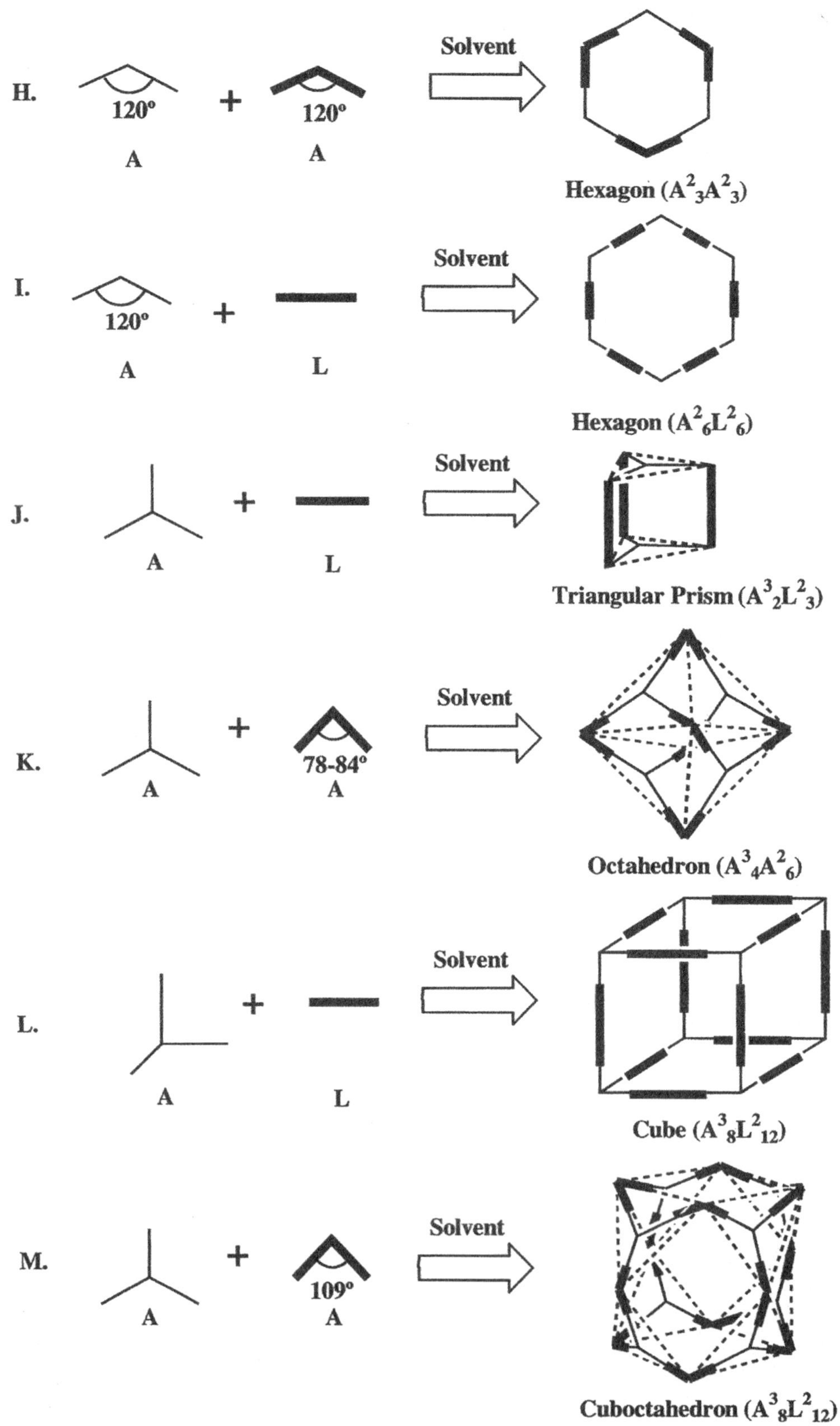

Figura 160 ■ Moléculas que formam polígonos e poliedros (vide Stang e Olenyuk, Fig. 158; cortesia da Sociedade Americana de Química).

Usando essa abordagem (vide Fig. 161), a molécula trifuncional *planar* **1** foi apenas misturada com a molécula bifuncional *angular* **3** numa relação molar 2:3 em solução em cloreto de metileno. Após 10 minutos, uma reação virtualmente perfeita produzindo o cuboctaedro **5** se completou.[2] A dimensão da enorme molécula é cerca de 5 nm (ou 50 ângstrons). Além disso, essa abordagem notável foi bem-sucedida na preparação de um dodecaedro nanoscópico de 5.880 átomos (vide Fig. 162) simplesmente misturando, numa relação molar de 2:3, moléculas trifuncionais *não-planares* e moléculas bifuncionais lineares;[3] a sua fórmula é $C_{2900}H_{2300}N_{60}P_{120}S_{60}O_{200}F_{180}Pt_{60}$.

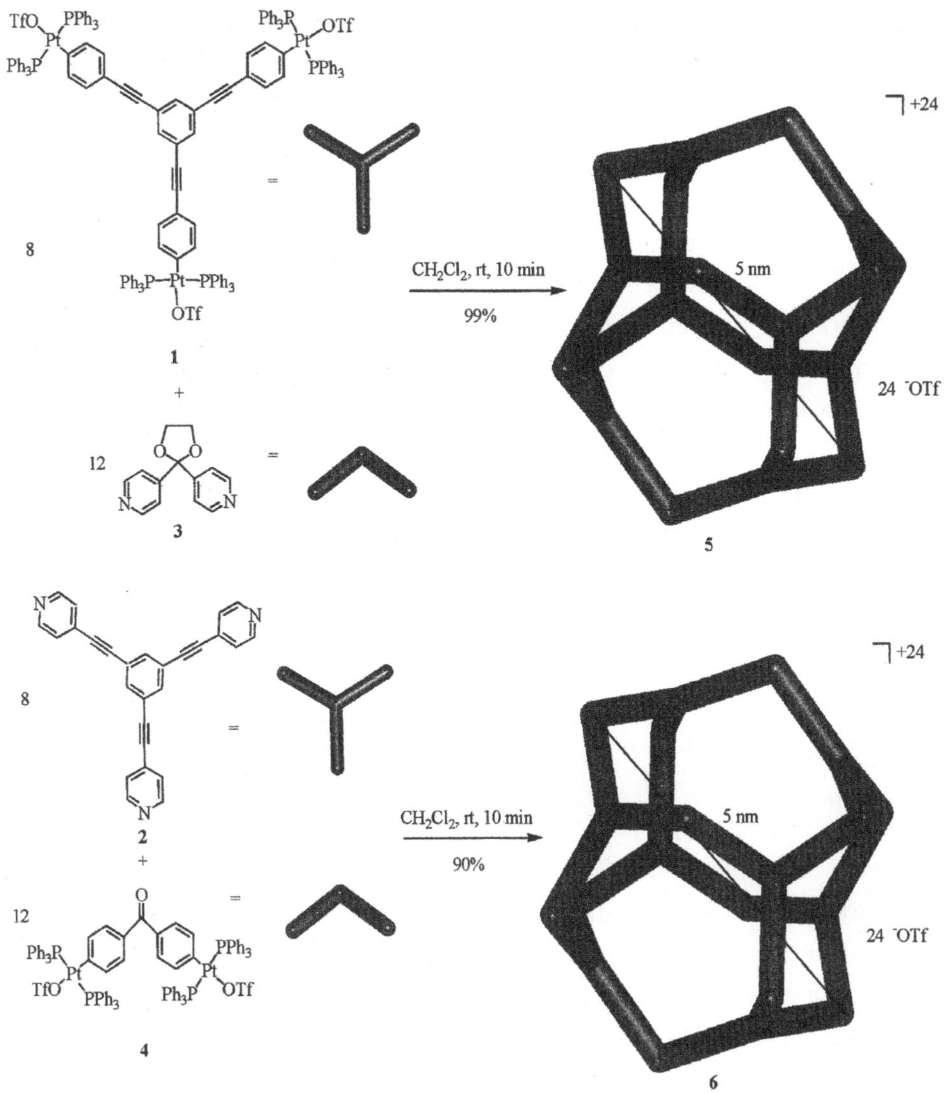

Figura 161 ■ A formação de um cuboctaedro nanoscópico (5 nanômetros transversalmente) com rendimento de 99% em 10 minutos usando o esquema delineado na Figura 160 (B. Olenyuk, J. A. Whiteford, A. Fechtenkotter e P. J. Stang, *Nature*, v. **398**:794, 1999; cortesia *Nature*; o autor agradece a Peter J. Stang por essa figura).

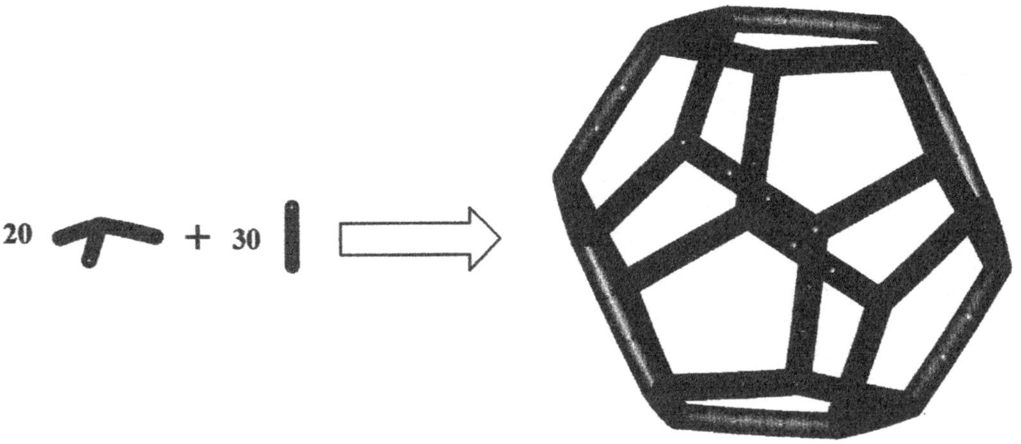

Figura 162 ■ A formação de um dodecaedro nanoscópico ("paraíso", vide Fig. 3) usando a abordagem conceitual mostrada por Stang e Olenyuk.[3] É o maior sistema não-biológico feito por automontagem.[3]

Nós agora fechamos o círculo sobre a trajetória de 2.500 anos. Os pitagorianos antigos imaginaram uma base matemática para a matéria, e os quatro elementos terrestres e o quinto, o elemento celestial (o "éter"), eram representados pelos cinco sólidos platônicos (vide *Harmonices mundi*, Fig. 3, de Kepler). Sólidos platônicos mantidos unidos por ligações covalentes fortes foram conhecidos por algum tempo. No fósforo branco (P_4), os átomos ocupam os vértices de um tetraedro.[4] Como os antigos *sabiam* que o tetraedro era apropriado para o fogo e também para o inflamável fósforo branco? Começando há quase 40 anos, químicos orgânicos talentosos laboriosamente "trapacearam" a natureza, aparentemente "frustraram" a entropia e montaram cubos, dodecaedros e tetraedros de carbono ligados covalentemente.[5] A natureza, entretanto, tem as suas próprias trapaças em mente e, no final dos anos 1980, a bola de futebol de átomos de carbono (C_{60}), "buckminsterfullerene" ou "buckyball", um icosaedro truncado, foi descoberta na fuligem.[6] O icosaedro truncado ("bola de futebol") e o cuboctaedro são dois exemplos dos 13 sólidos semirregulares arquimedianos. Os cinco sólidos platônicos têm todos um só tipo de face poligonal – triângulos para um icosaedro, por exemplo. O icosaedro truncado, ao contrário, tem faces tanto pentagonais como hexagonais. Embora octaedros e icosaedros não sejam estruturas estáveis para o carbono, os primeiros são bem representados por moléculas contendo metais de transição como o rênio e o cobalto, e os últimos, pelo boro elementar e uma variedade de moléculas e íons contendo boro.[4]

Como a natureza (e nós químicos fazemos parte do mundo natural) monta nanoestruturas altamente ordenadas como os vírus e dodecaedros nanoscópicos? Em primeiro lugar, ela pré-fabrica unidades complexas como as proteínas utilizando o código genético. Síntese química rigorosa é exigida para as unidades estruturais sintéticas mostradas nas Figuras 158 a 162. Essas unidades então se autoagrupam usando forças fracas como interações de Van der Waals, forças dipolo-dipolo e ligações de hidrogênio para se organizarem espontaneamente e se auto-ordenarem em uma estrutura otimizada. No caso das nanoestruturas descritas nas Figuras 158 a 162, ligações "dativas" ligante-metal, que são talvez apenas 20% tão fortes quanto as ligações covalentes, são empregadas. Se numa reação química forem formadas ligações covalentes fortes, o produto final pode bem depender das condições reacionais iniciais (por exemplo, temperatura, pressão), visto que às vezes o produto formado mais rapidamente irá prevalecer, às vezes o produto mais estável irá prevalecer, e às vezes misturas dos dois (se eles forem de fato diferentes) serão encontradas. Este é precisamente o assunto que confundiu Berthollet (Fig. 100) no crepúsculo da Teoria Atômica. Pelo contrário, estruturas mantidas unidas por ligações fracas irão se associar-dissociar-reassociar (construir-consertar, fortalecer) até que a melhor estrutura seja formada e o processo todo pode bem se completar em minutos. Enfim, a natureza encontrará um caminho.

1 P. J. Stang e B. Olenyuk, *Accounts of Chemical Research*, **30**:502-518, 1997.

2 B. Olenyuk, J. A. Whiteford, A. Fechtenkotter e P. J. Stang, *Nature*, **398**:794-796, 1999.

3 B. Olenyuk e P. J. Stang, *Journal of the American Chemical Society*, **121**, 10, 434, 1999. Vide também: *Chemical & Engineering News*, 15 nov. 1999, p. 11.

4 F. A. Cotton e G. Wilkinson, *Inorganic chemistry*, 5. ed., Nova York, Wiley, p. 18-21.

5 A. Greenberg e J. F. Liebman, *Strained organic molecules*, Nova York, Academic, 1978.

6 R. F. Curl e R. E. Smalley, *Scientific American*, out. 1992, p. 54.

MOVENDO A MATÉRIA ÁTOMO-POR-ÁTOMO

Os livros didáticos de química nos informam que John Dalton formulou a Teoria Atômica em 1803 e subentendem que os átomos foram aceitos desde então. Na verdade, tal aceitação estava longe de ser universal e os livros do final do século XIX, como o de Brodie, *The calculus of chemical operations* (Londres, 1866, 1877), e o de Hunt, *A new basis for chemistry: a chemical philosophy* (Boston, 1887), embora de natureza antiatômica, não foram escritos por excêntricos ou loucos. O eminente físico Ernst Mach e o famoso químico Wilhelm Ostwald resistiram à realidade dos átomos no começo do século XX. Jacob Bronowski sugere fortemente que o suicídio em 1906 de Ludwig Boltzmann, que explicou com sucesso o calor como movimento atômico e molecular, foi devido em parte ao seu fracasso em convencer totalmente a comunidade científica de que os átomos existem.[1]

No entanto, quase ao mesmo tempo, Albert Einstein desenvolveu uma teoria matemática do movimento de partículas microscópicas em líquidos (movimento browniano primeiro analisado por R. Brown em 1828) que as representava como moléculas de gás.[2] Em 1908, Jean Perrin explicou o movimento browniano de partículas microscópicas em líquidos e fumaça de tabaco e usou os seus resultados para fazer uma excelente estimativa do Número de Avogadro.[2] O seu livro *Les atomes* (Paris, 1913; Londres, 1916) nocauteou a questão quanto à realidade absoluta dos átomos e trouxe consigo várias maneiras diferentes de determinar o Número de Avogadro. Esses estudos lhe deram o Prêmio Nobel de Física de 1926.

Aproximadamente 80 anos após Boltzmann ter morrido por sua própria vontade, estamos representando a imagem dos átomos, pegando-os, movendo-os e depositando-os um de cada vez. Ernst Ruska, Gerd Binnig e Heinrich Rohrer compartilharam o Prêmio Nobel de Física de 1986 pela sua invenção do microscópio de varredura de tunelamento (STM = *scanning tunneling microscope*). O STM "desliza" uma ponteira metálica de dimensões atômicas até distâncias quase atômicas das superfícies de átomos e moléculas. A essas distâncias muito próximas, existe passagem de elétrons que "tunelam" entre as duas populações de átomos. O STM sensoria as variações ínfimas de pressão necessárias para manter uma corrente constante e, assim, traça imagens dos átomos. Em certas condições, uma "armadilha de energia" pode ser criada sob a ponta de prova de STM que irá permitir a captura de um átomo individual e a sua transferência ao longo de uma superfície. A Figura 163 é um modelo gerado por computador de uma ponteira de STM movendo um átomo de xenônio.[3]

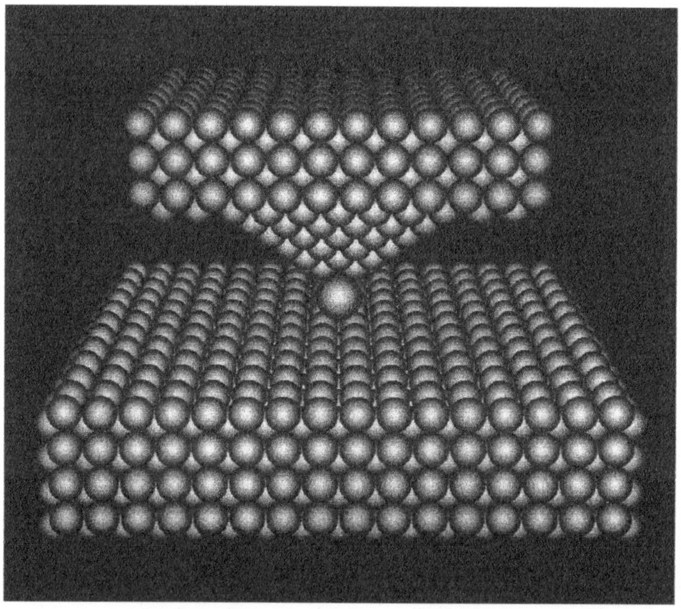

Figura 163 ■ Esquema do microscópio de varredura de tunelamento (STM) cuja ponteira tem dimensão atômica (P. Avouris, *Accounts of Chemical Research*, **28**:95, 1995; cortesia da Sociedade Americana de Química; o autor agradece ao Doutor Phaedon Avouris, IBM Research Division, por essa figura).

A imagem da Figura 164 é uma paisagem extraterrestre, a crosta de uma torta canelada, o olho de um camaleão ou a obra de um artista abstrato? Inacreditavelmente, é uma imagem STM de um "curral quântico" formado movendo 48 átomos de ferro um-por-um para formar um círculo.[3] As ondulações no centro são uma onda estacionária produzida pelos elétrons da superfície confinados pelo círculo de átomos e "proporcionam uma demonstração extraordinária da natureza ondulatória-corpuscular do elétron".[3]

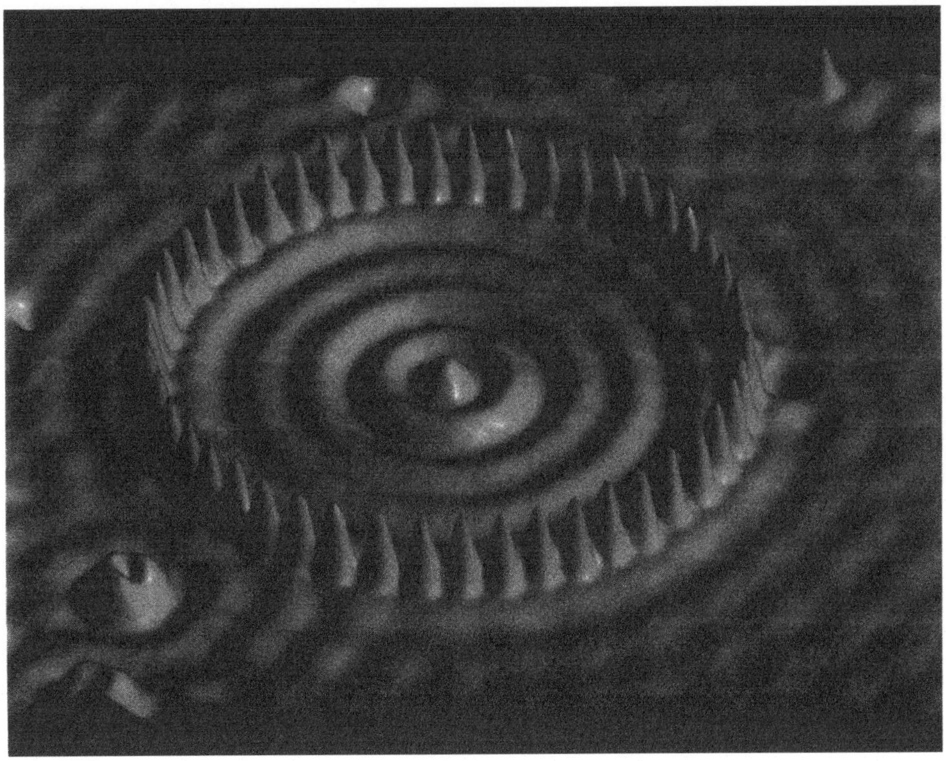

Figura 164 ■ Imagem STM do "curral quântico" consistindo de 48 átomos de ferro colocados um de cada vez. A imagem mostra a natureza partícula-onda dos elétrons (P. Avouris, *Accounts of Chemical Research*, **28**:95, 1995; cortesia da Sociedade Americana de Química; o autor agradece ao Doutor Phaedon Avouris, IBM Research Division, por essa figura).

E o que isso significa? Na década de 1920, Louis DeBroglie descreveu os elétrons como ao mesmo tempo partículas e ondas porque eles têm massa precisa, vão "clique-clique-clique" dentro dos contadores Geiger e no entanto sofrem interferência como as ondas de rádio ou de luz. Uma coisa é dizer "partículas-ondas" e outra muito diferente é *imaginá-las* de fato. Tente fazê-lo. O nosso problema é que os elétrons estão fora tanto dos nossos sentidos quanto de nossas experiências diretas. Como Bronowski observa, a física do século

XX introduziu abstração e incerteza e a necessidade do que ele descreve como "tolerância" ao formular um modelo para a natureza.[4] A sátira do século XIX intitulada *Flatland* do erudito shakespiriano Edwin A. Abbott ilustra as nossas limitações.[5]

Uma esfera, residente do mundo tridimensional de "Spaceland", visita o mundo bidimensional de "Flatland" onde ela conhece um quadrado, habitante da terra plana. O quadrado percebe a esfera de maneiras limitadas, mas somente começa a compreender verdadeiramente as suas próprias limitações de percepção quando ambos visitam o mundo unidimensional "Lineland". Ironicamente, o quadrado muito inocentemente vira o feitiço contra o feiticeiro sobre a aparentemente onisciente esfera como segue:[6]

Quadrado: Mas o meu Senhor me mostrou o interior de todos os meus compatriotas na Terra das Duas Dimensões levando-me com ele para a Terra das Três. O que então seria mais fácil agora do que levar o seu servo em uma segunda jornada na abençoada Terra da Quarta Dimensão...?

Esfera: Mas onde é esta Terra de Quatro Dimensões?

Quadrado: Eu não sei: mas sem dúvida o meu Professor sabe.

Esfera: Não eu. Não existe tal terra. A própria ideia dela é inconcebível.

Incidentalmente, a esfera e o quadrado finalmente visitam a zero-dimensional "Pointland" onde eles ouvem o único habitante entoando hinos de autolouvor:[6] "Ele preenche todo o Espaço e o que Ele preenche, Ele é. O que Ele pensa, Ele fala; e o que Ele fala, Ele ouve; e Ele próprio é Pensador, Falador, Ouvinte, Pensamento, Palavra, Audição; Ele é o Único e no entanto o Tudo em Tudo. Ah, a felicidade, ah, a felicidade de Ser". Você encontrou alguma vez esse tipo de pessoa? Tais autossatisfação e isolamento são inimigos de todos os empenhos humanos, inclusive a ciência.

As nossas imagens mentais da matéria continuam a evoluir. No final de 1999, um grupo de cientistas acoplou técnicas de difração de raios X e de nêutrons com cálculos de mecânica quântica para "ver" fisicamente a forma de um orbital atômico.[7,8] A técnica envolvia comparar uma distribuição de densidade eletrônica experimental com uma distribuição de densidade eletrônica calculada e colocar num gráfico um mapa da diferença de densidade. "Ficamos realmente surpresos quando ele apareceu pela primeira vez na tela", exclamou um dos cientistas.[9] Conforme continuamos a investigar os segredos mais profundos da ligação química, pela primeira vez explicada em parte pelo átomo tipo sistema solar de Bohr há quase 90 anos, eu me lembro dos movimentos finais da obra sinfônica de Gustav Holst, *The Planets*. Os planetas misteriosos mais afastados são evocados pela música que gradualmente desaparece no vazio deixando uma sensação de encantamento inacabada – uma metáfora para a curiosidade muito humana que instiga a investigação científica.

1 ■ J. Bronowski, *The ascent of man*, Boston, Little, Brown, 1973, p. 347-351.

2 ■ J. R. Partington, *A history of chemistry*, Londres, MacMillan, 1964, v. 4, p. 744-746.

3 ■ P. Avouris, *Accounts of Chemical Research*, **28**:95-102, 1995. Agradeço ao Doutor Phaedon Avouris, T. J. Watson Research Center, IBM Research Division, por ter gentilmente fornecido os originais das Figuras 163 e 164.

4 ■ J. Bronowski, op. cit., Cap. 11.

5 ■ E. A. Abbott, *Flatland: a romance of many dimensions* (com Prefácio de Isaac Asimov), Nova York, Barnes & Nobles, 1983.

6 ■ E. A. Abbott, op. cit., p. 102-103, 109-110.

7 ■ J. M. Zuo, M. Kim, M. O'Keefe e J. H. Spence, *Science*, **401**:49-52, 1999.

8 ■ C. J. Humphreys, *Science*, **401**:21-22, 1999.

9 ■ M . Jacoby, *Chemical and Engineering News*, p. 8, 6 set. 1999. Vide também M. W. Browne, *New York Times*, p. D1-D2, 7 set. 1999.

SEÇÃO IX

PÓS-ESCRITO

TERMINANDO EM FANTASIA

Terminamos este livro como ele começou – com metáforas que sugerem uma unidade entre a matéria, a natureza e o espírito humano, e concluímos com um poema curto, *O álamo*, e trechos de dois poemas mais longos de Seamus Heaney,[1] o poeta irlandês que recebeu o Prêmio Nobel de Literatura de 1995.

O álamo

O vento balança o grande álamo, amalgamando

A árvore inteira num só ritmo.

Que escama brilhante se desprende e deixa esta agulha tremulante?

Que balanças carregadas foram arruinadas?

A luz trêmula do amálgama (mercúrio) e a sugestão da balança proporcionam uma imagem que "registra um momento de beleza – e indaga que equilíbrio natural poderia ter sido perturbado para produzi-lo".[2]

As alamedas de cascalhos (um trecho)

Preserve e louve a verdade do cascalho.

Joias para os não iludidos. Sêmen da terra,

A sua cantiga direta, ruidosa contra a pá

Ressoam e Explodem palavras como "o valor da honestidade".

O som e o sentimento do cascalho são comparados com os valores humanos mais nobres.

Para um oleiro holandês na Irlanda (um trecho)

E se os vidrados, como você diz, atraem o sol,

A sua roda de oleiro está fazendo subir a terra.

Hosana ex infernis. Poços em chamas.

Hosana em areia limpa e caolim

E, "agora que a colheira de centeio ondula ao lado dos escombros",

Em cinzas, óxidos, cacos de cerâmica e clorofilas.

[1] ■ S. Heaney, *The spirit level*, Nova York, Farrar, Straus, and Giroux, 1996. (Agradecemos a Farrar, Straux and Giroux pela permissão para reproduzir esse material.)

[2] ■ R. Tillinghast, *New York Times Book Review*, p. 6, 21 jun. 1996.

ÍNDICE REMISSIVO